河南地球科学研究进展（2022）

HENAN DIQIU KEXUE YANJIU JINZHAN（2022）

河南省地质学会　主编

图书在版编目(CIP)数据

河南地球科学研究进展. 2022/河南省地质学会主编. —武汉:中国地质大学出版社,2023.6
ISBN 978-7-5625-5614-5

Ⅰ.①河… Ⅱ.①河… Ⅲ.①地球科学-文集 Ⅳ.①P-53

中国国家版本馆 CIP 数据核字(2023)第 099894 号

河南地球科学研究进展(2022)		**河南省地质学会 主编**
责任编辑:周 旭		责任校对:张咏梅
出版发行:中国地质大学出版社(武汉市洪山区鲁磨路 388 号)		邮编:430074
电 话:(027)67883511	传 真:(027)67883580	E-mail:cbb@cug.edu.cn
经 销:全国新华书店		http://cugp.cug.edu.cn
开本:880 毫米×1230 毫米 1/16		字数:507 千字 印张:16
版次:2023 年 6 月第 1 版		印次:2023 年 6 月第 1 次印刷
印刷:湖北睿智印务有限公司		
ISBN 978-7-5625-5614-5		定价:80.00 元

如有印装质量问题请与印刷厂联系调换

《河南地球科学研究进展(2022)》

编委会名单

前 言

2022年是河南省地质学会成立60周年。60年来，河南省地质学会紧扣国家和河南省在不同历史时期的发展需求，团结引领河南省地质科技工作者在地质科研和矿产勘查工作方面均取得令人瞩目的成就，不仅在河南省境内发现了众多的矿产地，提交了大量的矿产资源/储量，为河南省社会经济发展做出了重大贡献；而且充分发挥自身平台优势和行业特色，不断创新工作思路，主动开拓工作领域，全面提升服务能力，在组织建设、学术交流、科学普及、人才育荐、会员服务等方面做了大量卓有成效的工作，有力地支撑了河南省地质事业在各个历史阶段的进步与发展。河南省地质学会作为面向全省地质行业、服务广大地质科技工作者的学术组织，为进一步加强地质各领域最新学术成果交流，探讨新时代地质工作的方向，促进新时代地质工作的转型升级，推动地质科技进步与创新，为广大地质科技工作者搭建共享知识、启迪创新、活跃交流的学术平台，自2008年起，以年卷版的形式公开出版发行《河南地球科学研究进展》(论文集)，所收录论文均可在中国知网上检索。据不完全统计，自2008年以来，共收录论文近600篇。

自发出《河南地球科学通报》(2022年卷)的征稿通知之日起，已征集到学术论文45篇，经审稿确定刊用31篇，内容涉及矿产地质、水工环地质、方法技术及其他。

本书收录31篇文章，其中以“矿产地质”方面的文章最多(14篇)，占总论文数的44%，尤其是能源矿产方面论文数量增加幅度较大；其次是“水工环地质”方面的文章，8篇；“方法技术”方面的文章主要涉及地球物理勘探，共有3篇；其他5篇。整体上看，本书收录论文内容丰富、水平较高，科学性、实践性强。《河南省地质矿产领域的重大科学问题》一文，为作者在河南省地质科学领域取得原始创新性成果，作者以新的整体化的流体(气体)地球科学观为指导，运用幔汁辐射理论对河南省地质矿产勘查研究现状进行重新认识，梳理出河南省重大地质科学问题，分别为：①河南省中新生代沉积盆地资源丰富，亟待查明；②急需开展河南省盆-山构造演化及其对金多金属成矿的控制作用研究；③河南省金多金属矿深部找矿和深部勘查技术方法亟待开展攻关研究。

由于时间仓促，水平所限，书中难免存在不妥之处，恳请读者批评指正。

前言

目 录

方法技术

其　他

河南省地质矿产领域的重大科学问题

燕长海[1,2,3],马振波[1,2],张　平[4],李肖龙[1,2],韩江伟[1,2]

(1.河南省地质调查院,河南 郑州 450001;2.河南省金属矿产成矿地质过程与资源利用重点实验室,河南 郑州 450001;3.河南省地质学会,河南 郑州 450018;4.河南省地质科学研究所,河南 郑州 450001)

摘　要:地球科学自1750年形成至今的200多年间经历了3个阶段,水成论—火成论和固定论—活动论两个阶段以西方人为主导,第三个阶段从固体地球观转向流体(气体)地球观则是以杜乐天先生为首的中国科学家为主导。为在河南省地质科学领域取得原始创新性成果,笔者以新的整体化的流体(气体)地球科学观为指导,运用幔汁辐射理论对河南省地质矿产勘查研究现状进行重新认识,梳理出河南省重大地质科学问题,分别为:①河南省中新生代沉积盆地资源丰富,亟待查明;②急需开展河南省盆-山构造演化及其对金多金属矿成矿的控制作用研究;③河南省金多金属矿深部找矿和深部勘查技术方法亟待开展攻关研究。

关键词:流体地球观;幔汁辐射;地质科学;河南省

地球科学自1750年形成至今已有200多年的历史,大致经历了两个阶段的变革,即水成论—火成论和固定论—活动论两个阶段的变革,现状是固定化和破碎化。所谓固定化,就是将地球理解为一种固定不变的圈层结构,即人们耳熟能详的地核、地幔、地壳、水圈、生物圈、大气圈。所谓破碎化,是指由于缺少统一的理论基础,地球科学被切割成支离破碎、互不关联的各种专业学科的知识碎片(杜乐天,2017)。

针对这种现状,杜乐天先生带领他的科研团队自20世纪80年代,发起了一场全新的地球科学革命。首先,他提出了整体性的地球科学观,指出在地球形成后,除了固体物质外,还出现了流体物质——幔汁(HACONS)。这种产生于地核和地幔间的流体(以超临界态的形式)向上辐射,是形成地壳各类岩石、矿物、火山、地震、极端气候变化(雾霾、台风转向、特大暴雨等)的重要原因。他以幔汁辐射为统纲,使地质学、岩石学、矿床学、气象学、海洋学等有了一个统一的理论基础,地球科学由此形成一个有机的整体。其次,他提出了流体(主要是气体)地球观。幔汁是由H(包括氢元素、卤族元素和热)、A(碱族元素)、C(碳)、O(氧)、N(氮)、S(硫)组成的超临界态流体,它不断地从地核通过地幔向上辐射,上升到地壳时固体产物固定在地壳中,气体部分则分别储存于地幔、地壳各圈层间,最后一部分气体进入水圈和大气圈。幔汁是现在地球各圈层变动的主要原因和初始激发因素,它是在地球的3个基本动力(重力、地球自转速度变化和各地质圈层差异转速及天体磁力)的合力作用下发挥作用的。流体(气体)地球观不仅认识到地球各圈层时刻处于变化中,而且揭示出其变化的直接原因和根本原因是幔汁辐射,为理解、掌握整个地球内部变化规律指明了方向。上述观点可以将这种新地球科学理论概括为整体化的流体地球科学理论。这一系列变革意味着地球科学已经进入(虽然是刚刚开始)到地球科学的第三个阶段,即从固体地球观转向流体(气体)地球观。地球是一个富含流体的行星,流体过程是地球焕发青春

作者简介:燕长海(1955—),男,河南长葛人,教授,博导,俄罗斯自然科学院院士,长期从事矿床学、矿产勘查学研究。

活力的体现,也是区别于其他行星的关键。流体(气体)地球观是地球科学创新发展的重要学术思想,提供了从不同侧面理解地球发展历程的理论基础。地球中的流体,特别是深部流体,不仅关系到地球的形成演化与矿产资源的富集分布,也涉及地质灾害和生态环境。因此,地球深部流体成为当今资源、环境和灾害研究的科学前沿,并在解决人类社会面临的资源、环境和灾害等重大现实问题中发挥着越来越重要的作用。

为了贯彻落实河南省委科技创新战略部署,围绕“河南省地球科学研究水平走在全国前列、技术创新与成果应用能力走在全国前列、河南省建设国家科技创新高地的重要力量”的目标,河南省人民政府于2022年新成立了河南省地质局和河南省地质研究院,河南省地质科学迎来了新的春天!地学科技创新平台已经建成,要想取得突破性原始创新成果,笔者认为,必须破除形成、维持旧有地学知识体系的思维模式,建立整体化的流体(气体)地球科学观。因此,笔者以新的整体化的流体(气体)地球科学观为指导,运用幔汁辐射理论对河南省地质矿产勘查研究现状进行重新认识,梳理出如下几个重大地质科学问题。

一、河南省中新生代沉积盆地资源丰富,亟待查明

盆地(包括坳陷、凹陷)是一种负地形构造,它是由其深部的壳幔正隆起所决定的(镜像对映)。盆地中蕴藏有丰富的矿产资源,不仅有常规能源矿产(煤炭、石油、天然气等),还有非常重要的砂岩型铀矿以及一系列石膏($CaCO_3$)、天然碱(Na_2CO_3、$NaHCO_3$)、盐(NaCl、KCl)、硝($NaNO_3$伴有 Na_2SO_4)、高岭土、天青石($SrSO_4$)、卤水(Li、Rb、Cs、F、Cl、Br、I、B)、干热岩和萤石矿(CaF_2)等非常规能源矿产。近年来人们还在盆地中发现有稀有金属矿产。由此可见盆地中的矿种繁多且复杂,既有金属矿产、非金属矿产,也有能源矿产。这些矿种的成因毫不相关,却出奇地共生、伴生在一起,如果找到一种矿产,有可能找到其他矿种。

近年,各行各业都是按单一矿种研究的,彼此很少相互参照,更谈不上对盆地各类矿产的全盘统一考察。现在以整体化的流体(气体)地球科学观为指导,就需要提出如下科学问题:为什么盆地中总是出现整整一大套矿床群体;河南省中新生代大小 25 个盆地中都赋存有哪些矿产;不同盆地所赋存的矿产类型、找矿前景如何;不同盆地之下的深部构造——中地壳低速高导体和上地幔软流体对盆地成矿的控制作用如何;等等。

河南省横跨华北地台和秦岭造山带两大构造单元,以栾川-确山-固始断裂为界,其北的华北地台部分(南华北地区)分布有全省 25 个中新生代盆中的 12 个,其南的秦岭造山带内分布有 13 个(周天驹,1982)。其中南华北地区的 12 个盆地,是在海西期构造格局的基础上发展演化来的,不仅中生代地层层序齐全、岩相变化相对较小,而且基底都是晚古生代含铝煤岩系地层。秦岭造山带中的盆地下部为下侏罗统—白垩统和新生界,基底为古生界或前古生界。大多数盆地都做过不同程度的石油、天然气研究和找矿勘查工作,只有少数盆地开展过盐矿、碱矿的找矿勘查工作,如南襄盆地的泌阳凹陷、开封坳陷的东濮凹陷、吴城盆地和周口盆地的舞阳凹陷。那么,这些盆地中有没有其他可供开发利用的矿产,譬如砂岩型铀矿和洁净能源矿产干热岩等。根据前人研究结果,世界砂岩型铀矿主要赋存于含油气或聚煤能源盆地中(王飞飞等,2017;杜乐天,2002),河南省很多中新生代盆地具备生成铀矿的可能。干热岩的寻找与评价有源、通、储、盖 4 个必备条件,但主要是前两个,即丰富的动态热源[如来源于深部软流体地幔和中下地壳低速高导体(幔源热)]和切穿中下地壳低速高导体的深大断裂(张超等,2022;李德威,王焰新,2015;刘德民等,2021;姜宝良等,2015)。目前看,南襄盆地的泌阳凹陷和南阳凹陷以及南华北盆地济源凹陷基本具备形成干热岩的基础条件,因此建议开展“河南省中新生代盆地资源综合调查评价”工作。

二、急需开展河南省盆-山构造演化及其对金多金属矿成矿的控制作用研究

河南省金多金属矿床(点)集中分布在小秦岭、崤山、熊耳山、外方山以及桐柏山等隆断区,其间及两

侧分别为朱阳-五亩、卢氏-洛宁、嵩县-潭头等北东向中新生代沉积盆地间隔。小秦岭隆断区和崤山隆断区北部与潼关-灵宝-三门峡断陷盆地毗邻(司马献章,1998),桐柏山隆断区两侧分别为南襄盆地和吴城盆地。隆起与断陷盆地地形高差相差几百米至上千米,表现为典型的盆-山构造地貌特征。

盆地系统和造山带系统是大陆岩石圈上的两大构造单元。造山带是人类寻找和开发内生金属矿产资源的基地,是研究岩石圈地质作用过程最重要的天然实验室;盆地不仅蕴藏着丰富的石油、天然气和煤炭等能源矿产,也是许多其他固体矿产资源富集的地质单元,是了解和认识地球动力系统和岩石圈演化的重要窗口。盆-山转换研究、探索盆控山和山控盆的过程则成为大陆地质的前沿研究领域(许效松,1998)。

盆地下方深处总相应地出现"地幔隆起",地表凹陷之下必有上凸(即镜像反映),这是一个全球性的普遍规律。"凸""凹"两者间谁是主动因素,目前学术界认识还不一致。部分学者主张上凹决定下凸,还有部分学者认为盆地之所以能开裂、断陷,源于软流圈地幔上隆派生出来的地壳减薄(或机械减薄,或热侵蚀减薄)、侧向伸展、重力塌陷,形成盆地沉积充填(杜乐天,欧光习,2007)。关于盆-山构造的形成,牛树银等(1995)认为是地壳深部存在地幔热柱引起地幔上隆、地表裂陷,接受沉积。在地幔坳陷带,由于重力均衡代偿作用,重力不足导致山脉快速隆升,并以构造岩浆带或变质核杂岩的形式形成由伸展体制控制的造山带。崔永强等(2004)运用大陆层控构造理论对盆-山构造的形成给予了全新的解释,即位于中地壳塑性层之上的上地壳刚硬层,在水平挤压力和重力共同作用下形成压剪性正断层,上地壳正断层上盘断陷盆地在重力作用下的沉降过程中,把下伏中地壳塑性物质压向下盘,促使该盘向上掀斜,即盆地沉降→中地壳塑性物质流动→下盘隆升(断隆山)。可见,关于盆-山构造的形成机制无论是何种解释,都承认盆地下部有软流体(层)地幔和中地壳塑性层的存在。李扬鉴等(1998)把软流圈地幔的隆起作为盆地形成的结果,而不是原因。杜乐天和欧光习(2007)认为,软流体(层)和中地壳塑性层都是具低速、高导(低阻)、高还原性、高热流、低密度、低强度、低黏度、强塑性形变、局部熔融及高应变速率特征的溃变体。幔壳溃变主要是富碱富挥发分超临界态的地幔流体(幔汁)渗入后反应的产物。当地壳张性断裂发育,深部上升的氧型幔汁因来不及和途中地壳岩石或地层相互反应使之熔化而快速向更浅处迁移,此时经进一步减压降温、冷凝,即相变为热液,从此开始产生陆上(断隆山)的热液作用,形成金属矿床。如果有过剩的气体或有机气相化合物与热液分离,则会在盆地中形成石油、天然气、盐、碱、煤成气和水合天然气等(杜乐天,2016)。

杜乐天(2016)通过对胶东金矿和胜利油田的成矿作用研究后发现,隆起区的胶东热液型金矿和凹陷区的胜利油田的形成具有相同机理,都是受地幔流体运动的共同制约。燕长海等(2022)通过对南襄盆地泌阳凹陷已有地质、地球物理资料的综合分析,研究了形成碱矿所需的巨量物质来源以及盐(碱)矿、油气资源共生问题,讨论了含碱建造的形成背景及成因,探讨了泌阳凹陷天然碱、石油天然气与邻区桐柏矿集区金属矿床之间可能的成因联系。研究表明:南襄盆地是形成在特殊地质背景上的构造断陷盆地,深部软流圈地幔异常凸起,盆地内深大断裂发育。在泌阳凹陷的含碱建造中发现大量的热液矿物和幔源物质,其组分特征显示深部幔源热流体活动强烈。整个含碱建造[包括白云岩、盐(碱)、油气(或油页岩)]的成矿物质主要来自幔源烃碱流体,是幔源烃碱流体经盆地内深大断裂向上运移进入盆地形成的,盆地深部应该有基岩油气藏。泌阳凹陷含碱建造中的油气、盐(碱)矿与桐柏矿集区金属矿产可能是在同一个完整的幔源流体成矿系统中形成的。这些研究都是非常初步的,得出的认识也很肤浅。那么,就河南省全省来说,是什么地球动力学机制制约着河南省中新生代盆山构造样式和金多金属矿床的形成,河南省金多金属矿的成矿物质来源和找矿方向如何等科学问题亟须攻克。

三、河南省金多金属矿深部找矿和深部勘查技术方法亟待开展攻关研究

深部找矿有着巨大的风险性和不确定性,已成为21世纪矿业大国与强国的发展战略。深部矿是已知矿床现有勘查深度以下的含矿地质体,或者是矿集区/矿化集中区内已知矿床以外的深部含矿地质体。这类矿床的找矿突破,是解决我国中东部地区矿产资源问题的重要途径。

河南省是我国重要的金多金属矿业大省,长期以来矿业的强力开发使得河南省矿产资源的需求大量增加与地质找矿勘查工作的相对滞后之间的矛盾日益突出。一方面金多金属矿浅部矿产勘查程度较高,找矿难度越来越大,急需向深部找矿;另一方面深部矿产勘查的方向不明确,到空间上什么地段找矿,使用什么样的方法技术才能找到矿,找什么矿,主攻的矿床类型是什么等,是目前困扰政府资源勘查规划、社会资金投入方向的最大问题。可见,加强矿集区尺度的深部找矿研究,有效地圈定找矿靶区是实现矿产勘查重大突破的当务之急。

为解决这些问题,燕长海带领他的科研团队,历经“十一五”“十二五”近10年的科技攻关,在栾川钼钨多金属矿集区先后完成了一批矿产勘查和探索性的科学研究工作,取得了一系列创新性成果。不仅探索出了在成矿区(带)快速实现找矿突破的技术思路或技术方法组合[由成矿区(带)预测→矿集区预测→矿床(体)预测→钻探工程验证圈定矿体],而且在矿集区深部成矿理论研究、勘查技术方法试验和不同尺度成矿地质单元三维地质建模与立体定量预测等方面取得了一系列新进展和新认识,新发现和初步评价出一个完全隐伏的超大型斑岩-矽卡岩型钼钨多金属矿床,进一步奠定了栾川作为世界“钼都”的地位(燕长海等,2021)。这些表明在河南省开展金多金属矿深部探测和勘查技术方法研究工作是有一定基础的。

进入“十四五”,为响应“向地球深部进军”的号召,贯彻落实党中央、国务院“推动开展地球深部探测研究”的重要精神,按照《“十四五”国家科技创新规划》要求,国家适时启动了“地球深部探测重大科技专项”。为此,笔者建议以流体(气体)地球科学观为指导,运用幔汁辐射和碱交代成矿作用理论,针对河南省金多金属矿深部探测开展矿集区或矿田尺度的科技攻关研究,以取得找矿勘查新的重大突破。

主要参考文献

崔永强,李扬鉴,2004. 软流层、中地壳与盆山系[J]. 地球物理学进展,19(3):554-559.

杜乐天,2002. 盆地矿套[J]. 国外铀金地质,19(3):140-146.

杜乐天,2016. 杜乐天文集[M]. 北京:地质出版社.

杜乐天,2017. 新地球科学导论[M]. 兰州:兰州大学出版社

杜乐天,欧光习,2007. 盆地形成及成矿与地幔流体间的成因联系[J]. 地学前缘,14(2):215-224.

姜宝良,余晨,张石磊,等,2015. 济源五龙口地热区热矿水化学特征及成因[J]. 华北水利水电大学学报(自然科学版),36(5):14-17.

李德威,王焰新,2015. 干热岩地热能研究与开发的若干重大问题[J]. 地球科学,40(11):1858-1869.

李扬鉴,林梁,赵宝金,1988. 中国东部中新生代断陷盆地成因机制新模式[J]. 石油与天然气地质,9(4):334-345.

刘德民,张昌生,张明行,等,2021. 干热岩勘查评价指标与形成条件[J]. 地质科技通报,40(3):1-11.

牛树银,孙爱群,白文吉,1995. 造山带与相邻盆地间物质的横向迁移[J]. 地学前缘,2(1-2):85-92.

司马献章,1998. 豫西中新生代地球动力学探讨[J]. 河南地质,16(3):196-201.

王飞飞,刘池洋,邱欣卫,等,2017. 世界砂岩型铀矿探明资源的分布及特征[J]. 地质学报,91(9):2021-2046.

许效松,1998. 盆山转换与造盆、造山过程分析[J]. 岩相古地理,18(6):1-10.

燕长海,马振波,李肖龙,等,2022. 南襄盆地泌阳凹陷含碱建造的成因及找矿思考[J]. 金属矿山,(9):146-154.

燕长海,张寿庭,韩江伟,等,2021. 栾川矿集区深部资源勘查与三维地质建模[M]. 北京:地质出版社.

张超,胡圣标,黄荣华,等,2022. 干热岩地热资源热源机制研究现状及其对成因机制研究的启示[J]. 地球物理学进展,37(5):13.

周天驹,1982. 河南中新生代沉积盆地的含油性[J]. 河南师大学报(自然科学版)(1):57-65.

矿产地质

河南省大地构造与成矿①

彭　翼[1],张　宇[1,2],李俊建[3],李中明[1,2],何玉良[2,4],沈建海[1],方怀宾[1],钟江文[1]

(1.河南省地质调查院,河南 郑州　450001;2.河南省金属矿产成矿地质过程与资源利用重点实验室,河南 郑州　450001;3.中国地质调查局天津地质调查中心,天津　300170;4.河南省地质科学研究所,河南 郑州　450001)

摘　要:河南省位于华北陆块与秦岭-大别造山带结合部位,构造演化独特。自新太古代—古元古代华北陆块及扬子陆块形成以来,经历华北陆块古元古代增生和扬子陆块裂离形成新元古代、早古生代弧盆系,每次碰撞造山之后均发育了碰撞后裂谷,并发展成为陆缘裂谷。早泥盆世伴随整个中国东部陆块的聚合,豫西南地区又经历了中泥盆世—石炭纪碰撞后裂谷,并于乐平世—中三叠世板内挤压造山并形成南秦岭高压-超高压变质带,之后进入板内裂解及盆山构造阶段。一定的大地构造相形成一定类型的矿产,河南省复杂的大地构造演化历史造就了种类繁多的矿床类型,并控制了其分布规律。本次工作依托《中国矿产地质志·河南卷》研编项目重新厘定了河南岩石地层序列与岩浆岩时空结构,划分了大地构造相,并将河南省已知的所有矿种都归入相应的大地构造相中,建立了完整的河南省大地构造演化与成矿作用之间的关系。在此基础上,讨论了河南省重要的成矿问题,并提出了新的找矿方向。

关键词:大地构造演化;大地构造相;成矿作用;成矿规律;河南

一定的大地构造相形成特定的岩石构造组合,其中赋存一定类型的矿产。长期以来区域地质调查和矿产勘查的专业分工导致大地构造与成矿方面的研究较为薄弱。全国矿产资源潜力评价项目(2007—2014)和《中国矿产地质志·河南卷》研编项目(2015—2022)持续开展区域成矿规律的研究,本文依托以上项目对河南省大地构造与成矿方面的研究成果进行综述。

1　岩石地层序列与岩浆岩时空结构

1.1　岩石地层序列

岩石地层序列和岩浆岩的时空结构是分析大地构造的基础。21世纪以来,具有明确成因矿物学意义的单矿物微区同位素测年成果逐渐涵盖了主要岩石地层单位和岩体。《中国矿产地质志·河南卷》(2021)基于新一代同位素测年数据和基础地质研究的最新进展修订河南岩石地层序列,厘定主要岩浆岩的时空结构(图1),并根据岩石构造组合赋予系列岩石地层的大地构造相,有关大地构造相的概念参考潘桂棠等(2008)、张克信等(2014)和王龙等(2018)的研究。关于华北陆块区的岩石地层序列国内已

本文得到"中国矿产地质志"项目(编号:DD20221695、DD20190379、DD20160346)、河南省自然资源厅地质勘查项目(编号:2019－44、2020－01)联合资助。

作者简介:彭翼,男,1961年出生,教授级高级工程师,主要从事区域成矿规律研究。

①本文地质年代参考《中国地层表(2014)》。

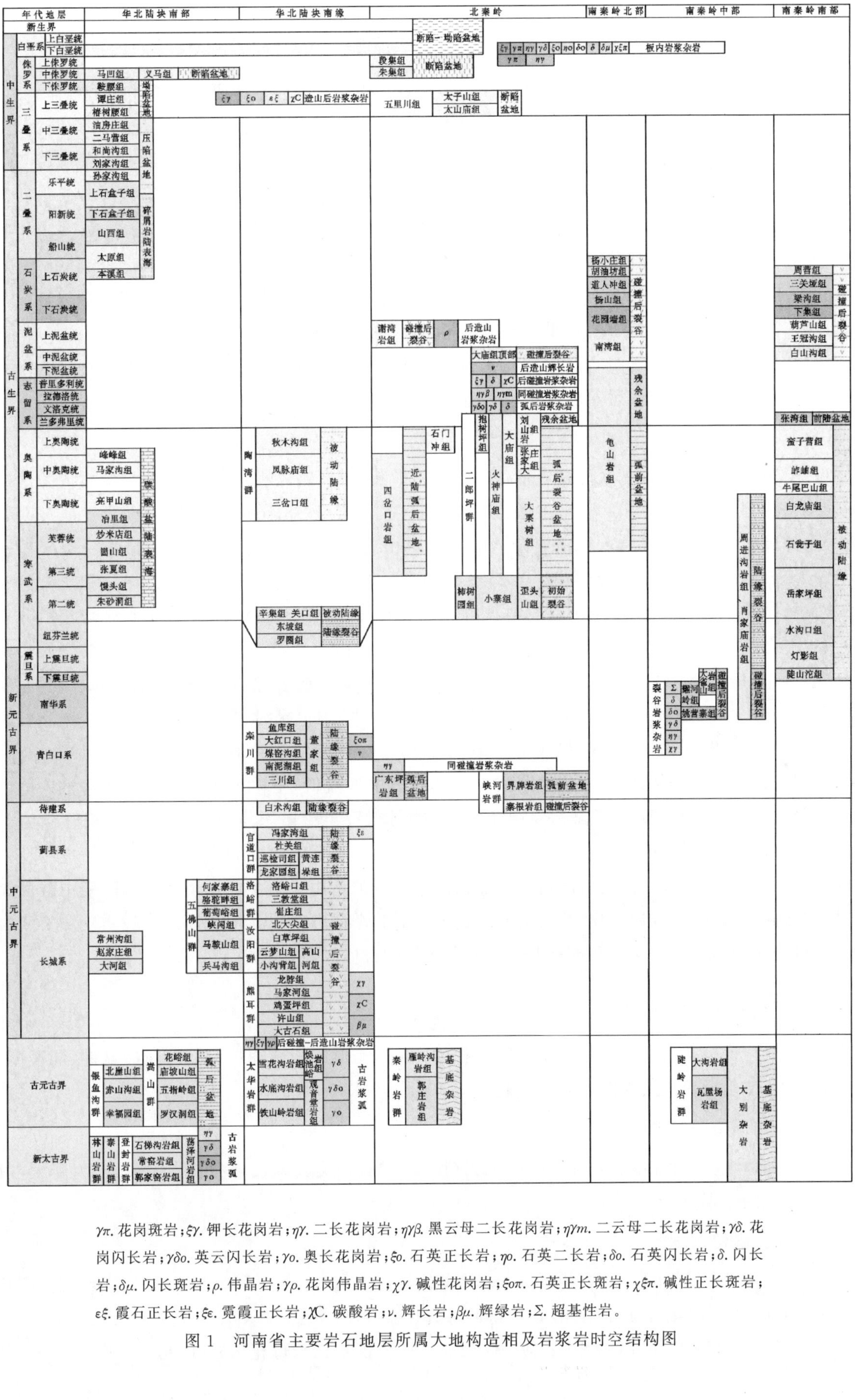

$\gamma\pi$. 花岗斑岩；$\xi\gamma$. 钾长花岗岩；$\eta\gamma$. 二长花岗岩；$\eta\gamma\beta$. 黑云母二长花岗岩；$\eta\gamma m$. 二云母二长花岗岩；$\gamma\delta$. 花岗闪长岩；$\gamma\delta o$. 英云闪长岩；γo. 奥长花岗岩；ξo. 石英正长岩；ηo. 石英二长岩；δo. 石英闪长岩；δ. 闪长岩；$\delta\mu$. 闪长斑岩；ρ. 伟晶岩；$\gamma\rho$. 花岗伟晶岩；$\chi\gamma$. 碱性花岗岩；$\xi o\pi$. 石英正长斑岩；$\chi\xi\pi$. 碱性正长斑岩；$\varepsilon\xi$. 霞石正长岩；$\xi\varepsilon$. 霓霞正长岩；χC. 碳酸岩；ν. 辉长岩；$\beta\mu$. 辉绿岩；Σ. 超基性岩。

图 1　河南省主要岩石地层所属大地构造相及岩浆岩时空结构图

有共识,但对于秦岭-大别造山带变质哑地层的时代有诸多争议,关键问题是宽坪岩群的解体和龟山岩组的时代。

1.1.1　宽坪岩群

国内外已发表了百余篇涉及宽坪岩群的论文,大多以宽坪岩群为整体研究对象并提出解体意见,少有针对岩组的同位素年代学的对比研究。王宗起等(2009)在宽坪岩群中发现奥陶纪微体化石,闫全人等(2008)获得宽坪岩群变铁镁质岩的SHRIMP锆石U-Pb年龄为(611±13)Ma,第五春荣等(2010)获得广东坪岩组变基性火山岩LA-ICP-MS锆石U-Pb年龄为(943±6)Ma。李承东等(2018)获得四岔口岩组碎屑锆石最年轻的一组锆石LA-ICP-MS U-Pb年龄为549～512Ma,黑云母$^{40}Ar/^{39}Ar$变质年龄为(370.4±1.8)Ma;同时获得谢湾岩组最年轻一组锆石LA-ICP-MS U-Pb年龄为418～380Ma,黑云母$^{40}Ar/^{39}Ar$变质年龄为(370.9±2.0)Ma。本次工作充分利用最新的基础研究成果,将宽坪岩群自下而上划分为广东坪岩组、四岔口岩组和谢湾岩组,原岩相应为基性火山岩-泥砂岩-碳酸盐岩、泥砂岩-碳酸盐岩及碳酸盐岩-泥砂岩沉积组合。不同构造部位的宽坪岩群局部无序变形,但总体上各岩组相对有序,岩石构造组合反映近陆弧后盆地亚相及碰撞后裂谷的发育过程。

1.1.2　龟山岩组

龟山岩组北缘卷入商丹蛇绿混杂岩带(西官庄-镇平断裂带、松扒断裂带、龟梅断裂带),成为俯冲增生杂岩的组成部分(李承东等,2019);主体为变质泥岩-泥砂岩-砂砾岩沉积组合,局部为变质玄武岩或变质火山碎屑岩。镇平西部卷入构造混杂岩带中的龟山岩组绢云石英千枚岩岩片最小一组碎屑锆石LA-ICP-MSSm-Nd U-Pb年龄为(443±6.2)～(419±6.8)Ma,其次为(509±6.2)～(444±6.7)Ma。桐柏县黄竹园北、老湾北龟山岩组副变质斜长角闪岩中出现年龄一致的碎屑锆石,加权平均年龄分别为(433.9±3.7)Ma(n=39)、(389.1±2.1)Ma(n=28),其中老湾北5粒蜕晶质化锆石反映的变质年龄为(352±6)～(341±3)Ma(LA-ICP-MS)。信阳东龟山岩组一段千枚岩碎屑锆石LA-ICP-MS U-Pb年龄最年轻一组在433～403Ma(n=37)之间(李承东等,2019)。信阳董家河、光山静居寺龟山岩组斜长角闪岩LA-ICP-MS锆石U-Pb年龄分别为(486.6±1.4)Ma、(458.5±2.8)Ma(李承东等,2019)。有关同位素年龄数据反映龟山岩组沉积时代为寒武纪芙蓉世—中泥盆世,主体为志留纪—中泥盆世。龟山岩组和上部的南湾组延伸至安徽境内称为佛子岭群,碎屑锆石年龄谱限定佛子岭群的沉积时代为志留纪—晚泥盆世。相关岩石地层横向及垂向岩石构造组合的关系反映龟山岩组经历寒武纪—奥陶纪弧前盆地向志留纪—早泥盆世残余盆地的转变。在信阳市南部的龟山岩组中还发现新元古代变中酸性火山岩和变质玄武岩-大理岩岩片,中酸性火山岩锆石U-Pb年龄约917Ma(Liu et al.,2013),变质玄武岩锆石U-Pb上交点年龄约920Ma,反映龟山岩组发育在新元古代弧前盆地之上。

1.2　岩浆岩时空结构

河南侵入岩的分布面积约占基岩出露区面积的23.5%,形成于俯冲带、岛弧、弧后盆地、同碰撞-后碰撞、后造山-造山后、裂谷、板内等构造环境。

1.2.1　俯冲带侵入岩

俯冲或加厚地壳部分熔融形成的TTG岩系(奥长花岗岩、英云闪长岩和花岗闪长岩)为新太古代、古元古代杂岩的主要组成。

1.2.2　岛弧侵入岩

岛弧侵入岩很少保留,见于商丹蛇绿混杂岩带北侧早古生代辉长岩-闪长岩-英云闪长岩-花岗闪长岩组合,如寨根富铌辉长岩[(484.3±1.8)Ma]、陈阳坪辉长岩[(446.5±1.7)Ma]、灰池子英云闪长岩、花岗闪长岩和二长花岗岩复式岩体[(450.2±2.6)～(422±5)Ma]、漂池二云母花岗岩[(496.1±4.2)～(436.2±

6.7)Ma],桐柏地区秦岭构造杂岩中辉长岩[(432±4)Ma]、花岗闪长岩[(424±4)Ma](王诺,2014)等。

1.2.3 弧后侵入岩

弧后岩浆杂岩见于二郎坪弧后盆地,主要为早古生代一套低 Al 的奥长花岗岩-英云闪长岩-闪长岩系列(田伟,魏春景,2005),特有独山一带的辉长岩-斜长岩组合。

1.2.4 同碰撞-后碰撞花岗岩

同碰撞-后碰撞花岗岩为过铝质花岗岩类和富钾钙碱性花岗岩类,如新太古代、古元古代杂岩中晚于TTG 岩系的片麻状二长花岗岩-钾长花岗岩,商丹蛇绿混杂岩带北侧青白口纪早期片麻状花岗岩带(陈松年等,2015),以五朵山岩基为代表的北秦岭志留纪中晚期二长花岗岩-钾长花岗岩带(李开文等,2019)。

1.2.5 后造山-造山后侵入岩

后造山-造山后岩浆杂岩以碱性正长岩-碳酸岩、伟晶岩为标志,如小秦岭古元古代末花岗伟晶岩脉[(1866±19)Ma、(1955±30)Ma],嵩县南部中—晚三叠世霓辉正长岩[(246.2±3.9)~208Ma]和黄水庵碳酸岩脉[(208.4±3.6)Ma],以及卢氏南部中泥盆世含稀有金属花岗伟晶岩脉[LA-ICP-MS 锡石 U-Pb (390±2)Ma、(392±3)Ma]。

1.2.6 裂谷侵入岩

裂谷侵入岩在华北陆块和秦岭-大别造山带均有分布,不同时代、不同剥蚀程度的岩浆岩组合差别较大。长城纪熊耳碰撞后裂谷以嵩山地区石秤碱性花岗岩[(1775±9)Ma]-辉绿岩脉[(1785±18)Ma]和栾川一带龙王幢碱性花岗岩[(1625±16)Ma]-辉绿岩脉-碳酸岩脉为代表。华北陆块南缘陆缘裂谷分布蓟县纪晚期碱性正长岩脉[(1417±89)Ma]及青白口纪辉长岩(859~820Ma)-碱性正长岩[(844.3±1.6)~(806±11)Ma]。青白口纪晚期—震旦纪裂谷岩浆杂岩带展布于陡岭—大别山一带,表现为青白口纪晚期片麻状英云闪长岩-二长花岗岩-钾长花岗岩(833~793Ma),南华纪超基性岩-辉长岩-闪长岩-石英闪长岩-花岗闪长岩-二长花岗岩-含榴花岗岩-碱性花岗岩(769~635Ma),以及震旦纪辉长岩[(611±13)Ma]。

1.2.7 板内侵入岩

侏罗纪之后的侵入岩分布于华北盆地周围的隆起区,属中国东部统一大陆裂解构造环境的岩浆活动。在华北盆地的西南侧,即原秦岭-大别山根的两侧形成规模巨大的钾玄质系列花岗岩带,局部分布辉绿岩或煌斑岩墙。太行山隆起带分布角闪闪长岩-闪长岩-正长闪长岩-石英二长斑岩-石英闪长岩带,局部为花岗斑岩、霓辉正长岩和霞石正长岩小岩体。据已发表的 126 件微区锆石 U-Pb 年龄和36 件辉钼矿 Re-Os 年龄数据,晚侏罗世—早白垩世侵入岩活动年龄总体呈正态分布,峰期为135~128Ma。

2 大地构造相与矿产

在特定大地构造环境和特定构造部位,形成一套包括矿产在内的特定的岩石构造组合。特定的成矿类型反映了大地构造相环境的时空专属性。以下归纳不同相系中的矿产。

2.1 陆块区相系矿产

陆块区经历基底构造阶段、盖层构造阶段及大陆形成之后的陆内构造阶段,相应的陆块区相系有古弧盆大相、陆缘-陆表海大相和盆山大相。其中板内构造阶段所表现的隆起、坳陷、拆离断层和岩浆活动等属于伸展裂解构造环境,既与造山的概念完全相反,又非洋盆形成之前的初始裂谷,因此仍将与陆块“活化”有关的大地构造相归为陆块区相系。

陆块区三大构造阶段所对应的三大相有着迥然不同的矿床类型(表 1)。基底构造阶段古弧盆大相中的特色矿产主要为古岛弧相中的变质海相火山岩型铁矿(个例为铜矿),以及被动陆缘相的沉积变质型石墨。在被消减、肢解的古洋壳中含有蛇绿岩型铬铁矿点。由于新太古代—古元古代地壳较薄,洋-陆和陆块之间的快速拼合导致地壳的垂向生长,即岛弧迅速被岩浆弧吞没,有关矿产成为先后发育的 TTG 岩套(英云闪长岩＋奥长花岗岩＋花岗闪长岩)和 GMS 岩套(花岗岩＋二长花岗岩＋正长花岗岩)中规模不等的包裹体。其中古元古代末期弧后盆地被保留,在近陆滨海地带分布变质海相机械沉积型铁矿、磷灰石和油石矿产,中心裂谷地带赋存矽卡岩型铁矿。

盖层构造阶段的相环境为陆缘-陆表海大相,先后发育碰撞后裂谷、陆缘裂谷、被动陆缘,以及海陆交替的碳酸盐岩陆表海与碎屑岩陆表海。碰撞后裂谷沉积序列中的矿产主要为海相沉积型石英岩、碳硅泥建造中的铀-石煤-磷矿,与陆相火山岩有关的矿浆型铁矿,岩浆热液型钼矿,碱性花岗岩型铌矿和碳酸岩型铜(REE)矿。陆缘裂谷中的沉积矿产主要为海相沉积型白云岩。被动陆缘中分布碳硅泥岩型铀矿、海相沉积磷矿、蒸发型石膏。在碳酸盐岩陆表海,海相沉积型灰岩覆盖整个陆表海盆地,并在间隔的蒸发环境下产生不同程度的白云岩化,形成相对局域分布和厚度不等的白云岩矿产。在海陆交替的极端低能的碎屑岩陆表海,临近长期风化的古陆分布沉积-风化型铝土矿、耐火黏土矿、(菱、赤、褐)铁矿、硫铁矿等共生矿产和伴生镓矿。在海水能量有所增高和海退期较长的碎屑岩陆表海,广泛分布生物沉积型煤、煤层气和潜在的页(砂)岩气等矿产。

陆块之间的碰撞聚合产生新的大陆,新大陆壳-幔之间的均衡调整又导致地壳伸展裂解和盆-山响应,盆与山均孕育了最为丰富和重要的矿产。在新大陆去山根的过程中,壳幔作用产生巨量的花岗质岩浆和地壳浅部岩浆-火山-流体的爆发活动,形成剥离断层系统中的岩浆热液型金、钼、钨、钴矿,断裂圈闭构造中的岩浆热液型锑;热穹隆内部岩浆热液型金矿,热穹隆边缘岩浆热液型银铅锌矿;大岩基边缘斑岩(爆破角砾岩)型金、钼矿,斑岩-矽卡岩型钼(钨)、铜钼、银铅锌矿,岩浆热液型银铅锌矿;岩基内外晚期岩浆热液型萤石矿,外围断裂系统中的岩浆热液交代型滑石、热液充填型重晶石矿;陆相火山岩型银、银铅锌、珍珠岩、膨润土矿等。在无山根的断陷-坳陷盆地两侧,相对隆起剥露规模小的壳幔混源岩浆杂岩带,分布矽卡岩型铁矿、远程低温热液铅锌矿和重晶石矿。与隆起相伴的断陷-坳陷盆地,孕育了陆相烃源岩生油母岩和油气田,蒸发盆地中岩盐、天然碱和石膏,湖泊中的泥灰岩,泥沼环境生成的劣质煤、油页岩和泥炭等。

2.2　多岛弧盆相系矿产

多岛弧盆相系中既有卷入造山带中的陆块——地块大相,又有弧盆系大相和结合带大相,具有多样的矿床类型(表 2)。东秦岭-大别造山带中演化残余的地块,残留原属于稳定陆块基底的变质海相火山岩型铁矿,沉积变质型石墨、夕线石和磷灰岩;分布原为被动陆缘相中的碳硅泥岩型钒矿、石煤、磷块岩、碳酸盐岩。

在弧盆系大相,弧前盆地、岛弧(岩浆弧)被消减,主要保存了弧后盆地相、深成岩浆岩相、低—中压变质相和碰撞后裂谷相中的矿产。近陆弧后盆地亚相中分布海相火山岩型铁矿、银铅锌(重晶石)矿,弧后裂谷盆地亚相赋存海相火山岩型铜锌矿,海相沉积型碳酸盐岩和磷块岩矿产。与深成岩浆岩相有关的矿产主要为后碰撞岩浆杂岩亚相中岩浆热液型金、银铅锌、钼、钨矿,碳酸岩型钼矿,岩浆型铁矿及岩浆热液型玉石,以及后造山岩浆杂岩亚相中伟晶岩型稀有金属、锡、白云母矿和碳酸岩型稀土矿。在后造山阶段的低—中压变质相,弧后盆地中富铝沉积岩因埋藏深度不同在低、中压变质条件分别形成变质型红柱石、蓝晶石矿床;在更深变质的角闪岩相,高氧化泥质岩石或镁铁质岩石变质形成金红石矿产(刘源骏,2016)。碰撞后裂谷相中主要有生物沉积型煤,海相沉积型赤铁矿、碳酸盐岩,以及岩浆型镍、铁矿。

在结合带大相,分布蛇绿混杂岩相中的蛇绿岩型铬铁矿、橄榄岩、蛇纹岩,高压变质亚相中的变质型蓝石棉、虎睛石,以及超高压变质亚相中的变质型金红石矿。

表 1　陆块区相系主要矿床类型一览表

大相	相	岩石构造组合	矿床类型	实例
古弧盆大相	古岛弧相	斜长角闪岩-变粒岩-磁铁角闪(铁闪)石英岩,斜长角闪片麻岩-白云石大理岩-辉石磁铁石英岩,麻粒岩-片麻岩-磁铁蛇纹岩	变质海相火山岩型铁、铜矿	许昌铁矿,赵案庄铁矿,铁山铁矿,小沟铜矿
	被动陆缘相	石榴角闪石英片麻岩-夕线石片麻岩-石墨大理岩	沉积变质型石墨、夕线石	背孜石墨矿,三顶山夕线石矿点
	古蛇绿混杂岩相	基性、超基性岩浆杂岩-角闪岩(包体)	蛇绿岩型铬铁矿	铁炉坪铬铁矿点
	古弧后盆地相	云母片岩-角闪片岩-磁铁石英岩,(含磷)千枚岩-变质砂岩-石英岩,角闪辉长岩-白云岩(大理岩)	海相沉积变质型铁矿,变质海相机械沉积型铁矿,矽卡岩型铁矿,海相沉积型磷矿	五指岭铁矿,铁山河铁矿,助泉寺天然油石,花峪磷矿点
陆缘-陆表海大相	碰撞后裂谷相	砾岩-砂岩-页岩	海相沉积型石英岩	轿顶山石英岩
		安山岩-流纹岩,碱性花岗岩-碳酸岩,砾岩-砂岩-页岩	海相沉积型赤铁矿、石英岩、磷矿,碳硅泥岩型铀、石煤,陆相火山岩型铁矿,岩浆热液型钼矿,碱性花岗岩型铌矿,碳酸岩型铜(REE)矿	寨凹钼矿点,大寨峪铜(REE)矿点,松树沟铁矿,岱嵋砦赤铁矿,石梯磷矿,方山头石英岩
	陆缘裂谷相	硅质条纹白云质灰岩-白云岩,碳质板岩-石煤,粗面岩-正长斑岩	海相沉积型白云岩	八宝山白云岩,冷水铀矿点,煤窑沟组石煤,大庄铌矿
	被动陆缘相	砂岩-碳质页岩	碳硅泥岩型铀矿,海相沉积磷矿,蒸发型石膏	遂平 781 铀矿,辛集磷矿,辛集石膏
	陆表海盆地相	灰岩-白云岩	海相沉积型灰岩,海相沉积-交代型白云岩	清峪熔剂用灰岩,施家沟白云岩
		碳质页岩-黏土岩-铝土岩	沉积-风化型铝土矿、耐火黏土、镓,沉积型铁矿,风化型铁矿,生物沉积型煤、煤层气、页岩气,淋滤型高岭土,还原型硫铁矿	涉村铝土(耐火黏土)矿,韩梁铝土(耐火黏土)矿,边庄菱铁矿,茶棚铁矿,冯封硫铁矿,焦作煤田,平顶山煤田,中牟页岩气矿点
盆-山大相	陆内岩浆杂岩相	正长斑岩-花岗岩-闪长岩-辉石闪长岩-超基性岩,花岗岩-辉绿岩	斑岩型金、钼矿,斑岩-矽卡岩型钼(钨)、铜钼、银铅锌矿,矽卡岩型铁、铁铜矿,岩浆热液型金、钼、钨、银铅锌、锑、钴、萤石矿,岩浆热液充填型重晶石矿,岩浆热液交代型滑石矿,陆相火山岩型银、银铅锌、珍珠岩、膨润土、沸石矿	金渠沟金矿、上宫金矿、老湾金矿、老里湾银矿、铁炉坪银矿、皇城山银矿、上房沟-三道庄钼钨矿、板厂铜钼矿、东沟钼矿、千鹅冲钼矿、汤家坪钼矿、浒湾钨矿点,王庄锑矿,西灶沟铅锌矿,秀才岭钴矿,李珍铁矿、八宝山铁矿,拐河滑石矿,陈楼萤石矿、尖山萤石矿,大池山重晶石,上天梯珍珠岩、膨润土、沸石矿
	坳陷盆地相	砾岩-砂岩,碳质泥岩-油页岩,泥灰岩-蒸发岩	陆相烃源岩石油、天然气、岩盐、石膏,幔源岩浆脱气 CO_2	中原油气区,河南油气区,安棚天然碱、石膏,吴城油页岩、天然碱

表 2　多岛弧盆相系主要矿产一览表

大相	相	亚相	岩石构造组合	矿床类型	实例
结合带大相	蛇绿混杂岩相	蛇绿岩亚相	纯橄榄岩-透辉橄榄岩-斜辉橄榄岩-榴闪岩;斜长角闪岩-超基性岩	蛇绿岩型铬铁矿、橄榄岩、蛇纹岩	洋淇沟铬铁矿、橄榄岩,老龙泉铬铁矿点,柳树庄蛇纹岩
	高压—超高压变质相	高压变质亚相	蓝片岩	变质型蓝石棉、虎睛石	马山头蓝石棉,淅川虎睛石
		超高压变质亚相	花岗片麻岩-榴辉(闪)岩	变质型金红石矿	红显边金红石矿
弧盆系大相	弧后盆地相	近陆弧后盆地亚相	斜长角闪片岩-大理岩	海相火山岩型铁矿、银铅锌(重晶石)矿	条山铁矿,上庄坪银铅锌(重晶石)矿
		弧后裂谷盆地亚相	变细碧岩-角斑岩-重晶石大理岩-硅质岩,硅质岩-大理岩,白云石英片岩-碳质白云石英片岩-大理岩,辉长岩-斜长岩	海相火山岩型铜锌矿,海相沉积型碳酸盐岩,海相沉积型磷块岩,斜长岩钠黝帘石化玉矿	刘山岩铜锌矿,马畈水泥用大理岩,石门冲磷矿,独山玉
	深成岩浆岩相	后碰撞岩浆杂岩亚相	闪长岩-花岗岩,正长岩-碳酸岩	岩浆热液型金、银铅锌、钼、钨矿,碳酸岩型钼矿,岩浆型铁矿,岩浆热液型玉石矿	银洞坡金矿,破山银矿,银洞沟银铅锌矿,凤凰窝铁矿;大湖钼矿,安沟钼矿,香春沟钼矿,竹园沟钨矿点
		后造山岩浆杂岩亚相	伟晶岩,碳酸岩	伟晶岩型稀有金属、锡、白云母矿,碳酸岩型稀土矿	南阳山稀有金属(锂、铌钽、铍、铷、铯)矿,龙潭沟-火炎沟锡矿,龙泉坪白云母矿,太平镇稀土矿
	低—中压变质相		红柱石角岩,蓝晶石片岩,金红石(斜长)角闪片岩	变质型红柱石、蓝晶石、金红石	杨乃沟红柱石矿,隐山蓝晶石矿,五间房-柏树岗金红石矿,八庙金红石矿
	碰撞后裂谷相		砂岩-泥岩-煤,海绿石石英砂岩-泥岩,生物碎屑灰岩-泥质灰岩,基性岩-超基性岩	生物沉积型煤,海相沉积型赤铁矿、碳酸盐岩,岩浆型镍、铁矿	商固煤田,永青山赤铁矿,金华山水泥灰岩,周庵镍矿,黄岗铁矿
地块大相	基底杂岩相	基底杂岩残块亚相	变质表壳岩-TTG,石墨大理岩-斜长角闪岩,夕线石片麻岩	变质海相火山岩型铁矿,沉积变质石墨、夕线石、磷灰岩	九峰尖铁矿,南泥湖铁矿,小陡岭石墨,七里坪夕线石,松扒磷矿点
	被动陆缘相		硅质岩-页岩-灰岩	碳硅泥岩型钒矿、石煤、磷块岩,碳酸盐岩	大桥-上集钒矿、石煤,余家庄磷矿,杏山水泥用灰岩

3 大地构造演化与矿产分布

本文对河南大地构造格局的视角主要体现在5个方面：①中国大陆铅同位素填图确定扬子与华北地球化学块体的地球化学急变带处在栾川-明港断裂带（朱炳泉等，1998；朱炳泉，常向阳，2001），为扬子多岛弧盆系与华北陆块的边界。②多岛弧盆系起源于新太古代—古元古代陆块的裂解，因此在造山带中残留具有克拉通性质的基底岩片，即秦岭岩群、陡岭岩群、桐柏杂岩和大别杂岩。③秦岭-大别新元古代、早古生代弧盆系在平面位置上重合，新元古代弧盆系碰撞闭合后重新打开，因此应在同一构造部位区分两个时期的大地构造相。④不同时期的弧盆系碰撞闭合之后均发育了碰撞后裂谷系，这是固有的大地构造演化规律；以碰撞后裂谷分隔不同构造演化阶段的相系是分析大地构造的关键。⑤造山带中除构造混杂岩带和强变形构造带之外，新老岩石地层的总体结构仍然上下有序，采用新的同位素年代数据划分地层有地质依据，但测年对象需有明确的岩石学、成因矿物学意义。笔者团队基于以上思路不断修正垂向、横向上的相系，编制了河南省大地构造略图（图2）。同一地点不同构造阶段对应为不同的大地构造相，因此综合整个地史时期的大地构造图择优表达最为突出的大地构造相（优势大地构造相）。需要说明的是，全国矿产资源潜力评价项目根据中国大地构造演化特征统一划分10个构造阶段，图2因比例尺小归并了不同阶段的大地构造相。

彭翼等（2017）分10个构造阶段编制了河南省大地构造与矿产分布图，在此基础上本文将再次讨论河南大地构造演化与矿产分布。

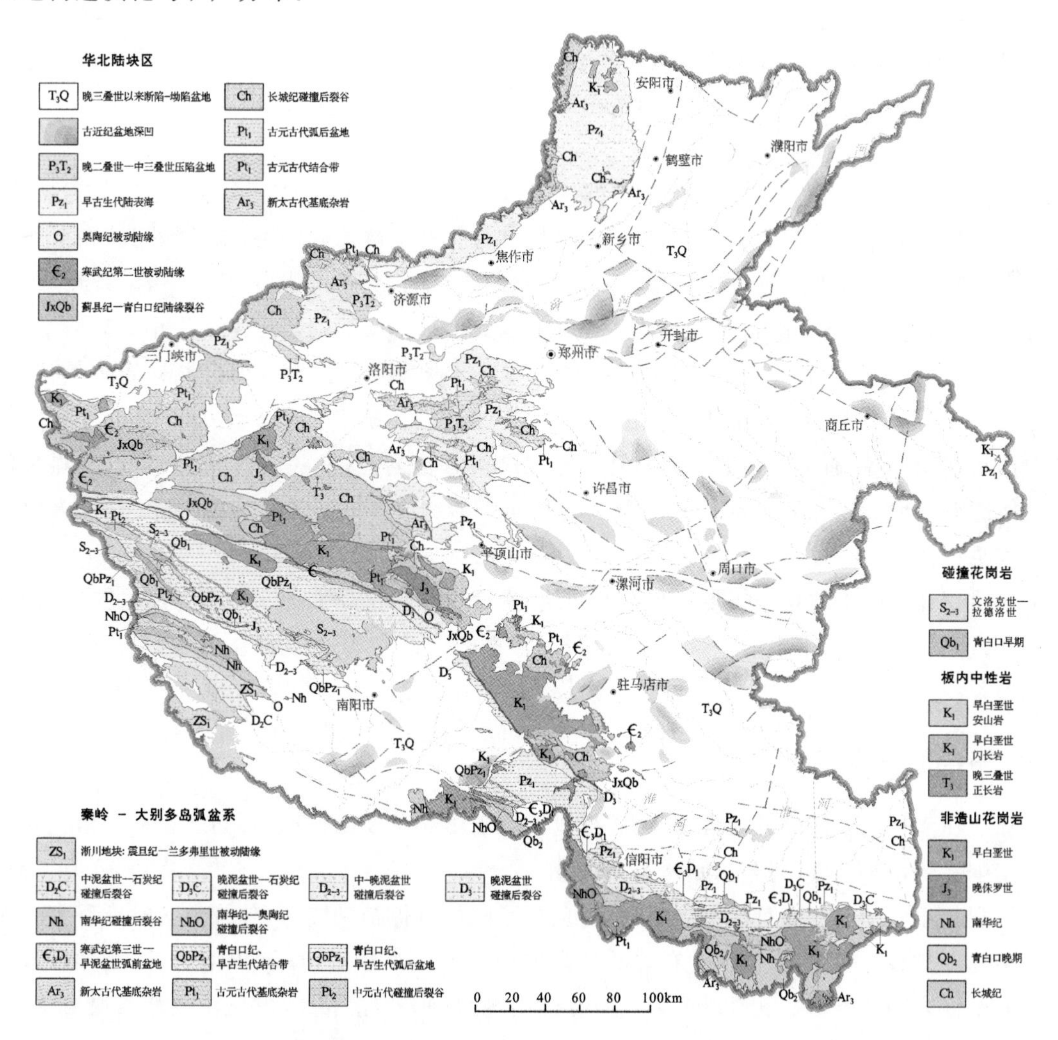

图2 河南省大地构造略图

3.1 太古宙—古元古代

华北与扬子陆块基底分别形成于泛大洋中相距遥远的两隅,按现今地理方位(下同),约 2.5Ga 华北陆块区沿西偏北方向汇聚,形成一系列呈北偏东走向的 TTG 和 GMS 岩套。残留在 TTG 和 GMS 中的变质表壳岩和变质海相火山岩型铁矿亦呈北偏东走向分布,自西向东呈北偏东走向延伸的铁矿已知有行口铁矿、赵案庄-(泉店-灵井)-许昌铁矿、(刘营-黄庄)-陈空-利民铁矿。新太古代/古元古代之交构造体制转换为北北东向陆块汇聚,陆块的南缘分布小沟小型变质海相火山岩型铜矿。古元古代,华北陆块西南缘增生,自西南向东北依次为太华古岩浆弧(岛弧、陆缘弧)、嵩山弧后盆地及晋豫鲁古陆。在太华古岩浆弧中残留的一套变质表壳岩系自下而上划分为铁山岭岩组、水底沟岩组及雪花沟岩组。早期岛弧环境形成的铁山岭岩组中,变质海相火山岩型铁矿呈北西走向展布于西马楼—铁山一带;曾为被动陆缘的富铝沉积在陆块增生过程中变质形成富含石墨、夕线石和石榴石的孔兹岩系,其中水底沟岩组普遍含石墨矿,雪花沟岩组赋存一处夕线石矿点。洋陆俯冲形成的岩浆弧中残留蛇绿岩包体,已知有铁炉坪、碾盘山和薛头湾蛇绿岩型铬铁矿点。在嵩山弧后盆地,罗汉洞组为玻璃原料用石英砂岩矿的赋矿层位,五指岭组石英岩含变质海相机械沉积型铁矿,庙坡山组细粒石英岩亦即天然油石和密玉矿层,花峪组含低品位沉积变质型磷灰石矿(点)。

扬子陆块北缘先后形成东大别新太古代古陆块,西部(秦岭岩群、陡岭岩群、桐柏和西大别变质杂岩分布区)稳定大陆边缘。残余的大别基底杂岩包体中见有九峰尖小型变质海相火山岩型铁矿,残留的古元古代陡岭杂岩保存有龙潭沟、南泥湖两处小型变质海相火山岩型铁矿。陆缘孔兹岩系(陡岭岩群、秦岭岩群)有较多保留,分布较多沉积变质型石墨矿床和具有一定找矿潜力的夕线石矿产。松扒等沉积变质型磷灰石矿点亦是陆缘碎屑岩-碳酸盐建造中固有的矿产。

3.2 中元古代—青白口纪

中元古代为哥伦比亚超大陆裂解时期,华北陆块发育长城纪碰撞后裂谷,与长城纪海相沉积作用有关的矿产有云梦山组下部低品位磷矿、赤铁矿,三教堂组、马鞍山组和常州沟组石英岩(石英岩状砂岩)矿,洛峪口组下部伊利石黏土矿。与长城系熊耳群陆相火山活动有关的矿产主要为小型矿浆型铁矿,火山岩基底中分布一处年龄约 1.76Ga 的热液脉型钼矿点。继年龄约 1.62Ga 碱性花岗岩带侵位之后,出现岩浆热液型大清沟铜铁矿和铜稀土共生的碳酸岩(白云岩)型矿点。长城纪裂谷夭折之后发育蓟县纪—青白口纪陆缘裂谷,有关沉积矿产为蓟县系龙家园组含锰岩层,杜关组白云岩矿,以及煤窑沟组碳硅泥建造中的海湾型石煤和铀矿点。在青白口纪晚期年龄约 844～806Ma 的碱性花岗岩-火山岩带中发现大庄岩浆型铌矿。

扬子陆块北缘可能于待建纪裂离出北秦岭陆块,发育青白口纪早期北秦岭弧盆系,并在青白口纪中期碰撞闭合,形成商丹结合带中的蛇绿岩型铬铁矿、橄榄岩。北秦岭碰撞闭合之后,于青白口纪晚期发育南秦岭裂谷。

3.3 南华纪—震旦纪

华北陆块在南华纪整体隆升为古陆,晚震旦世发育陆缘裂谷及山岳冰川,与之相关的紫色含砾粉砂质泥岩在隋朝虢州用于制砚,得名为虢州石。

南秦岭裂谷于南华纪—震旦纪继续裂解,呈现扬子陆块外侧被动陆缘、陆缘南秦岭裂谷和北秦岭古陆的构造格局。与裂谷岩浆-火山活动有关的矿产先后为变质海相火山-沉积型铁矿、基性岩型含钒钛磁铁矿和超基性岩型镍(铜)矿。被动陆缘震旦系陡山沱组中分布海相生物-化学沉积磷块岩矿点。

3.4 寒武纪—奥陶纪

扬子陆块与华北陆块在寒武纪初漂移至相邻位置，两者之间开始产生构造响应，其间的泛大洋被围限并逐渐萎缩，可称为古秦岭洋。古秦岭洋的收缩导致海平面上升，华北陆块自寒武纪第二世开始接受来自南方的海侵，在发育辛集组浅水陆棚和滨岸潮坪沉积之后，继而成为广阔的碳酸盐岩陆表海。古秦岭洋盆的持续抬升导致寒武纪末—中奥陶世早期陆表海向北海退，接受海退期碳酸盐岩沉积。华北陆块南缘在海退期间保留残余海槽，沉积奥陶系陶湾群陆源碎屑岩—碳酸盐岩。中奥陶世中期—晚奥陶世早期古亚洲洋的收缩导致来自北方的海进，陆表海碳酸盐岩沉积向南推进至现今济源—登封一带。海进与海退过程均伴随动荡的海平面升降，间有蒸发或暴露环境，造成石膏蒸发沉积和灰岩不同程度的白云岩化。与辛集组海相生物化学沉积作用有关的矿产为铀矿和胶磷矿，石灰岩矿产分布于朱砂洞组(平顶山市)、张夏组下段(全省)、炒米店组(永城地区)、马家沟组二段(洛阳—郑州)、马家沟组三段(新乡、密县)、马家沟组五段(豫北)和峰峰组二段(焦作以北)，白云岩含矿层位主要为张夏组上段(萁山以北)和炒米店组(豫北)，石膏层见于辛集组上部、马家沟组一段、马家沟组四段和峰峰组一段。

扬子北缘再度裂解出商丹洋，洋壳向两侧俯冲，北侧形成北秦岭结合带、北秦岭弧盆系，南侧南秦岭裂谷进一步扩大。北秦岭结合带主要由蛇绿混杂岩、基底杂岩和高压变质带组成，并与残余的弧前盆地碎片和岛弧侵入杂岩共同组成构造混杂岩带，其中分布柳树庄、卧虎、张家冲蛇纹岩和老龙泉铬铁矿点。结合带北侧部分保存了二郎坪弧后盆地细碧角斑岩建造，近弧一侧矿产为海相火山岩型(VMS)铜锌矿床、硫铁矿点、重晶石矿点，以及海相沉积水泥用云山寨大理岩和海相生物化学沉积型石门冲磷块岩矿床。在弧后盆地扩张中心发育斜长岩脉，经钠黝帘石化形成岩浆-热液脉型独山玉。北部近陆一侧弧后盆地分布海相火山岩型银铅锌(重晶石)矿，密集分布海相火山岩(热水交代)型小型铁矿床(点)。

南秦岭裂谷发育周进沟岩组(肖家庙岩组)上部碎屑岩-碳酸盐沉积，暂未发现同构造背景矿产。

在南秦岭被动陆缘(尚未卷入秦岭弧盆系)发育水沟口组下部碳硅泥建造及其以上白云岩建造，分布水沟口组中大型海相化学(热水)沉积型钒矿，以及海相生物沉积石煤和磷矿点。

3.5 志留纪—早泥盆世

扬子陆块于志留纪向北运动，与华北陆块之间的秦岭弧盆系褶皱造山，华北地区隆起为古陆。秦岭造山带由南向北依次为南秦岭前陆盆地、南秦岭古陆、南秦岭残余盆地及北秦岭深成岩浆岩带/低—中压变质带。其中南秦岭前陆盆地由上扬子被动陆缘过渡而来，发育沉积物粒度向上变粗、水体变浅的志留系兰多弗里统张湾组陆源碎屑沉积岩系，之后隆起为古陆。南、北秦岭结合部位在志留纪—早泥盆世早期为残余海槽，形成龟山岩组浊积岩系，于早泥盆世晚期闭合，连通南、北成为古中国大陆。秦岭与华北的碰撞在北秦岭形成山根，发育同碰撞、后碰撞、后造山岩浆杂岩带和低—中压变质带。

该构造阶段的矿产集中形成于北秦岭。在同碰撞构造阶段的低—中压变质带形成五间房-柏树岗金红石[角闪石$^{40}Ar-^{39}Ar$坪年龄(416.1±0.5)Ma](徐少康，2021)、隐山蓝晶石和杨乃沟红柱石大型—超大型变质型矿产。碰撞后构造阶段形成的矿产为太平镇碳酸岩型稀土矿[TIMS 氟碳铈矿 U-Pb 年龄(407.8±3.3)Ma](Qu et al.，2019)。

3.6 中泥盆世—阳新世

华北陆块区自晚石炭世起接受来自北东向的海侵，发育一套碎屑岩陆表海亚相海陆交互沉积岩组合，相关矿产由下至上为晚石炭世沉积风化型山西式铁矿(C_2/J_2—Cz)、生物化学沉积(氧化-还原)型硫铁矿、海相沉积还原型菱铁矿、沉积风化型铝土矿(耐火黏土矿)和滨海平原生物沉积型煤矿。

北秦岭在造山后伸展阶段形成中泥盆世伟晶岩型矿床，分别为龙潭沟-火炎沟锡石矿、南阳山等稀有金属矿和龙泉坪等白云母矿。晚泥盆世岩浆热液型包括五朵山花岗岩基内外许窑沟、芦家坪等金银矿床，以及桃园花岗岩基内外月儿湾、银洞坡、破山等金银矿床。

秦岭造山带南秦岭古陆两侧裂解出南湾-扬山及淅川碰撞后裂谷。南湾-扬山碰撞后裂谷自下而上发育南湾组陆棚碎屑岩夹火山岩、泥砂质复理石建造及花园墙组—胡油坊组海陆交互相碎屑岩建造,形成早石炭世商固海湾生物沉积型煤田。裂谷基底周进沟组中压变质带赋存晚泥盆世[角闪石$^{40}Ar-^{39}Ar$坪年龄(371.3±9.3)Ma](徐少康,2012)八庙变质型金红石矿产。淅川碰撞后裂谷发育一套白山沟组—周营组河流-滨海相碎屑岩和碳酸盐岩沉积,其中分布上泥盆统葫芦山组永青山海相沉积型赤铁矿点、下石炭统梁沟组金华山海相沉积水泥灰岩矿床和上石炭统周营组中石煤矿点。

3.7　二叠纪乐平世—中三叠世

西伯利亚板块、古特提斯板块和古太平洋板块三面汇聚造成中国东部的大幅隆升。华北陆块南缘挤压隆升,北侧陆表海盆地转换为乐平世—中三叠世压陷盆地,在上石盒子组平顶山海陆过渡泛河流相砂岩之后,发育石千峰群湖相砂岩-粉砂岩-泥岩组合,二马营组湖相砂岩-泥岩组合,油房庄组湖泊砂岩-泥岩组合。

秦岭造山带板内挤压造山,可能并没有发生陆块深俯冲,动态超高压条件下形成淅川-桐柏-大别高压—超高压变质带(任纪舜等,2019),其南、北两侧分别为淅川推覆岩片及北秦岭挤压构造带。

本构造阶段仅发现矿化现象,如前陆盆地局部的砂岩型铀矿化和机械沉积型锆石矿点,以及嵩县石门碰撞后碱性正长岩中的铷矿化。

3.8　晚三叠世—早侏罗世

中国东部碰撞后初步伸展裂解,华北伸展区东、西相对升降为华北东部隆起与鄂尔多斯坳陷盆地,南侧为华北南缘伸展构造带。在鄂尔多斯坳陷盆地东缘,上三叠统谭庄组沼泽-湖相沉积岩系中含煤线和油页岩。在华北南缘伸展构造带,发育后碰撞正长岩、碳酸岩岩脉和霓辉正长岩小岩株,形成以大湖、香春沟为代表的岩浆热液型钼矿和黄水庵碳酸岩型钼矿。

秦岭伸展区中部淅川-桐柏-大别高压—超高压变质带折返,北侧北秦岭伸展构造带发育南召、五里川断陷盆地,南侧为秦岭南缘伸展构造带。在大别超高压折返带早期冷却阶段形成榴辉岩型金红石矿产,TIMS金红石 U-Pb 年龄(218±1.2)Ma(李秋立等,2021),SHRIMP 金红石 U-Pb 年龄(219±4)Ma(侯晨阳等,2016)。在淅川高压折返带中形成低温热液型蓝石棉矿和变质热液型虎睛石矿,镁钠闪石$^{40}Ar-^{39}Ar$坪年龄(185.14±0.7)Ma(刘宝贵等,1993)。在南召断陷盆地形成内陆山间盆地型煤田。

3.9　中侏罗世—白垩纪

中国东部大陆继续伸展裂陷,地壳产生北西、北东走向交织的地垒-地堑式盆山构造。在华北盆山区形成北东走向的太行山隆起、芒砀山-四十里长山隆起(K_1岩浆杂岩带)及隆起边缘的汤阴断陷盆地,北西西走向的华北南缘伸展构造带(J_3—K_1岩浆杂岩带)、豫南断陷(火山岩)盆地(J_2—K_2)、济源-黄口断陷盆地(J_2—K_2),以及断陷盆地分割的登封-通许隆起、濮阳相对隆起。在太行山抬升初期鄂尔多斯湖盆向西萎缩过程中形成(残留)中侏罗世义马内陆盆地型煤田。在华北南缘伸展构造带,二叠纪乐平世—中三叠世挤压构造阶段形成的山根垮塌,产生规模巨大的以花岗岩为主的J_3—K_1岩浆杂岩带,形成大量的岩浆热液型金、银铅锌、铅锌银、萤石、重晶石及滑石矿床,以及斑岩(侵入角砾岩)-接触交代型钼、钼钨、金、铁(锌铜)及硫铁矿床。在豫南断陷(火山岩)盆地南缘,分布陆相火山岩型银、银铅锌、珍珠岩、沸石、膨润土矿床。在太行山和芒砀山-四十里长山陆内岩浆杂岩带,有别于存在巨量山根消熔的陆块南缘岩浆杂岩带,分布矿产主要为接触交代型铁矿和岩浆热液型重晶石矿,以及接触变质型天然焦和岩浆热液型铅锌矿点。

秦岭盆山区由北向南为北秦岭、南秦岭伸展构造带(J_3—K_1岩浆杂岩带)和秦岭南缘伸展构造带,其中发育早白垩世或晚白垩世山间断陷盆地。原秦岭造山带山根(P_3—T_2)垮塌和消耗产生巨量的花岗岩浆,形成包括华北南缘在内中间(北秦岭)相对较弱、两侧强的岩浆杂岩带。在北秦岭J_3—K_1岩浆杂岩带，分布与岩浆活动有关的岩浆热液型锑、金、银铅锌、萤石矿床和斑岩-接触交代型钼、铜(钼)、钼铜矿床。在南秦岭 J_3—K_1 岩浆杂岩带，形成岩浆热液型金、萤石矿，斑岩型钼矿和爆破角砾岩型金矿。在秦岭南缘伸展构造带仅发现一处小型岩浆热液型锑矿。

3.10 新生代

继承中生代盆岭构造伸展裂陷，形成平原盆地及山间盆地，发育河湖相沉积。在华北沉积盆地，古近纪水系的末端蒸发形成烃源岩和岩盐、石膏矿产；新近系深埋条件下形成以古近系烃源为主，包括深部中生界烃源岩和上古生界煤系地层二次生烃气源在内的中原油气区；中新世湖相沉积中尚分布水泥灰岩；汤阴断陷盆地分布新近纪幔源 CO_2 气藏。

在南华北沉积盆地，古近纪末端湖泊蒸发形成叶县盐田，中新世湖盆产熔剂用灰岩。在豫西盆岭区，古近纪山间断陷盆地中分布小型油页岩和石膏矿点。

在秦岭盆山区，规模较大的古近纪南襄山间沉积盆地深凹地带形成了河南油气区；不同于平原区水系的盐碱分离作用，盆地中共生矿产为芒硝、天然碱和石膏矿；盆地上部新近系凤凰镇组还分布凹凸棒土。规模较小和埋藏较浅的桐柏(吴城)盆地，共生油页岩、天然碱和岩盐矿产。东秦岭盆岭区现代河谷中分布砂金矿点。

4 重要成矿问题

4.1 对重要成矿规律问题的认识

区域成矿规律的总结需要以地质、物探、化探、遥感和自然重砂综合信息为基础，根据地质学和矿床学理论，在区域构造发展演化的背景上探讨矿床形成条件和时空分布规律。区域成矿规律是客观存在的，而人们的认知是有限的和阶段性的，以下探讨几个在长期的找矿工作中始终需要面对的成矿规律问题。

4.1.1 本溪组铝土矿分布规律

上石炭统本溪组沉积时期频繁发生来自北东、南东方向的海侵-海退，在海底坡度非常平缓的陆表海发育近岸“平原”海陆交互相浑水沉积黏土岩-风化铁铝土-生物沉积碳质页岩(薄煤)，并且沉积物之寒武纪第二世—奥陶纪碳酸盐岩在海退期间发生较强的岩溶作用，远海为清水碳酸盐沉积。风化铁铝土在腐植酸淋滤作用下脱硅去铁形成上层耐火黏土与下层铝土矿。在岩溶系统中堆积碎屑状铝土矿，并于动荡的潜水面通过交替的氧化-还原作用形成豆鲕状铝土矿。风化铁铝土中脱去的铁与渗透的生物硫结合，在本溪组底部还原形成硫铁矿层。

豫西地区铝土矿中的碎屑锆石年龄谱反映沉积物质来源于秦岭古陆，然而沉积的风化黏土物质未经红土化和脱硅去铁不可能形成三水铝石(成岩阶段转变为一水硬铝石)和工业品质的铝土矿。岩溶作用在成矿过程中至关重要，畅通的地下水不仅促使铁铝土脱硅去铁，而且在继承活动的岩溶漏斗中保存了多个沉积准层序、多层铝土矿或硫铁矿。铝土矿形成之后保存于晚三叠世之后形成的岱嵋砦、嵩箕叠加皱褶周边的向斜之中，并不存在于以往认为的岱嵋砦、嵩箕古陆中。以往区域地质测量划分的本溪组上、中、下段仅相当于一个准层序，实际有 7 个以上的准层序，因此矿区勘查工作应建立岩矿层格架并查明岩溶情况，而传统的综合地层划分掩盖了铝土矿矿床地质特征。

4.1.2 晚中生代花岗岩与成矿

花岗岩的成因及其与矿床的关系仍然是需要不断探索的岩石学、构造学和矿床学基本问题，晚中生代花岗岩的起源、构造环境及其是否与成矿有关亦有多种观点。侯增谦和杨志明(2009)研究指出：大陆环境含矿斑岩多为高钾钙碱性和钾玄质，以高钾为特征，显示埃达克岩地球化学特性；大陆花岗岩岩浆起源于古老的下地壳,金属钼主要为就地熔出。杜乐天(1986,1988,1996)研究认为:无论是地幔岩浆还是地壳岩浆都是气液成分引发的,地壳中幔汁的加入和碱交代作用是产生花岗岩岩浆的根源;与传统概念相反,不是气液来自岩浆,而是岩浆来自气液(超临界态)。罗照华等(2007,2008,2009)认为:岩浆系统和成矿流体系统是两个独立的地质系统,它们具有类似的起源;巨量金属堆积有赖于深部含矿流体的快速上升,岩浆体是含矿流体上升的有利通道,流体是岩浆快速上升侵位的驱动力之一。

笔者关注到在华北陆块南缘和桐柏-大别早白垩世陆内花岗岩带,按照地壳结构花岗岩起源于已严重失水的新太古代麻粒岩相变质杂岩,且岩基中含有麻粒岩包体,正如杜乐天指出的那样,没有超临界态气液的加入麻粒岩很难熔融形成花岗岩岩浆。花岗岩体中常伴生辉绿岩脉或煌斑岩脉,反映其起源于壳幔物质相互作用和减压熔融过程之中。关于大花岗岩体与小花岗斑岩体的关系,卢欣祥(1989)有"浅源深成""深源浅成"的见解。本文基于大别山同时代小花岗(斑)岩体、爆破角砾岩体或安山(玢)岩穹与大花岗岩岩基呈侵入接触关系,且同一剥蚀平面相邻展布火山碎屑岩带,认为大花岗岩岩基可能与潜火山岩一样是深源浅成的。大岩基与小岩体不属于在化学成分上连续过渡的分异关系,可能是同一源区先后熔出成分的差异或壳幔组分所占比例的不同所致。较大规模的岩体通常是涌动或脉动侵位的,岩浆房减压后必然增温,粗粒结构和似斑状结构的岩基、小花岗(斑)岩体、爆破角砾岩体通常为侵入岩在不同深度的侵入岩相。

河南晚中生代花岗岩与矿产的关系体呈现多种多样的形式:①在侵位大花岗岩体和辉绿岩脉的热穹隆中(小秦岭),金矿床受控于花岗岩体周围剥离断裂带,并与穹隆边缘高角度断裂控制的银矿床构成Au—Ag成矿分带;②侵位小花岗岩体和辉绿岩脉的热穹隆(崤山),居中心部位受剥离断裂带控制的金矿床与外围花岗斑岩中银(铅锌)矿床和横向断裂带中的银铅锌矿床组成Au-Ag-Zn-Pb成矿分带;③在侵位花岗岩基、小花岗岩体和爆破角砾岩体的热穹隆中(熊耳山),剥离断裂带中的金矿床,纵、横向断裂带中的金、银铅锌矿床,以及爆破角砾岩体中的金、钼矿床总体呈Au-Mo-Ag-Zn-Pb的成矿分带;④在长条状展布的花岗岩体下盘(老湾),金矿床受控于左行剪切-共轭逆冲断裂带;⑤不同规模、不同剥蚀程度的花岗岩体及相应的纵向断裂带组成北西或北东走向的Mo-Zn-Pb-Ag-Au矿带;⑥小花岗斑岩体和爆破角砾岩体常为细脉浸染状钼矿的赋矿岩体,但其常处在花岗岩大岩基的边缘或外侧;⑦隐伏大花岗岩体及岩基同样与成矿关系密切,如上房沟-三道庄世界第一大钼钨矿床、黄背岭-石宝沟超大型钼钨矿床、千鹅冲超大型钼矿床、中营大型铅矿床;⑧萤石矿常处在大花岗岩体的边缘或外侧,岩浆活动区的外缘分布重晶石矿床;⑨成矿作用一般滞后于岩浆活动,斑岩型矿床形成于岩体冷凝末期,岩浆热液型矿床形成顺序依次为金矿、银铅锌矿、萤石矿,其中萤石矿形成于岩体固结之后。

在陆内裂解构造环境中,壳幔物质相互作用产生巨量的花岗岩浆并于地壳浅部就位,岩浆冷凝的岩体与滞后的流体作用形成的矿床成为共栖关系。根据矿石铅同位素构造模式和演化特征,推测金矿、萤石矿成矿物质来源于地幔流体,银来自壳幔混合流体,钼、铅锌主要来自地壳流体。地壳岩石在开放体系下的熔融实验表明,最先熔化的是含水矿物,残余物质为硅和金属,在岩浆源区提炼的金属可能是钼和铅锌的成矿物质来源(林强等,1999)。

卢欣祥等(2017)以东秦岭-大别山成矿带钼矿床为例论述了小岩浆大流体成大矿与透岩浆流体成矿作用。然而小岩体存在隶属于岩基的情况,花岗岩岩基与小岩体往往是岩浆主体与补体的关系。如南泥湖钼钨铅锌矿田的深部为花岗岩岩基,具斑状结构的小岩体出露于起伏岩基的顶部,在垂深2km范围内向下变为中—粗粒、似斑状和花岗结构的岩体。钼钨矿体不仅处在居高位的花岗斑岩内、外接触带,同样分布在深部花岗岩的内、外两侧。该岩基是脉动形成的,成矿流体透过岩基峰顶花岗斑岩扩散是常态,而花岗岩岩体之间的鞍部同样是透岩浆流体活动地带并形成厚大的矿体。南泥湖钼钨铅锌矿田和千鹅冲超大型钼矿床的深部找矿实例给予我们重要的启示,小岩体、岩脉的深部可以存在大岩体或岩基,"小岩体成大矿",大岩基可以成更大的矿,只不过当岩基出露时其顶部可能存在的矿床已被剥蚀了。

4.1.3 大型控矿构造

河南的大型控矿构造样式主要分为：北秦岭核部的志留纪倾伏背斜-共轭逆冲断裂带；华北陆块南缘早中生代正花状构造，早白垩世热穹隆（伸展穹隆）；南、北秦岭结合带早白垩世左行剪切-共轭逆冲断裂带；晚三叠世高压—超高压变质带及上盘拆离、滑覆断裂带；晚侏罗世—早白垩世网络状展布的花岗岩-断裂活动带；中—新生代断陷盆地。

除主要中—新生代断陷盆地之外，对某些重要大型控矿构造的特征尚缺乏共识，甚至尚待查明重要控矿构造带的铅直厚度和斜深范围。例如，一些文献将小秦岭、崤山、熊耳山和龙王幢描述为变质核杂岩构造；本文认为变质核杂岩构造有明确的定义，即核部杂岩之上的沉积盖层有10km以上的地壳切除，而以上地区不存在任何地壳切除，只是穹隆构造，且穹隆核部存在岩浆活动并在核部或盖层之中发育剥离断裂带，因此可称为热穹隆或伸展穹隆。剥离断裂带为小秦岭金矿的控矿构造，为崤山、熊耳山金矿的控矿构造之一，那么在铅直方向上不同穹隆剥离断裂带的厚度及其倾向延伸范围仍是未查明的重要找矿问题。还需要指出的是，有些文献既然引用小秦岭为变质核杂岩构造，却又按褶皱构造将小秦岭金矿田划分为南矿带（庙沟向斜、上杨寨背斜），中矿带（老鸦岔背斜）、北中矿带（七树坪向斜）、北矿带（五里村背斜），这种根深蒂固的认识是自相矛盾的。褶皱的认识来自早前勘查报告将灰色片麻岩系视作地层的划分，即将变质深成侵入体视为背斜轴部的地层，将变质表壳岩作为向斜轴部的地层，而实际上它是古元古代杂岩 TTG 岩系＋变质表壳岩包体的固有地质结构。所划分的矿带也是上下叠置的，并且总体是地形切割效应，因此不能将剥离断裂带按出露的位置划分为“一街五巷三层楼”。究竟有“几层楼”或是否存在隐伏岩体，还需要在深探测、高分辨地球物理断面的整体性解剖和深部钻探验证的基础上进行深入的探讨。由此而引发的问题是含金流体是通过何种途经运移至剥离断裂带？笔者认为可能不存在导矿、配矿断裂，成矿物质可能以气态或超临界状态通过各种裂隙充满剥离断裂带，冷却后成为含金石英脉。

4.1.4 剥蚀程度与成矿深度

早中生代古特提斯板块、古亚洲板块和古太平洋板块的三面汇聚形成中国东部高原，古近纪及之前总体为东高、西低的地势，新近纪盆地发育之后才造成现今总体西高东低的地貌。晚中生代自华北陆块分别向南侧淅川-桐柏-大别及东侧苏鲁高压—超高压变质带折返带阶梯状抬升剥蚀。其中自西向东，有崤山-太行山、方城-新郑-内黄、桐柏-民权-台前、商城-夏邑等一系列前新近纪剥蚀台阶（界线），处在不同台阶的相同地质体具有不同的变质程度。中—新生代构造演化造成不同条块剥蚀幅度的差异，相应的矿产亦遭受不同程度的剥蚀。相同成矿地质背景、不同剥蚀程度的条块所保存的矿产可以出现很大的差异，如剥蚀程度最高的大别地区赋存金红石和钼矿床，相对剥蚀程度低的淅川一带则出露蓝石棉和虎睛石矿床。

根据流体包裹体温压计、矿物地质温度计和压力计估算的成岩成矿深度往往不能相互印证，且与地质构造环境的推断存在很大的差距。按照地质构造背景，小秦岭早白垩世岩浆热液型金矿田处在韧-脆性转换构造域，成矿深度可能在 5km 左右。老湾超大型金矿床处在已剥蚀至根部的老湾花岗岩体的下盘，显示岩浆与成矿流体来自同一通道，同样反映深的成矿深度。小秦岭金矿田和晚侏罗世上房沟-三道庄斑岩-矽卡岩型钼钨矿床内已知矿体的高差约 2km。而早白垩世皇城山陆相火山岩型银矿按上覆火山碎屑岩的厚度，最小成矿深度仅约 200m。早白垩世萤石矿或以火山岩为围岩，或出现在已剥蚀至底部的花岗岩基的下盘，亦表明有非常大的成矿深度范围。考虑不同条块剥蚀程度的差异，成矿深度区间非常之大，有待不断向深部探索。

4.1.5 盐湖与碱湖

古近纪盐湖、碱湖形成于不同地质环境。东濮、叶县两大盐湖处在高原区凹陷带水系的末端，可能存在的少量碱质通过毛细作用分离于戈壁、土壤之中，末端盐湖间歇性蒸发形成盐田。闭塞的径流环境是形成盐湖的条件，襄城凹陷所在湖泊虽然与舞阳（叶县）凹陷相背，但向西开放径流，未蒸发浓缩为盐湖。相比石盐，天然碱是一种罕见的矿产，处在山间盆地，但仅限于高压变质带折返带中的山间盆地。高压变质带上部的绿帘-蓝片岩带在折返剥蚀过程中释放碱：镁钠闪石石棉⟶SiO_2＋赤铁矿＋NaOH。数千米乃至数十千米深的剥蚀量提供了丰富的碱来源，由于风化物质直接汇入山间盆地，缺少土壤(毛细作用)造成的盐碱分离作用，因而碱矿中含少量盐。

4.2 有待深入调查和研究的找矿方向

河南地质调查和矿产勘查程度较高，但有关认识和勘查成果是阶段性的，仍有很大的探索空间。围绕重要矿集区和成矿远景区的成矿规律的研究尚缺乏整体性，许多矿种和矿区的勘查深度有限并缺少对深部地质构造的认知，有关隐伏矿、覆盖区的找矿工作仍然是新的课题。

4.2.1 重要矿集区、已知矿床深部和外围找矿工作

内生金属矿床具有集群分布、带状展布或层控的特点，虽然在重要矿集区、已知矿床深部和外围开展了长期大量的找矿工作，但勘查成果仍然是局部的和中浅部的，迫切需要通过有效的深穿透、高分辨物探和深部钻探验证，逐步查明大型控矿构造整体的地质结构和成矿规律，不断取得找矿突破。

4.2.2 覆盖区找矿工作

豫西小秦岭、崤山和熊耳山热穹隆周边及穹隆之间箕状盆地的缓坡地带，不同程度地覆盖全新世风成黄土或上新世—更新世洪冲积，有关浅覆盖区为剥蚀程度低的金成矿远景区或金矿田外围的银成矿远景区，可使用浅钻开展覆盖层底部大比例尺土壤地球化学测量工作，通过异常查证发现矿床。

在南阳盆地北坡，对应高值重力异常带，基底中相距约5km平行展布两条北西走向的辉长岩带。西南侧异常带可能由奥陶纪辉长岩带引起，对应独山、晋庄镇-太和镇、源潭镇3处高异常重力岩体，埋深约800m以浅，为寻找与辉长岩共生的斜长岩型独山玉的找矿靶区。北东侧高重力异常带对应时代可能为早泥盆世的磁铁辉长岩带，埋深200～300m。两个辉长岩带之间的相对重力低值带对应围山城金银矿带的延伸部位，为主攻破山式银矿、银洞坡式金矿的构造带。

南华北盆地的基底中新太古代杂岩埋藏很深，因此寻找新太古代变质海相火山岩型铁矿的有利部位是在盆地周边隆起带。在盆地南部舞阳—新蔡之间，有关磁异常验证表明由早白垩世火山岩或闪长岩引起，并不存在以往认为的北西西走向的“舞阳-新蔡-霍邱铁矿带”。本文研究认为新太古代铁矿呈北偏东走向展布，在南华北盆地西缘舞阳铁矿田-许昌铁矿田之间的凸起(北舞渡镇)，以及南华北盆地东缘新蔡铁矿田北偏东方向的隆起地带(刘庄店镇-留福镇)，对应明显的重力高和磁异常，存在铁矿的可能性很大。

南华北盆地南缘的信阳坳陷地震工作程度低，初步推测为早白垩世火山岩分布区，主要找矿区域为紧邻出露火山岩带的浅覆盖地带，具体找矿靶区为南部山区北西、北东走向早白垩世花岗岩-花岗斑岩-热液脉带延入浅覆盖区的部位，主攻方向为皇城山式银矿、白石坡式银铅锌矿、上天梯式珍珠岩和膨润土。

马顶山风化型钨锰矿处在南华北盆地西缘北偏东走向的风化剥蚀台阶，受控于东向西逆冲断裂带，长数十千米、宽数千米的重力和航磁场梯度带显示很大的找矿潜力。是否存在其他风化剥蚀台阶及原生钨矿有待开展调查和勘查工作。

受新构造控制的断裂深循环型地下热水较盆地中深层地下热水具有更高的经济价值，然而尚缺乏对新近纪以来断裂及其地下热水的调查评价。可选择郑州-永兴-逊母口镇断裂、洛宁-宜阳-巩义断裂、平顶山市南侧白龟山水库-马村乡断裂、商城汤泉池-白塔集断裂等，在精确的断裂带三维定位基础上实施地下热水勘查开发示范工程。

4.2.3 专题调查评价和研究工作

面对隐伏矿、覆盖矿等找矿的新领域和深部第二找矿空间，需要运用系统的深穿透、高分辨的技术手段和大量钻探工程进行立体地质填图，针对不同地区、不同类型矿产摸索一套新的工作方法，持续开

展成矿规律和成矿预测研究,推动新阶段的找矿工作。对以往研究的薄弱环节,如长城纪铁铜稀土矿、华北陆块南缘钨锡矿和不同类型风化带找矿问题,以及泥盆纪成矿系列及深部成矿规律等开展一系列专题调查评价和研究工作。

5 结 论

(1)河南大地构造在新太古代—古元古代分属泛大洋中的华北陆块及扬子陆块,其中华北陆块在新太古代/古元古代之交经历了近东西向汇聚向近南北向汇聚的构造转换,并形成了洋板块北侧古元古代增生带。在新太古代—古元古代扬子陆块北缘裂离形成秦岭-大别多岛弧盆系,包括新元古代弧盆系及其闭合后重新打开的早古生代弧盆系。秦岭-大别多岛弧盆系与华北陆块之间自寒武纪第二世开始产生会聚构造响应,在华北陆块形成寒武纪第二世—奥陶纪碳酸盐岩陆表海和晚石炭世—乐平世碎屑岩陆表海。秦岭-大别多岛弧盆系与华北陆块于志留纪碰撞造山,形成中国东部早泥盆世统一大陆。每当岛弧盆系夭折之后均发育碰撞后裂谷,华北陆块南缘发育长城纪碰撞后裂谷,接续为蓟县纪—震旦纪陆缘裂谷;秦岭-大别造山带发育有待建纪碰撞后裂谷、南华纪—奥陶纪碰撞后裂谷-陆缘裂谷、中泥盆世—石炭纪碰撞后裂谷。乐平世—中三叠世板内挤压形成南秦岭高压变质带,相应的在华北陆块发育压陷盆地。晚三叠世之后中国东部开始裂解,进入盆山构造演化阶段。

(2)一定的大地构造相形成一定建造构造中的矿产,河南重要和特色矿产包括:新太古代—古元古代基底杂岩中的变质海相火山岩型铁矿,孔兹岩系中的变质石墨矿和夕线石矿,碳酸盐岩陆表海中的灰岩和白云岩,碎屑岩陆表海中的沉积风化型铝土矿和煤,弧后盆地中海相火山岩型锌铜、铁矿和斜长岩蚀变型独山玉,低—中压变质相中的红柱石和蓝晶石矿,后造山岩浆岩带中的金、银矿及伟晶岩型稀有金属矿、白云母,碰撞后裂谷-陆缘裂谷中热水沉积钒矿、岩浆型镍(铜)矿,板内岩浆岩带中斑岩-矽卡岩型钼钨矿及岩浆热液型金、银、铅锌、萤石、重晶石、滑石,板内火山岩型银、珍珠岩、沸石、膨润土矿,断陷盆地中的油气、岩盐和天然碱。

(3)主要内生金属矿产的成矿深度为5km以浅,已有勘查深度有限,21世纪以来的深部找矿取得了重大突破且仍有很大的找矿空间。

主要参考文献

包志伟,王强,白国典,等,2008.东秦岭方城新元古代碱性正长岩形成时代及其动力学意义[J].科学通报,53(6):684-694.

曹晶,叶会寿,李洪英,等,2014.河南嵩县黄水庵碳酸岩脉型钼(铅)矿床地质特征及辉钼矿 Re-Os 同位素年龄[J].矿床地质,33(1):53-69.

曹晶,叶会寿,李正远,等,2015.东秦岭磨沟碱性岩体年代学、地球化学及岩石成因[J].岩石矿物学杂志,34(5):665-684.

常青松,李承东,赵利刚,等,2018.河南信阳地区龟山岩组新元古代变质玄武岩的地球化学特征、Sr-Nd同位素组成及地质意义[J].地学前缘,25(6):254-263.

陈玲,马昌前,余振兵,等,2006.大别山北淮阳构造带柳林辉长岩:新元古代晚期裂解事件的记录[J].地球科学,31(4):578-584.

第五春荣,孙勇,刘良,等,2010.北秦岭宽坪岩群的解体及新元古代 N-MORB[J].岩石学报,26(7):2025-2038.

杜乐天,1986.碱交代作用地球化学原理[J].中国科学(B辑)(1):81-90.

杜乐天,1988.幔汁—H-A-C-O-N-S流体[J].大地构造与成矿学,12(1):87-94.

杜乐天,1996.地壳流体与地幔流体间的关系[J].地学前缘,3(3-4):172-180.

杜乐天,2002.碱交代岩研究的重大成因意义[J].矿床地质,21(S1):953-958.

高秋灵,郑建平,张志海,等,2009.信阳周庄变辉长岩 LA-ICPMS U-Pb 定年与华北南缘复杂演化过程[J].岩石学报,25(12):3275-3286.

侯晨阳,杨天水,石玉若,2016.大别超高压变质带榴辉岩中金红石 SHRIMP 原位 U-Pb 定年及其年代学意义[J].地球科学与环境学报,38(3):334-340.

侯增谦,杨志明,2009.中国大陆环境斑岩型矿床:基本地质特征、岩浆热液系统和成矿概念模型[J].地质学报,83(12):1779-1817.

胡国辉,胡俊良,陈伟,等,2010.华北克拉通南缘中条山-嵩山地区 1.78Ga 基性岩墙群的地球化学特征及构造环境[J].岩石学报,26(5):1563-1576.

雷敏,2010.秦岭造山带东部花岗岩成因及其与造山带构造演化的关系[D].北京:中国地质科学院.

李承东,赵利刚,许雅雯,等,2018.北秦岭宽坪岩群变质沉积岩年代学及地质意义[J].中国地质,45(5):992-1010.

李承东,赵利刚,许雅雯,等,2019.东秦岭造山带龟山岩组的解体及俯冲增生杂岩的厘定[J].中国地质,46(2):438-439.

李春麟,2011.小秦岭太华群花岗片麻岩与小河花岗岩形成时代及构造意义[D].北京:中国地质大学(北京).

李厚民,陈毓川,王登红,等,2007.小秦岭变质岩及脉体锆石 SHRIMP U-Pb 年龄及其地质意义[J].岩石学报,23(10):2504-2512.

李开文,方怀宾,郭君功,等,2019.东秦岭南召县五朵山岩体二云母花岗岩地球化学、锆石 U-Pb 年代学及地质意义[J].地球科学,44(1):123-134.

李淼,2003.东秦岭陡岭群中新元古代花岗岩体的地球化学特征及其地质意义[D].西安:西北大学.

李秋立,李曙光,周红英,等,2001.超高压榴辉岩中金红石 U-Pb 年龄:快速冷却的证据[J].科学通报,46(19):1655-1658.

李运冬,2018.南秦岭桐柏地区程湾花岗岩 LA-MC-ICP-MS 锆石 U-Pb 年龄及地球化学特征[J].地质通报,37(7):1213-1225.

梁涛,卢仁,2017.豫西嵩县乌桑沟岩体锆石 U-Pb 定年及地质意义[J].地质论评,63(S):45-46.

林强,葛文春,马瑞,等,1999.地壳岩石的失水熔融实验[J].长春科技大学学报,29(3):209-214.

刘丙祥,2014.北秦岭地体东段岩浆作用与地壳演化[D].合肥:中国科学技术大学.

刘源骏,2016.变质作用与金红石成矿[J].资源环境与工程,30(S1):71-75.

卢欣祥,罗照华,黄凡,等.2017.小岩浆大流体成大矿与透岩浆流体成矿作用:以东秦岭-大别山成矿带钼矿床为例[J].岩石学报,33(5):1554-1570.

陆松年,陈志宏,李怀坤,等,2005.秦岭造山带中两条新元古代岩浆岩带[J].地质学报,79(2):165-173.

陆松年,李怀坤,李惠民,等,2003.华北克拉通南缘龙王幢碱性花岗岩 U-Pb 年龄及其地质意义[J].地质通报,22(10):762-768.

罗照华,卢欣祥,陈必河,等,2009.透岩浆流体成矿作用导论[M].北京:地质出版社.

罗照华,卢欣祥,郭少丰,等,2008.透岩浆流体成矿体系[J].岩石学报,24(12):2669-2678.

罗照华,莫宣学,卢欣祥,等,2007.透岩浆流体成矿作用:理论分析与野外证据[J].地学前缘,14(3):165-183.

聂虎,2016.南秦岭东段构造热事件与地壳演化[D].合肥:中国科学技术大学.

牛宝贵,富云莲,刘志刚,等,1993.鄂北蓝片岩的^{40}Ar/^{39}Ar 定年及其地质意义[J].科学通报,38(14):1309-1313.

潘桂棠,肖庆辉,陆松年,等,2008.大地构造相的定义、划分、特征及其鉴别标志[J].地质通报,27

(10):1613-1637.

彭翼,黄凡,卢欣祥,等,2017.河南省构造演化与矿床成矿系列[J].矿床地质,36(6):1352-1366.

任纪舜,朱俊宾,李崇,等,2019.秦岭造山带是印支碰撞造山带吗?[J].地球科学,44(5):1476-1486.

田伟,魏春景,2005.北秦岭造山带加里东期低 Al-TTD 系列:岩石特征、成因模拟及地质意义[J].中国科学(D 辑),35(3):215-224.

万渝生,刘敦一,王世炎,等,2009.登封地区早前寒武纪地壳演化—地球化学和锆石 SHRIMP U-Pb年代学制约[J].地质学报,83(7):982-999.

王浩,2014.东秦岭桐柏造山带新元古代—早古生代不同阶段演化的变质和岩浆作用[D].武汉:中国地质大学(武汉).

王龙,吴海,张瑞,等,2018.碳酸盐台地的类型、特征和沉积模式:兼论华北地台寒武纪陆表海—淹没台地的沉积样式[J].地质论评,64(1):62-76.

王梦玺,王焰,赵军红,2012.扬子板块北缘周庵超镁铁质岩体锆石 U/Pb 年龄和 Hf-O 同位素特征:对源区性质和 Rodinia 超大陆裂解时限的约束[J].科学通报,57(34):3283-3294.

王涛,王晓霞,田伟,等,2009.北秦岭古生代花岗岩组合、岩浆时空演变及其对造山作用的启示[J].中国科学(D 辑),39(7):949-971.

王宗起,闫臻,王涛,等,2009.秦岭造山带主要疑难地层时代研究的新进展[J].地球学报,30(5):561-570.

徐少康,2011.方城县柏树岗金红石矿床 40Ar—39Ar 法年龄及其地质意义[J].中国非金属矿工业导刊,93(6):55-57.

徐少康,2012.八庙-青山金红石矿床成矿年龄[J].化工矿产地质,34(3):129-134.

薛怀民,马芳,宋永勤,2011.扬子克拉通北缘随(州)—枣(阳)地区新元古代变质岩浆岩的地球化学和 SHRIMP 锆石 U-Pb 年代学研究[J].岩石学报,27(4):1116-1130.

闫全人,王宗起,闫臻,等,2008.秦岭造山带宽坪群中的变铁镁质岩的成因、时代及其构造意义[J].地质通报,27(9):1475-1492.

杨坤光,谢建磊,刘强,等,2009.西大别浒湾面理化含榴花岗岩变形特征与锆石 SHRIMP 定年[J].中国科学(D 辑),39(4):464-473.

曾令君,包志伟,赵太平,等,2013.华北克拉通南缘潘河~1.5Ga 正长岩的厘定及其构造意义[J].岩石学报,29(7):2425-2436.

张成立,李雷,刘良,等,2011.北秦岭古生代花岗岩成因演化及其构造意义[J].矿物岩石地球化学通报,30(增):112.

张克信,何卫红,徐亚东,等,2014.沉积大地构造相划分与鉴别[J].地球科学(中国地质大学学报),39(8):915-928.

张元朔,2019.北秦岭造山带东段显生宙花岗质岩浆作用及其演化规律[D].合肥:中国科学技术大学.

赵利刚,李承东,许雅雯,等,2019.北秦岭寨根地区富铌辉长岩地球化学特征及其构造意义[J].地球科学,44(1):135-144.

中国地质调查局发展研究中心,2014.中国断代大地构造图[M].北京:地质出版社.

朱炳泉,常向阳,2001.地球化学省与地球化学边界[J].地球科学进展,16(2):153-162.

朱炳泉,常向阳,邱华宁,等,1998.地球化学急变带的元古宙基底特征及其与超大型矿床产出的关系[J].中国科学(D 辑),28(增刊):63-70.

LIU X C,JAHN B M,LI S Z,et al,2013. U-Pb zircon age and geochemical constraints on tectonic evolution of the Paleozoic accretionary orogenic system in the tongbai orogen,central China[J]. Tectonophysics,599:67-88.

QU K,SIMA X,ZHOU H Y,et al,2019. In situ LA-MC-ICP-MS and ID－TIMS U-Pb ages of bastnäite－(Ce) and zircon from the Taipingzhen hydrothermal REE deposit:New constraints on the later Paleozoic granite-related U-REEmineralization in the North Qinling Orogen,Central China[J]. Journal of Asian Earth Sciences,173:352-363.

阿尔金造山带西段塔什萨依片麻岩的成因及构造环境探讨

黄海涛[1,2,3,4],李　沛[1,2,3,4],徐琪惠[1,2,3],李睿鹏[1,2,3,4],何　鹏[1,2,3,4]

(1.河南省地质局,河南 郑州　450001;2.河南省豫地科技集团有限公司,河南 郑州　450001;
3.河南省地质矿产勘查开发局第二地质勘查院,河南 郑州　450001;
4.河南省自然资源科技创新中心(深部调查与评价技术方法研究),河南 郑州　450001)

摘　要:塔什萨依黑云二长花岗质片麻岩出露于阿尔金造山带西段塔什萨依河口,岩石具高硅[$w(SiO_2)$为72.43%～73.44%]、富碱[$w(Na_2O+K_2O)$为7.43%～7.75%]的特征,岩石里特曼指数σ=1.83～2.03,属钙碱性系列;铝过饱和指数A/CNK=1.32～1.43,为过铝质系列岩石;富集Rb、K、Th、U等大离子亲石元素,相对亏损Nb、Ti、P、Ta等高场强元素,具有典型的大陆碰撞型花岗岩特征;稀土总量较高,其中轻稀土元素富集,轻、重稀土元素分馏较明显[$(La/Yb)_N$为11.22～23.68],Eu负异常明显(δEu为0.44～0.63),总体呈右倾"V"形稀土配分模式,具典型地壳重熔型花岗岩特征。这些地球化学特征表明原岩为变质砂岩部分熔融的产物。它可能形成于同碰撞的构造地质环境。

关键词:岩石地球化学;花岗质片麻岩;同碰撞;阿尔金

阿尔金山脉位于塔里木盆地东南缘,东接祁连山、西临东昆仑,形成于古生代加里东期的阿尔金造山带,早期经历古板块的相互俯冲和碰撞作用,在中、新生代经历了走滑运动,造山带内由不同时期、不同构造环境的地质体所组成(何鹏等,2020)。

近年来,阿尔金及其周边地区的研究逐渐受到大量学者的关注。刘永顺等(2009)在阿尔金山东延地区,发现1.0～0.8Ga存在新元古代碰撞造山及大规模岩浆活动。Lu等(2008)认为在古元古代(约1.8Ga)之后塔里木接受中元古代被动大陆边缘沉积,直到约1.0Ga开始转化为活动大陆边缘,之后1.0～0.76Ga期间一直处于活动大陆边缘,经历了中—新元古代与罗迪尼亚(Rodinia)超大陆聚合相关的造山事件,经此次构造事件(晋宁运动),塔里木变质基底最终固结。张建新等(2011)认为阿尔金造山带在新元古代早期(940～920Ma)的构造热事件与罗迪尼亚超大陆汇聚相关,而在新元古代晚期(760Ma左右)则与罗迪尼亚超大陆裂解有关,它们普遍遭受了早古生代变质作用的改造。

笔者在阿尔金北缘拜什托格拉克一带1∶5万区调过程中,在调查区中部发现尧勒萨依片麻岩和塔什萨依片麻岩。经笔者分析研究,尧勒萨依片麻岩岩性为黑云母二长花岗质片麻岩,锆石U-Pb年龄为(927±3)Ma,具S型花岗岩特征,形成于汇聚碰撞的构造环境,为地壳变质砂岩部分熔融的产物。而对于塔什萨依片麻岩,笔者根据野外观察,结合岩石学、地球化学等方法,探讨了塔什萨依片麻岩的成因和构造环境,进而对阿尔金造山带西段地区地质构造演化发展提供新线索(何鹏,2021)。

基金项目:新疆维吾尔自治区地质勘查基金项目(编号:K16—1—LQ12)资助。

作者简介:黄海涛(1981—),男,高级工程师,从事地质矿产勘查工作。E-mail:poormanxy@163.com。

1　地质特征

塔什萨依片麻岩主要分布于塔什萨依河口附近，区域上位于阿尔金造山带阿中地块北缘西段(图 1a、b)的阿尔金弧盆系与塔里木地块的接触部位，主要岩性为黑云二长花岗质片麻岩，岩体总体呈东西向展布，出露形态受构造控制明显，北部第四系覆盖强烈，出露围岩为长城系贝壳滩岩组片麻岩、斜长角闪岩、大理岩等(图 1c)。

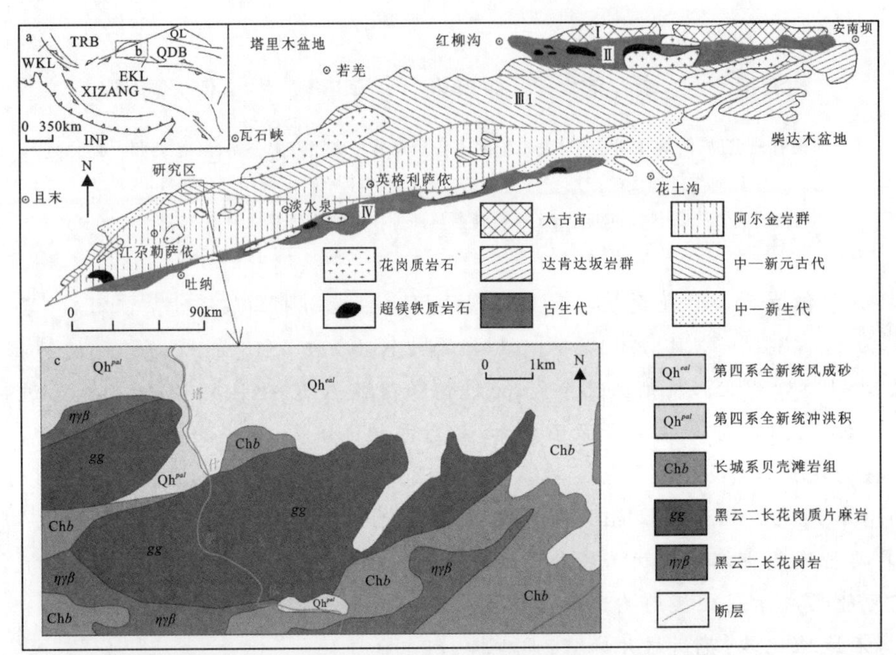

Ⅰ.阿北地块；Ⅱ.拉配泉-红柳沟(蛇绿)构造混杂岩带；Ⅲ.阿中地块；Ⅲ1.浅变质岩隆起带；Ⅲ2.深变质杂岩隆起带；Ⅳ.茫崖-阿帕(蛇绿)构造混杂岩带；XIZANG.西藏；INP.印度板块；HMLY.喜马拉雅山；EKL.东昆仑山；WKL.西昆仑山；QDB.柴达木盆地；QL.祁连山；TRB.塔里木盆地。

图 1　阿尔金造山带构造简图和研究区地质简图(据陈培伟等，2019 修改)

黑云二长花岗质片麻岩新鲜面呈灰白色、灰色，中细粒鳞片粒状变晶结构，眼球状、片麻状构造(图 2)。岩石主要由斜长石(30%～35%)、钾长石(30%～35%)、石英(20%～25%)、黑云母(5%～8%)组成，副矿物有磷灰石，次生矿物有绢云母、方解石。此外，岩石中不均匀分布有石榴子石，粒径小于 2mm，含量小于 1%。斜长石主要呈基质和碎斑分布，碎斑粒径多在 0.5～1mm 之间，其中基质中的斜长石呈细粒变晶结构，粒径多在 0.05～0.1mm 之间，受动力作用影响，斜长石呈定向条带状初糜棱结构；碎斑中的斜长石则呈黏土化、绢云母化。钾长石呈半自形粒状，粒径在 0.01～0.5mm 之间，受动力作用破碎明显。石英呈他形粒状，粒径多在 0.02～0.2mm 之间，少量粒径在 0.5～3.0mm 之间，受动力作用破碎明显。黑云母呈鳞片状，片径多在 0.01～0.1mm 之间，总体呈条纹条带状集中，定向分布。磷灰石呈粒状，粒径在 0.01～0.1mm 之间。

2　采样及样品分析

本次研究选取 4 件新鲜的样品进行主量元素、稀土元素及微量元素分析。主量元素、稀土元素和微量元素样品检测在河南省地质矿产勘查开发局第二地质勘查院化验室完成。主量元素测定使用仪器为 X 射线荧光光谱仪(PW1401/10)，分析的相对标准偏差<5%。稀土元素和微量元素分析采用的仪器为美国安捷伦科技有限公司 Agilent 7500A 型电感耦合等离子体质谱仪，样品测试经国标样 GBW07103、GBW07104 监控，分析的相对标准偏差<10%。

a. 塔什萨依片麻岩野外露头照片

b. 显微结构照片

图 2 塔什萨依片麻岩野外露头照片(a)及显微结构照片(b)

3 岩石地球化学特征

3.1 主量元素特征

根据主量元素分析结果(表 1),塔什萨依片麻岩样品 SiO_2 含量为 72.43%~73.44%,平均值为 72.92%,较富硅;分异指数 DI 为 86.06~87.16,表明岩石经历不同程度分异结晶作用;Na_2O+K_2O 含量为 7.43%~7.75%,全碱含量较高;K_2O/Na_2O 为 1.41~1.81,富钾;里特曼指数 σ 为 1.83~2.03,平均为 1.92;碱度率 AR 为 2.18~2.47。在 TAS 图解(图 3)上,样品投点均落入花岗岩区域及亚碱性系列;在 SiO_2-K_2O 图解(图 4a)中,样品投点均落入高钾钙碱性系列。Al_2O_3 含量为 13.41%~14.12%,铝饱和指数A/CNK为 1.32~1.43。在 A/CNK - A/NK 图解(图 4b)中,样品投点均落入过铝质区域内。MgO 含量为 0.21%~0.31%,TFe_2O_3 含量为 2.81%~3.48%,铁镁含量较低。

表 1 塔什萨依片麻岩主量元素(%)、微量元素(10^{-6})和稀土元素(10^{-6})分析结果及特征参数

样号	P5-2	P4-5	P3-1	P3-2	样号	P5-2	P4-5	P3-1	P3-2
SiO_2	72.55	73.44	73.24	72.43	Tb	0.96	1.09	1.17	1.21
Al_2O_3	13.41	14.12	13.78	13.44	Dy	6.68	7.09	7.55	7.75
Fe_2O_3	1.04	0.96	0.95	1.18	Ho	1.12	1.24	1.34	1.42
FeO	1.84	1.70	1.67	2.07	Er	2.97	2.99	3.25	3.6
TiO_2	0.37	0.34	0.34	0.38	Tm	0.43	0.45	0.48	0.52
CaO	1.59	1.35	1.49	1.26	Yb	1.93	2.23	2.31	2.55
MgO	0.28	0.21	0.25	0.31	Lu	0.26	0.27	0.32	0.36
K_2O	4.57	4.37	4.39	4.93	ΣREE	238.53	277.71	313.98	206.66
Na_2O	3.18	3.11	3.04	2.73	LREE	218.81	257.06	292.14	183.31
P_2O_5	0.13	0.15	0.13	0.12	HREE	19.72	20.65	21.84	23.35
MnO	0.03	0.03	0.03	0.03	LREE/HREE	11.10	12.45	13.38	7.85
LOSS	0.96	0.51	0.86	1.06	δEu	0.44	0.51	0.63	0.55
TOTAL	99.95	100.29	100.17	99.94	δCe	0.94	0.99	1.02	1.06
A/NK	1.32	1.43	1.41	1.37	$(La/Yb)_N$	21.32	22.34	23.68	11.22

续表 1

样号	P5-2	P4-5	P3-1	P3-2	样号	P5-2	P4-5	P3-1	P3-2
A/CNK	1.03	1.15	1.11	1.11	$(La/Sm)_N$	5.96	7.49	8.39	3.76
DI	86.13	87.16	86.42	86.06	$(Gd/Yb)_N$	2.30	1.96	1.94	1.93
AR	2.47	2.34	2.32	2.18	Li	42.19	63.52	43.75	34.62
σ	2.03	1.84	1.83	1.99	Sr	215.02	344.56	240.69	203.98
R_1	2 547.23	2 684.70	2 692.64	2 604.72	Rb	222.47	157.09	198.13	196.55
R_2	447.06	431.83	442.13	413.83	Ba	626.42	876.22	829.14	714.98
La	57.37	69.46	76.26	39.89	Th	14.29	11.55	20.57	22.96
Ce	102.56	123.06	143.45	88.05	U	1.42	1.62	1.92	3.21
Pr	12.47	13.26	15.64	10.32	Zr	140.02	198.22	182.21	224.62
Nd	39.37	44.35	49.75	37.05	Nb	23.28	25.88	16.54	23.08
Sm	6.21	5.99	5.87	6.85	Hf	4.18	5.63	6.14	7.85
Eu	0.83	0.94	1.17	1.15	Ta	1.61	1.89	1.23	2.68
Gd	5.37	5.29	5.42	5.94	Y	14.29	17.32	18.23	18.88

注:分析单位为河南省地质矿产勘查开发局第二地质勘查院,2017。其中,$A/CNK=\frac{n(Al_2O_3)}{n(CaO)+n(Na_2O)+n(K_2O)}$;$A/NK=\frac{n(Al_2O_3)}{n(Na_2O)+n(K_2O)}$;DI=Q+Or+Ab+Ne+Lc+Kp (CIPW 计算数据);$AR=\frac{w(Al_2O_3)+w(CaO)+2w(Na_2O)}{w(Al_2O_3)+w(CaO)-2w(Na_2O)}$;$\sigma=\frac{[100w(Na_2O)+100w(K_2O)]^2}{100w(SiO_2)-43}$;$R_1=4n(Si)-11[n(Na)+n(K)]-2[n(Fe)+(Ti)]$;$R_2=6n(Ca)+2n(Mg)+n(Al)$。

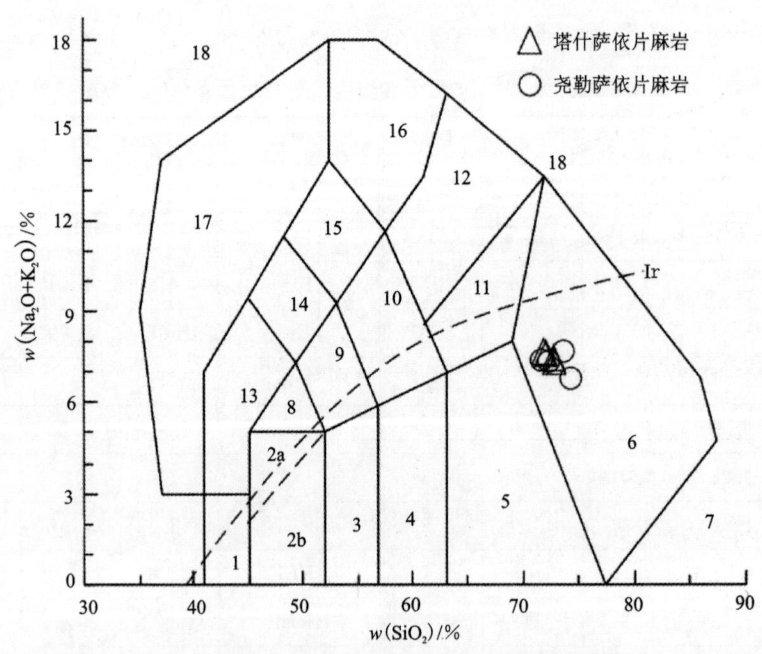

1. 橄榄辉长岩;2a. 碱性辉长岩;2b. 亚碱性辉长岩;3. 辉长闪长岩;4. 闪长岩;5. 花岗闪长岩;6. 花岗岩;7. 硅英岩;8. 二长辉长岩;9. 二长闪长岩;10. 二长岩;11. 石英二长岩;12. 正长岩;13. 副长石辉长岩;14. 副长石二长闪长岩;15. 副长石二长正长岩;16. 副长正长岩;17. 副长深成岩;18. 磷霞岩/霓方钠岩/粗白榴岩;Ir. 分界线,上方为碱性,下方为亚碱性。

图 3　塔什萨依片麻岩 TAS 分类图解(底图据 Middlemost,1994)

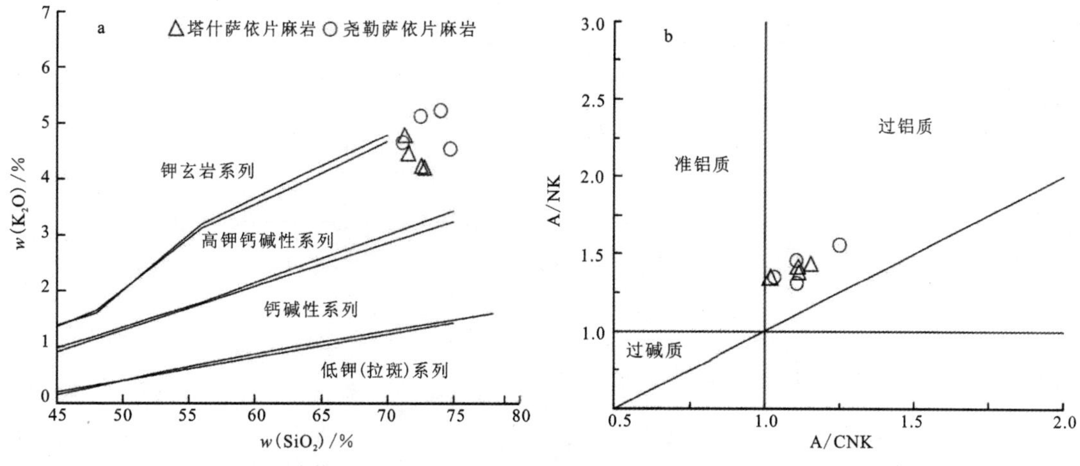

图 4 塔什萨依片麻岩 SiO_2-K_2O 图解(a,底图据 Maniar and Piccoil,1989)和 A/CNK-A/NK 图解(b,底图据 Irvine and Baragar,1971)

3.2 稀土及微量元素特征

塔什萨依片麻岩稀土总量∑REE 为 $206.66\times10^{-6}\sim313.98\times10^{-6}$,平均∑REE 为 259.22×10^{-6}。LREE/HREE 为 7.85~13.38,$(La/Yb)_N$ 为 11.22~23.68,$(La/Sm)_N$ 为 3.76~8.39,$(Gd/Yb)_N$ 为 1.93~2.30,δEu 为 0.44~0.63,δCe 为 0.94~1.06,结合稀土元素配分图(图 5a),稀土元素呈轻稀土富集、重稀土亏损的右倾型配分模式;Eu 亏损(δEu 为 0.44~0.63),Eu 弱亏损可能与斜长石分离结晶或源区残留相关。

由微量元素分析结果(表 1)结合微量元素蛛网图(图 5b)可知,塔什萨依片麻岩样品配分曲线特征相似,大离子亲石元素富集 Rb、K、Th、U,亏损 Ba、Sr;Nb、Ta、P、Ti 等高场强元素相对亏损。Ba、Sr、Nb 负异常表明受长石分离结晶的影响,而 Nb、Ti 的亏损可能是钛铁矿或榍石的分离结晶造成的。

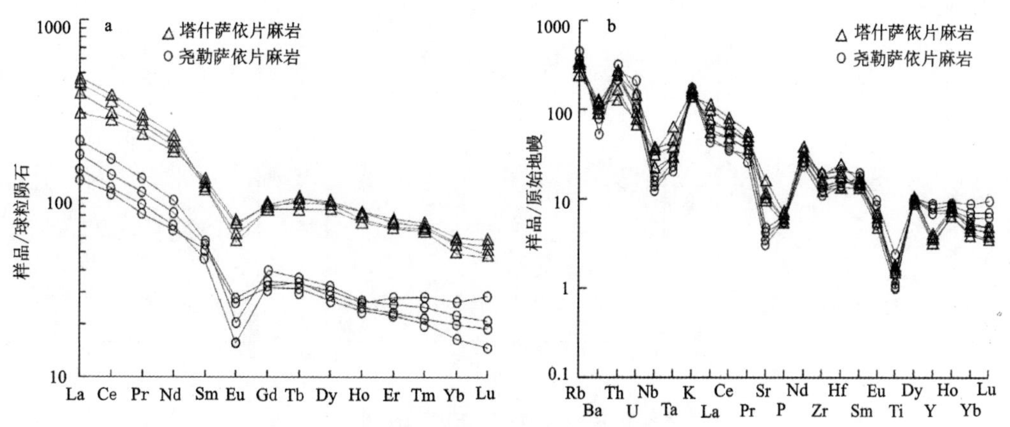

图 5 塔什萨依片麻岩稀土元素配分图(a,标准化数值据 Boynton,1984)和微量元素蛛网图(b,标准化数据 Sun and McDonough,1989)

4 讨论

4.1 成因分析

S 型花岗岩铝饱和指数 A/CNK>1,呈过铝质,P_2O_5 含量与 SiO_2 含量呈正相关,含石榴子石等富铝矿物。塔什萨依片麻岩铝饱和指数 A/CNK>1,具过铝质的岩石特征;P_2O_5含量与SiO_2含量呈正相关;CIPW 标准矿物计算含刚玉等过铝质矿物,以上特征显示塔什萨依片麻岩具 S 型花岗岩特征。

塔什萨依片麻岩呈高硅、高钾钙碱性过铝质的岩石特征。主要元素SiO_2含量为 72.43%~73.44%、K_2O/Na_2O为 1.41~1.81、Al_2O_3/TiO_2为 35.37~41.53、CaO/Na_2O为 0.43~0.50,与由地壳沉积岩部分熔融所形成的 S 型花岗岩地球化学特征[$w(SiO_2)<74\%$、$K_2O/Na_2O>1$、$Al_2O_3/TiO_2<100$、$CaO/Na_2O>0.3$]相一致(路凤香,桑隆康,2002),指示其源岩为地壳沉积岩。此外,$Mg^{\#}$值也是判断岩浆熔体是壳源或幔源的有效参数,地壳熔融所形成的岩石$Mg^{\#}$值较低(<40),而$Mg^{\#}$值>40 的岩石则可能存在地幔物质的加入(Rapp et al.,1999),塔什萨依片麻岩具较低$Mg^{\#}$值($Mg^{\#}$值为 12.74~15.24),指示其主要来源于地壳的部分熔融。

壳熔型花岗岩$\sum REE>170\times10^{-6}$、$(La/Yb)_N<10$,$\delta Eu<0.6$,稀土元素配分模式呈右倾"V"形(王中刚等,1989)。塔什萨依片麻岩$\sum REE$平均为259.22×10^{-6}、$(La/Yb)_N$平均为 19.64、δEu平均为 0.53,稀土元素配分模式呈右倾"V"形,显示其具地壳重熔型花岗岩特征。

塔什萨依片麻岩中微量元素 Nb 含量为$16.54\times10^{-6}\sim25.88\times10^{-6}$(平均为$22.20\times10^{-6}$),高于地壳岩石的 Nb 的值[$8\times10^{-6}\sim(11.5\pm2.6)\times10^{-6}$](Barth et al.,1999);样品 Rb/Sr 为 0.46~1.03(平均为 0.82),高于地壳的平均值(0.35);样品 Nb/Ta 为 8.61~14.46(平均为 12.55),相较上地幔平均值(17.5)低,和大陆地壳 Nb/Ta 的值(10~14)相当(赵振华等,2008);样品 Ti/Zr 为 4.22~10.88(平均为 8.16),与地壳平均值(<20)一致。样品富集大离子亲石元素 Rb、K、Th、U,相对亏损 Ba、Sr;Nb、Ta、P、Ti 等高场强元素,与典型的陆壳重熔型花岗岩相似。

研究表明,地壳中泥砂质沉积岩类部分熔融可能形成富铝和富钾质的花岗岩,碎屑沉积岩类部分熔融形成偏酸性的过铝质花岗岩类(Sylvester,1998),塔什萨依片麻岩具过铝质岩石特点,在源岩图解(图 6)中均落入杂砂岩变质熔融范围内。

综上所述,塔什萨依片麻岩应为地壳变质砂岩部分熔融的 S 型花岗岩。

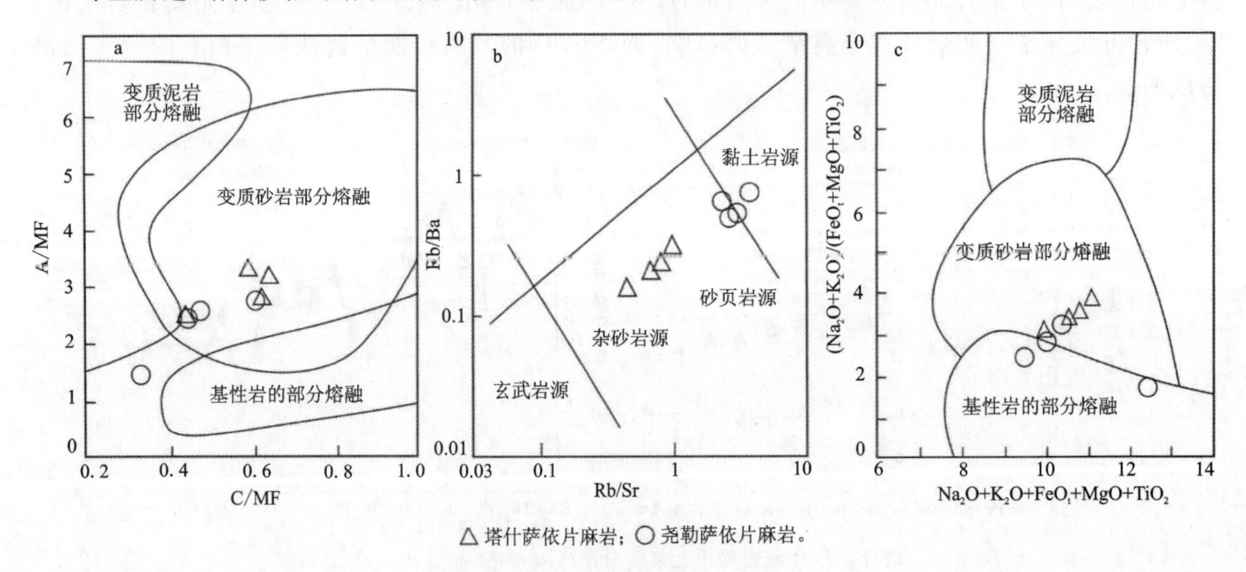

图 6　塔什萨依片麻岩判别图解

(a. 底图据 Altherr et al.,2000;b. 底图据 Sylvester,1998;c. 底图据 Kaygusuz et al.,2008)

4.2　构造环境探讨

在阿尔金北缘拜什托格拉克一带 1∶5 万区调过程中,笔者发现塔什萨依片麻岩与本研究区东南侧尧勒萨依片麻岩具有极其相似的岩石学特征、岩石地球化学特征及地质特征。笔者利用高精度 LA-ICP-MS锆石 U-Pb 测年,确定了尧勒萨依片麻岩为新元古代早期青白口纪产物(何鹏,2021)。通过对比研究，笔者认为塔什萨依片麻岩与尧勒萨依片麻岩形成时代相近，可能同属于新元古代早期产物。

塔什萨依片麻岩富集 Rb、K、Th、U 等大离子亲石元素和轻稀土元素，相对亏损 Nb、Ta、P、Ti 等高场强元素，具高钾钙碱性过铝质岩石系列的 S 型花岗岩特征。根据 BarBarin(1999)的花岗岩分类，塔什萨依片麻岩与大陆碰撞环境花岗岩特征一致，其微量元素蛛网图与陆-陆碰撞 S 型花岗岩特征一致。

在 Pearce 等(1984)定义的花岗岩类构造环境判别图(图 7)上，样品投点均落到火山弧及碰撞区域；在 R_1-R_2 图解(图 8)中，样品投点基本落入同碰撞区域。

近年来，在阿尔金地区构造杂岩带中发现大量新元古代早期与同碰撞花岗岩岩石化学、地球化学特征相似的花岗质片麻岩，且都沿构造线东西向呈带状展布，说明在新元古代存在与罗迪尼亚超大陆汇聚事件有关的大规模岩浆活动。结合区域地质特征，认为塔什萨依片麻岩应该形成于同碰撞的构造地质环境。

5 结论

(1)塔什萨依片麻岩为黑云二长花岗质片麻岩。它具有高硅、高钾钙碱性过铝质的岩石特征，以及富集 U、Th、K、Rb 等大离子亲石元素(LILE)、亏损 Ti、P、Ta、Nb 等高场强元素(HFSE)、负 Eu 异常等化学特征，属 S 型花岗岩。

(2)塔什萨依片麻岩为地壳变质砂岩部分熔融产物，形成于同碰撞的构造环境，表明与罗迪尼亚超大陆汇聚事件有关的岩浆响应在阿尔金地区表现明显，这为研究阿尔金造山带西段地质构造形成发展提供了新线索。

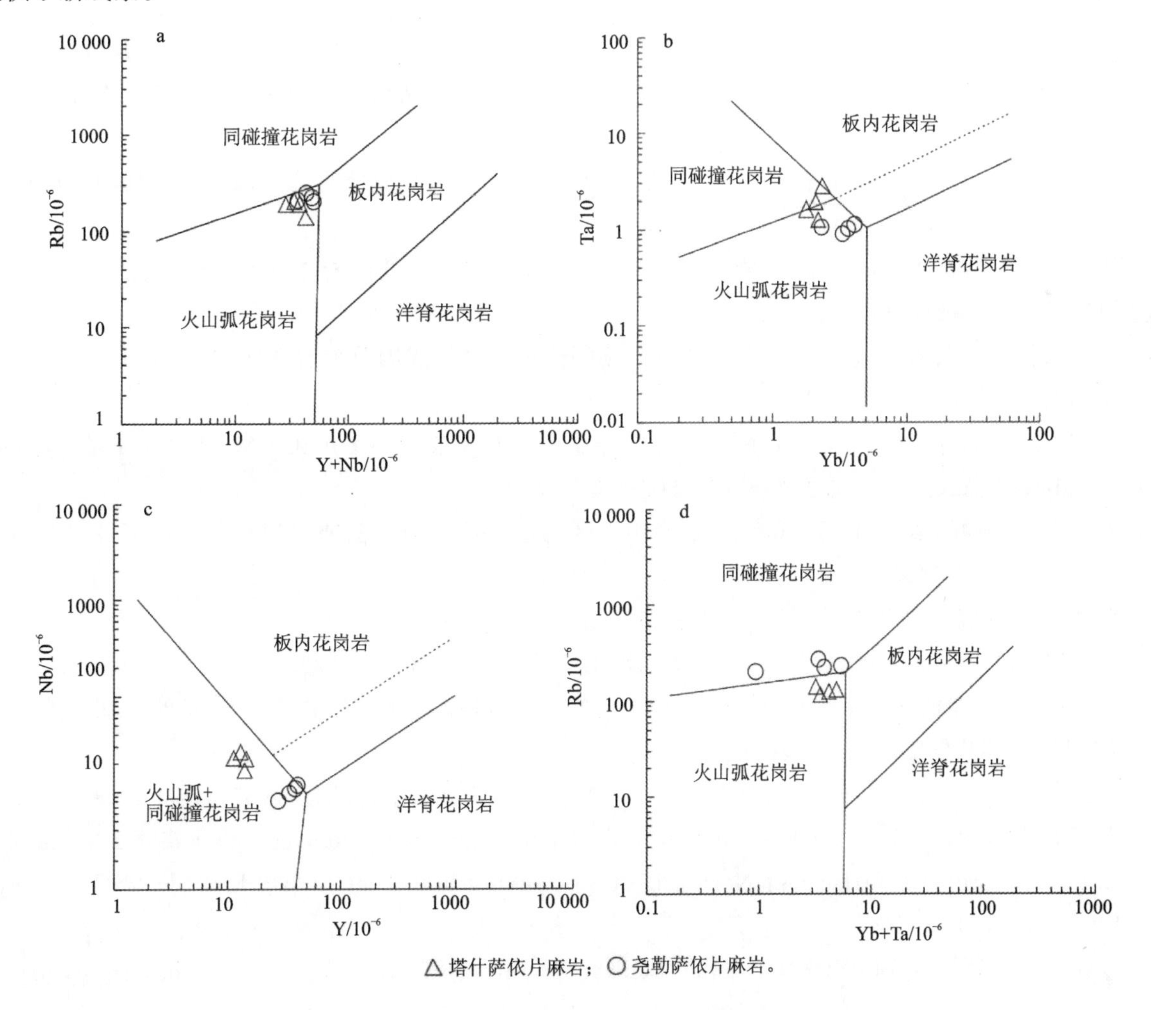

图 7 塔什萨依片麻岩构造环境判别图

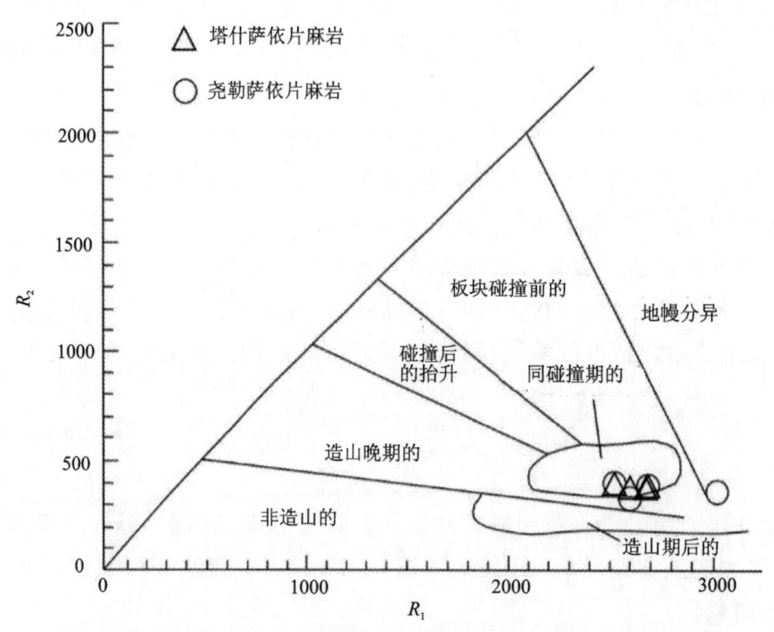

图 8 塔什萨依片麻岩 R_1-R_2 图解(底图据 Bachelor and Bowden,1985)

主要参考文献

陈培伟,芦西战,何鹏,等,2019. 阿尔金北缘拜什托格拉克一带 1∶50 000 J45E011012、J45E011013、J45E011014 三幅区域地质调查报告[R]. 郑州:河南省地质矿产勘查开发局第二地质勘查院.

何鹏,2021. 新疆阿尔金北缘拜什托格拉克一带 1∶5 万三幅区域地质矿产调查新进展[J]. 中国矿业, 30(S1):255-259.

何鹏,芦西战,杨睿娜,等,2020. 阿尔金北缘尧勒萨依河口 I 型花岗岩岩石地球化学、锆石 U-Pb 年代学研究[J]. 矿产勘查,11(9):1822-1830.

何鹏,杨潘,芦西战,等,2022. 阿尔金北缘尧勒萨依花岗岩的成因及构造意义:锆石 U-Pb 年龄和地球化学制约[J]. 地质科学,57(1):230-242.

何鹏,杨睿娜,陈培伟,等,2021. 阿尔金北缘尧勒萨依片麻岩锆石 LA-ICP-MS U-Pb 年龄、地球化学特征及其地质意义[J]. 地质论评,67(3):803-815.

刘永顺,于海峰,辛后田,等,2009. 阿尔金山地区构造单位划分和前寒武纪重要地质事件[J]. 地质通报, 20(10):1430-1438.

路凤香,桑隆康,2002. 岩石学[M]. 北京:地质出版社.

王中刚,于学元,赵振华,1989. 稀土元素地球化学[M]. 北京:科学出版社.

张建新,李怀坤,孟繁聪,等,2011. 塔里木盆地东南缘(阿尔金山)"变质基底"记录的多期构造热事件:锆石 U-Pb 年代学的制约[J]. 岩石学报,27(1):23-46.

赵振华,熊小林,王强,等,2008. 铌与钽的某些地球化学问题[J]. 地球化学,37(4):304-320.

ALTHERR R,HOLL A,HEGNER E ,et al. ,2000. High - potassium,calc - alkaline I - type plutonism in the European Variscides: Northern Vosges (France) and northern Schwarzwald (Germany) [J]. Lithos. ,50(1): 51-73.

BACHELOR R A,BOWDEN P,1985. Petrogenetic interpretation of granitoid rock series usingmulticationic parameters[J]. Chemical Geology,48(1/4): 43-55.

BARBARIN B,1999. A review of the relationships between granitoid types,their origins and their geodynamic environments[J]. Lithos. ,46: 605-626.

BARTHM G,MCDONOUGH W F , RUDNICK R L,1999. Tracking the budget of Nb and Ta in the continental crust[J]. Chemical Geology,165(3-4): 197-213.

CHAPPELL B W,1999. Aluminium saturation in I - and S - type granites and the characterization of fractionated haplogranites[J]. Lithos. ,46(3):535-551.

IRVINE T N , BARAGAR W R A,1971. A guide to the chemical classification of the common volcanic rocks[J]. Canadian Journal of Earth Sciences,8(5):523-548.

KAYGUSUZ A,SIEBEL W,SEN C,et al. ,2008. Petrochemistry and petrology of I—type granitoids in an arc setting: The composite Torul pluton,Eastern Pontides,NE Turkey[J]. International Journal of Earth Sciences,97(4):739-764.

LU S N,LI H K,ZHANG C L,et al. ,2008. Geological and geochronological evidence for the Precambrian evolution of the Tarim Craton and surrounding continental fragments[J]. Precambriam Research,160: 94-107.

MANIAR P D , PICCOLI P M,1989. Tectonic discrimination of granitoids[J]. Geological Society of America Bulletin,101(5):635-643.

MIDDLEMOST E A K,1994. Namingmaterials in themagma/ igneous rock system[J]. Earth - Science Reviews,37(3/4): 215-224.

PEARCE J A,HARRIS N B W,TINDLE A G,1984. Trace element discrimination diagrams for the tectonic interpretation of granitic rocks[J]. Journal of Petrology,25(4): 956-983.

RAPP R P,SHIMIZU N,NORMANM D, et al. ,1999. Reaction between slab—derivedmelts and peridotite in themantle wedge: Experimental constraints at 3. 8 GPa[J]. Chemical Geology, 160 (4): 335-356.

SUN S S ,MCDONOUGH W F,1989. Chemical and isotopic systematics of oceanic basalts: Implications formantle composition and processes[J]. Geological Society London Special Publications,42: 13-345.

SYLVESTER P J, 1998. Post - collisional strongly peraluminous granites [J]. Lithos, 45 (1/4): 29-44.

河南省西峡县上庵银多金属矿矿区地质特征及找矿标志

秦林坡

(河南省有色金属地质矿产局第三地质大队,河南 郑州　450016)

摘　要:通过对上庵矿区区域地质特征、矿区地质特征、矿体特征、矿石类型等进行研究,认为该银多金属矿床受构造的影响,矿体富集存在差异,总结了银多金属矿赋存特征及矿床成因,归纳了找矿标志,并在勘查中进行了验证,结合深部工程验证得知该银多金属矿床深部成矿潜力较大。

关键词:上庵;矿区地质;矿石质量;找矿标志

0　引言

上庵银多金属矿床位于西峡县二郎坪镇北部,构造上属于秦岭造山带北缘东段。成矿序列为与古生代构造—深成花岗岩带有关的金、多金属矿床成矿亚系列。区内岩浆活动频繁、构造变动剧烈,成矿条件十分有利(伏雄等,2013)。

2003—2007 年河南省有色金属地质矿产局第三地质大队(简称河南有色地矿局三大队)在上庵矿区先后开展了地质预查、普查、详查工作,在此基础上,河南有色地矿局三大队于 2007 年 6 月—2010 年 6 月在区内开展银金铜矿普查工作(2007 年度中央地勘基金试点项目,项目编号:2007411006),圈定银多金属矿(化)体 5 个,提交小型多金属矿床 1 处,通过对以往区内其他地质科研、勘查成果的充分总结和研究,认为西峡县上庵银多金属矿尚有较大的找矿潜力。

1　区域地质概况

矿区位于秦岭褶皱系北秦岭褶皱带二郎坪地体东段。区域上岩浆活动频繁,构造变动剧烈,为一重要构造岩浆活动带。作为北秦岭褶皱带主体的二郎坪群,为早古生代形成于华北陆块南缘裂谷的一套厚度巨大的海相火山沉积岩系,后因经受加里东、海西、印支、燕山、喜马拉雅运动的强烈改造,其构造形式变得十分复杂,多期岩浆侵入活动和区域变质作用的发育,为银金等多金属矿床的形成创造了有利条件。

区域出露地层由老至新依次为古元古界秦岭群、下古生界二郎坪群、上白垩统(K_2)(伏雄等,2012)。

作者简介:秦林坡(1980—),男,工程师,主要从事地质勘查与找矿工作。Email:303712122@qq.com。

矿区为芦家坪银多金属矿集区的西延部分，矿区东部有芦家坪破碎带蚀变岩型银多金属矿区（中型）、水洞岭块状硫化物型铜铅锌矿床（中型），西部有坂场斑岩型铜钼矿区、韧性剪切带型梅子沟韧性剪切带型金多金属矿区、高庄金矿床（小型）等（图 1）。

芦家坪银多金属矿集区夹持于区域北侧北西西向瓦穴子-乔端深大断裂带及其区域南部朱阳关-夏馆深大断裂带之间。区内金属矿产星罗棋布，已发现金、银、铜、铅、锌矿床（点）多达 44 处，主要有板厂斑岩型铜矿床、银洞沟银矿床、许窑沟金矿床、天宝寨铜金矿床、老庄金矿床、东坪金矿点、侯沟金矿点、大黄沟金矿点、小东峪铜锌矿点及夏家沟铅银矿点等，显示出巨大的找矿潜力。

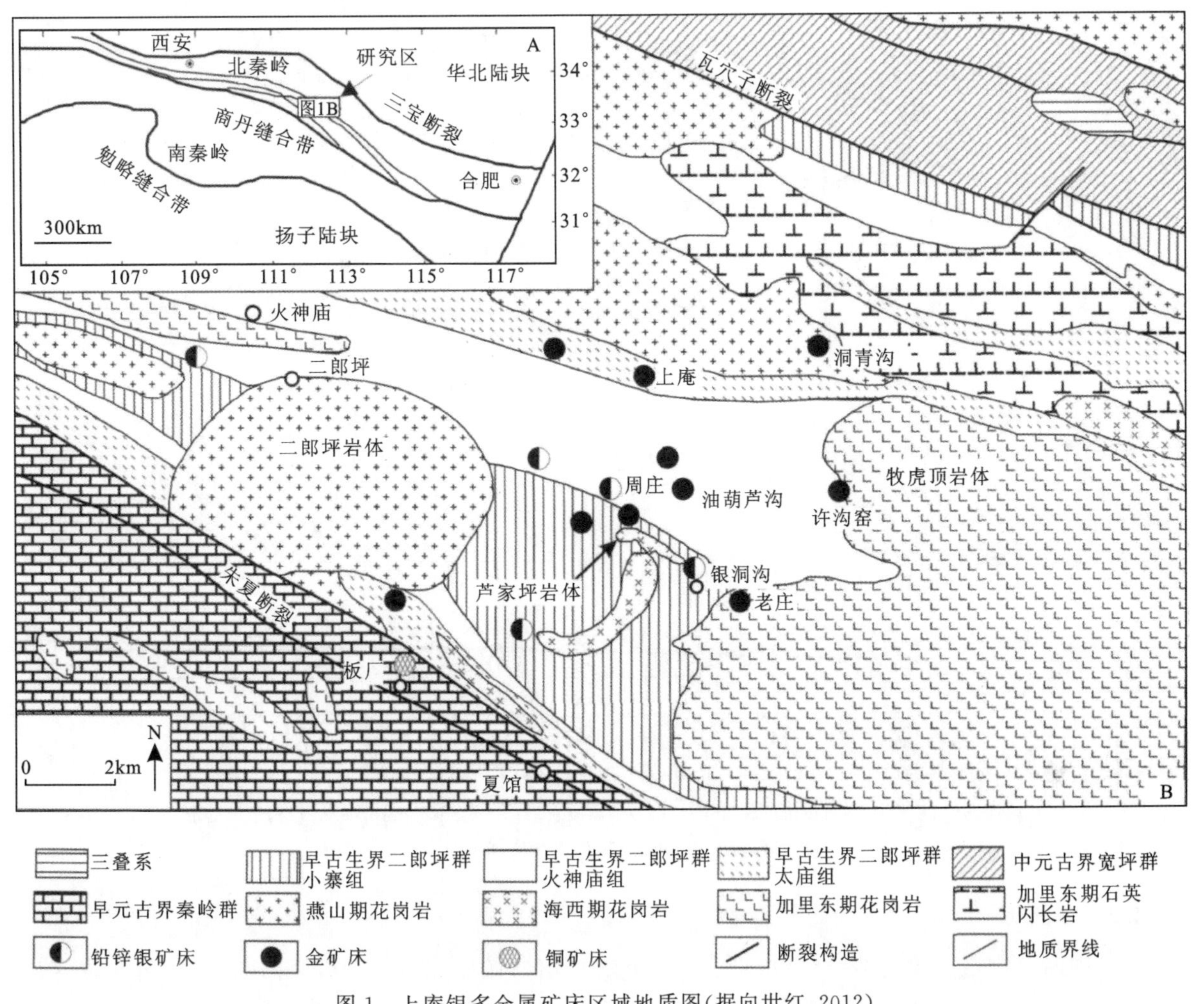

图 1 上庵银多金属矿床区域地质图（据向世红，2012）

2 矿区地质

矿区出露地层主要为下古生界二郎坪群大庙组及下伏火神庙组。前者主要分布在工作区中北部，岩性为斜长角闪片岩和大理岩等；后者则在工作区中南部大面积出露，岩性为石英角斑凝灰岩、变细碧岩和变细碧凝灰岩，为矿区的主体地层（图 2）。

2.2 矿区构造

2.2.1 褶皱

矿区褶皱构造不发育，总体表现为一走向北西西和北西、倾向北北东的单斜构造。受地质运动的影响，地层产状局部比较混乱，倾向发生倒转，局部发育一些小型褶曲和小揉皱。

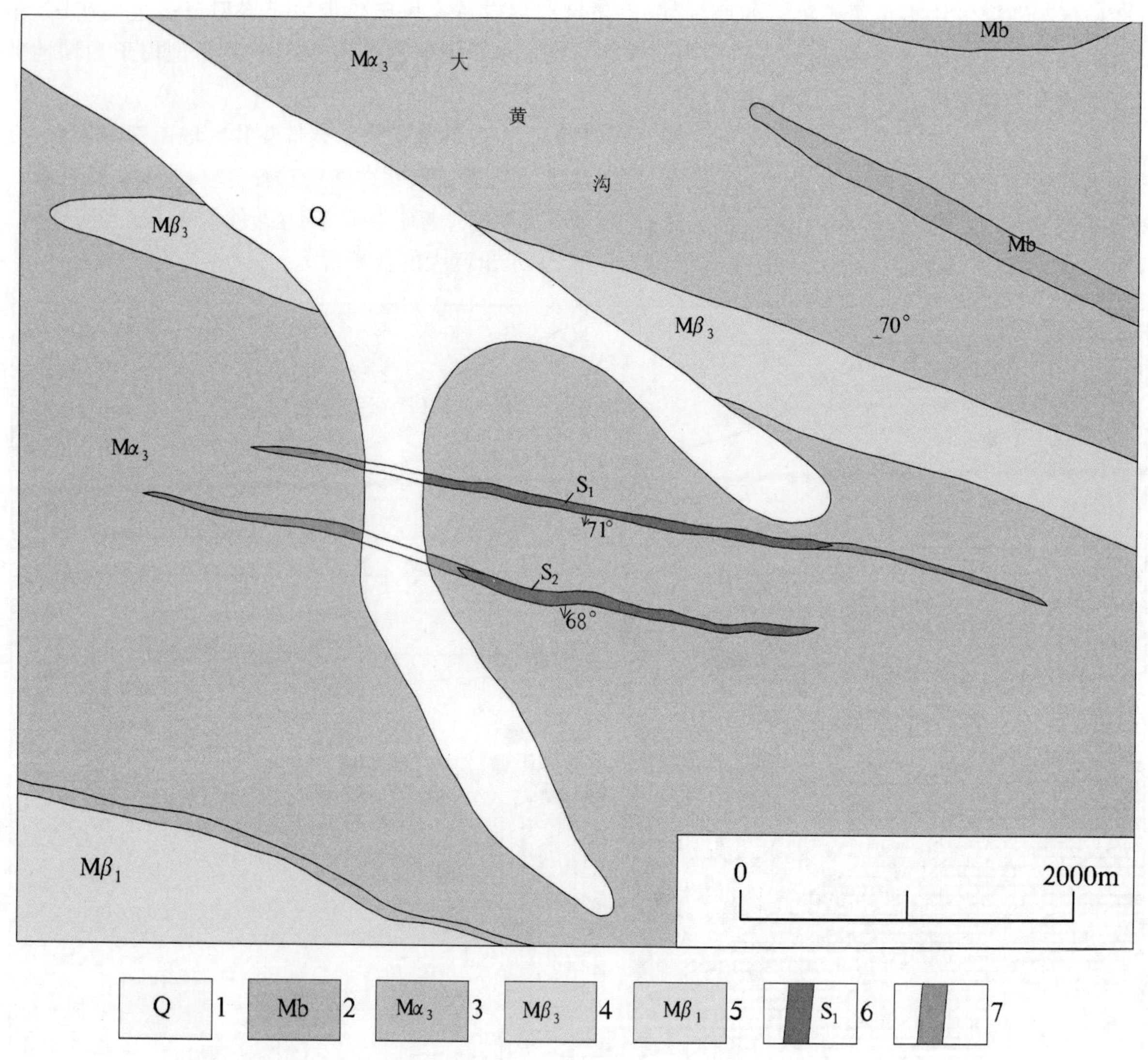

1.第四系;2.大理岩;3.石英角斑凝灰岩;4.(变)细碧凝灰岩;5.(变)细碧岩;6.矿脉;7.构造蚀变带。

图 2　上庵银多金属矿区地质简图

2.2.2　断裂

矿区内断裂构造区域构造线一致,呈北西-南东向延伸,倾向北东。少数倾向南西,倾角 65°～85°,或倾向北西,倾角 50°～70°,规模相对较小,横穿矿区东西的梅子沟-大黄沟韧性剪切带宽 800～1200m,韧性剪切带间及其两侧发育有与韧性剪带平行或斜交的次级断裂构造。这些次级断裂构造是控矿、容矿的主要构造,目前圈出的矿化带均受韧性剪切带控制。

2.3　岩浆岩

岩浆岩主要为燕山期花岗岩岩体,分布在矿区北侧,为天宝寨花岗岩岩体。该岩体长约 35km,宽约 8km,面积约 280km^2,矿区仅占一小部分。岩石呈灰白色,中粗粒花岗结构,块状构造。岩石主要组成矿物为钾长石、斜长石、石英,次要矿物为黑云母、白云母、角闪石。岩石节理发育,主要有 350°∠75°,110°∠82°,18°∠80°三组节理,其中 18°∠80°节理比较发育。

在中粗粒花岗岩岩体之中,有细粒花岗岩脉的存在。它们呈灰白色,细粒结构,块状构造,由长石、石英等矿物组成。长 10 多米,宽 1m,为后期侵入岩脉,界面清楚,见有节理,产状 260°∠60°。

另外,在北部的花岗岩体中可见有辉绿岩脉,呈灰绿色,具辉绿、细粒结构,块状构造,由辉石、角闪石、长石等矿物组成。呈岩脉产出,长 50m,宽 5～10m,产状 155°∠70°不等,与花岗岩界线清楚。辉绿岩脉内可见分散的细粒黄铁矿化，边部有不规则石英脉分布。

2.4 矿区化探异常特征

矿区内发育金银铜铅乙类异常1处，丙类异常2处：①号组合异常位于小黄沟两韧性剪切带附近，呈大致东西向长圆形展布，长大于300m，平均宽200m，异常与区内矿化富集带扣合较好；②号异常位于南侧麦子岈；③号异常位于矿区北部北沟一带，两异常中心部位皆有矿化显示。

3 矿体地质

3.1 矿体特征

上庵银金矿体严格受近东西向构造蚀变带控制，在走向上矿（化）体比较稳定，很少出现膨大缩小、分支复合现象，矿体由地表石英脉加破碎蚀变带组成，向深部过渡为细脉状、网脉状石英脉（图3）。

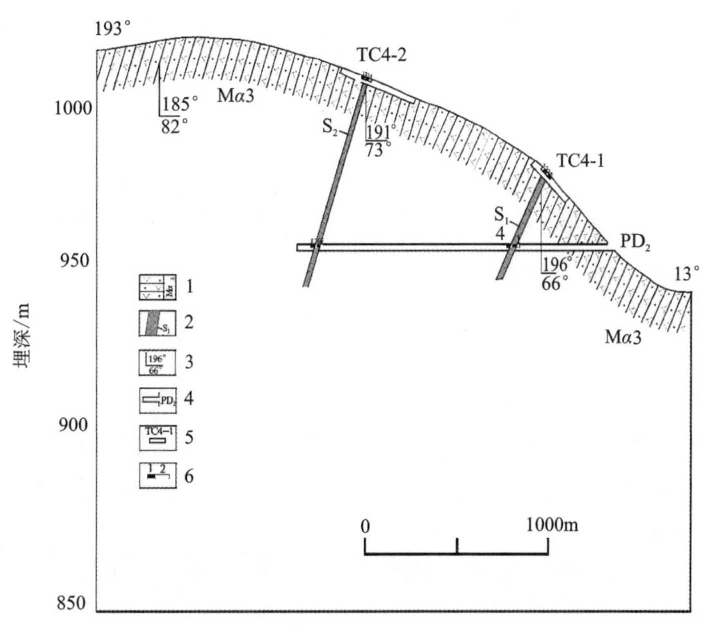

1.石英角斑凝灰岩；2.矿脉及编号；3.矿脉产状；4.平硐位置及编号；5.探槽位置及编号；6.探矿工程采样位置及编号。

图3 上庵银多金属矿区 S_2 矿体剖面图

矿区内目前发现5条银多金属矿（化）体。其中 S_1、S_2 两条矿体主元素达到工业品位，各主要矿（化）体特征如表1。

表1 上庵银多金属矿区主要矿（化）体特征一览表

矿（化）体编号	产状/(°)		控制长度/m	厚度/m	矿体平均品位（Ag、Au/10^{-6}；Pb、Zn/%）				品位变化系数（Ag）/%	厚度变化系数/%
	倾向	倾角			Ag	Au	Pb	Zn		
S_1	184～195	65～75	300	1.14	83.06	1.38	0.48	0.18	39	16
S_2	185～192	65～74	260	1.20	80.49	1.45	0.48	0.26	28	10

3.2　矿石质量

矿石中矿物主要为黄铜矿、磁铁矿、方铅矿、闪锌矿、铜蓝、孔雀石、自然金、银金矿等。

金、银主要分布于矿脉中强硅化部位，与黄铁矿、黄铜矿关系较为密切，与黄铜矿关系尤为密切。银与方铅矿关系密切，工程ⅢCT0 的 2 号样银品位达 550g/t，Pb 品位为 10%。

3.3　矿石结构构造

矿石结构为粒状结构，稠密浸染状、浸染状、稀疏浸染状构造。

矿石的物质组分较为简单，主要有用组分为 Ag，共伴生有 Au、Pb、Zn 等有益组分；有害组分主要有 As、Sb。

3.4　矿石自然类型

矿石按自然类型分为蚀变岩型和石英脉型两类。蚀变岩型可进一步分为：①浸染状矿石，即银金多金属硫化物浸染状分布于蚀变破碎的岩石中；②块状矿石，形成致密块状的石英硫化物组合；③角砾状或网脉状矿石，银金多金属硫化物星点状、网脉状充填破碎蚀变岩，但角砾轮廓保留清楚，硫化物主要沿裂隙发育，角砾间的胶结物中硫化物含量相对较多。石英脉型矿石为银金矿(化)体以石英脉形式产出，石英脉体即银金矿(化)体。

按矿石的结构构造又可分为块状矿石(即金、银等矿物与石英紧密共生，呈致密块状)、角砾状矿石(即石英脉破碎成角砾状，金、银等矿物充填其中)；其次为浸染状矿石。

矿石的工业类型为似层状银金多金属硫化物型。

4　围岩蚀变

矿(化)体赋存部位的围岩均有硅化、绢云母化、黄铁矿化、黄铜矿化等蚀变现象。

硅化：铜金矿化的主要蚀变类型。硅化强烈部位形成石英脉及石英团块，伴有强的多金属硫化物出现，是铜金矿化的主要阶段。

绢云母化：发育极为广泛，产于矿体顶底板围岩中，主要由热液交代花岗岩中的长石及黑云母等蚀变而成。

黄铁矿化：区内广泛分布的蚀变。黄铁矿大都为不规则粒状和立方体状，含量 1%～8%，粒径为 0.1～1.0mm，呈浸染状产于含矿破碎带中，部分具裂纹构造，与铜金矿化关系密切。

黄铜矿化：主要分布于矿体及破碎蚀变岩中，辉长辉绿岩脉和绢云母化花岗岩中含量很少。

5　矿床成因

(1)矿石及蚀变岩的微量元素同时继承了地层和花岗岩的一些特征，Pb 同位素指示了成矿物质的多来源特征，并显示出物源区成熟度较高。

(2)成矿热液以中性流体为主，早期主要为岩浆水，晚期则有大气降水的加入。液相包裹体测试结果显示，成矿流体中 Cl^-＞F^-、Na^+＞K^+，属 Cl^-－Na^+ 型流体，总体呈中性。晚期包裹体中离子含量减少，并逐步转变为 CO_3^{2-} 型流体，偏碱性。气相包裹体测试结果显示，从成矿早期到晚期，CH_4、N_2、C_2H_6、Ar、CO_2 含量增加，H_2O 相对减少，说明随成矿作用演化，成矿流体系统渐趋开放，越来越多的大气降水加入到成矿流体中。

(3)相关资料显示，区内铅模式年龄为 358.2～259.7Ma，成矿时代应该晚于矿区北部天宝寨岩体的形成。

综上所述，上庵银多金属矿床成因为与岩浆活动有关的热液型矿床。

6 找矿标志

（1）构造标志：北西西向次级断裂带控制了本区上庵矿段成矿带，构造蚀变破碎带控制了银金多金属矿体的展布。

北东向次级断裂带控制了本区天宝寨矿段成矿带，蚀变破碎带控制了铜金矿体的展布。

（2）蚀变与矿化标志：硅化、绢云母化、黄铁矿化、黄铜矿化为重要的找矿标志。

（3）化探的金、银异常区及物探高极化、高电阻异常是重要的找矿标志。

7 结论

上庵矿区赋矿围岩为角斑凝灰岩，矿体严格受近东西向的构造蚀变带控制，但是矿体走向方向仅有少量钻探工程控制，从控矿构造、围岩蚀变以及地球化学异常可知，矿体在走向和倾向方向均为有效控制，区内找矿空间仍然很大，但是需要开展进一步的深入研究。

主要参考文献

伏雄，门道改，汪明，等，2012. 河南省西峡县上庵-天宝寨金铜矿床地质特征及矿床成因探讨[J]. 科技传播(14)：84-86，53.

伏雄，阎仁杰，梅铁牛，等，2013. 河南省内乡县银洞沟银金多金属矿床特征及找矿前景[J]. 资源导刊(地球科技版)，32(3)：19-23.

向世红，曹纪虎，薛春纪，等，2012. 河南内乡北部铅锌银矿床成矿物质来源的S、Pb同位素制约[J]. 现代地质，26(5)：464-470.

河南省蛮子营铝土矿区地质特征、矿床成因及找矿方向

王　菲,胡　伟

(河南省有色金属地质矿产局第三地质大队,河南 郑州　450016)

摘　要:河南省宝丰县蛮子营铝土矿区位于华北地台南缘、华熊台缘坳陷、梁洼向斜北西翼的北北部,自西向东展布有两个大的逆冲断层,区内地层发育齐全,岩浆活动不太频繁,成矿区(带)属汝州-宝丰-鲁山铝土矿(带),含矿地层为中石炭统本溪组。本文通过对矿区地质特征、控矿因素等进行综合研究,认为该矿床成因为红-海陆过渡沉积铝土矿床,寒武纪碳酸盐岩风化壳为铝土矿的主要物质来源,并分析了矿区铝土矿的成矿过程。在分析矿床成因的基础上,总结了矿区的找矿方向及找矿标志,认为本区找矿空间较大,旨在为指导本地区同类型矿床的勘查提供借鉴。

关键词:铝土矿;地质特征;矿床成因;河南宝丰

0　引言

蛮子营铝土矿区位于河南省宝丰县西北方向 25km 的老郭家—蛮子营一带,行政区划隶属于宝丰县观音堂乡和大营镇。矿区所处大地构造位置为华北陆块南缘,古地理环境为古海近陆(秦岭-大别古陆)边缘,为近滨的潮汐带和潟湖环境,成矿条件优越。本区较早时期进行过少量开采,各主要铝土矿矿体均有不同程度的动用,但没有进行过系统的地质工作,本次通过宝丰县老郭家—蛮子营一带的地质详查工作,提交了 1 处小型铝土矿矿床。

前人对该区域铝土矿矿床成因和找矿前景进行过一定的研究,但对控矿因素和成矿条件分析较少。本次结合勘查工作,对矿区成矿地质背景及矿床地质特征进行综合分析研究,并对矿床成因和成矿模式进行探讨,分析了矿区找矿前景,总结了矿区的找矿方向及找矿标志,旨在为该区域内同类型铝土矿床的勘查工作提供一定的参考。

1　区域地质背景

蛮子营铝土矿区所处大地构造位置属华北地台南缘、华熊台缘坳陷、梁洼向斜北西翼的北北部,自西向东展布有两个大的逆冲断层,属于河南省铝土矿四级成矿区最南端的汝州-宝丰-鲁山铝土矿带(吴国炎,1996),为河南省富铝土矿集中区,矿区成矿条件较好,矿石品位较富,具有一定的规模和找矿前景。

区域内地层发育齐全,从太古宇—新生界均有出露,其中石炭系本溪组(C_2b)是主要的赋矿层位,构造发育,以褶皱和断裂为主,控制着区内地层和矿产的分布。地层由老至新为太古宇太华岩群($ArTh$)、

作者简介:王菲(1985—),女,本科学历,工程师,从事地质勘查与找矿工作。E-mail:471793915@qq.com。

中元古界汝阳群($Pt^{22}Ry$)、下古生界寒武系(∈)、上古生界石炭系(C)和二叠系(P)、中生界白垩系(K)、新生界第四系(Q)(席文祥,1997)。本区地质构造属于华北陆块,地质构造演化经历了3个阶段,即中元古界前造山阶段、晚古生代—三叠纪主造山阶段、侏罗纪—白垩纪后造山阶段(万天丰,2006)。区域上太古宇太华岩群曾有广泛的基性—中酸性喷发岩,已变质成斜长角闪岩,斜长角闪片麻岩等正变质岩,该群中的花岗质侵入岩已变质为花岗质片麻岩正变质岩,在该岩群中由于广泛形成重熔型花岗岩体(脉),从而形成花岗—绿岩带。区域矿产比较丰富,主要有煤、铝土矿、耐火黏土,次为磷、石膏、熔剂灰岩、白云岩等沉积矿产,另有太华岩群中的鞍山式铁矿。铝土矿严格受石炭系制约,区内张八桥、梁洼、段店铝土矿区均分布于区域上梁洼向斜南东翼,边庄、蛮子营铝土矿区则分布于梁洼向斜西翼。

2 矿区地质概况

2.1 地层

矿区地层区划为华北地层区豫西地层分区的渑池-确山小区。出露地层由老至新为中—下寒武统馒头组($∈_{1-2}m$)紫红色含云母页岩、棕红色粉砂质页岩夹鲕状灰岩,中寒武统张夏组($∈_2z$)白云质灰岩,上寒武统崮山组($∈_3g$)细晶白云岩,上石炭统本溪组(C_2b)紫红色、褐黄色铁铝质岩常夹铁钒土及赤褐铁矿透镜体,上石炭统太原组(C_2t)粉砂岩、长石砂岩、页岩、泥岩、碳质页岩或煤线,下白垩统大营组(K_1d)安山质晶屑、岩屑凝灰岩,上白垩统(K_2)杂色砾岩、紫红色砾岩、砂砾岩、泥岩、粉砂岩等,第四系全新统(Q)砂、砾石及砂质黏土(杜凤军,2015)(图1)。

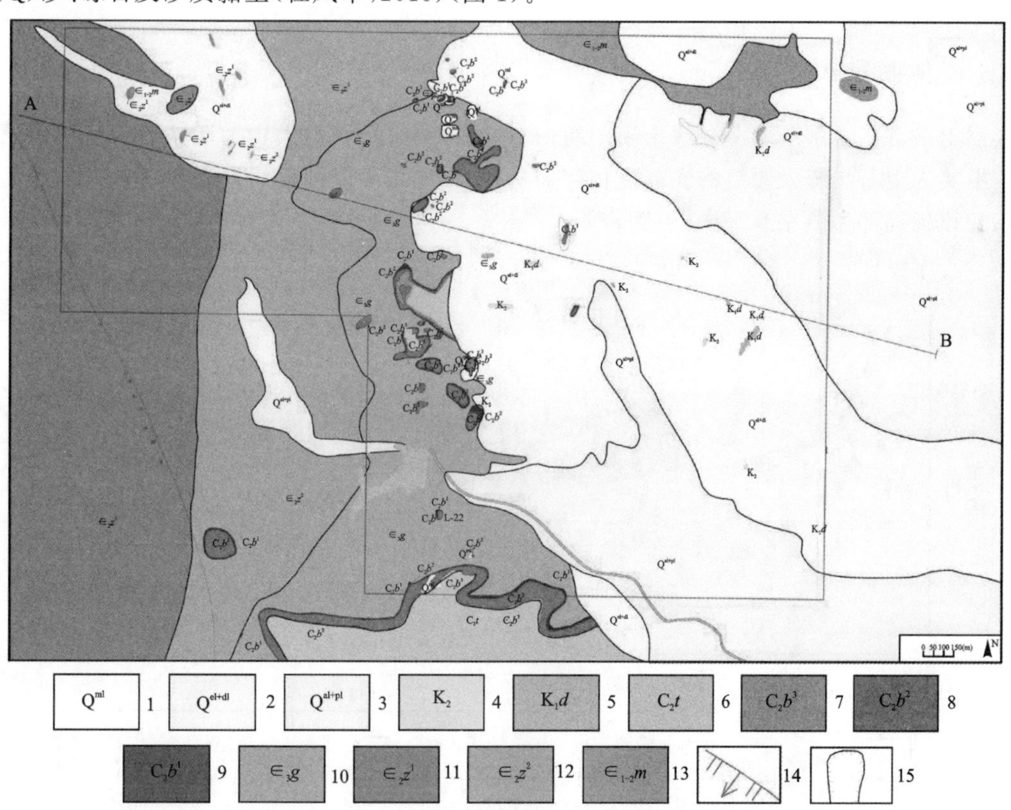

1.第四系堆积层;2.第四系残坡积层+坡积层;3.第四系冲积层+洪积层;4.上白垩统;5.下白垩统大营组;6.上石炭统太原组;7.上石炭统本溪组三岩段(矿层顶板);8.上石炭统本溪组二岩段(含矿层);9.上石炭统本溪组一岩段(矿层底板);10.上寒武统崮山组;11.中寒武统张夏组一岩段;12.中寒武统张夏组二岩段;13.中—下寒武统馒头组;14.正断层;15.民采坑。

图1 蛮子营铝土矿区地质简图

2.2 构造

2.2.1 褶皱

矿区除含矿岩系外,张夏组、白垩系总体倾向南东东,呈单斜构造,形成梁洼向斜的北西翼。在含矿岩系中见短而宽缓的褶曲,规模不大,对矿体形态有一定的改造作用(图 2)。

2.2.2 断裂

区域断层——枕头山正断层从矿区西南角通过,呈北北西走向,倾向南西,北东东盘上升、南西西盘下降,从而使矿区铝土矿受到较多的剥蚀,西部铝土矿体得到较好的保存。由于下盘上升,矿区零星出露少量馒头组,形成寻找铝土矿的不利因素。

2.3 岩浆岩

在矿区东部见大营组火山岩地层零星露头,岩性为安山质凝灰熔岩,在钻孔中普遍见大营组下部层位,岩性主要为灰绿色泥质粉砂岩,黏土夹砾岩,紫红色泥岩夹灰绿色泥岩、凝灰质粉砂岩等,为温湿条件下的河湖沉积,由于第四系大面积掩盖,未见火山机构,也未见同源异相的侵入岩。

3 矿体地质特征

矿区内共圈出铝土矿矿体 36 个,矿体整体规模偏小,主要分布于九子山上以及老郭家南山,总体特征如下。

3.1 矿体赋存状态

本区铝土矿含矿岩系产于上寒武统崮山组白云岩古风化面上,白云岩为矿体的间接底板,铝土矿的间接顶板主要为上石炭统太原组的底部生物碎屑灰岩,局部由于剥蚀作用及后来的白垩系超覆,铝土矿含矿岩系的顶板局部为白垩系砾岩、砂砾岩等。

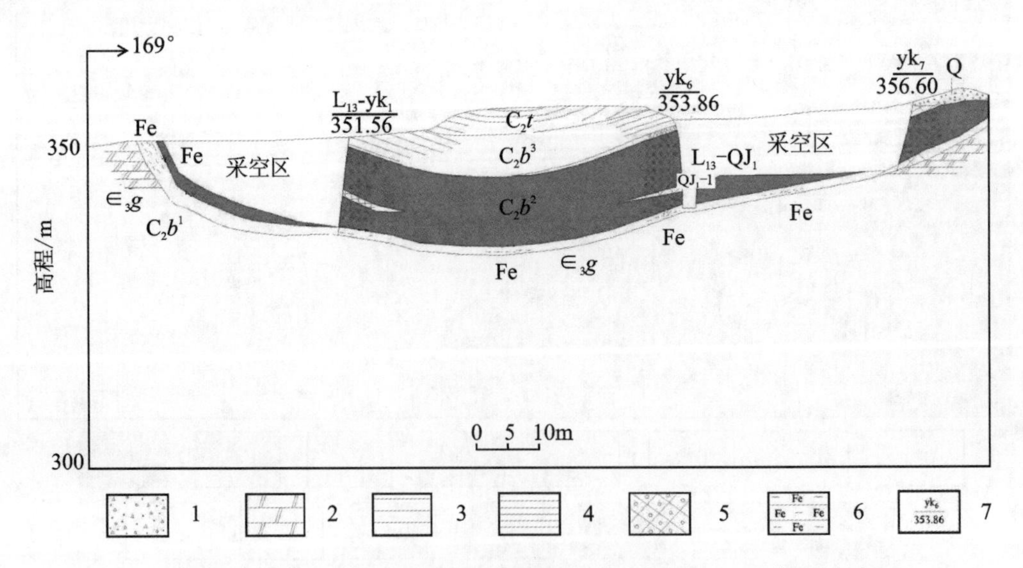

1. 第四系;2. 白云岩;3. 泥岩;4. 页岩;5. 铝土矿;6. 铁质黏土岩;7. 工程位置及标高。

图 2 蛮子营铝土矿区典型地质剖面

3.2 矿体形态和规模

矿体均呈漏斗状,平面形态各异,呈椭圆状、近圆形、长条状、不规则状。一般较大矿体总体产状较缓，较小矿体主要为陡倾斜，仅中心部位少量缓倾斜地段。矿区最大矿体长400m，最宽近180m，受古地形起伏控制，矿体厚度变化较大，单工程矿体最厚达42.45m，最薄仅0.83m，平均铅厚5.98m，矿体厚度变化系数为94.86%，属不稳定类型。矿体总体具有形态复杂，厚度变化大，平均厚度大的特征。矿区主要矿体铝土矿特征见表1。

表1 矿区主要铝土矿特征

矿体号	规模/m			矿体品位/%		矿体形态	赋存标高/m	结构/构造
	长度	宽度	平均厚度	Al_2O_3	A/S			
13号矿体	190	150	6.86	55.59	4.2	平面形态呈不规则状，剖面呈漏斗状	337～368	鲕状结构，块状巨厚层构造
16号矿体	380	60	9.93	50.36	3.6	不规则长条形漏斗状	321～384	豆鲕状结构，碎屑块状构造
26号矿体	400	180	15.03	61.76	5.5	近长椭圆漏斗状	258～338	细碎屑状结构，块状构造
6号矿体	260	180	3.32	58.78	4.4	平面形态呈不规则状，剖面呈漏斗状	301～335	豆状、鲕状、泥质结构，块状构造

3.3 矿物共生组合

本区铝土矿组成矿物主要为一水硬铝石，其次为高岭石等黏土矿物，赤铁矿、褐铁矿在不同矿体、不同的块段中含量相差悬殊，含量为0.51%～47.72%，副矿物有锆石和榍石，有时还见方解石、菱铁矿、石英，一水硬铝石和高岭石共生紧密，赤褐铁矿亦常与之共生。

3.4 矿石化学成分特征

区内铝土矿矿石主要有益组分Al_2O_3最低含量为40.99%，最高为66.46%，全区平均为57.52%。Al_2O_3含量的高低首先与矿石所在漏斗状矿体中的位置有关，一般在漏斗中心的上层Al_2O_3含量高，向边界逐渐变低；其次与铝土矿层厚度有关，一般矿体厚度大的工程中Al_2O_3含量高；最后与漏斗状矿体规模一般呈正消长关系。

3.5 矿体围岩与夹石

矿区铝土矿矿体的底板、顶板和夹石从岩性和厚度上讲，存在许多相似的特征。矿体的直接底板基本为铁质黏土岩，与铝土矿层整合接触，为深部钻探、井探控制矿层的可靠标志，局部由于铝土矿自然矿层矿石质量差，厚度薄，直接底板为铁铝质岩、铁矾土、赤褐铁矿等，其厚度不稳定。矿层的间接底板均为白云岩，工程均未穿透该层。

矿体的顶板较复杂，一般为黄绿色、黄褐色页岩或灰色碳质页岩、碳质泥岩，夹细砂岩、粉砂岩及瘦煤线，与铝土矿层整合接触，是钻、井探见矿前的直接标志（常称矿帽）。间接顶板为含蜓科化石灰岩或石英砂岩、泥岩、页岩等。由于剥蚀及白垩系的超覆，局部地段矿体顶板围岩为紫红色、砖红色砂砾岩、砾岩、泥岩夹砂岩等。

矿体的夹石，主要品位达不到铝土矿边界品位，中下部以铁铝质岩、铁矾土和赤褐铁矿为主，上部多为高铝黏土、硬质黏土等含量较低者。夹石在矿体中大部分呈透镜体状,仅极少量夹层能在两个相邻工程中相连,反过来讲,即是说夹石不影响矿体的横向完整性,夹石的品位与矿石品位接近,物性特征也相近,与矿石呈渐变过渡关系。

4 矿床成因分析

4.1 矿床成因

矿区铝土矿的成因,是通过对寒武系碳酸盐岩顶部的沉积间断面的古地貌特征、古风化壳的发育特征的分析研究和对上石炭统本溪组含矿岩系的沉积序列、空间分布、岩相变化、化石遗存、成矿规律的解读而认识的(廖士范,1991)。本区铝土矿产于碳酸盐岩古风化侵蚀面上的中石炭统本溪组内,铝土矿床形成的古地理环境为古陆与浅海之间的准平原上的湖盆,受石炭纪海侵作用影响较大,属古风化壳-沉积型-水硬铝石铝土矿床。

本区铝土矿底板为铁质黏土岩、硅质页岩,顶板为碳质页岩、碳质泥岩,发育水平层理、页理,顶板含植物化石,属湖泊、沼泽相沉积环境。铝土矿顶板的碳质泥岩中产出瘦煤线,表明本溪组的沉积过程是一个向沼泽化环境转化的过程,即由海向陆过渡的历程,间接顶板太原组含蜓科化石灰岩,表明沉积环境又过渡为海,太原组的煤线或碳质页岩及上段燧石岩和燧石灰岩,反映海陆交替相的沉积环境。

本区铝土矿发育水平韵律构造,具碎屑结构,特别是砾状结构及豆鲕状结构,砾、碎屑具定向排列,表明水动力条件为安静和间歇动荡的潟湖环境。矿体呈漏斗状,呈圈闭形态,其矿体的形成过程应为古陆边缘先形成岩溶洼地、沟谷,继而形成湖泊,地壳缓慢下沉,沉积形成铝土矿体(图 3)。

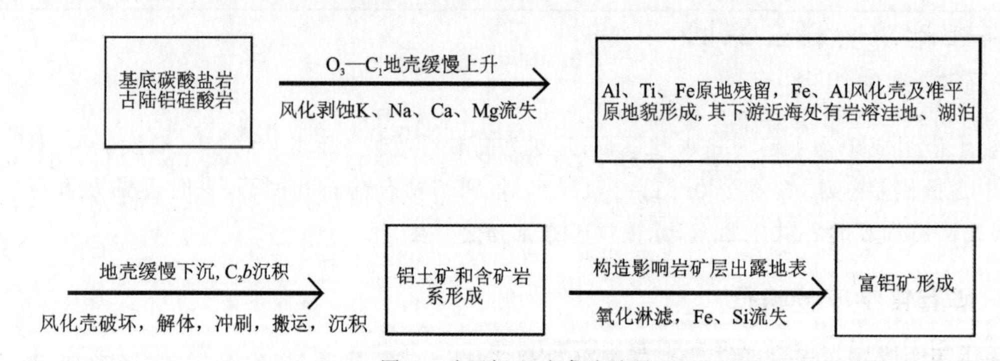

图 3 矿区铝土矿成矿过程

综合上述,蛮子营铝土矿为红土—海陆过渡沉积成因,物质来源是双重的(古陆、基底),形成是多因素的(机械、化学),成矿富集是多阶段的(搬运→沉积→冲刷→再搬运→再沉积→风化淋滤)。

4.2 控矿因素

4.2.1 沉积间断

矿区位于华北地台南缘,受加里东运动影响,自中奥陶世抬升为陆地,至中石炭世重新下降,长达约1.4 亿年的沉积间断在时间和空间上都为本区铝土矿的形成创造了良好的条件。矿区的铝土矿赋存于下古生界碳酸盐岩不整合面上,隆起的基底碳酸盐岩长期遭受风化剥蚀的结果是,上寒武统已被剥蚀了大部分,剥蚀物继续接受物理化学作用,为铝土矿的形成提供丰富的物质来源,铝土矿床严格受沉积间断面的控制,这是本区铝土矿形成的先决条件(张和,2019;杨贺杰,2021)。

4.2.2 古地貌

矿区铝土矿沉积的厚度与含矿系的厚度呈正相关关系,而这些厚度较大的部位,正好说明了古溶沟洼地的继承作用,矿区地势较低或沟谷中心易形成厚度大且较为连续的矿体,说明古地貌对铝土矿有较为重要的控制作用。

4.2.3 古气候

沉积矿床中的铝是以氧化形式(Al_2O_3)在地表出现的,河南中部在中石炭世属热带—亚热带地区,本区铝土矿在潮湿多雨的热带古气候中对基底碳酸盐岩的钙化及黏土矿物的铝土化进程起重要作用,古气候对矿区铝土矿的形成有明显的控制作用。

4.2.4 古构造

加里东运动以来长期的地壳上升下降和极为稳定的大地构造环境,使下古生界的碳酸盐岩遭受漫长的侵蚀风化作用,形成古风化壳,为铝土矿提供丰富的物质来源和有利的准平原化地貌条件(陈全树,2009;唐华东,2020)。本矿区后期构造运动引起的断裂、切割、褶皱使铝土矿体抬升出露于地表,其矿体受脱硫、淋滤、风化等次生作用的影响,证明古构造对铝土矿体有比较明显的控制作用。

5 找矿标志及找矿方向

5.1 找矿标志

在了解本区铝土矿的形成环境、分布规律的基础上,通过对矿床成因、控矿因素分析等研究,明确了找矿标志。

(1)华北古陆上升经历了奥陶纪、志留纪、泥盆纪及早石炭世漫长地质时期的沉积间断,使其具备丰富的铝质物源。本次研究掌握了古地貌的分布特点,其中古沟谷、洼地是找寻富大铝土矿的有利地段。

(2)对已形成的铝土矿,尚需具备保留的条件,即应有完好的上覆盖层——石炭系太原组(C_2t)。更直接的找矿标志即石炭系太原组蜓科化石灰岩、砂岩、泥岩、页岩的下部或煤层(煤线)的下部。

(3)本地区石炭系本溪组(C_2b)含铁黏土岩、铝土矿及黏土岩,厚 0.5～30m,广泛发育,是本区一个极好的标志层(陈世悦,2000;罗铭玖,2000)。

5.2 找矿方向

(1)铝土矿矿体赋存于石炭系本溪组含铝岩系地层中,产于上寒武统崮山组($\in_3g$)白云岩古风化面上,白云岩为矿体的间接底板,铝土矿的间接顶板主要为上石炭统太原组(C_2t)的底部生物碎屑灰岩。应注意寻找铝土矿床的盖层——上石炭统—二叠系煤系地层,它可作为寻找铝土矿床的近矿标志。

(2)通过对本区矿体赋存状态、矿石类型、矿石矿物成分、化学成分及结构构造的研究,认为该区域铝土矿体的产出与古风化剥蚀面的岩溶地有关,产出位置规律性不明显,具随机性,因此在矿区的东部仍有可能存在隐伏铝土矿体,通过物探手段寻找隐伏矿体具有一定的可行性。该区为第四系及白垩系浅覆盖区,可作为今后的寻找隐伏铝土矿的靶区。

(3)该区域上露头矿已探采殆尽,在梁洼向斜西翼,崮山组与本溪组、太原组及白垩系大营组超覆前二叠系较浅边缘地区,第四系大面积掩盖。因为该区铝土矿体多为一个个孤立的漏斗状,分布具随机性,地表往往无露头,可在该地区寻找隐伏的漏斗状铝土矿,扩大找矿空间。

6 结论

(1)蛮子营铝土矿区位于梁洼向斜北西翼的北北部,自西向东展布有两个大的逆冲断层,属于河南省铝土矿四级成矿区最南端的汝州-宝丰-鲁山铝土矿带,为河南省富铝土矿集中区,具有较好的找矿前景。

(2)本区铝土矿赋存于石炭系本溪组含铝岩系地层中,于寒武系张夏组灰岩风化壳之上,寒武系碳酸盐岩风化壳为铝土矿的主要物质来源,铝土矿形成的古地理环境为古海近陆(秦岭-大别古陆)边缘,古陆边缘先形成岩溶洼地、沟谷,继而形成湖泊,地壳缓慢下沉,沉积形成铝土矿体,矿床成因属红土—海陆过渡沉积铝土矿床。

(3)本区域漏斗状矿体形态复杂、产状变化大,在第四系掩盖较厚或被白垩系超覆时,凭有限的露头产状推测矿体的延长、延伸,无法达到准确效果。此类矿体地段,以探槽和浅井结合或探槽与钻孔结合,控制矿体厚度和品位效果更好,同时还有进一步提升资源潜力的空间。

主要参考文献

陈全树,2009.河南陕县瓦碴坡铝土矿床地质特征及成因探讨[J].西北地质,42(4):53-59.

陈世悦,徐凤银,刘焕杰,等,2000.华北晚古生代层序地层与聚煤规律[M].北京:石油大学出版社.

杜凤军,裴放,王志宏,2015.河南省地层典[M].北京:地质出版社.

廖士范,梁同荣,等 1991.中国铝土矿地质学[M].贵阳:贵州科技出版社.

罗铭玖,黎世美,卢欣祥,等,2000.河南省主要矿产的成矿作用及矿床成矿系列[M].北京:地质出版社.

唐华东,马玉见,胡举勇,等,2020.河南省陕州区五门沟铝土矿成矿规律及控矿因素分析[J].西北地质,53(3):233-242.

万天丰,2006.中国大陆早古生代构造演化[J].地学前缘,3(6):30-42.

吴国炎,姚公一,王志亮,1996.河南铝土矿床[M].北京:冶金工业出版社.

席文祥,裴放,巴光进,等,1997.河南省岩石地层[M].武汉:中国地质大学出版社.

杨贺杰,蒋磊,胡伟,等,2021.河南高家庄铝土矿矿床成因及找矿前景分析[J].矿产与地质,35(2):237-242.

张和,邵燕林,2019.豫西偃龙地区铝土矿豆鲕成因分析[J].矿产与地质,33(5):842-850.

豫南柳林铀矿床成矿地质特征及找矿模型

王瑞利

(河南省核技术应用中心,河南 郑州 450044)

摘 要:柳林铀矿床是在豫南发现的一个小型铀矿床,矿体主要产于岩体接触近东西向、南北向和北东向3组次级断裂构造带中,受构造带控制。在系统总结该矿床的野外地质、放射性特征、矿床特征等基础上,分析研究了其成矿条件及成矿模式,建立了该区的铀矿找矿模型,以期对灵山岩体及周围铀矿勘查提供重要借鉴。

关键词:豫南;灵山岩体;矿体特征;成矿模式;找矿模型

0 引言

柳林铀矿床位于豫南柳林,距信阳市20km。该矿床产于灵山复式花岗岩体接触带中,经过勘查达到小型矿床规模,同时在灵山岩体及其周边发现了一批较好的铀矿化和伽马异常点,铀矿找矿前景优越。因此,笔者结合野外地质勘查工作资料和前人工作成果,通过综合分析矿床区域地质背景、矿体特征、研究成矿机制等,进而建立柳林花岗岩地区铀矿找矿预测模型,对扩大桐柏-信阳地区燕山期花岗岩型铀矿找矿工作范围具有指导作用。

1 区域地质背景

柳林铀矿床的大地构造位置位于东秦岭-桐柏-大别造山带(图1),上桐-商断裂带南侧附近的燕山晚期灵山复式体西部接触带中。该地区地壳经历了长期演化,复杂的地质构造环境和强烈的岩浆活动,使中元古界发生了褶皱、断裂以及变质作用,在岩浆热液变质作用的过程中,形成了在本区广泛分布的以石英脉为主的各种含矿热液脉体。

2 矿床地质特征

2.1 地层特征

矿区出露的地层主要为中元古界苏家河群浒湾岩组及新生界第四系。

浒湾岩组在矿区西部、中部有零星出露,且多为大型的捕虏体。该地层分为上、下两段,下段为灰白色白云微斜钠(斜)长片麻岩夹带状浅粒岩、白色透薄层或镜状大理岩及灰绿色斜长角闪岩等组合,上段为浅灰黄色白云斜长片麻岩,条带状、眼球状混合岩,浅粒岩及灰绿色石榴斜长角闪岩透镜组合。该地层普遍发育层内褶皱及复杂的叠加褶皱。

第四系主要沿现代河流、沟谷及缓坡带分布的洪冲积、残破积物,岩性为亚黏土、亚砂土、砂砾层等。

作者简介:王瑞利,1969年生,男,本科学历,工程师,主要从事地质矿产资源勘查工作。E-mail:15290293609@163.com。

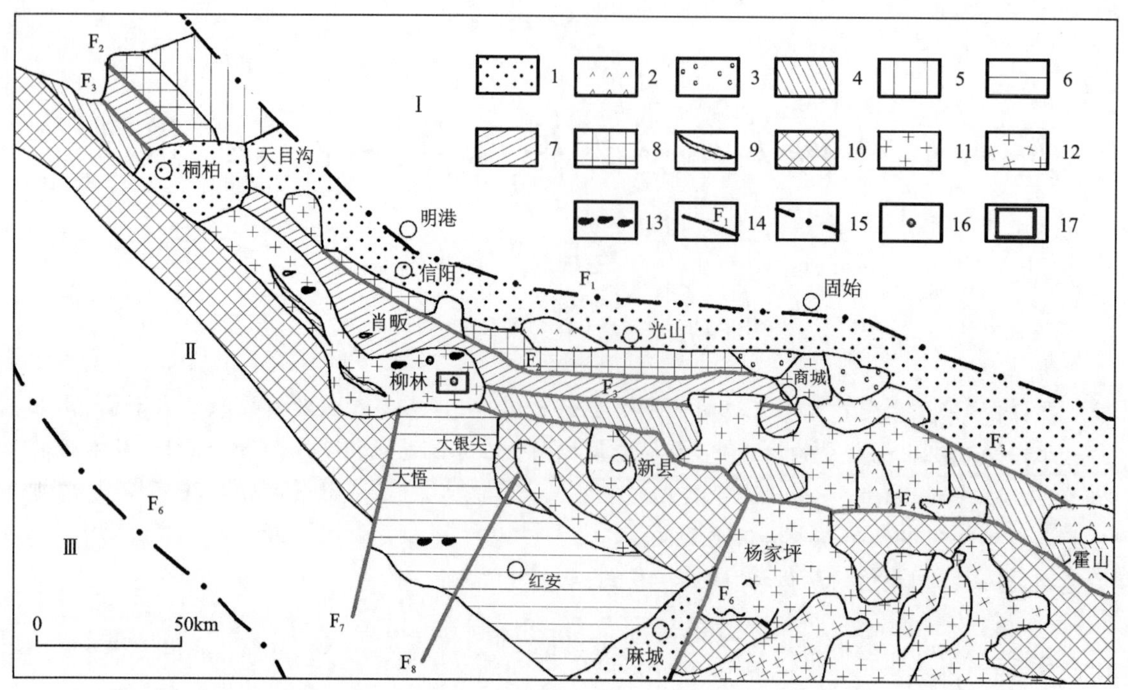

1. 中-新生代地层；2. 白垩纪火山岩；3. 石炭系 ；4. 肖家庙岩组；5. 二郎坪群；6. 红安岩群；7. 龟山岩组、南湾组；8. 秦岭岩群；9. 苏家河群定远组；10. 桐柏-大别变质杂岩；11. 燕山期花岗岩；12. 晋宁花岗岩；13. 辉绿岩；14. 断裂带及编号；15. 大别山造山带边界；16. 矿床位置；17. 矿区范围。I. 华北板块；II. 大别山造山带；III. 扬子板块。

图 1　柳林地区大地构造位置图

2.2　构造特征

该区断裂构造发育，按空间展布方向可分为 4 组，主干断裂为近南北向柳河大断裂和与之平行张性断裂（由细晶岩脉充填的 F_6），以及近东西向断裂（图 2），北西向和北东向两组断裂规模稍小，属次级断裂。

F_1断裂：是由 11 条平行或近平行的次级断裂组成的向西收敛、向东撒开，呈侧列式展布构造带。区内出露总长约 2500m，产状 165°∠75°～85°。带内充填物主要为碎裂石英脉、破碎硅质脉、强硅化花岗质构造角砾岩、含砾糜棱岩、花岗碎裂岩、构造泥等（苏秋红，施俊生，2011）。断裂带沿走向、倾向具有膨大收缩、侧列再现的特征，表现为充填在断裂带中的石英脉呈大小不等的透镜体。

F_4断裂：分布于矿区中部，由 7 条次级断裂组成的断裂构造带，大致呈右行雁形排列。地表出露长 210～350m，宽 1～2m，最宽处为 6m。产状 105°～144°∠60°～70°。带内多被块状石英脉、破碎硅质脉、花岗碎裂岩、含砾糜棱岩、构造泥等物所填充。

F_6断裂：位于柳河西侧南北纵贯本区，出露长度约 4000m，出露宽 10～20m，最大宽度 40m 以上，总体南北走向，产状 260°～280°∠55°～65°。带内充填细晶岩脉。前期构造性质为张性，后期有压扭性叠加，细晶岩受挤压影响较为破碎，节理（裂隙）发育，铀矿化常出现在剪节理（裂隙）面上。构造角砾岩、碎裂岩、含砾糜棱岩等常沿细晶岩脉上下盘附近出现（苏秋红，施俊生，2011）。

2.3　岩浆岩特征

区内花岗岩广泛出露，主体为燕山晚期灵山黑云母花岗岩体，出露面积约 500km²。岩性以肉红色钾长花岗岩为主，少量黑云母二长花岗岩，以似斑状结构为主，斑晶为条纹长石（占 5%～20%），矿物由微斜条纹长石（5%～35%）、正长石（3%～20%）、石英（5%～20%）、斜长石（3%～20%）和少量黑云母（0～15%）组成（苏秋红，施俊生，2011），副矿物为磁铁矿、榍石和磷灰石等，含量较少。基质中的矿物成

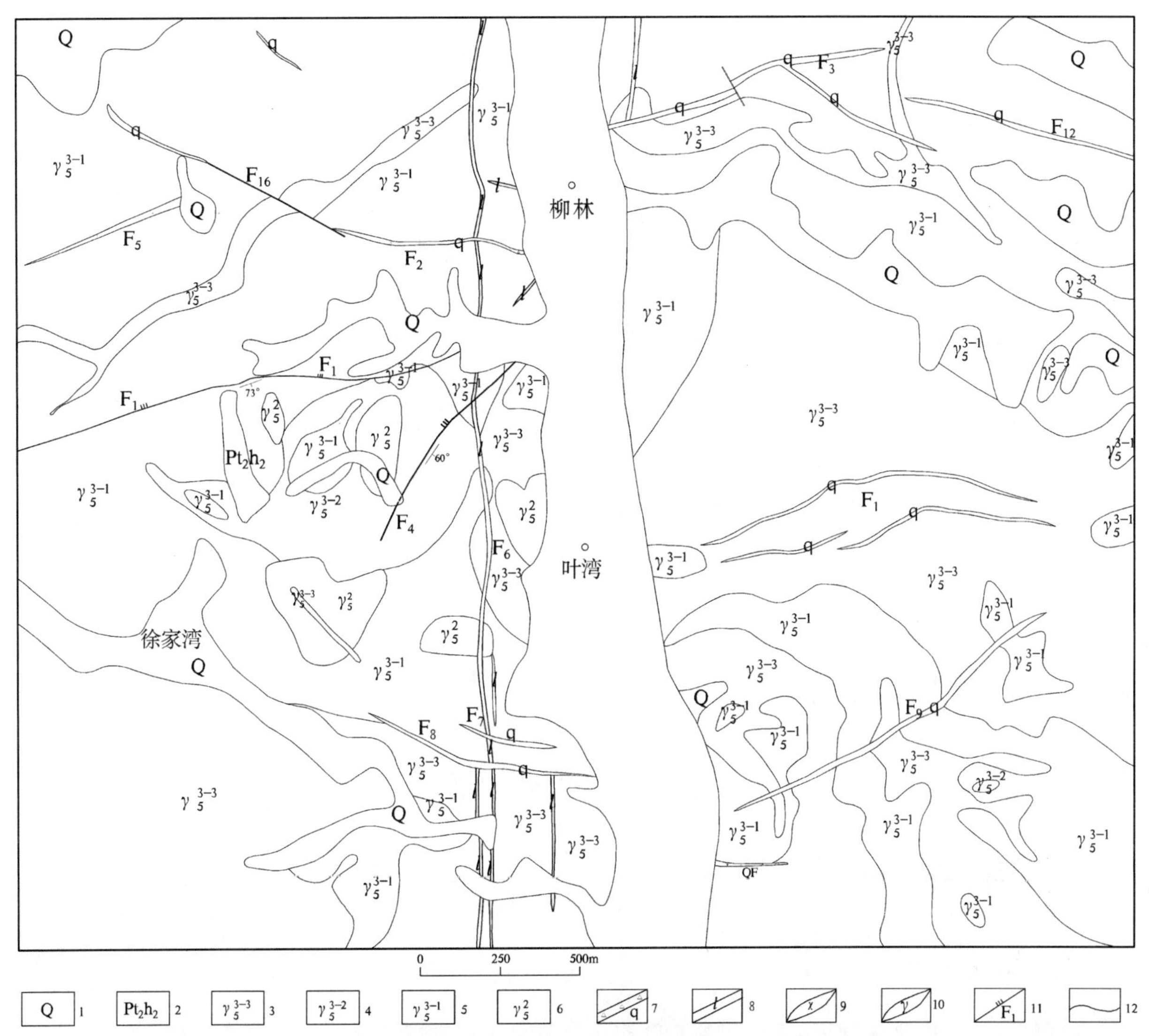

1.第四系； 2.浒湾岩组；3.李家寨细粒花岗岩(体)；4.沙子岗岩体中粒花岗岩；5.灵山粗粒花岗岩(体)；6.新店似斑状黑云母花岗岩(体)；7.石英脉；8.细晶岩脉；9.煌斑岩脉；10.细粒花岗岩脉；11.压扭性断裂及编号；12.地质界线。

图 2 柳林铀矿地质略图

分为石英和斜长石等。

区内脉岩发育，种类繁多，主要有细粒花岗岩脉、石英脉和细晶岩脉等。细晶岩脉规模较大，其余脉岩较小。以小的岩枝、脉岩状产出的细粒花岗岩脉，颜色、矿物成分、结构构造等与李家寨岩体基本一致；石英脉在区矿东部及北部分布较广，绝大多数岩脉呈近东走向，少数为北东走向，倾向南至东南，倾角 55°～75°(张光伟等，2010)。

2.4 放射性异常特征

根据地面伽马总量测量资料，矿区伽马场场级较为简单稳定，伽马总量视铀含量一般在 42×10^{-6}～169×10^{-6}，最高点达 1093×10^{-6}。各含矿脉体、矿脉地表与伽马偏高场、高场、异常场、异常点和异常带套合好，其形态、分布特征与含矿脉体、矿体空间分布相吻合，在构造交会部位或构造变异部位往往伽马强度高，异常点多。地面槽、井、钻探工程揭露也很好地验证了这些工业矿体往往与伽马强度高的异常带关系密切(图 3)。

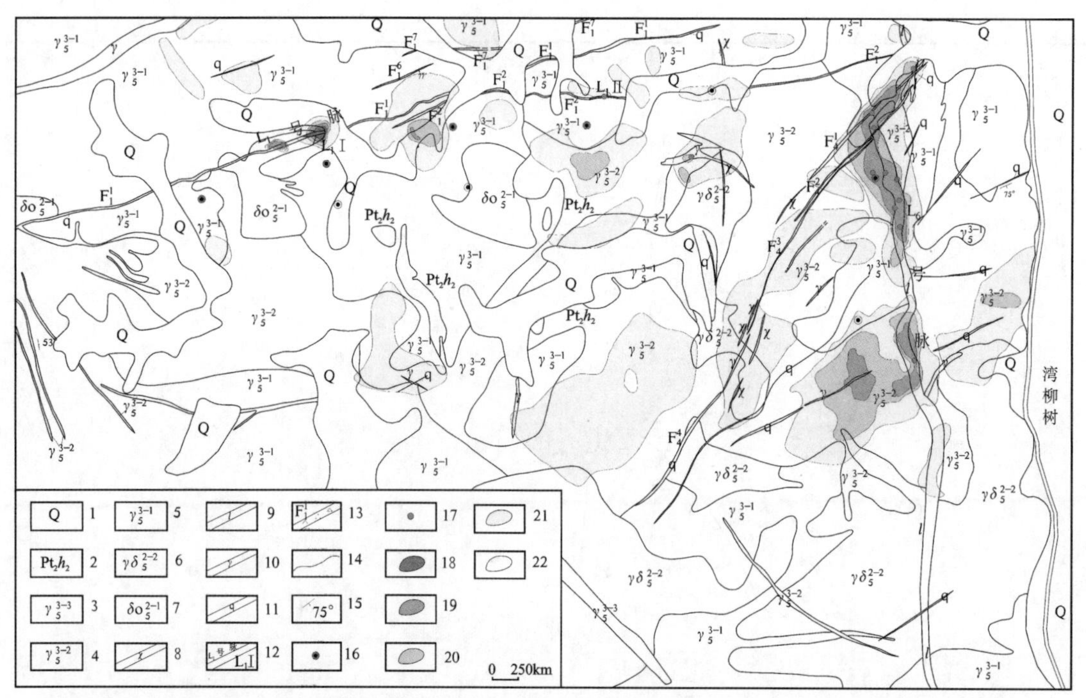

1. 第四系；2. 浒湾岩组；3. 细粒花岗岩；4. 中粒黑云母花岗岩；5. 粗粒黑云母花岗岩；6. 似斑状花岗闪长岩；7. 闪长岩、石英闪长岩；8. 煌斑岩脉；9. 细晶岩脉；10. 细粒花岗岩脉；11. 石英脉；12. 铀矿脉、矿体及编号；13. 断裂构造带及编号；14. 地质界线；15. 构造、脉体产状；16. 钻孔位置；17. 异常点；18. 异常带；19. 异常场；20. 高场；21. 偏高场；22. 正常场。

图 3　柳林矿区矿脉与铀量等值图

3　矿床地质特征

3.1　矿体特征

矿体赋存于近南北向、近东西向、北东向 3 组主要断裂构造破碎带中，共圈出 6 个铀矿体(表 1)。

表 1　柳林铀矿体特征一览表

序号	矿脉号	矿体号	赋存部位标高/m	矿体产状/°	矿体规模			平均品位/10^{-6}	主要控矿因素
					长度/m	延深/m	平均厚/m		
1	L_1	L_1 Ⅰ	31～187	165∠79	452	157	2.50	479	铀矿化产于 F_1^1 构造带中的灰黑色破碎石英脉及强蚀变的花岗质角砾岩、碎裂岩、糜棱岩中，受 F_1^1 控制
2		L_1 Ⅱ	16～105	175∠79	252	93	1.12	899	
3	L_6	L_6 Ⅰ	6～155	337∠56	359	66	2.62	652	铀矿化产于细晶岩脉上盘的蚀变碎裂细晶岩裂隙中，受细晶岩脉控制
4		L_6 Ⅱ	76～155	337∠56	224	64	3.65	384	
5	F_4^6	F_4^6 Ⅰ	110.45～112.25	147∠60	50	66	1.18	441	铀矿化产于 F_4^6 号脉强硅化碎裂岩破碎石英脉微裂隙中，受其脉体控制，产状与之近似
6		F_4^6 Ⅱ	116.25～123.85	147∠60	50	66	3.91	1646	

(1)近东西向 L_1 号矿脉长 2500m,倾向南东,倾角 75°～85°。经工程揭露圈定两个铀矿体(L_1Ⅰ、L_1Ⅱ)(图 4),矿体长 252～452m,倾向延深 93～157m,矿体厚度 0.51～3.82m,品位 393×10^{-6}～1012×10^{-6}。矿体呈脉状、透镜状产于 F_1^1 分支构造中并受其控制,产状与分支构造相近(图 4)。铀矿化一般产于破碎石英脉和角砾岩的微裂隙面、灰黑色构造泥及强绿帘石化、绿泥石化、绢云母化花岗质碎裂岩中。硅化、绿泥石化等蚀变与铀矿化关系密切。

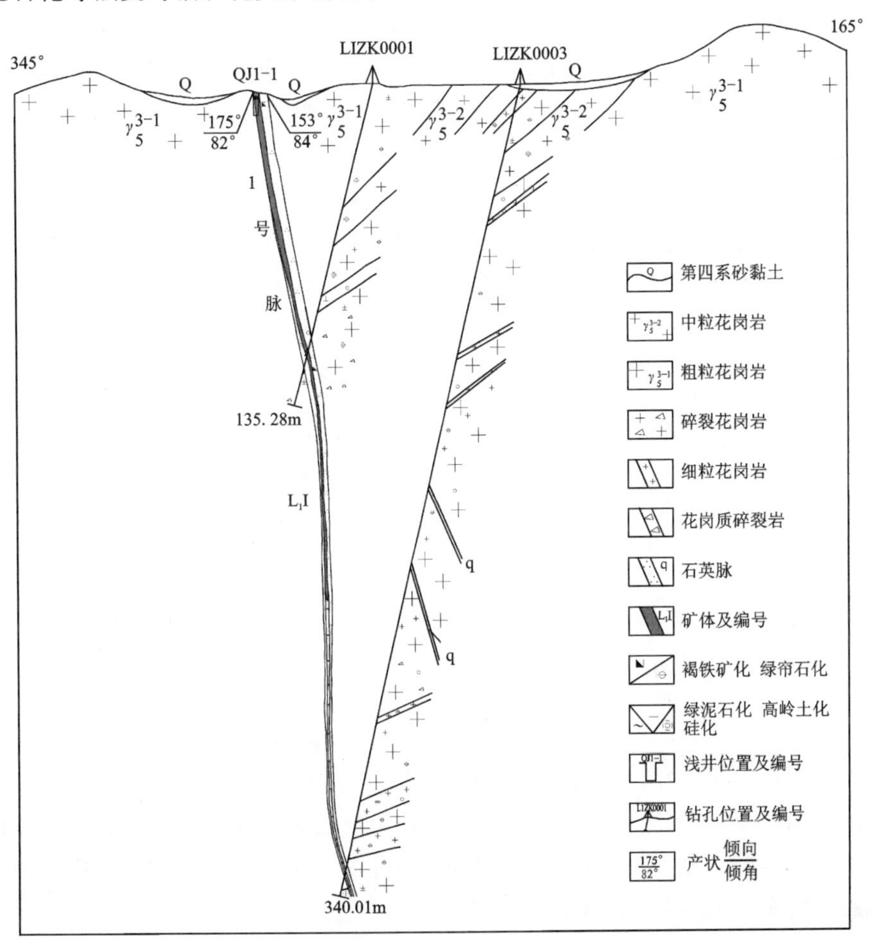

图 4 L_1 号脉 0 号剖面图

(2)南北向 L_6 号矿脉长度大于 4000m,圈定 2 个盲矿体(L_6Ⅰ、L_6Ⅱ),矿体控制长 224～359m,斜深 64～66m,厚 0.49～9.45m。矿体品位 304×10^{-6}～816×10^{-6}。矿体呈脉状、透镜状产于 L_6 号脉上下盘,受脉体控制,产状与脉体相近似。铀矿化多产在破碎细晶岩脉微裂隙中。

(3)北东向 F_4^6 号矿脉控制长 184m,宽 0.2～0.8m,产状 139°～156°∠65°～87°。共圈出两个铀矿体(F_4^6Ⅰ和 F_4^6Ⅱ),矿体呈透镜状产于 F_4^6 号构造带并受其控制,产状与之相近。铀矿化产于强硅化碎裂岩或破碎石英脉微裂隙中。

3.2 矿(化)体空间分布

在空间上,柳林铀矿产于灵山复式岩体接触带,受断裂构造破碎带控制。南北向柳河断裂控制矿床分布,旁侧近东西向、南北向和北东向次级断裂控制着矿体产出,在次级断裂交会部位容易出现富大矿体;赋矿标高一般为+6～+187m(表 1),垂深一般为 50～156m,在空间上,一定的标高控制着铀矿化发育,矿区铀矿化均在 0m 以上,矿化规模较小。根据杜乐天成矿壳层理论,铀工业矿体垂向上成矿壳层厚度大致为 2km,推测深部应具有进一步探索空间。

3.3　矿石特征

矿区内矿石中的金属矿物结构主要为细粒、胶状、隐晶质结构，次生铀及其他次生金属矿物的结构主要呈土状、粉末状、鳞片状、片状结构。铀矿体有不同赋存部位，围岩条件也各有差异，但矿石内部构造基本相似，主要有浸染状、吸附分散状、角砾状、细脉状和网脉状等。

矿石矿物组成简单，唯一可利用元素为铀，尚未发现原生铀矿物。较常见的次生铀矿物有铜铀云母、钙铀云母、硅钙铀矿、铀黑等，黄铁矿、方铅矿、辉钼矿等为主要伴生金属矿物，其中胶状、土状黄铁矿与次生铀矿物关系密切。玉髓、微晶石英、绢云母、绿泥石、方解石等为主要的脉石矿物。表生氧化带、地下水活动的裂隙面是次生铀矿物富集带。

根据 L_1 号及 L_6 号脉矿石化学全分析数据(表 2)，矿区矿石 SiO_2 含量远大于 65%，应归属硅酸盐类矿石，矿石 SiO_2 含量与硅化蚀变正相关。Na_2O 含量较低，只有 0.15% 和 0.20%，说明矿石碱交代程度比较低。伴生有益组分含量明显很低无法综合利用，没有其他有害组分。

表 2　柳林矿区矿石化学全分析结果表　　单位：%

矿石类型	SiO_2	Fe_2O_3	FeO	Al_2O_3	TiO_2	MnO	CaO	MgO	P_2O_5	K_2O	Na_2O
角砾状矿石(L_1)	91.52	0.70	1.29	5.10	0.20	0.01	0.52	0.65	0.03	1.85	0.15
碎裂细晶岩(L_6)	79.93	0.58	0.55	11.95	0.15	0.03	0.71	0.33	0.04	3.73	0.21

注：表中数据引自河南省核工业局从矿区采集的矿石化学全分析结果。

3.4　围岩蚀变

围岩中各种蚀变发育，其中硅化、绢云母化和绿泥石化与矿化联系密切，蚀变越强的地段矿化也越好。在空间分布上，各种金属、非金属蚀变互相叠加，在构造及附近具一定的对称分带性，构造带中心向外，依次分布有硅化、绢云母化，以及黄铁矿化、方铅矿化、辉钼矿化等；而围岩中的蚀变依次为绢云母化、绿泥石化、绿帘石化、高岭土化。硅化距构造带近强远弱，直至消失。黑色玉髓和暗灰色微晶石英多呈细脉状、网脉状或胶结角砾状，充填在成矿期的硅质脉体裂隙中，呈隐晶、微晶结构；与胶状、土状黄铁矿以及暗色铁鲕绿泥石一起组成含矿脉体。

4　矿床成矿模式及找矿标志

4.1　成矿模式

矿床产于灵山复式花岗岩体西部接触带，各地质体铀含量见表 3，其中含矿细晶岩脉和硅化破碎带岩石的铀含量分别为 13.6×10^{-6} 和 15.9×10^{-6}，远高于围岩，说明在成矿阶段成矿物质迁移到含矿断裂带，即围岩中的 Si、U 元素，在以幔流体为主混入少量大气成因地下水构成的含矿构造热液作用下被活化，富集迁移到断裂构造带中，形成含铀硅化等各类热液脉体(张光伟等，2010)。铀矿床发育、成型模式大致如下。

表 3　柳林铀矿床各类地质体铀含量一览表

岩石名称	γ_5^2	γ_5^2 中构造带	γ_5^{3-1}	γ_5^{3-2}	γ_5^{3-3}	τ	χ	硅化破碎带岩石	蚀变花岗岩
铀含量/10^{-6}	2.8	5.71	4.2	3.4	3.0	13.6	2.8	15.9	5.2

注：表中数据是 20 世纪 80 年代核工业局从矿区采集的岩(矿)石分析结果。

加里东期造山作用使本区中元古界区域变质岩系经历了广泛的区域变质变形形成褶皱基底(邓清

禄,杨巍然,1996;张巍然等,1999;向华等,2014),伴随大规模的基性岩浆侵入活动(梁鼎新等,1993),促使铀及其他成矿元素的初步活化迁移。燕山期构造运动使本区地层再次遭受强烈变质变形,形成北西西向复杂的线性褶皱断裂带,中酸性—酸性深熔岩浆沿北西西线性断裂构造带大规模上涌侵位(孟芳,2013),形成区域上以灵山岩体为代表的大面积花岗岩出露,总体以北西西向岩基、岩墙状展布为其空间延展特征,就位构造反映伸展环境(戴圣潜等,2003)。随着应力作用持续变弱,残余岩浆和结晶分异产生的含矿热液,与变质热液、天水混合形成含矿流体,在上升过程中使变质地层中的铀再次活化形成富含挥发组分及成矿元素的含矿热液。

在华北古板块与扬子古陆碰撞产生的南北向挤压应力作用下形成的区域性桐-商大断裂在燕山期进一步发展,在由南北挤压转为东西伸展过程中,形成南北纵贯该区引张性的柳河导矿构造,以及次一级断裂的近东西向 F_1、近南北向 F_6 及北东向 F_4 等容矿的张性构造。含矿幔热复合流体沿柳河导矿构造上升,使早期岩体中的铀在变质作用、碱交代和热液作用下活化富集,形成含挥发分富铀成矿流体。在次级断裂构造的产状变异、构造交会等较为开放容矿空间卸载,与早期热液脉型铀矿化叠加,形成品位较富的矿体。成矿后在后生淋积作用下,在氧化—还原界面岩石破碎、裂隙发育等有利部位形成铀矿次生富集带(王瑞利,2021)(图5)。

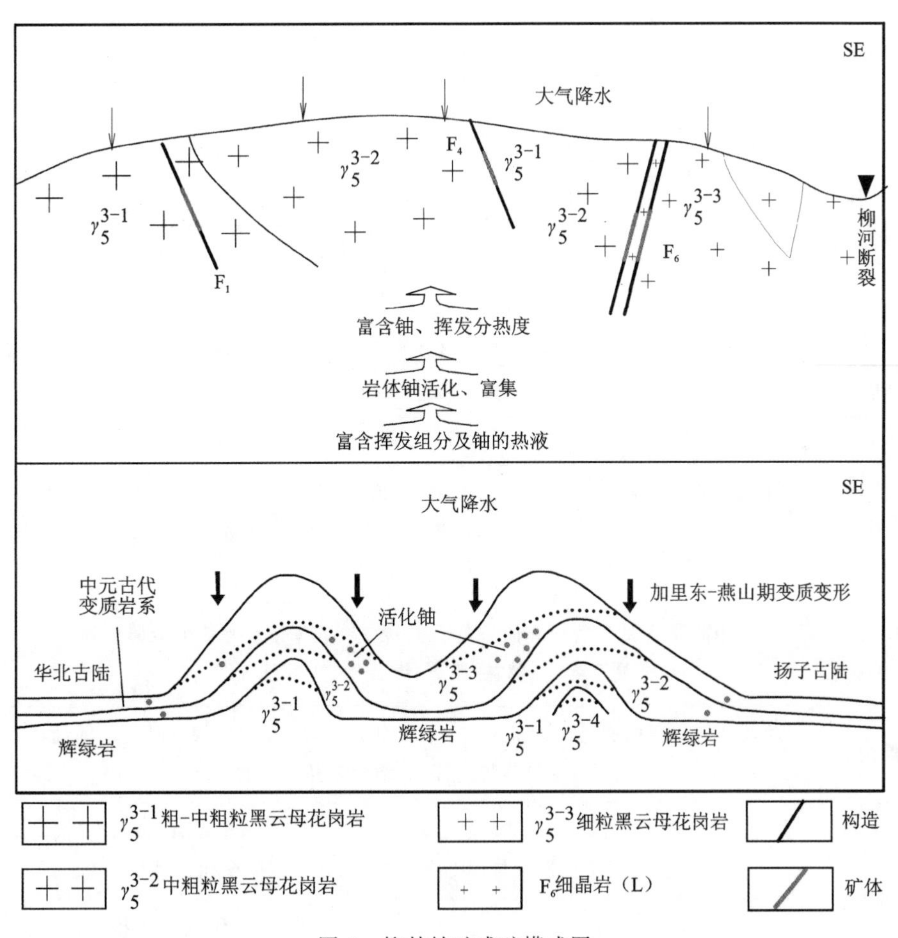

图5 柳林铀矿成矿模式图

因此,该矿床主要为花岗岩中的石英脉硅化带(细晶岩脉)型热液-淋积叠加成因类型铀矿床。

5.2 找矿标志

(1)构造环境标:位于秦岭-桐柏-大别造山带。

(2)岩体标志:燕山晚期(钾长花岗岩体)。

(3)空间位置标志:燕山期钾长花岗岩岩体内外接触带。

(4)构造热液活动标志:长期多期次、多阶段的张扭性断裂构造带(细晶岩脉和硅化破碎带)-岩浆活动强烈。

(5)围岩蚀变标志:与矿化关系密切的蚀变有硅化、绢云母化、绿泥石化。

(6)放射性物探标志:航空放射性测量、地面伽马测量异常区。

6　找矿模型

通过对矿床地质环境、矿床特征、成矿模式及找矿标志进行详细分析研究,分类提取出成矿要素,建立柳林铀矿床找矿综合找矿模型(表4)。

表4　柳林铀矿床综合找矿模型

<table>
<tr><td colspan="2" rowspan="2">找矿预测要素</td><td>特征描述</td><td rowspan="2">要素分类</td></tr>
<tr><td>热液类花岗岩型</td></tr>
<tr><td colspan="2">主要矿种</td><td>铀矿</td><td></td></tr>
<tr><td rowspan="8">地质环境</td><td>岩石成因</td><td>兼具同熔和Ⅰ型地球化学特征的S型花岗岩</td><td>重要</td></tr>
<tr><td>成岩环境</td><td>同碰撞造山带晚期</td><td>次要</td></tr>
<tr><td>岩石类型</td><td>偏酸偏碱铝过饱和或者正常系列(二长花岗岩、花岗岩、花岗斑岩)</td><td>必要</td></tr>
<tr><td>岩石结构</td><td>中粗粒花岗结构、碎裂结构</td><td>次要</td></tr>
<tr><td>微量铀</td><td>$5\times10^{-6}\sim20\times10^{-6}$</td><td>次要</td></tr>
<tr><td>成矿时代</td><td>燕山晚期早白垩世晚期</td><td>必要</td></tr>
<tr><td>成矿环境</td><td>多期次、多阶段的构造-岩浆活动强烈</td><td>必要</td></tr>
<tr><td>构造背景</td><td>秦岭-桐柏-大别褶皱带</td><td>必要</td></tr>
<tr><td rowspan="7">矿床特征</td><td>矿体形态</td><td>脉状、透镜状</td><td>次要</td></tr>
<tr><td>矿体规模产状</td><td>硅化破碎带型矿体长50～452m,向南东倾,倾角65°～85°;细晶岩脉型矿体长224～359m,产状260°～280°∠55°～65°</td><td>次要</td></tr>
<tr><td>矿物组合</td><td>次生铀矿物(硅钙铀矿、铜铀云母、钙铀云母、铀黑产在表生氧化带或有地下水活动的裂隙面);黄铁矿、方铅矿、辉钼矿等伴生金属矿物;微晶石英、玉髓、绿泥石、绢云母、方解石等脉石矿物</td><td>重要</td></tr>
<tr><td>结构构造</td><td>铀及其他金属的次生矿物呈土状、粉末状、鳞片状、片状结构,细脉状、网脉状、细粒浸染状、吸附分散状及角砾状构造</td><td>次要</td></tr>
<tr><td>蚀变</td><td>主要蚀变有硅化、绢云母化和绿泥石化;次要蚀变有绢云母化、绿帘石化、高岭土化等。矿化强度与蚀变强弱相关,蚀变越强矿化也越好</td><td>重要</td></tr>
<tr><td>控矿条件</td><td>岩体边缘内外接触带,受区域性断裂或低序次的断裂构造、次级构造控制(硅化破碎带、细晶岩脉)</td><td>必要</td></tr>
<tr><td>找矿线索</td><td>航空放射性测量、地面伽马测量异常高场区</td><td>必要</td></tr>
</table>

综合上述,该区具有长期处于多期多阶段的构造岩浆活动历史,岩体接触带各类热液脉体和热液蚀变广泛分布,伽马异常(点)带沿构造分布套合好,颇具找矿潜力。①含矿构造带 F_1 和 F_6 规模大,次级构造发育,蚀变强烈。矿脉沿倾向往深部矿化有变好的趋势,且两端无工程控制。故其深部及两端是重要找矿靶区,也是扩大矿床规模的重要方向;②要注意在含矿构造带 F_4 与 F_6 交会部位(第四系覆盖)深部

是否有矿化柱存在;③灵山岩体东部和北部尚有彭新、余小湾、龙潭沟等诸多矿(化)点,伽马异常(点)与矿化耦合好,控矿条件和矿化特征与柳林铀矿颇多共同之处,找矿条件十分有利;④沿东秦岭-桐柏-大别山褶皱带东段分布的梁湾、新县和商城等岩体,与灵山岩体地质成矿背景近似,具备了灵山岩体铀矿化特征的大多数特征,属大别山地区与中生代花岗(斑)岩有关的铀、钼、铜、金、铅锌、多金属矿床成矿系列(罗铭玖等,2000),是较好的找铀远景区。

6 结论

(1)矿床产于早白垩世灵山S型花岗岩复式岩体西部接触带。区域构造和岩浆多期次活动为成矿提供了动力和热源条件,也提供了运移通道。成矿物质主要来自深部,围岩有一定的富集作用。

(2)对成矿有利的岩石类型是偏酸偏碱铝过饱和或者正常系列(二长花岗岩、花岗岩、花岗斑岩)。

(3)从铀矿空间分布特征看,该矿床是在地下一定深度范围(+6~187m标高)内相应地球化学条件下形成的,但岩体接触带深部也应具有进一步探索的空间。

(4)与矿化密切相关的蚀变主要有硅化、绢云母化和绿泥石化,还有绿帘石化、高岭土化等,空间分布有一定的分带性。矿化强度与蚀变强弱相关,蚀变越强矿化越好。

(5)建立铀矿找矿模型,对灵山岩体接触带以及周边地区寻找花岗岩型铀具有一定的指导意义。

主要参考文献

戴圣潜,邓晋福,等,2003. 大别造山带燕山期造山作用的岩浆岩石学证据[J]. 中国地质,30(2):159-165.

邓清禄,杨巍然,1996. 秦岭造山带早古生代"开""合"构造格局及加里东运动[J]. 地质科技情报,15(2):45-50

杜乐天,2001. 中国热液铀矿基本成矿规律和一般热液成矿学[M]. 北京:原子能出版社.

李曙光,1992. 论华北与扬子陆块的碰撞时代-同位素年代学方法的原理及应用[J]. 安徽地质,2(4):13-23

梁鼎新,辜俊如,郭福生,等,1993. 大别造山带的构造演化[J]. 华东地质学院学报,15(1):35-44.

罗铭玖,黎世美,卢欣祥,等,2000. 河南省主要矿产的成矿作用及矿床成矿系列[M]. 北京:地质出版社.

孟芳,2013. 大别造山北麓灵山岩体的成岩成矿作用研究[D]. 北京:中国地质大学(北京).

施俊生,李靖辉,等,2009. 河南省信阳市柳林铀矿普查报告[R]. 河南:河南省核工业地质局.

苏秋红,施俊生,2011. 浅析信阳柳林铀矿床成矿规律及找矿前景[J]. 科技创新导(10):71-73.

向华,钟增球,李晔,等,2014. 北秦岭造山带早古生代多期变质与岩浆作用:锆石U-Pb年代学证据[J]. 岩石学报,30(8):2421-2434.

徐贵忠,王艺芬,张稳胜,1993. 桐柏-大别山碰撞造山带的大地构造演化[J]. 西安地质学院学报,15(1):35-44.

杨巍然,杨坤光,刘明忠,等,1999. 桐柏-大别造山带加里东期构造-热事件及其意义[J]. 地学前缘,6(4):247-253

殷建武,范文欢,等,2013. 河南信阳柳林地区铀矿成矿条件分析[J]. 地质与资源,22(2):159-163.

张光伟,姚利,李靖辉,等,2010. 柳林铀矿床地质特征及矿区远景评价[J]. 铀矿地质,26(2):88-94.

坦桑尼亚盖塔地区 Nyankanga 金矿床地质特征及成矿模式

张　超,白德胜,彭　俊,梁永安,黄　达

(河南省地质矿产勘查开发局第二地质矿产调查院,河南 郑州　450001)

摘　要:本文通过对 Nyankanga 金矿床区域成矿地质背景、矿床地质特征和控矿因素进行研究,建立 Nyankanga 金矿床成矿模式,认为多期次岩浆侵入活动为成矿作用提供了丰富的成矿流体、成矿物质和能量;北东向的 Nyankanga 构造带是本区主要控矿构造,为金矿体的形成提供了有利空间。该成矿模式对该地区金矿找矿具有重要的指导意义。

关键词:地质特征;控矿因素;成矿模式;Nyankanga 金矿床;坦桑尼亚

0　引言

太古宙金矿是世界上最重要的金矿资源之一(Goldfarb et al.,2001),如西澳大利亚州的 Yilgarn克拉通、印度的 Dharwar 克拉通、巴西的 Quadrilatero Ferrifero 及南非的 Kaapvaal 克拉通、津巴布韦和坦桑尼亚克拉通都是重要的金矿产地(崔小军等,2014;王建光等,2017)。太古宙金矿床与绿岩带密切相关,通常与造山型金矿有诸多相似特征,如强烈的构造控矿,与绿片岩相到角闪岩相单元中的剪切带密切相关,硫化物矿石的热液成因及伴生的硅化和碳酸盐岩蚀变,主成矿构造事件是同构造期或构造后期等。太古宙金矿对围岩的选择性不强(Laznicka,2014),但是大多数特大型金矿床是在火山-沉积岩的绿岩带序列中发现的,如澳大利亚的 Kalgoorlie 金矿床、加拿大的 Timmins 金矿床、印度的 Kolar 金矿田及坦桑尼亚的 Bulyanhulu 金矿床均赋存在镁铁质变质火山岩单元中(彭俊等,2018)。

太古宙条带状铁建造(BIF)也是世界范围内著名的金矿床赋矿岩性单元。坦桑尼亚西北部盖塔矿山是东非地区历史悠久的金矿山,包含 6 座大型 BIF 金矿床,分别为 Geita Hill、Nyankanga、Lone Cone、Matandani、Kukuluma 及 Star and Comet,其中 Nyanknaga 金矿床是资源量最大的一座,该矿床于 1995 年被 Ashanti 金田公司发现,沿北东向近 3km 长的矿化剪切带分布,提交金资源量 220t,平均品位 5.8g/t。本文通过对盖塔绿岩带典型金矿床成矿地质特征、控矿因素进行归纳研究,建立成矿模式,以期对该地区寻找同类型矿床提供参考。

基金项目:国外矿产资源风险勘查专项资金项目(编号:201210B01600234)资助。

作者简介:张超(1987—),男,本科学历,工程师,长期从事金矿勘查工作。E-mail:251962751@qq.com。

1 区域地质

坦桑尼亚克拉通北部包含一系列近东西走向的太古宙绿岩带，其被花岗质侵入体和片麻岩分割和环绕。绿岩带地层划分为两个主要单元，即尼安萨（Nyanzian）超群和卡维龙多（Kavirondian）超群（Gabert，1990；赵志强等，2020）。尼安萨超群进一步细分为下尼安萨组和上尼安萨组。下尼安萨组主要为镁铁质火山岩单元（角闪岩、枕状玄武岩及辉长岩等）；上尼安萨组以长英质火山岩、辉长岩为主，夹火山碎屑岩、条带状铁建造及浊积沉积岩互层（Borg et al.，1999）。卡维龙多超群不整合上覆于尼安萨超群之上，主要由粗粒砾岩、砂砾和石英岩组成。

受区域岩浆侵入作用和北西-南东向及近南北向构造变形作用影响，坦桑尼亚维多利亚湖绿岩带位于坦桑尼亚克拉通西北部（图1），形成数个独立的花岗-绿岩地体单元（姜高珍等，2015）。盖塔（Geita）绿岩带位于维多利亚湖正南方，呈近东西走向，被花岗岩侵入形成一个不连续残余的绿岩序列（图2），主要岩性单元为条带状铁建造夹火山碎屑岩，区域构造呈北西向、北东向及近东西向展布，全岩 Sm-Nd 测年分析表明成岩年龄为 2823Ma（Manya et al.，2003）。

区域岩浆作用除了绿岩带两侧的花岗岩外，后期的闪长岩脉、煌斑岩脉、辉绿岩脉、粗面安山岩脉侵入横切盖塔绿岩带沉积层序，为成矿作用带来丰富的能量和流体。

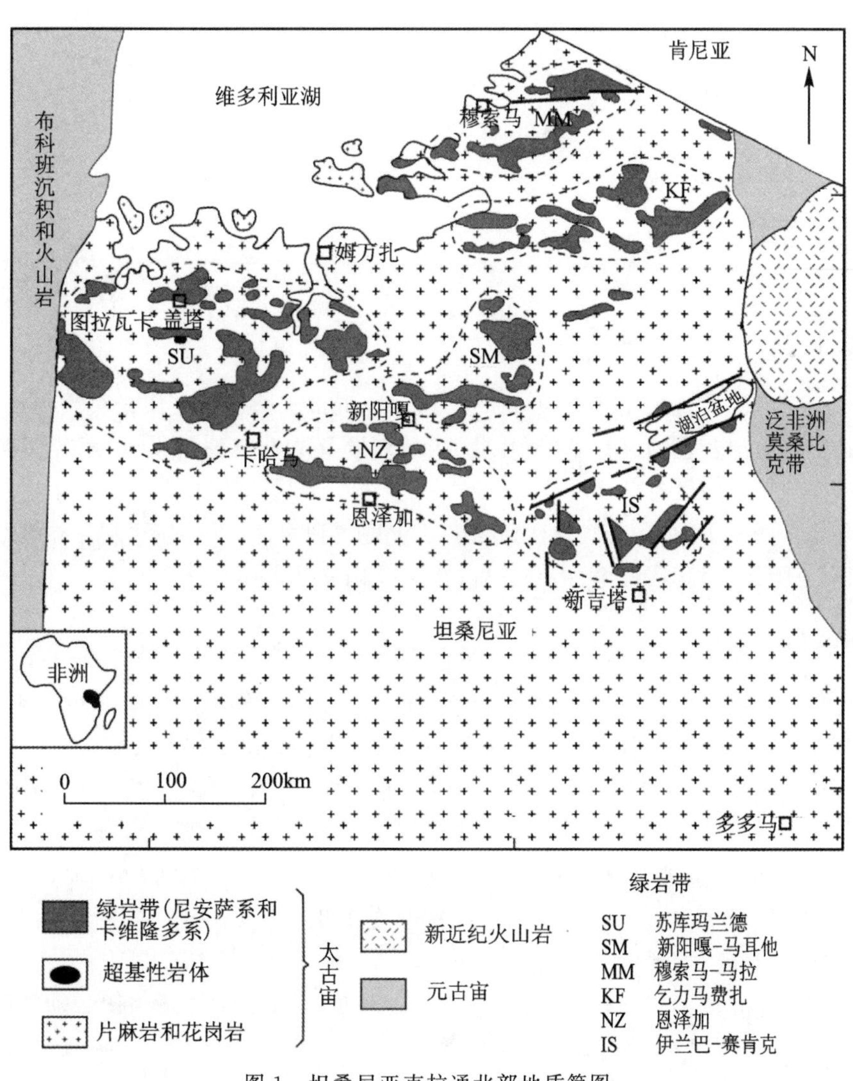

图1 坦桑尼亚克拉通北部地质简图

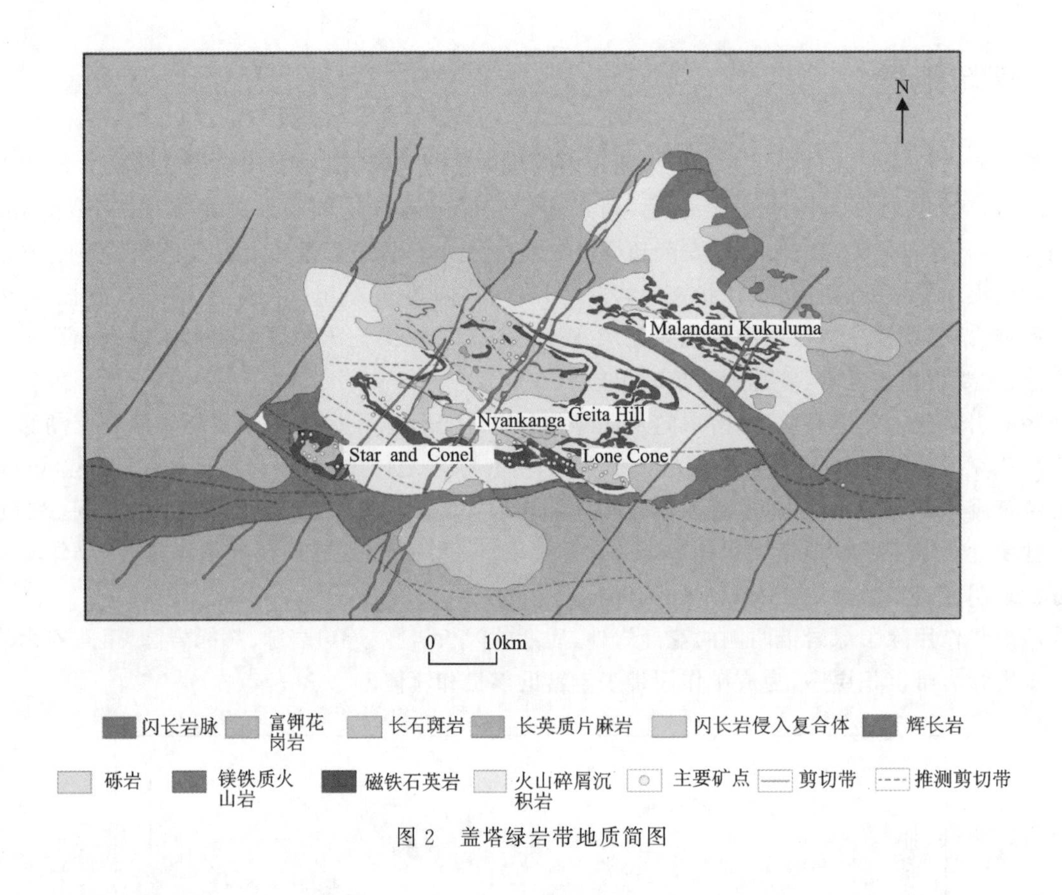

图 2　盖塔绿岩带地质简图

2　矿区地质

2.1　矿区地层

Nyankanga 金矿区出露地层主要为条带状铁建造岩，局部夹薄层状变质长英质凝灰岩、页岩和粉砂岩。条带状铁建造岩为深灰色的磁铁矿层和纹层状凝灰岩及燧石交替组成，代表着不同的沉积环境和物源特征。磁铁矿层呈细密纹理状，厚 0.2～1.5cm，整个条带状铁建造岩含铁量为 18%～25%。受区域岩浆作用和变质作用的影响，条带状铁建造岩变质程度达到绿片岩相，并发育各种脆性和韧性变形结构，各种规模的同心褶皱、对称褶皱、剪褶皱发育，与金矿化关系密切。

2.2　矿区构造

矿区内断裂构造和褶皱发育。受区域岩浆侵入作用和区域变形作用影响，区内主要发育北东东、北东、北西向剪切构造带，多呈平行分布(图 3)；其中 Nyankanga 剪切带是区内主控矿构造，长约 3km，宽 10～100m，总体走向北东东-南西西，在中段偏转呈北西西向产出，与绿岩带走向基本吻合，倾向北西，倾角 32°～45°，剪切带穿切闪长岩侵入体和条带状铁建造单元，带内碎裂岩、角砾岩较发育，裂隙胶结物主要为硅质胶结；在剪切构造带上部与顶板岩层接触处，可见一层碎裂岩带(图 4a)，具有弱糜棱岩化特征，剪切变形特征明显，常见 S-C 组构特征(图 4b)；蚀变矿化主要集中在剪切构造中下部的角砾岩带中，顶板附近的碎裂岩带无矿化。

根据条带状铁建造岩变形特征，区内褶皱可分为 3 期变形：第一期变形为褶皱轴平行于层理的等轴褶皱(图 4c)；第二期变形为褶皱轴近垂直于层理的同心褶皱、等斜褶皱；第三期变形为褶皱轴近平行层理的宽缓褶皱(图 4d)。受多期变形作用影响，形成复杂强烈的应变区，伴随大量的各种规模的剪切裂隙、断裂，为成矿流体运移和矿体定位创造了有利条件。

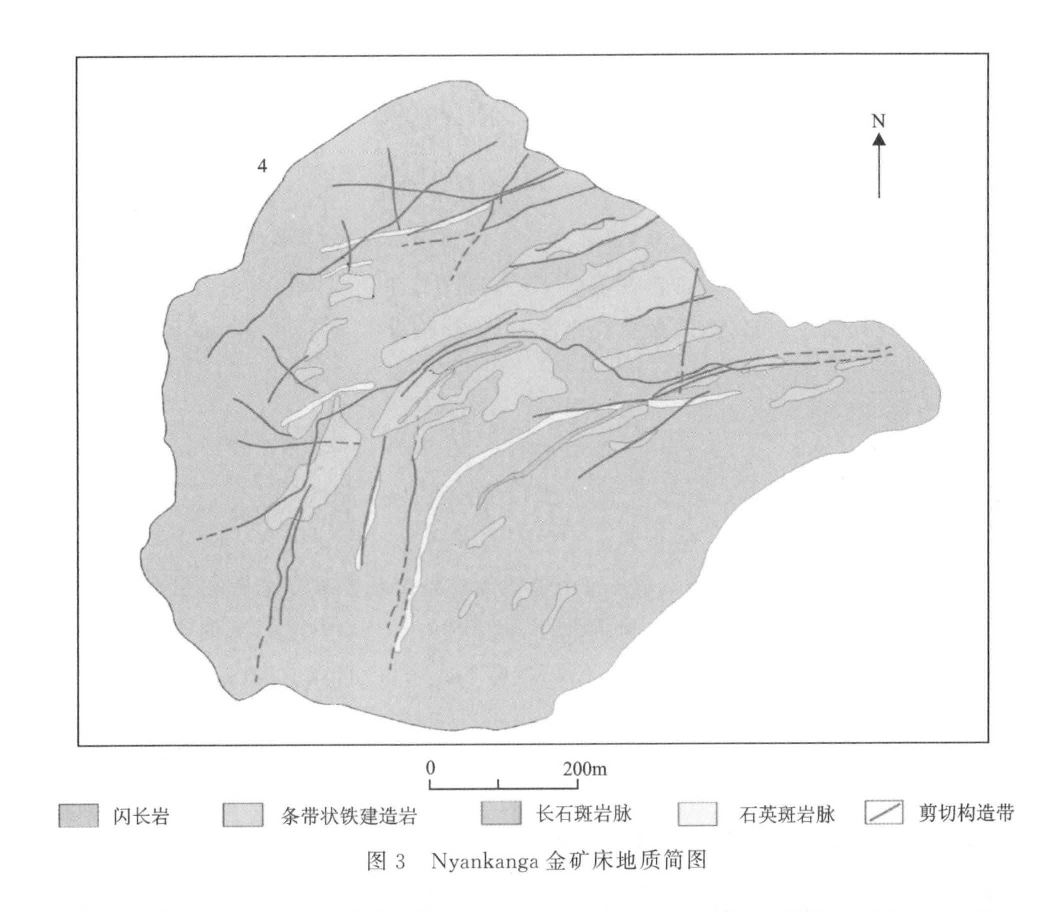

图 3　Nyankanga 金矿床地质简图

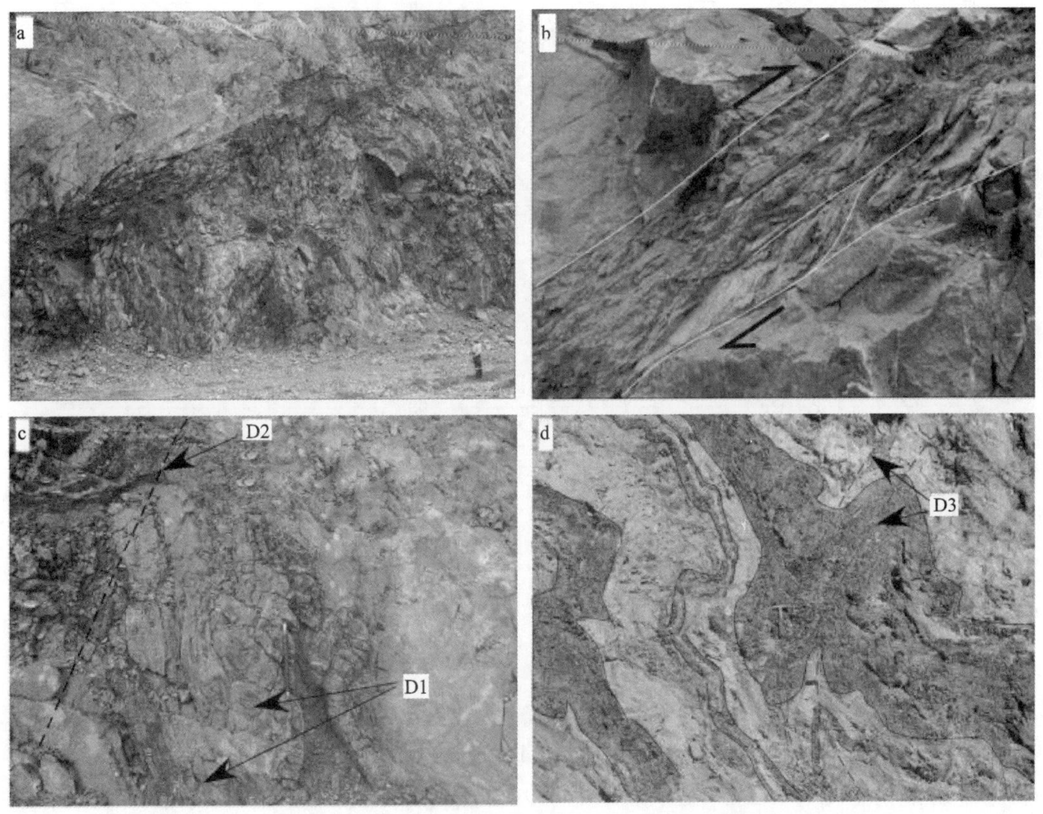

a. 含矿剪切构造带；b. 剪切构造带顶板糜棱岩带；c. 等轴褶皱(D1)和等斜褶皱(D2)；d. 开阔褶皱(D3)。

图 4　屯嘎金矿床主要蚀变类型及矿石类型

2.3　矿区岩浆岩

矿区地层单元被后期不同期次的闪长岩侵入体、长石斑岩和石英斑岩脉侵入，其分布受断裂构造影响，走向与区内构造带走向基本一致，呈岩脉、岩墙状产出。闪长岩侵入体在矿区分布面积最大，占比约75%，侵入到条带状铁建造岩单元中，湮没条带状铁建造单元使其局部呈透镜状分布，后期分异的角闪闪长岩脉呈层状侵入到条带状铁建造岩中，接触带与条带状铁建造单元层理近平行；长石斑岩脉宽2～15m，部分与Nyankanga剪切带平行分布，部分位于剪切带内，在浅部横切剪切带；石英斑岩脉是后期浅成侵入作用的产物，侵入到闪长岩体、条带状铁建造岩、长石斑岩脉及Nyankanga剪切带中。

3　矿床地质特征

3.1　金矿体特征

矿区发现的金矿体基本位于Nyankanga剪切带下部与条带状铁建造岩接触带附近的角砾岩带中，长约2.3km，宽2～40m，总体走向北东东，倾向北西，倾角20°～30°，中段局部偏转为走向北西，倾向北东，金品位多为0.5～8g/t，最高可达125g/t。金矿体总体呈脉状分布，沿走向具有分支复合、波状延伸特征，沿倾向具有上陡下缓、上厚下薄特征。剪切构造带内闪长岩角砾岩带和条带状铁建造角砾岩带均有金矿化(图5)，但条带状铁建造岩-角砾岩带金矿化作用强烈，保留有岩体侵入前的复杂褶皱形态，金品位普遍较高；角砾岩带内发育的白云石-黄铁矿-石英细脉，走向北西西，与角砾岩带大角度陡倾斜交，宽1～30cm，最宽可达1m，其组成的密集脉网区是金矿化最好的部位。

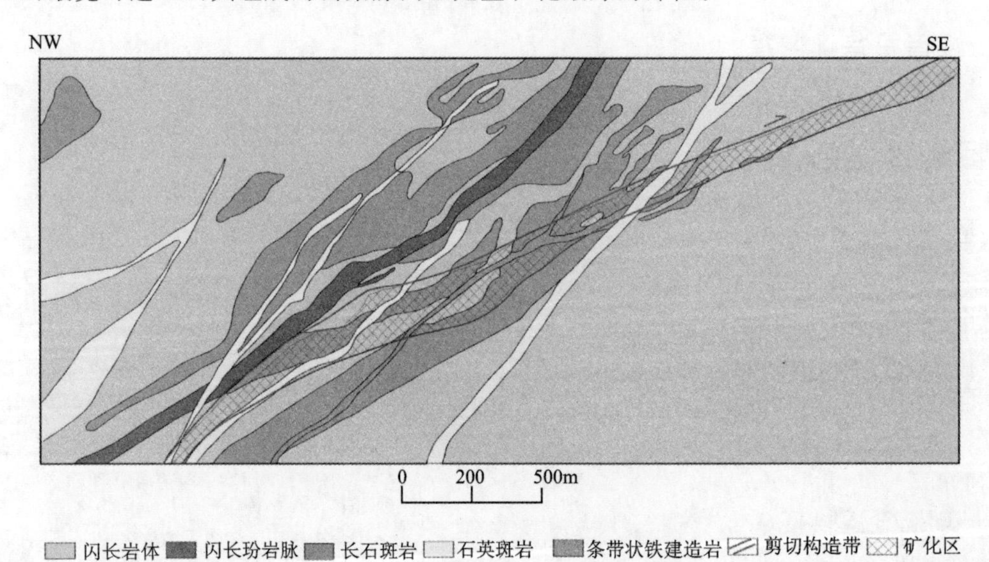

图5　Nyankanga金矿床中部剖面图

3.2　矿石特征

区内矿石类型为含金－黄铁矿－蚀变岩型及含金－石英－黄铁矿型，矿石主要结构为裂隙充填结构、半自形—他形粒状结构，构造主要为块状构造、细脉浸染状构造。

矿石中金属矿物主要为黄铁矿、磁黄铁矿、毒砂、自然金等，局部有黄铜矿、方铅矿和闪锌矿，脉石矿物主要为石英、绿泥石、绿帘石、白云石、方解石、黑云母、阳起石等。自然金一般呈他形粒状、片状，粒径多在0.01～0.07mm之间，主要呈粒间金和裂隙金嵌布。

3.3 热液蚀变特征

矿区内热液蚀变发育，主要沿 Nyankanga 剪切构造带分布，蚀变宽度一般 20～300m，具有上宽下窄的特点，主要有黄铁矿化、硅化、绿泥石化、碳酸盐岩化、绢云母化等，其中硅化、黄铁矿化与金矿化关系密切。蚀变分带特征明显，根据蚀变矿物空间分布特征和组合特征，可分为内蚀变带、过渡带和外蚀变带，内蚀变带主要矿物组合为石英-方解石-白云石-赤铁矿-黄铁矿-黑云母，是成矿热液蚀变；过渡带主要矿物组合为黑云母-绿泥石-方解石-黄铁矿；外蚀变带主要矿物组合为绿泥石-绿帘石-方解石-阳起石-黄铁矿-磁黄铁矿，在闪长岩体中该组合普遍发育。

4 控矿地质因素

4.1 地层与岩性因素

Nyankanga 金矿体主要赋存在剪切构造带中的角砾岩带，并且条带状铁建造角砾岩含金品位通常高于闪长岩-角砾岩带含金品位，这表明条带状铁建造是一个较为理想的赋金围岩。首先，条带状铁建造易脆性变形，形成大量的断裂和裂隙，为成矿流体运移和沉淀提供空间；其次，条带状铁建造富含 Fe，为载金硫化物的沉淀提供元素；特别是条带状铁建造中的磁铁矿层是一个有利的地球化学障，黄铁矿交代磁铁矿释放氧，改变流体 E_h 值，促使含矿流体中金的沉淀。由于闪长岩-角砾岩带和条带状铁建造角砾岩带均存在热液矿化蚀变，因此不排除其他有助于含矿硫化物沉淀的因素，如流体压力变化等。

4.2 构造因素

构造变形因素不仅是岩浆、成矿流体的运移通道和驱动力，还为成矿元素的富集、沉淀提供场所（刘军等，2012；张传昱等，2015；高太忠等，1999）。区域性北西向断裂和北东东向断裂是深部含矿热液和岩浆流体运移通道，是区内控岩和导矿构造。区内北东东向的 Nyankanga 剪切带是主要容矿构造，其下部的角砾岩带叠加早期褶皱变形形成的裂隙区是成矿流体运移的主要通道，受压力、E_h 值变化等影响，成矿流体在此沉淀、定位，形成金矿体。

4.3 岩浆岩因素

区内岩浆活动强烈，Nyankanga 金矿床本身就是一个复杂的侵入体成矿系统，剪切构造带通过闪长岩体和绿岩地层单元均广泛发育金矿化。多期次的浅成侵入体（闪长岩、石英斑岩和长石斑岩）为成矿活动带来丰富的流体来源，并且提供热量驱动力（赵晓霞等，2013），特别是控矿构造带附近长石斑岩脉、石英斑岩脉的侵入作用进一步促进了构造带裂隙的发育，为金矿体的形成提供了多重积极因素。

5 成矿模式

关于盖塔地区金矿床成矿时代问题，前人做了大量的研究工作。通过对矿化的条带状铁建造岩进行铅同位素测试，其年龄大约为 2721Ma（Walraven et al.，1994；郭鸿军等，2009；龚鹏辉等，2015）；通过对穿切金矿脉的煌斑岩脉中锆石 U-Pb 测年，其年龄为（2644±3）Ma（Borg et al.，1999；Kabete et al.，2012），而煌斑岩脉侵入作用在金矿化形成之后，其测年数据代表了金矿化作用形成的最晚年龄。因此，坦桑尼亚盖塔地区金矿床成矿年龄为 2721～2644Ma，为新太古代时期。

通过对 Nyankanga 金矿床区域成矿地质条件、矿床特征及控矿因素研究可知（表 1），该矿床类型为与剪切构造带密切相关的破碎带蚀变岩型金矿床，其成矿机制如下。

表 1　Nyankanga 金矿床成矿要素特征表

主要成矿要素	特征描述
大地构造位置	坦桑尼亚克拉通西北部太古宙盖塔绿岩带
赋矿地层	尼安萨系条带状铁建造岩
岩浆岩	不同期次的闪长岩侵入体、长石斑岩和石英斑岩脉
构造	区内主要发育北东东、北东、北西向剪切构造带，多呈平行分布，北东东—南西西向 Nyankanga 剪切构造带为主含矿断裂
矿体特征	呈脉状分布，沿走向具有分支复合、波状延伸特征，沿倾向具有上陡下缓、上厚下薄特征
矿物组合	金属矿物主要为黄铁矿、磁黄铁矿、毒砂、自然金等；非金属矿物主要有石英、绿泥石、绿帘石、白云石、方解石、黑云母、阳起石等
矿石组构	矿石结构主要有裂隙充填结构、半自形—他形粒状结构，构造主要为块状构造、细脉浸染状构造
围岩蚀变	黄铁矿化、硅化、绿泥石化、碳酸盐岩化、绢云母化等
控矿因素	条带状铁建造岩层、控矿断裂带、浅成岩浆侵入体系统
工业类型	构造蚀变岩型

首先，区内岩浆活动强烈，盖塔绿岩带南、北两侧的花岗岩侵入挤压作用及绿岩带内闪长岩体的侵入使绿岩带内条带状铁建造单元产生强烈的变形、变质作用，产生各种规模的同斜褶皱、同心褶皱、剪褶皱等，伴生大量的剪切裂隙、断裂(图 6)；伴随着岩体侵入挤压作用和区域变质变形作用的加强，产生了大量平行分布的北东东、北东、北西向剪切构造带，其中 Nyankanga 剪切构造带规模最大，穿切了条带状铁建造单元和闪长岩体，使构造带内发育碎裂岩化、角砾岩化；随着深部岩浆的上侵和演化，各期次浅成侵入体侵入到闪长岩体和绿岩带地层单元中，深部的含矿流体沿断裂通道向上运移，随着温度、压力、E_h 值等物理化学环境变化(郑翻身等，2005；杨泽强，2006；)，在有利空间富集沉淀，特别是成矿流体在构造带条带状铁建造角砾岩中遇到了有利的地球化学障——磁铁矿层，磁铁矿被交代成黄铁矿释放氧，

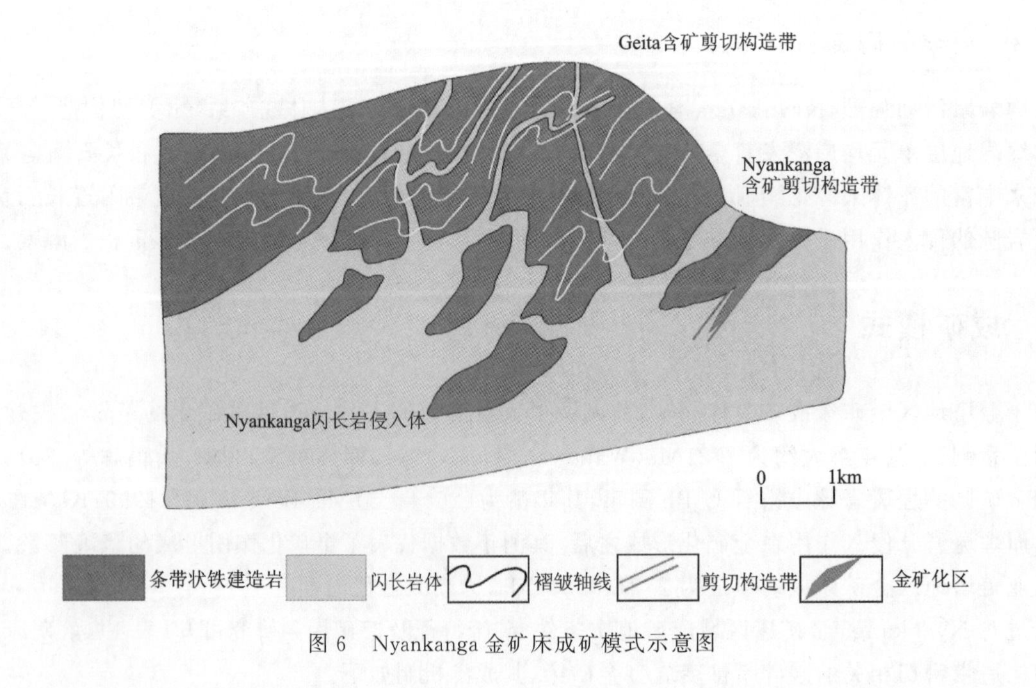

图 6　Nyankanga 金矿床成矿模式示意图

导致成矿流体的 E_h 值急剧升高，促使金和黄铁矿一起沉淀，形成浸染状硫化物矿石，这也解释了同一剪切构造带内浅部的条带状铁建造角砾岩中的金矿石品位远高于闪长、岩角砾岩中的金矿石品位。

6 结论

(1)Nyankanga 金矿床是坦桑尼亚盖塔绿岩带规模最大的一座金矿床，作为一个复杂的侵入体-绿岩成矿系统，与岩浆活动有密切的时空联系。

(2)金矿体基本位于 Nyankanga 剪切带下部的角砾岩带中，构造带内闪长岩-角砾岩带和条带状铁建造角砾岩带均有金矿化，但条带状铁建造岩-角砾岩带金矿化作用强烈，金品位更高；矿石类型为含金-黄铁矿-蚀变岩型及含金-石英-黄铁矿型。

(3)条带状铁建造单元是一个理想的赋金围岩；穿切条带状铁建造单元和闪长岩体的剪切构造带控制着本区金矿体的空间分布；不同期次的岩浆侵入活动与成矿作用关系密切，为金矿床的形成提供了成矿流体、成矿物质和热能，为金矿体的形成提供了多重积极因素。

(4)本次研究建立的与侵入体密切相关的成矿模式可推广至坦桑尼亚维多利亚湖绿岩带同类型金矿(化)点，对寻找同类型矿床提供借鉴思路。

主要参考文献

崔小军，王建光，彭俊，等，2014. 坦桑尼亚维多利亚湖东部绿岩带金矿床地质特征及成因浅析 [J]. 地质与勘探，50(4)：789-794.

高太忠，杨敏之，金成洙，等，1999. 山东牟乳石英脉型金矿流体成矿构造动力学研究[J]. 大地构造与成矿学，23(2)：130-136.

龚鹏辉，刘晓阳，王杰，等，2015. 坦桑尼亚盖塔(Geita)绿岩带型金矿矿床地质特征[J]. 地质找矿论丛，30：093-097.

郭鸿军，林晓辉，刘焕然，等，2009. 坦桑尼亚西部基戈马-姆潘达地区前寒武纪地质特征及锆石测年新资料[J]. 地质找矿论丛，24(3)：260-266.

姜高珍，李以科，王安建，等，2015. 坦桑尼亚苏库玛兰德绿岩带金矿地质特征及找矿思路[J]. 地质与勘探，51(6)：1193-1200.

刘军，朱谷昌，2012. 坦桑尼亚汉德尼金矿床地质特征与找矿方向分析[J]. 地质与勘探，48(1)：177-184.

彭俊，袁杨森，司建涛，等，2018. 坦桑尼亚维多利亚湖绿岩带变质火山岩地球化学特征及成岩机制探讨[J]. 矿产勘查，9(3)：485-494.

王建光，彭俊，袁杨森，等，2017. 坦桑尼亚马拉-穆索马绿岩带金矿地质特征及成矿规律浅析[J]. 地质与勘探，53(2)：406-412.

杨泽强，2006. 豫南火山岩型银多金属矿地质特征及成矿规律[J]. 矿产与地质，20(2)：109-115.

张传昱，邢程，陈曹军，2015. 黔东南地区金矿床成矿模式及找矿远景[J]. 地质与勘探，51(4)：690-698.

赵晓霞，刘忠法，戴塔根，等，2013. 山西辛庄金矿床成矿模式分析[J]. 中南大学学报(自然科学版)，44(5)：1948-1954.

赵志强，彭俊，梁永安，等，2020. 坦桑尼亚卢帕金矿田地质特征及成矿机制探讨[J]. 矿产勘查，11(8)：1728-1731.

郑翻身，徐国权，冯贞，等，2005. 内蒙古中部地区绿岩型金矿地质特征及成矿远景预测[J]. 地质学报，79(2)：232-248.

BORG G，KROGH T，1999. Isotopic age data of single zircons from the Archeam Sukumaland

Greenstone Belt,Tanzania[J].Journal of American Earth Sciences,29:301-312.

GABERT G,1990. Lithostratigraphic and tectonic setting of goldmineralization in the Archean cratons of Tanzania and Uganda,East Africa[J]. Precambrian Res. 46:59-69.

GOLDFARB R J,GROVES D L,GARDOLL S,2001. Orogenic gold and geologic time a global synthesis[J]. Ore. Geol. Rev. 18:1-75.

KABETE J M,MCNAUGHTON N J,MRUMA A H,2012. Reconnaissance SHRIMP U-Pb zircon geochronology of the Tanzania Craton:Evidence for Neoarchean granitoid-greenstone belts in the Central Tanzania Region and southern East African Orogen[J]. Precambrian Research, 216-219: 232-266.

LAZNICKA P, 2014. Giantmet allic deposits: a century of progress[J]. Ore. Geol. Rev, 62: 259-314.

MANYA S,MABOKOM A H,2003. Dating basaltic volcanism in the Neoarchaean Sukumaland Greenstone Belt of the Tanzania Craton using the Sm－Ndmethod: implications for the geological evolution of the Tanzania Craton[J]. Precambrian Res. ,121:35-45.

WALRAVEN F,PAPE J,BORG G,1994. Implications of Pb－isotopic compositions at the Geita gold deposit,Sukumaland Greenstone Belt, Tanzania[J]. Journal of Africa Earth Science, 18(2): 111-121.

豫西栾川龙王幢岩体稀有、稀土元素的找矿建议

梁　涛[1,2,3,4]，卢　仁[1,2,3,4]，马玉见[5]

（1.河南省地质研究院，河南 郑州 450016；2.河南省有色金属深部找矿工程技术研究中心，河南 郑州 450016；
3.河南省金属矿产成矿地质过程与资源利用重点实验室，河南 郑州 450016；
4.河南省有色金属深部找矿勘查技术研究重点实验室，河南 郑州 450016；5.河南省第六地质大队有限公司，河南 郑州 450016）

摘　要：栾川龙王幢岩体显示了稀有金属、稀土元素高异常，为河南省内寻找碱性岩型稀有、稀土矿提供了依据。龙王幢岩体的Zr、Nb和LREE异常具有含量高、范围大和稳定连续的特征，表明Zr、Nb和LREE矿体赋存在岩体内，其含量变化是含矿流体与花岗岩岩浆未充分混合均匀所致。笔者对龙王幢岩体开展稀有金属、稀土元素找矿勘查提出两条建议：①应用全岩矿化的找矿模型来布置勘查工程，②矿区地质填图应充分利用相关地质科研成果。

关键词：龙王幢；碱性花岗岩；稀有金属；稀土元素；东秦岭

我国是稀土资源大国，稀土资源集中分布于内蒙古包头和江西赣州，矿床类型以碳酸岩杂岩型和离子吸附型为主。河南省的地质特征表明省内不具有较好的稀土成矿潜力，稀土长期属于非优势矿种，关注度较低，经费投入有限。自从国家战略新兴矿种名录颁布以来，河南省地质勘查业界围绕稀土部署和实施了一批找矿科研和勘查项目，取得了新成果，在找矿科研方面提出了省内碱性侵入岩型稀土、稀有金属具有成矿潜力和找矿前景，在找矿勘查中先后探明了西峡太平镇热液石英蚀变岩型稀土矿和方城大庄碱性侵入岩型稀土矿（梁涛等，2012，2013，2014）。栾川龙王幢岩体是豫西出露规模最大的中元古代碱性侵入岩，稀有金属、稀土元素异常明显，具有巨大的成矿潜力，综合相关研究成果，提出相关找矿建议供勘查专家参考，以期取得找矿突破。

1　地质特征

龙王幢岩体位于华北克拉通南缘，紧邻栾川-确山-固始深大断裂带，出露位置在栾川县城东约20km的大清沟、卢氏管、龙王幢一带，岩体东西长约20km，南北宽约10km，面积约140km^2。龙王幢岩体从其北、西和南三侧侵入到太古宙太华群，外围包括中元古界熊耳群、官道口群和高山河群，新元古界栾川群及第四系（图1）。龙王幢岩体西南出露的栾川深大断裂带是华北陆块南缘与北秦岭构造带的分界断裂，是一条规模巨大、多层次、长期活动的构造边界。龙王幢地区发育中元古代、新元古代和中生代3期岩浆岩，大规模岩浆侵入活动主要在燕山期。

作者简介：梁涛（1979—），男，新疆新源人，博士，高级工程师，主要从事地质矿产找矿研究工作。E-mail：liang20010212@126.com。

龙王幢岩体包含两次侵入活动,岩性分别为正长花岗岩和钠铁闪石正长花岗岩,二者呈套环式分布,脉动接触,前者位于边部,后者位于中部。中粗粒正长花岗岩分布于东地(卢氏管)一带,呈浅肉红色,中粗粒花岗结构,块状构造,主要矿物为钾长石(35%～50%)、斜长石(15%～20%)、石英(25%～35%)、黑云母(低于5%)。中粗粒钠铁闪石正长花岗岩为龙王幢的主体岩性,以浅灰色—灰白色为主,中粗粒花岗结构,块状构造及斑杂构造,由钾长石(45%～55%)、斜长石(10%～15%)、石英(20%～25%)、钠铁闪石(5%～10%)及少量黑云母组成。钠铁闪石正长花岗岩的副矿物以锆石、榍石、磷灰石、磁铁矿、褐帘石、钛铁矿、氟碳铈镧矿等为主,其中榍石和磷灰石含量分别为0.142 8%和0.033 4%,氟碳铈镧矿普遍存在(卢欣祥,1989)。

龙王幢岩体是东秦岭碱性岩带中的一个典型的A型花岗岩体,它富含K、Na,缺Mg、Ca,多Fe少Al和水,具有富含碱性暗色矿物和高F及稀土元素的特征,形成于非造山环境,属板内花岗岩(卢欣祥,1989)。龙王幢岩体中钠铁闪石正长花岗岩的锆石U-Pb年龄为1602～1635Ma,形成于中元古代(陆松年等,2003;包志伟等,2009;Wang et al.,2013),正长花岗岩的锆石U-Pb年龄为(140±1)Ma,为早白垩世(Wang et al.,2013)。此外,在龙王幢岩体及周缘还出露有印支期闪长玢岩和燕山期花岗岩、花岗斑岩等小岩体及辉绿岩、煌斑岩、正长斑岩等脉岩。

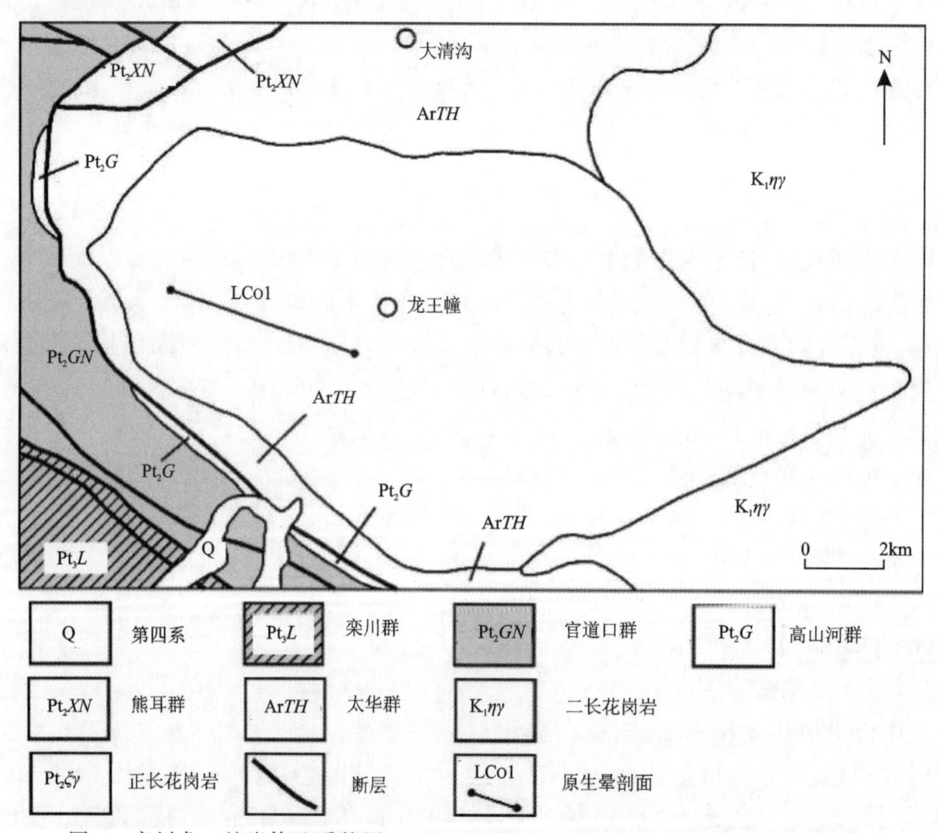

图1　栾川龙王幢岩体地质简图(据河南省地质矿产开发局第一地质调查队,2005修改)

2　稀有金属和稀土元素矿化特征

龙王幢岩体的稀土元素异常最早由陕西省地质矿产勘查开发局第二综合物探大队于1979年在水系沉积物及部分原生晕测量中取得(卢欣祥,1989),在龙王幢岩体的北中部形成一个完整而强大的Y-Yb-La-Ce-Nb-Zr地球化学异常区,单元素异常连续稳定并且大体重合,在岩体西部还显示了Sn异常。龙王幢岩体岩石样品的稀土元素总量可达1000 $\times10^{-6}$以上,La、Yb和Y的含量可分别高达$300\times10^{-6}\sim900\times10^{-6}$、$20\times10^{-6}\sim25\times10^{-6}$和$50\times10^{-6}\sim150\times10^{-6}$,部分地段已发现有稀有、稀土元素矿化,出露矿化点多处,应视为寻找稀土、稀有元素矿产的有利找矿靶区(卢欣祥,1989)。

为获得更可靠信服的稀有、稀土元素信息，在龙王幢岩体开展了5条原生晕岩石地球化学剖面测量，总长度21.3km，设计样品点间距80m，实际采样点与设计采样点的直线距离控制在20m以内，在实际采样点约20m²范围内的原生露头处采集数块新鲜岩石样品合并为一个样品，每个采样点的样品质量控制在25kg以内，总计采集样品262件。需要强调的是，在野外原生晕地球剖面样品采集中，应特意避开脉岩样品，如花岗伟晶、正长岩和细晶岩等，均采集中粗粒钠铁闪石正长花岗岩样品，与龙王幢岩体的主体岩性保持一致。样品分析测试由河南省有色金属地质勘查总院检测中心完成，使用等离子质谱法(ICP-MS)测定，仪器型号为Thermal Fisher X Series 2，使用国家一级标样控制精密度和准确度，用重复性密码分析和异常抽查来验证可靠性，质量控制参数均合格。

龙王幢岩体5条原生晕岩石地球化学剖面结果均显示了Rb、Nb、Zr和LREE的高异常(图2)，其中REEO含量高于500×10^{-6}、Zr含量高于296×10^{-6}和Nb_2O_5含量高于120×10^{-6}的样品比例依次为83%、89%和63%，表明其具有全岩矿化的特征。限于篇幅，简单介绍LC01原生晕岩石地球化学剖面结果，其位置示意见图1，测量结果见图3。

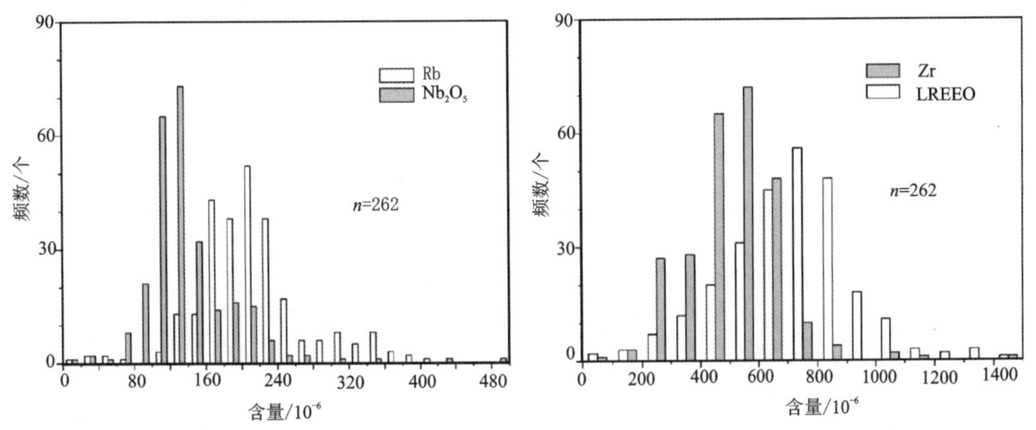

图2 栾川龙王幢岩体原生晕化探剖面样品含量统计直方图

从龙王幢岩体LC01原生晕岩石地球化学剖面结果来看，大部分样品显示了Rb、Nb、Zr和LREE的高异常。Rb含量总体上低于边界品位，个别样品的Rb含量高于边界品位400×10^{-6}，最高达397×10^{-6}，具有北西高、南东低的特征。大多数样品的Zr含量高于边界品位，最高达680×10^{-6}，总体上是北西低、南东高。大多数样品的Nb_2O_5含量高于其边界品位，最高达312×10^{-6}，剖面北西端含量高、南东端含量整体较低。LREEO的含量最高为1056×10^{-6}，平均值为610×10^{-6}，剖面南东部分的LREEO含量高于北西端的。

LC01原生晕岩石地球化学剖面还是显示了Zr、Nb和LREEO异常具有宽度大、连续性长的特点，如Zr含量约500×10^{-6}以上的样品深度自约3000m一直延续到约5000m，剖面起点至约2000m间样品的Nb_2O_5含量高于边界品位，自约3000m至剖面终点间样品的LREEO含量总体高于500×10^{-6}。这种强烈的连续异常不可能是花岗伟晶岩等岩脉造成的，考虑到样品岩性均为钠铁闪石正长花岗岩，这只能是龙王幢岩体本性使然，即Rb、Nb、Zr和LREE矿体赋存在岩体内，含量的变化是含矿流体与花岗岩岩浆未充分混合均匀所致。

3 稀有金属和稀土元素找矿建议

综合以上，对在龙王幢岩体开展Nb、Zr和LREE找矿提出如下建议。

(1)龙王幢岩体的北中部形成一个完整而强大的Y-Yb-La-Ce-Nb-Zr地球化学异常区，原生晕岩石地球化学剖面也表明Nb、Zr和LREE异常是宽大连续的。这是岩体本身具有Nb、Zr和LREE高含量所致，矿体赋存在岩体内，从全岩体矿化的角度布置勘查工程，岩 芯应全孔采样，样长1m，每件样品都要进行稀有、稀土元素及主量元素含量测试。

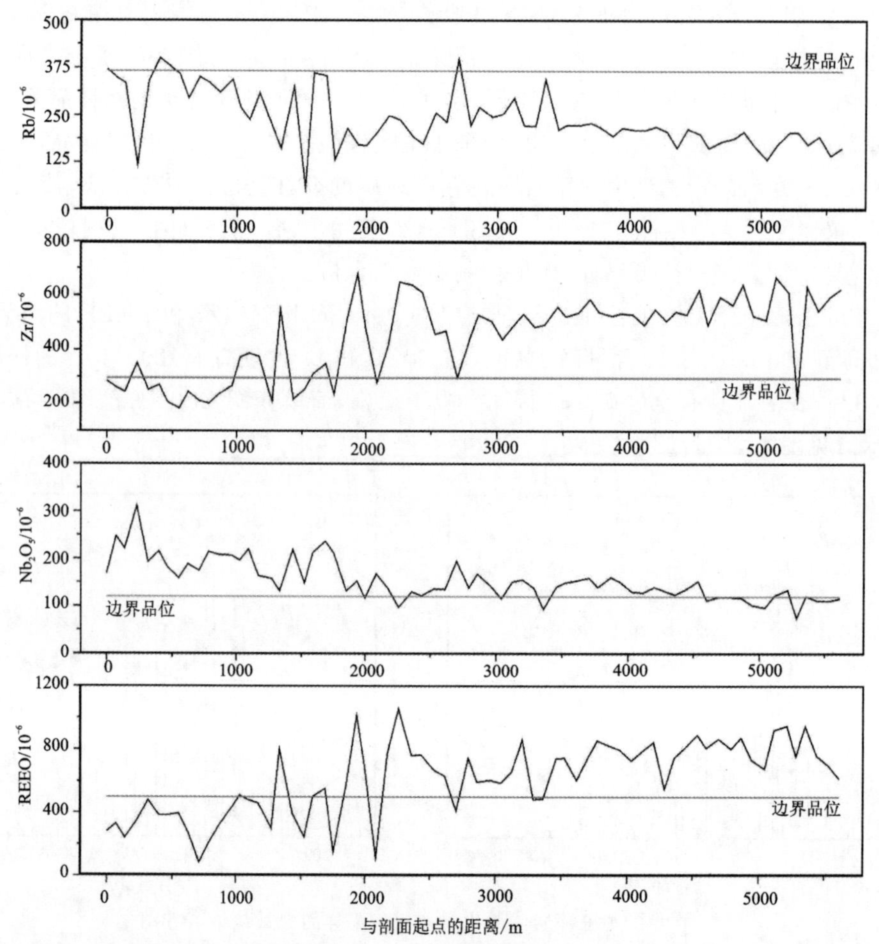

注：碱性花岗岩及花岗伟晶岩型铷矿床边界品位 Rb_2O(Rb)含量为 400×10^{-6}(366×10^{-6})，砂矿型锆矿的边界品位 ZrO_2(Zr)含量为 400×10^{-6}(296×10^{-6})，花岗伟晶岩铌矿床的边界品位 Nb_2O_5 含量为 120×10^{-6}，离子吸附型轻稀土矿的边界品位 LREEO 含量为 500×10^{-6}，边界品位数据据《矿产资源工业要求手册》，2010。

图 3　龙王幢岩体 LC01 原生晕岩石地球化学剖面

(2)矿区地质填图需要充分应用相关科研成果，如龙王幢岩体外围的正长花岗岩和主体岩性明显不同，形成时代分别为早白垩世和中元古代，矿区地质填图予以区分；侵入到龙王幢岩体内的各式脉岩和太华群“残留体”等须在填图中体现，为寻找晚期成矿(如燕山期成矿)提供地质依据。

主要参考文献

《矿产资源工业要求手册》编委会，2010. 矿产资源工业要求手册[M]. 北京：地质出版社.

包志伟，王强，资锋，等，2009. 龙王幢 A 型花岗岩地球化学特征及其地球动力学意义[J]. 地球化学，38(6)：509-522.

梁涛，白凤军，卢仁，等，2013. 豫西纸房－黄庄地区正长岩岩体铷、锆和轻稀土矿化的发现[J]. 资源导刊(地球科技版)，207：4-8.

梁涛，白凤军，卢欣祥，等，2014. 河南省方城北部正长岩岩体稀有金属、稀土元素的矿化[J]. 资源导刊(地球科技版)，212：9-12.

梁涛，卢仁，卢欣祥，等，2012. 河南省霞石正长岩地质特征及其成矿作用[J]. 地质与勘探，48(2)：288-296.

卢欣祥，1989. 龙王幢 A 型花岗岩地质矿化特征[J]. 岩石学报，5(1)：67-77.

陆松年，李怀坤，李惠民，等，2003. 华北克拉通南缘龙王幢碱性花岗岩 U-Pb 年龄及其地质意义[J]. 地质通报，22(12)：762-768.

WANG XIAOLEI，JIANG SHAOYONG，DAI BAZHANG，et al. ，2013. Lithospheric thinning and reworking of Late Archean juvenile crust on the southernmargin of the North China Craton：evidence from the Longwangzhuang Paleoproterozoic A - type granites and their surrounding Cretaceous adakite-like granites[J]. Geological Journal，48：498-515.

内蒙古加不斯花岗岩型铌钽矿床地质特征及成因

张荣臻[1,2],李　柱[1],刁　习[1],朱鹏龙[3],李　林[3],董海龙[3],陈威君[3],薛富红[3]

(1.河南省地质研究院,河南 郑州　450001;2.中国地质大学,北京　100083;
3.内蒙古有色地质矿业(集团)地博矿业有限责任公司,内蒙古 呼和浩特　010010)

摘　要:内蒙古镶黄旗加不斯铌钽矿是新近取得勘查突破的一个大型铌钽矿床。为总结该矿床的成因类型,笔者通过详细的野外地质调查及矿石矿物学观察研究,发现铌钽等稀有金属矿体严格受控制于高度分异的钠长花岗岩,与铌钽矿化密切相关的热液蚀变,自上而下有云英岩化→中—强钠长石化→弱钠长石化→无钠长石化分带特征。笔者认为,加不斯矿床成因类型为碱长花岗岩型稀有金属矿床,围岩蚀变中云英岩化、钠长石化与铌钽等稀有金属矿化密切相关,蚀变强度越强,矿石品位越高。近东西向构造是重要的导矿构造,控制着区域矿产或矿带的展布。

关键词:加不斯;花岗岩型;铌钽矿;成因

铌、钽作为战略型关键矿产,具有耐热性好、热导率高等属性,在国防科技、医疗化工等领域发挥着不可替代的作用(王汝成等,2020;姚春彦,2021;李文昌,2022)。我国铌钽资源量虽然丰富,但资源禀赋存在明显缺陷,对外依赖度较高,因此寻找品位高、储量大的铌钽矿床具有重要意义。内蒙古中部地区位于重要的稀有金属成矿区(带),近些年,随着地质勘查工作程度的不断提高,先后探明了石灰窑(孙艳等,2015)、维拉斯托(武广等,2021;张天福等,2019)、赵井沟(密文天,辛杰,2020;李雪,2021)等稀有金属矿床,显示巨大的找矿潜力。

加不斯铌钽矿是近些年在内蒙古镶黄旗地区取得勘查突破的一例大型铌钽矿床,该矿床最早在2005年一直以石英脉型钨和钼作为开采对象,直到2011年底详查工作取得铌钽矿找矿突破,才认为有进一步的找矿前景。目前关于该矿床的研究尚属空白,尤其是矿床地质特征及矿床成因研究的不足影响了进一步的矿产勘查。近来,笔者所在科研团队通过研究该矿床地质特征,总结矿床成因及找矿标志,认为在该地区寻找铌钽等稀有金属矿具有积极意义。

1　区域地质特征

加不斯铌钽矿床位于内蒙古中部镶黄旗地区,大地构造属华北陆块北缘温都尔庙俯冲增生杂岩带,属兴蒙造山带的一部分。区内岩浆岩活动频繁强烈,主要发育中酸性火山岩和侵入岩,根据岩浆活动期次分为晚古生代和中生代岩浆岩,其中中生代花岗岩与区内的钨、萤石、铌钽等矿化关系密切,以那仁乌拉岩体为代表,区域内已发现的稀有金属矿化多分布在该岩体周边及内部,体现了岩浆岩对稀有金属成矿的控制特征。

基金项目:内蒙古自治区地质勘查基金综合研究项目(2020-KY03)。

作者简介:张荣臻(1987—),男,博士生,工程师,主要从事稀有、稀散矿产勘查及科研工作。E-mail:zrzyang@126.com。

研究区整体上位于额济纳旗-兴安岭元古宙海西—燕山期铜、铅锌、金、银、铌成矿区，矿产资源较丰富。除花岗岩建材作为优势矿产资源外，稀有金属或关键矿产有钨、铋、萤石、铌钽、金等。目前已发现那仁乌拉钨铋矿（李柱等，2021；张吉超，2020；崔永翔，2013）、三胜村钨钼矿（周勇等，2012；周勇，2013）、大比例克萤石矿、毫义哈达钨铜矿（苏捷，2010）、加不斯铌钽矿等大中型矿床，其他矿点星罗棋布。

2 矿床地质特征

2.1 地层

矿区仅见新近系上新统宝格达乌拉组（N_2b）红色黏土及第四系风成细砂土，未见有其他地层出露地表（图1）。新近系上新统宝格达乌拉组仅分布于矿区西部地势低洼剥蚀冲沟内，岩性为砖红色黏土，内含少量钙质结核，上部有细砂土层和腐殖土，其上有少量植被，厚度5～15m。新生界第四系全新统大面积分布在矿区相对低洼处，主要为风成细砂土，厚度3～5m。

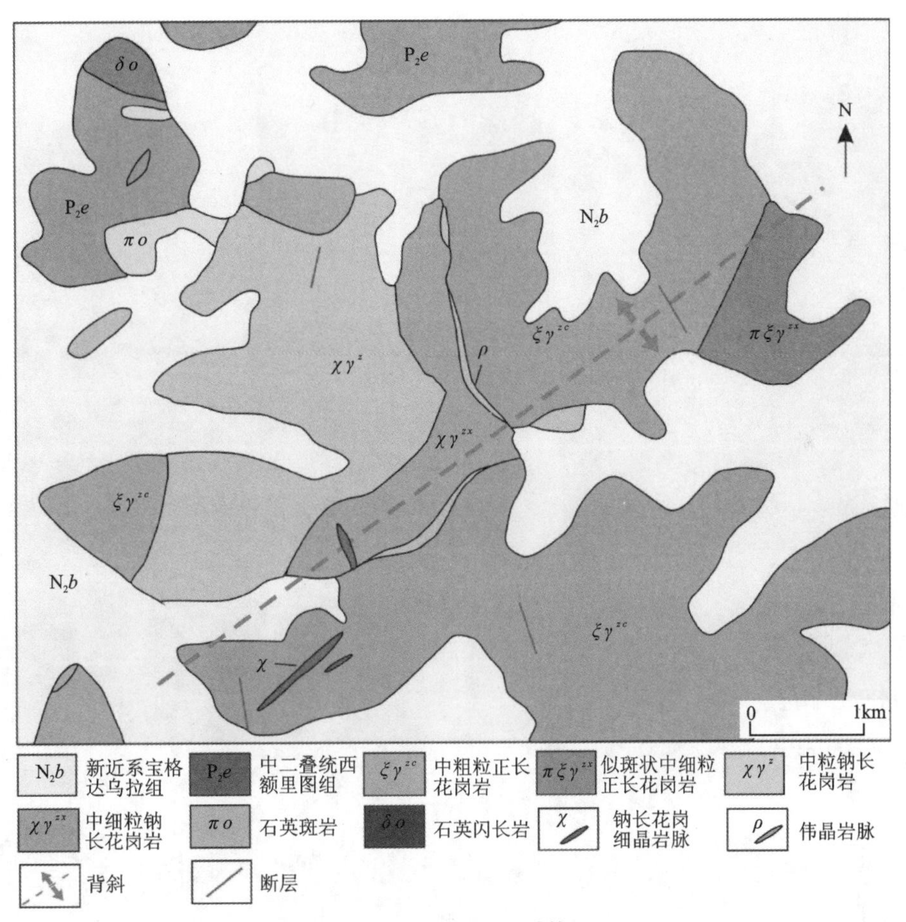

图1 加不斯矿区地质简图

2.2 构造

矿区位于巴龙查布诺尔背斜轴部，沿褶皱轴向被大面积花岗岩所侵位，使得褶皱构造相当隐蔽，断裂构造的形迹亦不十分明显。该背斜位于那仁乌拉西北的加不斯至巴龙查布诺尔一带，轴向50°，出露轴长20km，宽24km。西北翼地层倾角60°，东南翼地层倾角40°。背斜轴部出露的地层为三面井组硬砂岩，两翼为额里图组火山岩。加不斯铌钽矿区的早白垩世花岗岩侵位受该背斜控制，间接控制了矿化体的空间展布特征。矿区内的断层主要发育北西向断裂,展布方向为 300°～330°,长 100～900m,规模较小,属于高角度正断层,发育在燕山期黑云母花岗岩内,局部被含钨矿石英细脉所充填而占据,为钨矿成矿期和成矿后断裂。区内的节理发育,部分节理被石英脉充填,局部含钨,含钨矿石英脉主要呈北东向缓倾状和北西向陡倾状。

2.3 岩浆岩

矿区内发育大面积的白垩纪花岗岩,地表仅可见黑云母正长花岗岩出露,与稀有金属成矿有关的钠长花岗岩体隐伏地下,矿区外围见钠长花岗岩脉侵入正长花岗岩(图 2)。正长花岗岩主要分布于矿区内及外围地表,具中粗粒花岗结构,块状构造,主要由石英(30%)、斜长石(约 25%)、钾长石(约 40%)、黑云母(5%),以及少量角闪石和电气石等矿物组成。石英呈他形粒状或粒状集合体,粒径 0.5～1.5mm;斜长石呈自形—半自形柱状、板粒状,粒径 0.5～3mm;钾长石主要为条纹长石,呈半自形板状,粒径 0.5～5mm;黑云母多以片状或片状集合体形式分布于长石、石英间,粒径 0.5～1.5mm。经过钻孔揭露,黑云母正长花岗岩由地表向下角闪石含量逐渐增加,深部正长花岗岩中角闪石含量达到 5%～10%,两者呈岩相过渡关系,没有明显侵入接触关系。

a、b. 钠长花岗岩侵入正长花岗岩;c. 天河石伟晶岩壳与钠长花岗岩接触关系;d. 钠长花岗岩正交偏光镜下特征;e. 天河石伟晶岩壳镜下特征。

图 2　加不斯矿区地质及镜下矿物特征

隐伏的钠长花岗岩为矿区赋矿岩体，新鲜面呈白色，粒状结构，主要由钠长石(30%～45%)、钾长石(15%～20%)、石英(30%～35%)和少量白云母、黄玉等组成，镜下可见细晶石、锡石、锂云母等矿物。石英呈他形—半自形粒状，多呈烟灰色，粒径 1.0～2.5mm，表面干净平滑，内部可见呈板条状的钠长石；除了石英中的钠长石，其他长板条状钠长石杂乱地分布，白色，粒径 0.5～2mm；钾长石呈他形—半自形粒状，灰白色，粒径 0.5～2mm，表面较脏。

3　矿体特征

加不斯铌钽矿床在勘探区范围内圈定铌钽矿体 3 个(均伴生有锂、铷和铯)，编号为 Ta-1、Ta-2 和 Ta-4，其中 Ta-1 主矿体规模最大，为主矿体。矿体呈厚板状或透镜状产出，属于隐伏矿体(图 3)，仅在矿区西侧外围有零星出露。赋矿岩石为白垩纪锂云母钠长花岗岩，围岩为黑云母角闪正长花岗岩。矿体走向整体呈北东向，局部变化较大，倾向整体呈南东向，倾角较缓，仅在 6°～16°之间。

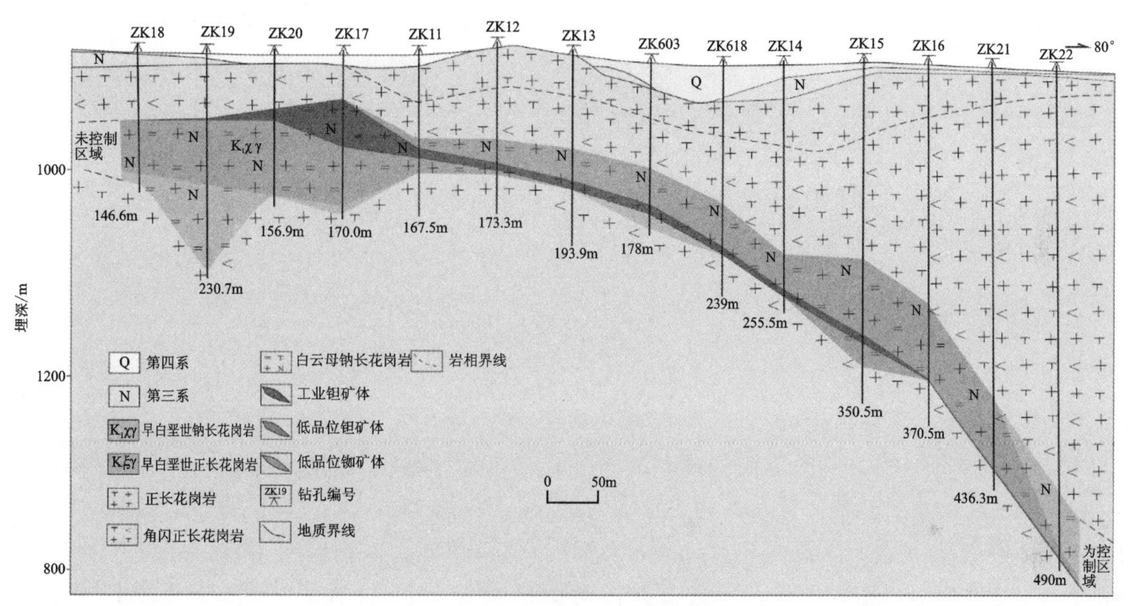

图 3　加不斯铌钽矿体地质特征

以主矿体 Ta-1 为例，该矿体位于矿区西部，属于隐伏矿体，为矿区的主铌钽复合矿体，矿体走向 350°，倾向 80°，倾角 15°，向东则逐渐变陡，呈厚板状产出(图 3)，沿走向控制矿体长度最大 840m，沿倾向控制矿体斜深为 920m。矿石类型主要为锂(白)云母花岗岩型，仅矿体边部少见(黑云母)角闪花岗岩型矿石，属于钽铷共生矿体。该矿体由工业矿体和低品位矿体组成，矿体厚度在 2.00～49.97m 之间，平均厚度 8.79m。Ta_2O_5的品位在 0.012%～0.024%之间，平均品位为 0.014%，共生 Nb_2O_5的品位在 0.005%～0.16%之间，平均品位为 0.008%，伴生 Rb_2O 的品位在 0.019%～0.63%之间，平均品位为 0.29%，伴生 Li_2O 的品位在 0.05%～1.53%之间，平均品位为 0.57%，伴生 Cs_2O 的品位在0.094%～0.01%之间，平均品位为 0.040%。

4　矿石特征

4.1　矿石类型及矿石成分

加不斯矿床见有 3 种矿石类型，但矿区主矿体的矿石类型为钠长石花岗岩型铌钽矿石，占总矿石量的 99%以上，伟晶岩型和黑云母花岗岩型矿石量很少。钠长石化花岗岩表现为钠长石交代钾长石、早期更长石及石英，钠长石含量在15%～50%之间，局部高达90%。矿石中钽、铌主要以独立矿物细晶石的形式存在，其次以铌钽锰矿形式存在；锂主要以锂云母及锂白云母形式存在，其次以类质同象形式分散赋存在长石中；铷、铯主要以类质同象形式存在，大部分分散于锂云母、锂白云母及其他云母中，少部分分散存在于长石中；铍主要以绿柱石形式存在，少部分以硅铍石形式存在。矿石中脉石矿物主要为钠长石、钾长石、石英，含量合计达80%以上，其次为黄玉、绿泥石、高岭石等黏土矿物，另外还有少量大比重矿物——磁铁矿、黄铁矿、自然铋、独居石、锡石、赤铁矿、钛铁矿、褐铁矿、锆石、黑钨矿等。整体上，该矿床成矿作用可分为岩浆期、岩浆-热液过渡期和热液期，岩浆期主要形成钾长石、石英、铁锂云母、钠长石及少量锡石、铌锰矿等矿物，岩浆-热液过渡期主要形成钾长石、石英、白云母、钠长石、绿柱石、铌锰矿、烧绿石、细晶石等矿物，热液期则形成石英、黄玉、萤石、黑钨矿等矿物。

4.2　矿石矿物结构构造

矿石结构主要有自形—半自形结构、交代结构、填隙结构、包含结构。矿石构造主要有块状、浸染状、脉状及碎裂构造。细晶石是加不斯矿床中的主要赋铌钽的矿物之一，呈细粒半自形—他形结构，粒径在0.01～0.15mm之间，主要分布于石英和长石颗粒之间或包裹于其中，其矿物晶体边部平直，常与其他含铌钽矿物共生，也可见与黄铁矿伴生；铌钽锰矿呈细粒半自形—他形晶结构，粒径在0.005～0.20mm之间，主要分布于石英和长石颗粒之间或包裹于其中，铌钽锰矿常和其他含铌钽矿物共生，也与黄铁矿、锡石相伴产出；锂云母和锂白云母是矿石中主要的含锂矿物，矿物粒径一般为0.01～1.0mm，常分布于长石、石英等矿物粒间或被包裹于长石等矿物中，呈交代结构或半自形结构。

4.3　围岩蚀变

矿区内的矿体及围岩发育不同程度的热液蚀变作用，包括云英岩化、钠长石化、钾化、硅化、萤石化等(图4)，围岩内还发育电气石化、高岭土化、绢英岩化、绿柱石矿化、褐铁矿化等蚀变，其中云英岩化和钠长石化是最重要的蚀变。云英岩化整体上呈现出面型蚀变，发育在钠长花岗岩体的上部似伟晶岩壳之下，向下蚀变强度逐渐减弱。蚀变矿物为含铌钽(细晶石、铌锰矿等)和含氟矿物(萤石、黄玉等)，铌钽矿化品位与云英岩化的蚀变强度呈正相关关系；钠长石化同样属于面型蚀变，是铌钽、锂铷等矿化的重要找矿标志，通常位于云英岩化下部位置，根据蚀变强度(钠长石含量)特征可进一步分为中—强钠长石化带、弱钠长石化带、无钠长石化带。

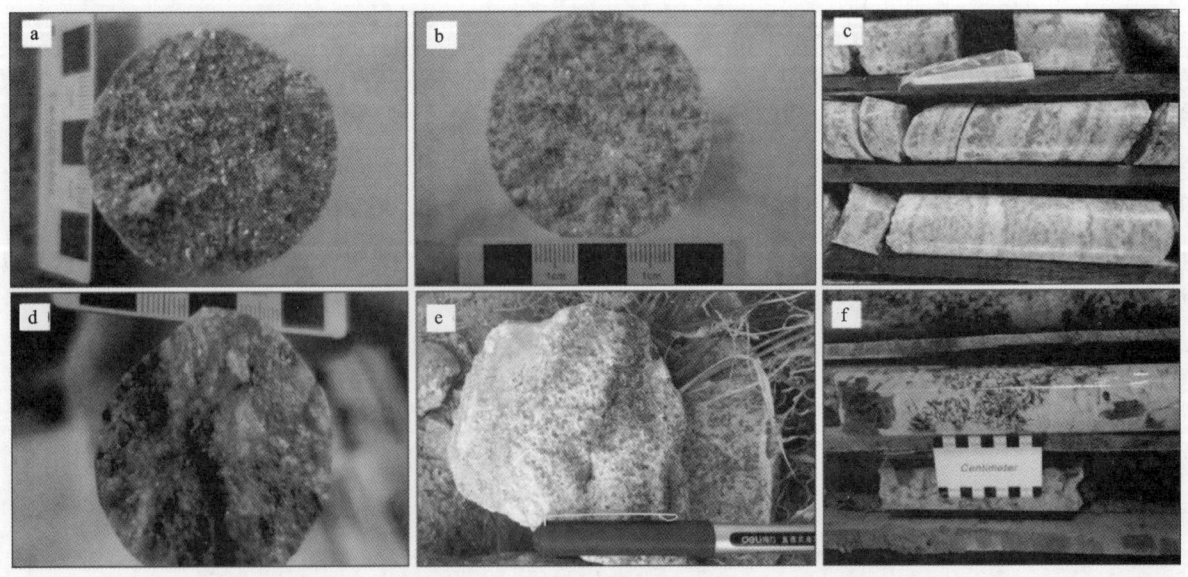

a. 云英岩化；b. 云英岩化和钠长石化；c. 钾长石化；d. 电气石化；e. 萤石矿化；f. 硅化。

图4　加不斯矿床围岩蚀变特征

5　矿床成因及找矿标志

5.1　矿床成因

加不斯矿床产于研究区白垩纪花岗岩基(正长花岗岩)顶部的钠长花岗岩体内,铌钽矿化发育在钠长花岗岩上部似伟晶岩壳以下的云英岩化蚀变带内,矿化强度与钠长石化、云英岩化蚀变关系密切。细晶石、铌锰矿等有益金属矿物多呈自形—半自形结构赋存于石英和长石颗粒之间或包裹于其中。因此,铌钽等稀有金属成矿作用与钠长花岗岩有关,受岩性控制明显,为典型的花岗岩型稀有金属矿床。它的成矿过程大致为燕山晚期受古太平洋板块俯冲影响研究区处于伸展环境,此时岩石圈减薄、软流圈上涌,诱发镶黄旗一带深部的地壳物质部分熔融形成酸性岩浆库,酸性岩浆在沿板缘深断裂及次级断裂上侵、分异演化过程中,首先形成了黑云母正长花岗岩;然后残余岩浆进一步结晶分异形成钠长花岗岩。钠长花岗岩在沿背斜的轴部断裂上升侵位演化过程中,随着温度和压力的变化,气液中的有用组分发生迁移,与围岩及岩体自身发生了热液交代作用,伴随着强烈的云英岩化、钠长石化和硅化等热液交代活动,在岩体的顶部形成铌钽等矿体。

5.2　控矿因素

(1)岩浆岩控矿。钠长花岗岩是区内代表性的高分异花岗岩,与铌钽、锂铷等稀有金属矿化密切相关。稀有金属矿体主要赋存在钠长花岗岩内,体现了钠长花岗岩对稀有金属的控制特征。岩浆活动及后期热液为成矿提供了成矿物质及富集条件。铌钽品位与云英岩化、钠长石化等蚀变程度呈正相关关系,蚀变越强烈,矿石品位越高。因此,铌钽等稀有金属成矿伴随着钠长花岗岩的分异演化而形成。

(2)构造控矿。加不斯矿床整体上处于巴龙查布诺尔背斜的轴部附近,成矿岩体的侵位受该背斜控制,与卧龙图、黄花敖包等地的钠长花岗岩呈串珠状北东向展布。铌钽矿体整体呈北东向,倾向南东,倾角较小,具有西缓东陡的特征。说明北东向是区域重要的导矿构造。

5.3　找矿标志

(1)岩浆岩标志:岩浆活动是形成内生矿床的重要条件之一,区域上大部分的铌钽、钨等矿床(点)均围绕在钠长花岗岩体附近,因此钠长花岗岩是寻找铌钽等稀有金属矿床的重要标志。

(2)围岩蚀变标志:与铌钽矿化密切相关的热液蚀变在垂向上自上而下有云英岩化→中—强钠长石化→弱钠长石化→无钠长石化分带特征,云英岩化和强钠长石化与稀有金属成矿关系最密切。

(3)构造标志:镶黄旗地区铌钽等稀有金属矿床的分布多位于巴龙查布诺尔背斜的轴部及近两翼部位,近东西向构造是重要的导矿构造,控制着区域矿产或矿带的展布,次级构造及断裂则影响着矿床(点)的形成。实际工作中就发现加不斯外围正长花岗岩内发育北东向、北西向含钨石英脉。

6　结论

(1)加不斯铌钽矿床位于华北克拉通北缘巴龙查布诺尔背斜的轴部附近,北东向展布的钠长花岗岩控制着铌钽矿的产出,矿体呈层状、透镜状,矿石类型以钠长石花岗岩型铌钽矿石为主,属于花岗岩型稀有金属矿床。

(2)与铌钽矿化密切相关的热液蚀变在垂向上自上而下有云英岩化→中—强钠长石化→弱钠长石化→无钠长石化分带特征,云英岩化和强钠长石化与稀有金属成矿关系最密切。

主要参考文献

崔永翔,2013.那仁乌拉铜多金属矿成矿地质条件分析及矿床成因[J].科技传播(2):2.

李文昌,李建威,谢桂青,等,2022.中国关键矿产现状、研究内容与资源战略分析[J].地学前缘,29(1):1-13.

李雪,王可勇,孙国胜,等,2021.内蒙古赵井沟钽铌矿床成矿作用探讨:来自天河石化、钠长石化花岗岩年代学、岩石地球化学的证据[J].岩石学报,37(6):1765-1784.

李柱,张德会,张荣臻,等,2022.内蒙古那仁乌拉早白垩高分异花岗岩年代学及其成因[J].现代地质,36(3):14.

密文天,辛杰,2020.内蒙古赵井沟新元古代花岗岩成因:年代学、地球化学及 Sr-Nd-Pb-Hf 同位素约束[J].科学技术与工程,20(2):505-518.

苏捷,张宝林,徐永生,等,2010.内蒙古中部毫义哈达岩体的年代学和地球化学特征[J].地质科学(2):16.

孙艳,王瑞江,李建康,等,2015.锡林浩特石灰窑铷多金属矿床白云母^{40}Ar-^{39}Ar 年代及找矿前景分析[J].地质论评,61(2):463-468.

王汝成,车旭,邬斌,等,2020.中国铌钽锆铪资源[J].科学通报,65(33):3763-3777.

武广,刘瑞麟,陈公正,等,2021.内蒙古维拉斯托稀有金属-锡多金属矿床的成矿作用:来自花岗质岩浆结晶分异的启示[J].岩石学报,37(3):637-664.

姚春彦,王天刚,倪培,等,2021.铌钽矿床类型、特征与研究进展[J].中国地质,48(6):1748-1758.

张天福,郭硕,辛后田,等,2019.大兴安岭南段维拉斯托高分异花岗岩体的成因与演化及其对 Sn-(Li-Rb-Nb-Ta)多金属成矿作用的制约[J].地球科学,44(1):248-267.

张志超,2020.内蒙古镶黄旗那仁乌拉矿区钨铋银多金属矿矿床地质特征、控矿因素以及找矿方向[J].世界有色金属(6):2.

周勇,2013.内蒙古化德县三胜村钨钼矿床的成矿作用[D].北京:中国地质科学院.

周勇,李俊建,宋雪龙,等,2012.内蒙古三胜村钨钼矿地质特征[J].矿床地质(S1):2.

浅议矿物元素指纹溯源技术及其在地质领域的应用前景

申硕果[1],赵一星[1],辛　涛[2],张　兰[1],刘春霞[1],吴林海[1]

(1.河南省岩石矿物测试中心,国土资源部贵金属分析与勘查技术重点实验室,河南 郑州 450012;
2.河南省地质矿产勘查开发局第一地质勘查院,河南 郑州 450000)

摘　要:笔者通过对矿物元素指纹溯源技术进行总结,探讨该技术的基本原理及研究进展,认为该技术可应用于地质领域;在综合国内外学者在地球化学指纹元素方面的研究工作基础上,结合周庵铜镍矿区的穿透性地球化学研究工作,通过对矿石、地气以及土壤活动态的分析测试数据进行统计分析,认为Cu/Ni值可以作为该矿区有效的地球化学指纹特征Ⅰ,REE可以作为该矿区辅助的地球化学指纹特征Ⅱ,该指纹信息能够有效指示深部矿体。

关键词:矿物元素指纹溯源技术;地球化学指纹;Cu/Ni值;REE

1　引言

随着找矿深度与日俱增,传统的地球化学找矿方法已经不能满足找矿需要,这就迫切需要应用新技术来指导一些滞后的找矿方法。矿物元素指纹溯源技术是由Baxter等于1997年提出,该技术最初是用于区分葡萄酒的地域来源。近些年,随着分析测试技术不断进步,电感耦合等离子体质谱仪实现了样品中多种痕量元素的同时测定,一些痕量或超痕量元素无须通过繁琐的预富集过程即可测定,同时分析测试的检出限大大降低,矿物元素指纹溯源技术也不断成熟,并逐渐成为农产品及食品产地溯源的重要鉴定方法(马楠等,2016)。赵海燕等(2010)通过探讨矿物元素指纹溯源技术对小麦产地溯源的可行性,发现不同地域小麦样品的元素含量有其各自的特征,指出矿物元素指纹溯源技术结合多元统计学方法是用于小麦产地判别的一种有效方法。龚自明等(2012)采用ICP-AES法对来自湖北四大茶区35份茶样中的K、Ca、Mg、Mn等9种矿物元素进行了分析测定,结果表明K、Ca、Mg、Mn、Fe和Mo可用于绿茶产地判别的矿物元素指标,所建立的判别模型对样品整体检验判别率为100%。矿物元素指纹溯源技术在农产品及食品产地溯源方面的应用已经比较普遍,而在地质领域的应用还不常见。赵振华和严爽(2019)认为,矿物微量元素组合及其变化规律可以揭示成岩成矿过程,进而可以精细刻画成岩成矿地球化学规律,是提取找矿信息的重要途径之一。申俊峰等(2021)总结并分析了黄铁矿、石英、磁铁矿、绿泥石、磷灰石、石榴子石等若干典型矿物成分标型在成矿理论与找矿实践方面表现出的独特优势。严桃桃等(2018)提出岩性地球化学基因,通过选择风化过程中的相对不活动元素来构建基因,进而利用其继承性来示踪物质来源。以上理论基础为矿物元素指纹溯源技术应用于地质领域提供了支撑。

作者简介:申硕果(1988—),女,河南唐河人,硕士,工程师,主要从事地球化学及样品分析测试研究工作。E-mail:shenshuoguo@126.com

2　矿物元素指纹溯源技术研究现状

2.1　矿物元素指纹溯源技术基本原理

土壤质地受地层岩石背景影响,土壤是岩石风化的产物,与风化岩石的母质密切相关,不同地域的土壤中矿物元素含量及组成等有其典型特征。生物体自身不能合成矿物元素,需要从周围环境中摄取,而矿物元素又受地域环境因子(气候、水、地质条件、土壤类型等)的影响,不同地层岩石背景形成的土壤质地差异很大,从而导致不同地域生长的生物体内形成各自的矿物元素指纹特征。研究表明,优质名茶一般都产于高 K、高 Si 以及有效 Zn、Cu、B 等微量元素含量较高的酸性土壤条件下;而品质优良的柑橘则生长于酸度适中,盐基组成中 Ca、Mg 较丰富,有效 Zn、Cu、Mo 和 B 比较丰富的土壤上。由此看来,不同地域的同一种植物体内的各种矿物质元素含量及组成特征能够提供地域来源的独特标识,成为农产品产地较好的溯源指标(陈秋生,2014)。地质领域近年来也有研究成果表明,广泛存在于岩浆体系的锆石、磷灰石、磁铁矿和斜长石等,其化学成分变化规律对判定斑岩体系是否致矿具有良好的指示效果;绿泥石和绿帘石的化学成分特征可以提供斑岩型铜－钼矿床周围及深部隐藏的地球化学信息,对隐伏斑岩矿床的矿化具有强烈的指示意义;花岗岩中锆石的微量元素特征是判别岩体矿化的重要标志。因此,矿物微量元素组合是提取找矿信息的重要途径之一。

2.2　矿物元素指纹溯源技术研究进展

矿物元素指纹溯源技术作为农产品产地溯源的有效手段,该技术从 1997 年被 Baxter 等提出至今,经历了 20 多年的发展历程。目前,国际上已经广泛地将矿物元素指纹溯源技术应用于鉴别葡萄酒、蜂蜜、果汁、茶叶、橄榄油、牛奶酪等食品的产地来源。例如,Baxter 等、Coetzee 等以及 Jaroslava 等分别对来自西班牙、英国、南非以及捷克斯洛伐克不同地域的葡萄酒样品中的多种元素进行分析,发现所分析元素在不同地区之间有显著差异,并通过逐步判别分析,筛选出有效指标,能够区分出葡萄酒的地域来源;Arvanitoyannis 等、Hernández 等分别对不同地域来源的蜂蜜进行分析,Arvanitoyannis 等指出微量元素与痕量元素分析是判别蜂蜜地域来源非常有效的方法,Hernández 等发现 K、Na、Ca、Mg、Fe、Cu、Zn、Li、Sr 和 Ru 这 10 项元素指标能很好区分不同地区的蜂蜜样品;Antonio 等通过测定来自非洲和亚洲的 85 个茶叶样品中的 17 种矿物元素含量,认为利用矿物元素指纹溯源技术可以很好地判别茶叶的产地来源(郭波莉等,2007)。国内,矿物元素指纹溯源技术研究尚处于初步探索阶段,主要集中于探讨该技术对于食品产地溯源的可行性。郭波莉等(2007)对来自吉林、河北、贵州和宁夏四大牛肉产区的 61 份牛肉样品中的 22 种矿物元素含量进行了分析,并对分析结果进行数理统计,结果表明不同地域牛肉样品中的元素组成有其各自特征,筛选出的五项矿物元素指标(Se、Sr、Fe、Ni、Zn)能正确判别 98.4%的样品产地来源,并认为该技术可作为判别牛肉产地来源的有效手段。孙淑敏等(2012)探讨了矿物元素指纹溯源技术对羊肉产地溯源的可行性。赵海燕等(2013)通过研究指出,矿物元素指纹溯源技术与多元统计学方法结合是用于小麦产地判别的行之有效的方法。龚自明等(2012)通过分析来自湖北四大茶区的 35 份茶叶样品中的 9 种矿物元素,发现不同茶区的茶叶样品中元素含量各有特征,认为利用矿物元素指纹溯源技术可有效判别湖北不同茶区的绿茶。矿物元素指纹溯源技术在地质领域的应用还不成熟,但已有专家学者对此做了大量理论研究和总结。申峻峰等(2021)分析了若干典型矿物成分标型在成矿与找矿研究方面的独特优势,认为标型物中的微量元素组合对于找矿具有重要的指示意义。

3 矿物元素指纹溯源技术在地质领域的应用前景

3.1 地球化学指纹及其应用前景

矿物元素指纹溯源技术在农产品及食品产地溯源方面的应用已经比较普遍，而在地质领域的应用却并不常见，但也有部分专家学者在文献中提及。Balz SamuelKamber(2009)指出，目前对地球化学指纹没有广泛的能被大众接受的定义，但是可以将其总结为：样品的测试结果中某些元素或同位素的独特的组成特征能代表某一地质体或地质过程，将这些元素或同位素独特的组成特征称为地球化学指纹。

岩石（矿石、矿物）中的微量元素是指质量分数低于0.1%的元素。由于含量甚微，它们在地质作用过程中的地球化学行为通常受物理化学中的亨利（Henry）定律制约，而不参与岩石化学平衡反应，一般不受常量（主量）元素含量的约束和习性的影响，在一般的地质作用及岩浆分异作用过程中地球化学性质比较稳定。因此，岩石的微量元素地球化学特征往往很好地保存了有关成岩（或成矿）物质来源及形成时地质构造环境的信息，成为一种独特的地球化学"指纹"。西澳大利亚化学中心矿物科学实验室的地球化学家约翰.沃特林博士曾提出"黄金指纹"的概念，其实质是使用一小粒黄金（直径0.1mm左右），放在与等离子质谱仪相连的激光器中对其进行气化，并测试出样品中极其稀少的微量元素，这些微量元素对于不同的金矿山是不一样的，黄金中的微量元素组成有其区域性的特征。因此把黄金指纹技术应用到金矿物学及地质学中，无疑亦有很大的意义（吴尚全等，1997）。曹剑等（2012）在研究油源中微量元素地球化学组成时指出，生油岩有机质中含有一定量的微量元素，其生成的油气可继承有机质及其沉积成岩环境中特有的微量元素组成，其中的某些微量元素组成像指纹一样记录了母岩的遗传信息，而且不易因油气运移、油藏破坏、氧化和生物降解作用而变化，从而具有潜在的油源对比意义。综上所述，微量元素地球化学指纹分析技术也可用于地质体或矿体的溯源，其在地质领域也将具有比较好的找矿前景。

3.2 周庵铜镍矿区的地球化学指纹特征

周庵铜镍矿区位于河南省唐河县境内，北距县城29km。矿床位于华北古板块与扬子古板块俯冲带内，含矿岩体隐伏于新生界之下，侵位于新元古界中，属豫西南-豫南蛇绿岩带中的隐伏超基性岩体。矿体产于岩体边缘蚀变带，矿床成因类型为岩浆-热液型Cu-Ni-PGE矿床（叶荣等，2012；王学求等，2012）。矿埋藏较深，见矿最浅处为290m，最深处为1030m，地表全被第四系所覆盖，属典型的完全隐伏矿床。由于周庵铜镍矿至今未进入开采阶段，该矿区及其周边地区地表遭受污染程度较低，因此可以作为开展穿透性地球化学调查的理想选区。通过在周庵铜镍矿区开展穿透性地球化学测量研究，采集矿石、地气、土壤样品，选取Cu/Ni值、REE作为地球化学指纹特征，对不同组分进行对比研究，从而识别异常源。

3.2.1 周庵铜镍矿区地球化学指纹特征Ⅰ

为解释穿透性地球化学异常源问题，对比周庵铜镍矿区矿石、地气及土壤活动态中的Cu/Ni值，分析三者是否具有同源性。计算Cu/Ni值时，所选矿石样品为野外所采集的5件矿石样品，所选地气（捕集介质为泡塑）及土壤活动态样品为典型剖面测线异常点样品（表1）。

表1 矿石、地气（泡塑）、土壤活动态Cu/Ni值统计

样品类型	样品个数/个	Cu平均值	Ni平均值	Cu/Ni值
矿石/10^{-6}	5	3 132.34	4 547.5	0.69
地气（泡塑）/ng	8	49.6	69.87	0.71
土壤活动态/ng·g^{-1}	8	2 039.19	2 794.31	0.73

从表 1 可以看出，矿石、地气(泡塑)、土壤活动态的 Cu/Ni 值分别为 0.69、0.71、0.73，三者非常接近。泡塑的吸附能力极强，在选用泡塑作为捕集介质时，抽取的地气中的所有微细物质都会被泡塑所吸附；泡塑的分析方法为灰化后测试其中元素含量，该元素含量即为抽取的地气中元素的含量，代表深部物质成分，因此地气(泡塑)的 Cu/Ni 值与矿石的 Cu/Ni 值极为接近。土壤活动态的分析测试结果即为土壤中呈活动态形式存在的元素的含量；活动态组分来自深部，借助各种途径迁移至地表并与细粒级土壤颗粒的表面结合，经专用提取剂有效提取的活动态部分可以代表深部元素组成，因此土壤活动态与矿石有着相似的 Cu/Ni 值。通过 Cu/Ni 值对比分析，认为本次测量所获得的深穿透异常源来自下伏矿体，Cu/Ni 值可以作为该矿区有效的地球化学指纹特征Ⅰ。

3.2.2　周庵铜镍矿区地球化学指纹特征Ⅱ

稀土元素(REE)是一组特殊的微量元素，它们具有相同或相近的原子结构和离子半径，性质极为相似，在地质和地球化学作用过程中整体活动，它们的分馏特征能够灵敏地反映地-地球化学作用的性质。除经受岩浆熔融外，稀土元素的整体组成特征基本上保持不变，所以被视为成岩成矿作用中良好的示踪剂(韩吟文，马振东，2003)。通过对周庵矿区矿石、地气(泡塑)及土壤样品的 REE 进行分析测试，对比矿石、地气(泡塑)及土壤活动态的 REE 特征，判别三者是否具有来源一致性。

由于地气及土壤活动态数据量较大，不便于统计和作图分析，因此只选取含矿岩体与围岩接触带上的全部 REE 均被检出的采样点。为了直观地反映周庵矿床的 REE 组成特征，对所选数据绘制 REE 配分模式图(图 1～图 3)。从图中可以看出，矿石、地气(泡塑)及土壤活动态均为轻稀土富集型。图 1 矿石样品和图 3 土壤活动态样品的 REE 配分模型极为相似，反映了二者的来源具有一致性。图 2 为地气(泡塑)样品的 REE 分配模型，图中的形状与矿石的 REE 配分模型明显不同，这可能是受地气捕集介质本底 REE 值的影响，同时与地气(泡塑)中 Eu、Ce 的活动性有关，与介质对这两项元素强烈的捕集效果有关。因此，我们将 REE 认为是该矿区辅助的地球化学指纹特征Ⅱ。

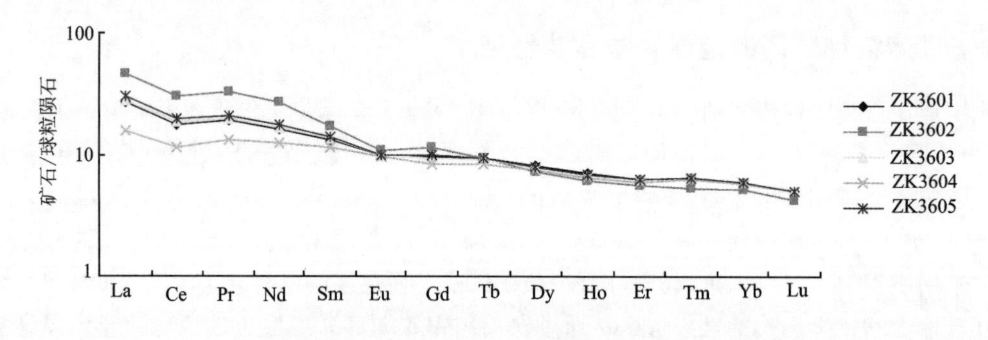

图 1　周庵铜镍矿区矿石 REE 球粒陨石标准化分配模型

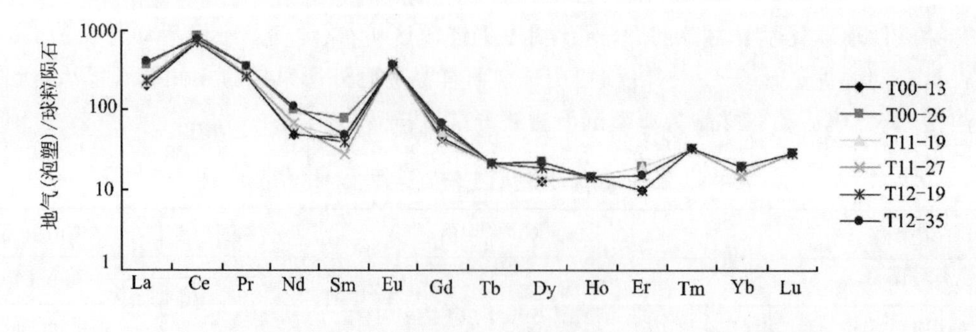

图 2　周庵铜镍矿区地气(泡塑)的 REE 球粒陨石标准化分配模型

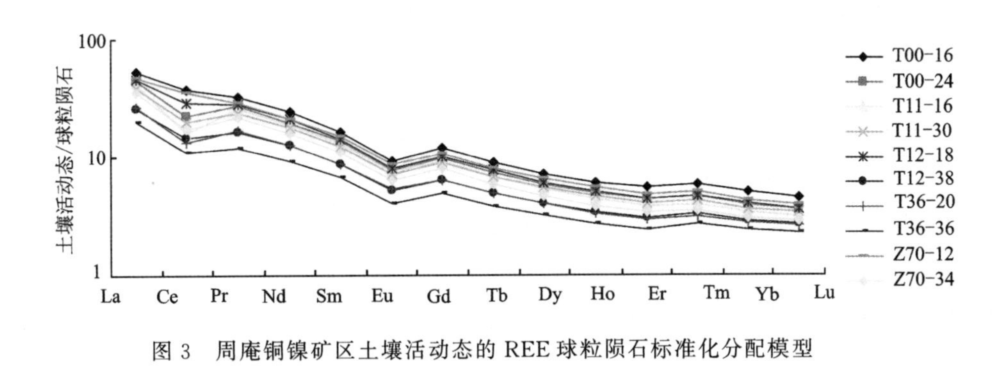

图 3 周庵铜镍矿区土壤活动态的 REE 球粒陨石标准化分配模型

3.2.3 Cu/Ni 值和 REE 地球化学指纹的有效性比较

Cu、Ni 元素作为周庵铜镍矿区的主要成矿元素，通过地气(泡塑)以及土壤活动态测量手段捕集到的 Cu、Ni 元素含量远高于其他微量元素。研究数据表明，地气(泡塑)、土壤活动态以及矿石样品的 Cu/Ni 值极为接近，而且 Cu、Ni 元素的分析测试前处理步骤简单，分析测试过程中引入污染的可能性较小，分析测试手段已非常成熟，数据的精密度、准确度均能满足科研需求，因此将 Cu/Ni 值作为该矿区首选的地球化学指纹特征。REE 作为一组特殊的微量元素，被视为成岩成矿过程中良好的示踪剂。从地气(泡塑)、土壤活动态以及矿石样品的 REE 配分模式图可以看出，地气(泡塑)、土壤活动态以及矿石样品均为轻稀土富集型，土壤活动态以及矿石样品的 REE 配分模型极为相似，说明二者具有同源性，但是由于 REE 含量极低，分析测试的精度远不如 Cu、Ni 元素，因此可将 REE 作为该矿区辅助的地球化学指纹特征。总体来说，Cu/Ni 值、REE 都可以作为该矿区的地球化学指纹特征，但是 Cu/Ni 值指示深部矿体的有效性要优于 REE；Cu/Ni 值可以作为该矿区有效的地球化学指纹特征Ⅰ，REE 作为该矿区辅助的地球化学指纹特征Ⅱ。

3.2.4 异常源识别

以上研究表明，矿石、地气(泡塑)、土壤活动态样品有着相似的 Cu/Ni 值，且都为轻稀土富集型；矿石样品与土壤活动态样品的 REE 配分模型极为相似。认为矿石、地气(泡塑)、土壤活动态具有同源性，确认异常源为下伏矿体。

4 结论

通过对国内外学者在地球化学指纹元素方面的研究工作进行总结，并以周庵铜镍矿床的穿透性地球化学研究工作为例，认为 Cu/Ni 值、REE 可以作为该矿区的地球化学指纹特征，能够有效指示深部矿体信息。

主要参考文献

曹剑，吴明，王绪龙，等，2012. 油源对比微量元素地球化学研究进展[J]. 地球科学进展，27(9)：925-936.

陈秋生，张强，刘烨潼，等，2014. 矿质元素指纹技术在植源性特色农产品产地溯源中的应用研究进展[J]. 天津农业科学，20(6)：4-8.

龚自明，王雪萍，高士伟，等，2012. 矿物元素分析判别绿茶产地来源研究[J]. 四川农业大学学报(4)：429-433.

郭波莉，魏益民，潘家荣，等，2007. 多元素分析判别牛肉产地来源研究[J]. 中国农业科学，40(12)：2842-2847.

韩吟文,马振东,2003.地球化学[M].北京:地质出版社.

马楠,鹿保鑫,刘雪娇,等,2016.矿物元素指纹图谱技术及其在农产品产地溯源中的应用[J].现代农业科技(9):296-298.

申俊峰,李胜荣,黄绍锋,等,2021.成因矿物学与找矿矿物学研究进展(2010—2020)[J].矿物岩石地球化学通报,40(3):610-623.

孙淑敏,郭波莉,魏益民,等,2012.基于矿物元素指纹的羊肉产地溯源技术[J].农业工程学报,28(17):237-243.

王学求,张必敏,刘雪敏,2012.纳米地球化学:穿透覆盖层的地球化学勘查[J].地学前缘,19(3):101-112.

吴尚全,王春宏,李秀梅,等,1997.黑龙江省砂金指纹(化学成分)特征[J].黄金地质,3(3):1-6.

严桃桃,吴轩,权养科,等,2018.从岩石到土壤再到水系沉积物:风化过程的岩性地球化学基因[J].现代地质,32(3):453-467.

叶荣,张必敏,姚文生,等,2012.隐伏矿床上方纳米铜颗粒存在形式与成因[J].地学前缘,19(3):120-129.

章邦桐,凌洪飞,陈培荣,2003.多体系微量元素地球化学对比中存在的问题及解决途径[J].地质地球化学,31(4):102-106.

赵海燕,2013.小麦产地矿物元素指纹信息特征研究[D].北京:中国农业科学院.

赵海燕,郭波莉,张波,等,2010.小麦产地矿物元素指纹溯源技术研究[J].中国农业科学(18):3817-3823.

BALZ SAMUEL KAMBER,2009. Geochemical fingerprinting:40 years of analytical development and real world applications[J]. Applied Geochemistry,24: 1074-1086.

BAXTERM J,CREWS HM,DENNISM J,et al. ,1997. The determination of the authenticity of wine from its trace element composition[J]. Food Chemistry,60(3):443-450.

西峡县陈阳坪铍矿地球化学特征

郭亚娇[1,3],廖诗进[1,2,3],杨长青[1,2],巴 燕[1],董卫东[4]

(1.河南省地质调查院,河南郑州 450001;2.河南省金属矿产成矿地质过程与资源利用重点实验室,河南郑州 450001;
3.河南省地球化学生态修复工程技术研究中心,河南郑州 450001;4.河南省地质科学研究所,河南郑州 450001)

摘 要:通过对河南省西峡县陈阳坪铍地区水系沉积物测量及钻孔岩石的地球化学特征的研究,总结了该区水系及不同基岩的Be元素含量分布特征。研究区内不同岩性Be的含量有差异,水系沉积物Be含量值呈塔式正态分布,Be含量为$(1.1\sim7.1)\times10^{-6}$,平均值为$2.7\times10^{-6}$。水系沉积物Be含量与Li、Zr、Sn、W、Pb含量具明显正相关性,与Co、Mn、Cu、Cr、Ni含量具明显负相关性。以花岗伟晶岩为Be元素的主要矿源层,其岩石的Be含量为$(4.5\sim199.0)\times10^{-6}$,平均值为$24.6\times10^{-6}$,富集系数21.13%。通过对陈阳坪铍矿区的地球化学特征研究,探讨铍矿相关元素的数据分析,为其他相似类型的铍矿床提供进一步找矿线索,具有一定的指导意义。

关键词:水系沉积物;Be元素;相关性分析;陈阳坪

0 引言

Be是广泛应用于各种特殊应用领域和工业应用领域的轻质金属元素,中国Be资源储量有限且品位较低,现阶段对外依存度较高,除了伟晶岩型铍矿外,尚无大型规模铍矿(李娜,2019)。

秦岭是中国重要花岗伟晶岩分布区和稀有金属成矿区,陈阳坪铍矿区跨秦岭造山带主要构造单元,地球化学异常元素组合复杂,其中,沿朱阳关-夏馆断裂带及其两侧主要分布的地球化学异常有Sb-Au-As、Sb-As、Sb-Bi、Au、Au-Cu-As、Y-Sn、Li、Li-Hg、Li-Be-Rb、Bi-Li、Cu-Co-V等,已发现锑、金、银、铅、锂、铌钽矿床(点)多处。2014—2015年,通过对陈阳坪铍矿区的地球化学特征研究,探讨铍矿相关元素的异常特征,为其他相似类型的铍矿床提供进一步找矿线索。

1 矿区地质

1.1 研究区概况

陈阳坪铍矿区位于东秦岭造山带腹地南阳盆地西侧狮子坪—丁河一带,区域上属于华北陆块-豫西元古宙裂谷带(刘训,2015),行政上隶属河南省西峡县。矿区属中秦岭地层小区,主要出露秦岭群石槽沟岩组(Pt_1s)及峡河群寨根岩组($Pt_{2-3}z$)。

矿区内地层主要岩性为黑云斜长片麻岩、长英质片麻岩、石榴黑云斜长片麻岩、含榴黑云石英岩、白

作者简介:郭亚娇(1987—)女,硕士,工程师,主要从事水文地质、农业地质调查及研究工作。E-mail:yajiao_guo@126.com。

云石英片岩、斜长角闪片岩、杂质大理岩等。构造主要有 F_1、F_2 两条，分布于矿区中部，呈近北西 340°～330°方向延伸(图 1，图 2)。岩浆岩主要为晋宁期变形花岗岩和镁铁质岩(李建领，2014)，另有多条花岗伟晶岩脉侵入，岩性以斜长角闪岩、角闪岩、次闪岩、蛇纹岩、辉石岩、辉石橄榄岩为主，花岗伟晶岩分布在矿区中部及东部，为稀有金属(铍铷)矿的主要赋矿地质体。受构造影响，岩石多有蚀变或变质，黑云阳起石岩、蛇纹石岩、次闪岩较为普遍出现。研究区发现铍矿体 4 条，矿化体 2 条，赋矿层位为晋宁期酸性侵入岩—花岗伟晶岩、含电气石花岗伟晶岩，矿体厚 4.26～7.00m，BeO 品位为 0.035%～0.044 5%(廖诗进，2021)。

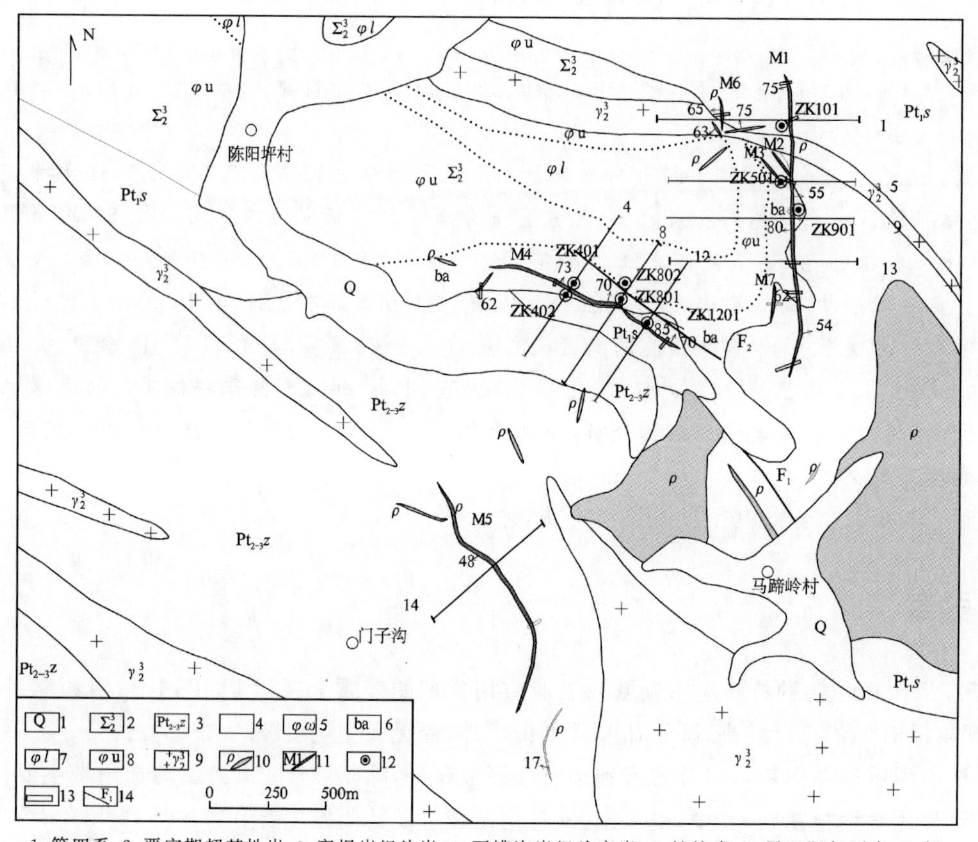

1.第四系；2.晋宁期超基性岩；3.寨根岩组片岩；4.石槽沟岩组片麻岩；5.蛇纹岩；6.黑云阳起石岩；7.辉石岩；8.次闪岩；9.花岗岩；10.伟晶岩；11.铍铷矿体；12.钻孔；13.槽探；14.断层。

图 1　陈阳坪铍铷矿区地质简图

34°
214°
ZK402
ZK401
137.76m
243.04m
0 100m

1.第四系；2.黑云斜长片岩；3.黑云阳起石岩；4.次闪岩；5.辉石岩；6.伟晶岩脉；7.铍铷矿体；8.钻孔。

图 2　陈阳坪勘探线剖面图

1.2 水系沉积物地球化学测量

水系沉积物样品采样位置：使用手持GPS定点，选择河床底部或河道岸边与水面接触处采样，采取细粒物质，如淤泥、细砂、粉砂，用多点采样法，沿水流方向，在采样位置15～30m范围内采集3～5个点合并为一个样品，样品原始重量视采集的粒度大于600g。野外样品干燥后用60目尼龙筛过筛，用四分法缩分后收集于纸袋中，重量150g，室内样品加工采用无污染玛瑙球磨机加工，分出60g样品，用玛瑙球磨机研磨加工至－200目（－0.074mm）；岩石化探样在矿区的钻孔岩芯上按岩性分层后连续打点采集，重量不小于300g。

根据本批化探样品各元素的特点，由河南省地质调查院实验室根据不同分析项目选用配套分析方法：

(1)Au分析采用泡塑富集-硫脲解脱-石墨炉原子吸收光谱法进行测定，仪器使用美国热电生产的M6石墨炉原子吸收光谱仪。

(2)Ag、Sn分析采用发射光谱法，仪器使用WP－1型平面光栅光谱仪。Ag含量大于1×10^{-6}采用原子吸收法重新分析验证，仪器使用GGX-9原子吸收分光光度计。

(3)Cu、Pb、Zn、W、Mo、Li、Be、Ti、Cr、Mn、Co、Ni、Y、Zr、Nb、Ba、La、Th分析采用等离子体质谱测定，仪器使用美国热电XSERIES 2等离子体质谱仪。

(4)As、Sb、Bi、Hg分析采用氢化物原子荧光法，仪器为AFS-8130型原子荧光光谱仪。

(5)F分析采用离子选择电极法测定，仪器使用国产PXJ-1B离子选择电极。

在样品分析过程中用省级标准物质（GRD系列）控制准确度，用重复性分析控制精密度，检出限、报出率、标样和内检分析质量等质量参数都优于《地质矿产实验室测试质量管理规范》（DZ/T 0130.4—2006）中“区域地球化学调查（1∶50 000）样品化学成分分析”的规定要求，测试数据准确、可靠。

从河南省西峡县陈阳坪水系沉积物各元素地球化学特征值（表1），可以看出矿区水系沉积物中Be元素的含量平均值为2.7×10^{-6}，富集系数为1.27%，标准离差为1.3×10^{-6}。与全国水系沉积物平均含量（2.3×10^{-6}）相比，Be呈正常背景分布。水系沉积物中Cr元素的富集系数最高，为7.36%，含量平均值为180.8×10^{-6}，标准离差405.4×10^{-6}。水系沉积物中Zr元素的富集系数最低，为0.35%，含量平均值为67×10^{-6}，标准离差28×10^{-6}。

表1 河南省西峡县陈阳坪水系沉积物元素地球化学特征

元素	数据个数	最小值	几何平均值	中位数	最大值	标准离差	富集系数	变异系数
Be	73	1.1	2.7	2.5	7.1	1.3	1.27	0.45
Au	73	0.4	1.4	1.4	7.7	1.1	1.96	0.67
Ag	73	0.039	0.061	0.06	0.109	0.015	1.04	0.25
Sn	73	1.4	3.3	3.1	11.6	1.7	1.71	0.48
As	73	1.9	11	11.6	81.3	14	3.42	0.93
Sb	73	0.27	0.65	0.62	1.62	0.31	2.09	0.43
Bi	73	0.13	0.53	0.53	3.13	0.43	3.5	0.68
Hg	73	4	28	28	1255	145	4.35	2.78
F	73	268	477	468	1020	166	1.04	0.33
Li	73	17.1	37.8	35.3	85.6	16	1.76	0.4

续表 1

元素	数据个数	最小值	几何平均值	中位数	最大值	标准离差	富集系数	变异系数
Ti	73	2157	5123	5352	8198	1144	1.65	0.22
Cr	73	30.6	180.8	140.4	1468	405.4	7.36	1.2
Mn	73	225	858	880	1275	185	1.52	0.21
Co	73	6.9	24.1	21.6	56	12.5	2.66	0.47
Ni	73	16.4	68.2	47.2	405.7	111.6	4.3	1.04
Cu	73	9.3	41.8	43.6	86.4	12.6	2.57	0.29
Zn	73	62.3	85.8	85.7	114.6	12.1	1.27	0.14
Y	73	15.5	27.8	28.1	46.2	6.1	1.35	0.21
Zr	73	35	67	63	206	28	0.35	0.4
Nb	73	5	11.9	12.6	18.1	2.7	0.82	0.22
Mo	73	0.24	0.63	0.59	9.89	1.11	1.27	1.42
Ba	73	146	376	384	668	102	0.61	0.26
La	73	12	28.9	31	49.9	8.8	0.76	0.29
W	73	0.81	3.22	3.09	16.79	2.75	4.04	0.7
Pb	73	11.6	27.1	26.9	100.7	13.8	1.55	0.47
Th	73	2	9.7	10.8	21.2	4	0.96	0.38

注：Au、Hg 含量为 10^{-9}，其他元素单位为 10^{-6}，富集系数、变异系数单位为%。

从陈阳坪水系 Be 元素含量测定结果频次图(图 3)看，大部分样品 Be 含量在 $2.0\times10^{-6}\sim3.0\times10^{-6}$ 之间，几乎占据了研究区水系沉积物总数(73 件)的一半，含量频次率达 49.32%。

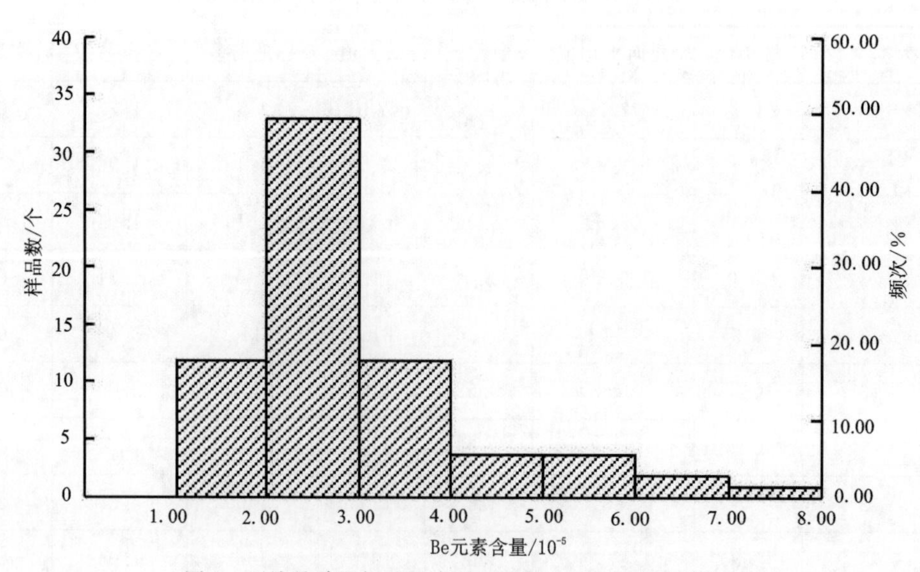

图 3　西峡县陈阳坪矿区水系沉积物 Be 测定结果频次图

2 水系沉积物异常圈定及特征

2.1 水系沉积物 Be 元素的空间分布

本次分析数据处理与成图，采用中国地质科学院地球物理地球化学勘查研究所研发的 GeoChemStudio 软件（毕大超，2020），对样品 Be 含量做 13 级累积频率图，根据 Be 水系沉积物的地球化学特征，Be 异常区分布于矿区东部（图 4），主要为花岗伟晶岩区域，Be 富集系数为 1.27%。

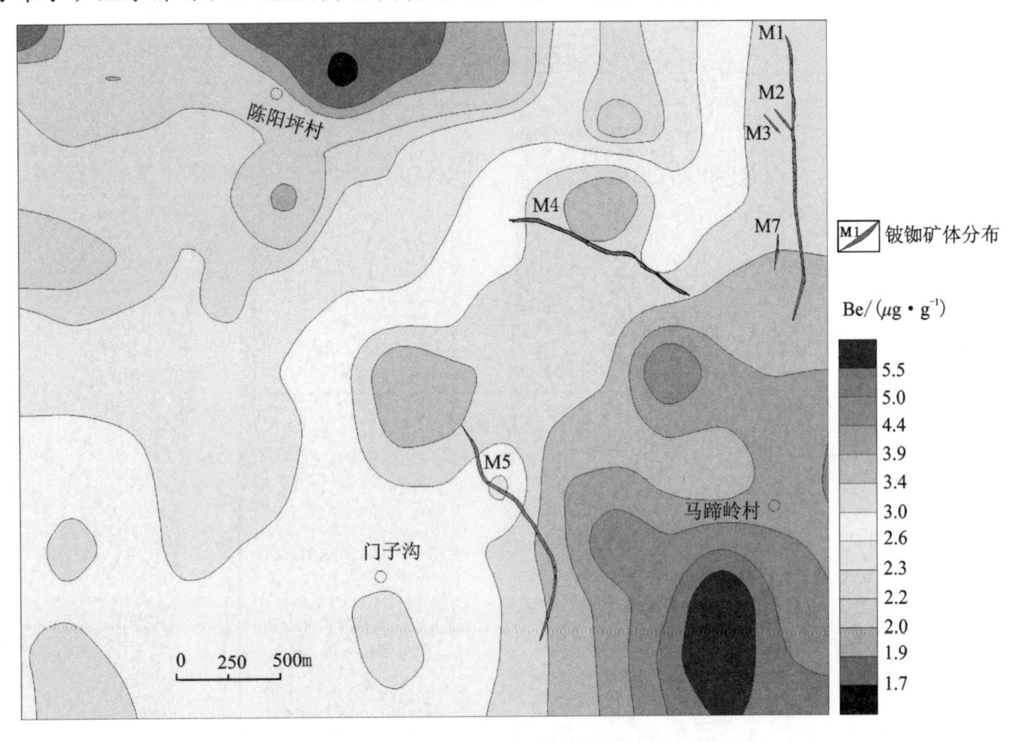

图 4 西峡县陈阳坪矿区水系沉积物 Be 含量分布图

2.2 R 型因子分析

由于各元素间联系密切，可以用 R 型因子分析和聚类分析来判别其亲疏关系，从而确定各元素共生组合类型。通过对西峡县陈阳坪水系沉积物样品统计，显示研究区的水系沉积物 Be 含量与 Li、Zr、Sn、W、Pb 含量具明显正相关性，与 Co、Mn、Cu、Cr、Ni 含量具明显负相关性（表 2），且 Li>Zr>Sn>W>Pb>Ba>Th>Bi>La>Nb>Sb>Ag，其中 Li 相关系数（R）高达 0.830 4，两者拟合为一条很好的直线；Be 与 Co 具有明显的负相关性（图 5），且 Co>Mn>Cu>Cr>Ni>Y>Ti>Zn，其中 Co、Cr 相关系数（R）分别为−0.389 5、−0.330 5，可见区内 Li、Zr、Sn、W、Pb 和低含量 Co、Mn、Cu、Cr、Ni 水系沉积物与 Be 元素含量关系密切，符合陈阳坪地区水系沉积物 Be 的富集规律。

表 2 西峡县陈阳坪矿区水系沉积物 Be 元素同其他元素含量的相关系数

元素	Au	Ag	Sn	As	Sb	Bi	Hg	F	Li	Ti	Cr
相关系数	−0.042 1	0.023 4	0.646 8	−0.021 8	0.108 6	0.383 1	−0.093 2	−0.009 9	0.830 4	−0.203 0	−0.330 5
元素	Co	Ni	Cu	Zn	Nb	Mo	Ba	La	W	Pb	Th
相关系数	−0.389 5	−0.325 2	−0.367 6	−0.141 7	0.210 4	−0.039 6	0.440 4	0.330 4	0.459 3	0.458 7	0.429 9

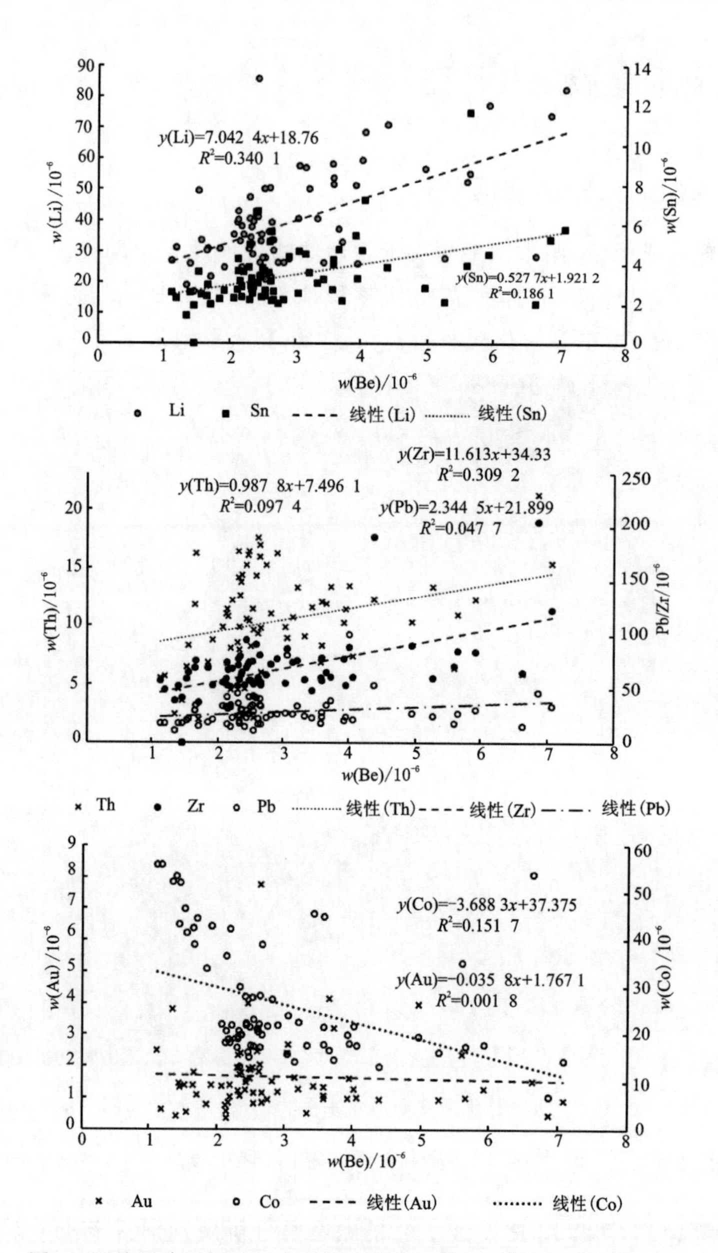

图 5　西峡县陈阳坪矿区水系沉积物 Be 含量与其他组分的相关性

用矿区钻孔内 38 件岩石样品 16 个元素的原始数据做 R 型因子分析，计算出每个因子的特征值和贡献率，按照大小排序，提炼出最有影响力的主因子 F1、F2、F3(表 3)。

表 3　西峡县陈阳坪铍矿区岩石 R 因子正交旋转载荷矩阵

因子	F1	F2	F3
方差的贡献值/%	49.072 9	20.679 9	12.835 1
Li	0.138 4	0.019 5	0.958 3
Be	−0.162 7	0.005 8	−0.051 5
Ti	0.916 3	−0.247 1	0.082 7
V	0.955 8	0.188 8	0.053 3
Rb	0.182 6	−0.507 5	0.564 3
Nb	−0.009 5	−0.850 9	−0.103 4

续表 3

因子	F1	F2	F3
Cs	0.072 4	0.088	0.958 5
Ta	−0.207 5	−0.569 6	0.105 9
Ba	0.181 4	−0.854 5	−0.095 9
La	0.222 4	−0.929 6	−0.076 9
Y	0.900 1	−0.367 6	0.088 9
Ce	0.308 3	−0.925 1	−0.043 5
Pr	0.450 2	−0.869 3	0.020 9
Nd	0.635 8	−0.731 8	0.046 4
Tb	0.939 1	−0.305 5	0.099 9
Lu	0.881 4	−0.362 1	0.205 9
主因子方差贡献/%	5.133 7	5.511 6	2.269 7

由表 3 可知，在岩石中 F1 为研究区的主要因子，为 Ti、V、Y、Nd、Tb、Lu 组合，方差贡献率为 49.072 9%；通过因子旋转后，F2 是载荷趋于 0 的主要因子，由 Nb、Ba、La、Ce、Pr、Nd 组合，方差贡献率为 20.679 9%；F3 由 Li、Cs 组合，因子方差贡献率为 12.835 1%。

2.3 岩石的 Be 元素含量特征

不同岩性，Be 含量有一定差异，从矿区钻孔内岩石化探分析结果可以看出(表 4)，花岗伟晶岩 Be 元素含量最高，平均值为 24.6×10^{-6}，富集系数达 21.13%，辉石岩 Be 元素含量最低，平均值为 0.7×10^{-6}，富集系数为 0.5%。通过不同岩性岩石元素含量特征可以看出，与 Be 矿紧密相关的岩性在该区为花岗伟晶岩。

表 4 西峡县陈阳坪矿区钻孔岩石 Be 含量特征一览表

岩性名称	数据个数	最小值	几何平均值	中位数	最大值	标准离差	富集系数	变异系数
辉石岩	20	0.1	0.7	0.9	4.2	1.1	0.5	0.93
花岗伟晶岩	9	4.5	24.6	23.4	199	62	21.13	1.28
黑云阳起石岩	31	0.5	3.2	2.7	194.8	35.8	5.47	2.85
黑云角闪片岩	14	0.9	1.6	1.2	21.5	5.4	1.24	1.89

注：Be 含量单位为 10^{-6}，富集系数、变异系数单位为%。

3 结论

(1)西峡县陈阳坪矿区水系沉积物中 Be 元素含量平均值为 2.7×10^{-6}，大部分样品 Be 含量在 $2.0\times10^{-6}\sim3.0\times10^{-6}$之间。不同岩性，Be 含量有一定差异，花岗伟晶岩 Be 元素含量最高，平均值为 24.6×10^{-6}，富集系数达 21.13%，辉石岩 Be 元素含量最低，平均值为 0.7×10^{-6}，富集系数为 0.5%，可以看出区内与 Be 矿关系最密切相关的岩性是花岗伟晶岩。

(2)通过 R 型因子分析和聚类分析，矿区的水系沉积物 Be 含量与 Li、Zr、Sn、W、Pb 含量具明显正相关性，与 Co、Mn、Cu、Cr、Ni 含量具有明显的负相关性，在岩石中主要因子为 Ti、V、Y、Nd、Tb、Lu 组合，方差贡献率为 49.072 9%。研究区水系沉积物高含量的 Li、Zr、Sn、W、Pb 及低含量 Co、Mn、Cu、Cr、

Ni 的化探异常可作为 Be 矿的间接找矿标志。

主要参考文献

毕大超,2020.安徽芜湖县土壤硒元素地球化学特征与富硒土壤开发利用探讨[J].地质找矿论丛,35(2):253-258.

李建康,2017.中国铍矿成矿规律[J].矿床地质,36(4):951-978.

李建领,2014.西峡县竹园铜矿地质特征及成因研究[J].世界有色金属(2):39-41.

李娜,2019.全球铍资源供需形势及建议[J].中国矿业,28(4):69-73.

李应栩,2018.西藏中冈底斯成矿带中段铍矿化体的发现与意义[J].沉积与特提斯地质,8(4):62-67.

廖诗进,2020.西藏热昌金矿地质及物探化探特征[J].矿产勘查,11(5):868-879.

廖诗进,2021.西峡县陈阳坪铍铷矿地质特征[J].地质学报,95(12):3790-3798.

刘训,2015.中国的板块构造区划[J].中国地质,42(1):1-17.

卢欣祥,2010.东秦岭花岗伟晶岩的基本地质矿化特征[J].地球论评,56(1):21-30.

秦克章,2019.东秦岭稀有金属伟晶岩的类型、内部结构、矿化及远景-兼与阿尔泰地区对比[J].矿床地质,5:970-982.

任刚,2018.新疆阿勒泰市方正铷矿地质特征及成因分析[J].新疆有色金属,41(2):60-61+65.

谈乐,2019.南秦岭两河地区伟晶岩型铷矿地质特征及资源潜力评价[J].矿产勘查(5):1093-1097.

魏印涛,2014.R 型因子分析和聚类分析在水系沉积物测量中的应用[J].山东国土资源,30(10):49-52.

许锋,2016.陕西省丹凤资峪沟伟晶岩型铷矿床地质特征及找矿前景[J].华南地质与矿产,32(1):59-67.

周会武,2015.甘肃省铷矿地质特征与成矿规律分析[J].矿物学报,35(1):73-78.

豫西合峪—车村地区萤石矿床地质特征及物质来源研究进展

张凯涛[1],白德胜[1],李俊生[1],刘纪峰[1],许　栋[2],苏阳艳[1],樊　康[1]

(1.河南省地质矿产勘查开发局第二地质矿产调查院,河南 郑州　450001;
2.河南省地质矿产勘查开发局第三地质矿产调查院,河南 郑州　450000)

摘　要:为了总结豫西合峪—车村地区萤石矿床类型、空间分布及地球化学特征,探究矿床成因和物质来源,对研究区内三十余个萤石矿床的地质矿产、勘查地球化学资料进行归纳、分析。研究表明:①合峪—车村地区萤石矿类型主要为单一型,矿床分布于燕山期花岗岩及其外接触带的断裂带上;②合峪岩体形成年龄为124.7～148.2Ma,太山庙岩体形成年龄为115～123.1Ma,萤石成矿年龄为120～126.8Ma,说明成矿作用发生在合峪岩体侵入末期、太山庙岩体侵入早期;③成矿流体属中低温、低盐度、低密度的NaCl-H_2O体系,指示区内矿床为中低温浅成热液型萤石矿床;④区内萤石稀土元素配分模式可分为略微左倾型、平坦型及右倾型三类,以右倾型为主,且右倾型萤石稀土元素配分模式与燕山期花岗岩相似,二者均表现为强Eu负异常和弱Ce负异常,说明燕山期花岗岩对萤石的形成提供了一定的物质来源;⑤综合分析认为,成矿元素F可能主要来源于合峪岩体和太山庙岩体,成矿元素Ca部分来源于花岗岩围岩。
关键词:地质特征;物质来源;萤石;合峪—车村

萤石是世界上重要的非金属矿产之一,是现代氟化工的重要原料。豫西合峪—车村地区是河南省重要的萤石矿集区之一,位于滨太平洋成矿域华北陆块南缘成矿带、小秦岭—外方山Au-Mo-W-Pb-Zn-Ag-萤石-重晶石成矿亚带上。近年来,河南省地质矿产勘查开发局在合峪—车村地区投入了较大资金开展萤石矿勘查工作,取得了较好找矿成果,相继发现了车村(CaF_2矿物量约150万t)、木植街(CaF_2矿物量约75万t)两个大中型萤石矿床。老的萤石矿山,如陈楼、杨山、马丢、竹园沟等通过深部探矿,萤石资源量大幅度增长,区内总萤石矿物量超过1500万t,远景萤石矿物量有望达到3000万t。目前,区内共有大中小型萤石矿三十余处,正在开展的河南省财政萤石矿地质勘查项目近十项,韭菜沟、万沟、杨山外围等勘查项目成果也显示了较大的萤石矿资源潜力。

众多专家学者对合峪—车村地区萤石矿床开展了调查研究,在成矿地质条件、矿体特征、成矿期次、成矿流体、稀土元素及矿床成因等方面取得了重要认识,胡呈祥等(2016)总结了车村附近南坪地区萤石矿的地质特征,认为矿床为低温热液成因;邓红玲等(2017)、席晓风等(2018)、冯绍平等(2020)对杨山萤石矿的地质特征和稀土元素分布特征进行了详细阐述,提出杨山萤石矿为岩浆热液型萤石矿床,物质来源与花岗岩关系密切;赵玉等(2015)对马丢萤石矿的微量元素地球化学特征、稀土元素分布特征及流体包裹体特征进行了分析,推断马丢萤石矿应为低温热液裂隙充填脉状矿床;庞绪成等(2018,2019)对车村

基金项目:河南省2020年度财政地质勘查项目(编号:豫自然资发〔2020〕18号)和河南省地质矿产勘查开发局2021年度地质科研项目(编号:豫地矿科研[2021]Z-9号)联合资助。

作者简介:张凯涛(1990—),男,硕士,工程师。E-mail:dkeyzkt@163.com。

一带的萤石矿床开展了专项研究，将萤石的成矿过程划分为 4 个成矿期次，测定了不同成矿期次的成矿温度和萤石成矿年龄，认为萤石形成于燕山期早白垩世，矿床类型为中低温热液型萤石矿床。

以往大多数均是针对独立或小范围内的萤石矿床，尤其是在矿床地质特征、地球化学特征、矿床成因及成矿物质来源等方面，对整个合峪—车村地区萤石矿床没有形成系统、完善的统一认识。本文以“河南省洛阳市合峪地区萤石矿整装勘查”项目为依托，在充分收集研究区四十余份不同萤石矿床地质资料和研究成果基础上，总结归纳矿床分布特征、成岩成矿年龄、稀土元素和成矿流体特征，进一步探讨矿床成因和成矿物质来源，对该区萤石找矿具有重要的指导意义。

1　成矿地质背景

合峪—车村地区萤石矿床位于华北陆块南缘与北秦岭造山带交会处，区域地层具典型的基底—盖层二元结构，基底主要为新太古界太华群变质岩系，盖层主要由中元古界熊耳群火山岩系、官道口群陆源碎屑岩系及新元古界栾川群、下古生界陶湾群沉积岩系组成，在山前地带、沟谷洼地还分布有少量第四系冲积物、残坡积物（图 1）。区域断裂构造发育，按构造走向可划分为近东西向、北西向、北东向和近南北向 4 组，其中近东西向的栾川断裂带和马超营断裂带为区域性深大断裂，北西向、北东向和近南北向次级断裂叠加在近东西向断裂上，构成了典型的网格状构造体系，对区域内构造-岩浆活动有着重要的控制作用。区域内岩浆活动频繁且强烈，在古元古代、中元古代、新元古代、古生代及中生代均有发生，具多期次、多旋回特征，以中酸性岩浆活动为主（秦克章，2019）。其中，燕山晚期岩浆活动规模较大，太山庙岩体、金山庙岩体、五丈山岩体及合峪岩体等均形成于这一时期，控制着区内斑岩型、岩浆热液型矿床的分布。

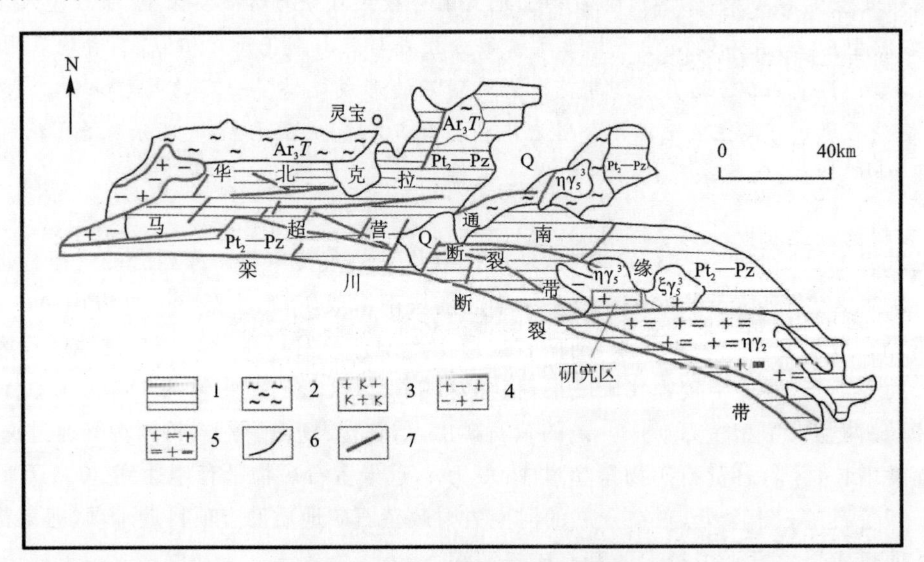

Q. 第四系；1. 中元古代—古生代盖层（Pt_2—Pz）；2. 新太古界太华群基底岩系（Ar_3T）；3. 太山庙花岗岩体（$\xi\gamma_5^3$）；4. 合峪花岗岩体（$\eta\gamma_5^3$）；5. 新元古代二长花岗岩（$\eta\gamma_2$）；6. 地质界线；7. 断裂带。

图 1　合峪—车村地区萤石矿床区域地质图

合峪—车村地区出露地层简单，中元古界熊耳群火山岩研究区北部大面积出露，主要岩性为安山岩、流纹岩；官道口群龙家园组分布在研究区西部，岩性主要为含燧石条带白云岩、白云岩；新元古界宽坪群四岔口岩组变质沉积碎屑岩系分布在栾川断裂带南侧，岩性以石英片岩、斜长角闪片岩及大理岩为主；栾川群南泥湖组在研究区西南部有小面积分布，岩性主要为石英片岩、大理岩、石英岩；在车村一带及沟谷洼地出露有少量第四系。合峪—车村地区断裂构造发育，按空间展布特征可划分为北西向、北东向、近东西向和近南北向 4 组，其中北西向、北东向断裂较为发育。区内岩浆活动具有规模大、类型多、活动周期长的特点，岩浆岩以侵入岩为主，呈北西向条带状展布，主要分布有太山庙岩体、老君山岩体、伏牛山岩体、合峪岩体及石人山岩体等。

2 矿床类型及空间分布特征

2.1 矿床类型

豫西合峪—车村地区萤石矿床与燕山期花岗岩侵入活动密切相关，矿体的产出受断裂构造控制，属于受断裂构造控制的、与燕山期花岗岩有关的中低温热液充填型脉状萤石矿。萤石矿主要为单一萤石矿，极少为伴生型萤石矿。

合峪—车村地区萤石矿体按走向分为北西向、北东向、东西向和南北向4组，以北西向、北东向及东西向为主，矿体主要产于花岗岩、安山岩中发育的断裂构造内，规模较大的矿体多赋存于花岗岩体内的断裂带内。区内分布有大、中、小型萤石矿床三十余个（图2，表1），其中马丢、杨山、车村、中兴及阳桃沟等萤石矿为大型矿床，马丢萤石矿 CaF_2 矿物量近500万t。

矿体形态简单，呈脉状和透镜状产出，矿体沿走向延长一般200～700m，延长较大的矿床有陈楼萤石矿Ⅰ号矿体（延长1550m），车村M35支—Ⅰ矿体（延长900m）及杨山萤石矿Ⅲ2号矿体（延长812m）。矿体沿倾向延深一般100～300m，延深较大的矿床有马丢萤石矿柳扒店矿段Ⅱ1号矿体（延深560m）和中兴萤石矿Ⅰ号矿体（延深534m）。矿体产状基本上与含矿断裂构造带一致，沿走向和倾向具膨大收缩、分支复合现象。矿体倾角一般50°～80°，为陡倾矿体，矿体厚度一般为1.0～3.00m，矿体收缩位置厚度最小0.59m，膨大位置厚度可达16.81m（竹园沟萤石矿K1矿体），整体上全区各矿体厚度变化较小，矿体形态复杂程度为简单—中等（西部合峪矿段矿体较稳定，厚度变化小，矿体形态简单；相比合峪矿段，东部车村矿段矿体厚度变化稍大，形态复杂程度为简单—中等）。矿体品位一般20.46%～72.36%，局部品位大于90%，平均品位大于35%，各矿体用组分分布均匀—较均匀，东部车村矿段矿体品位变化大于西部合峪矿段。规模较大的矿床中矿石类型主要为块状萤石，该类矿石品位高，往往形成富矿体（CaF_2>65%）。矿石的主要矿物组合有萤石、萤石+石英（玉髓）两种，围岩蚀变主要为硅化、高岭土化、绢云母化等。

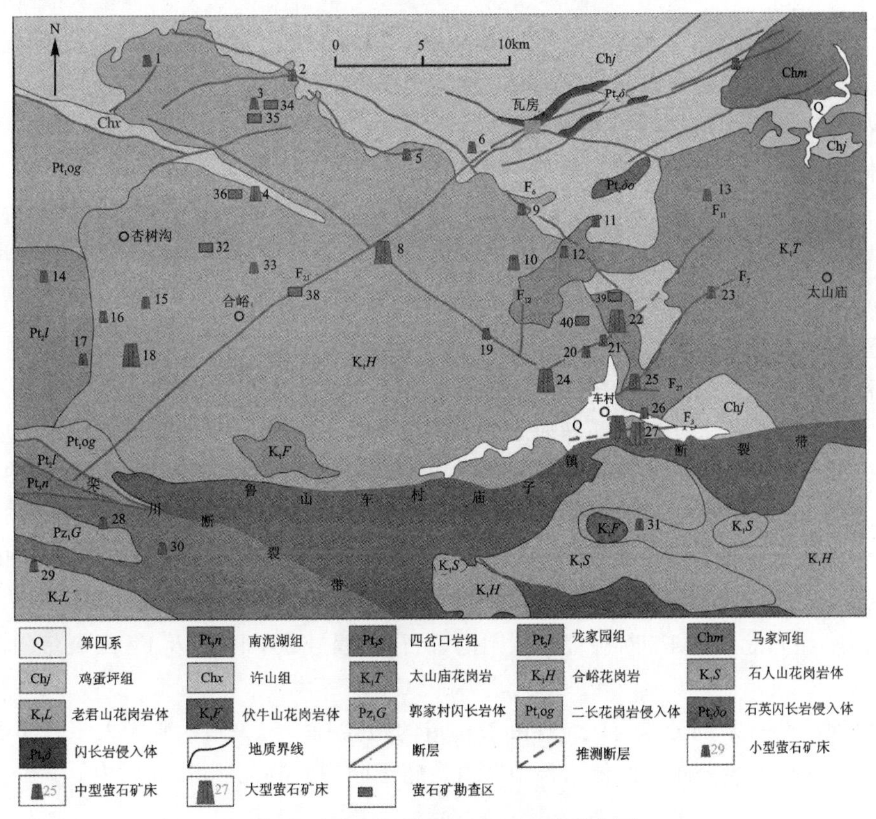

图2 合峪—车村地区萤石矿床分布图

表 1　合峪—车村地区萤石矿规模一览表

序号	矿区名称	规模	序号	矿区名称	规模
1	吕布沟萤石矿	小型	18	马丢萤石矿	大型
2	顺达萤石矿	小型	19	古满沟萤石矿	小型
3	桑树沟萤石矿	小型	20	奋进萤石矿	小型
4	砭上萤石矿	中型	21	康达萤石矿	小型
5	水葫芦沟萤石矿	小型	22	阳桃沟萤石矿	大型
6	杨寺萤石矿	小型	23	两叉安通威萤石矿	小型
7	鸡爪沟萤石矿	小型	24	车村萤石矿	大型
8	杨山萤石矿	大型	25	竹园沟萤石矿	中型
9	小涩沟萤石矿	小型	26	龙脖凹萤石矿	小型
10	木植街萤石矿	中型	27	中兴萤石矿	大型
11	隆博萤石矿	小型	28	张元河南村萤石矿	小型
12	乱石沟萤石矿	小型	29	灰菜沟萤石矿	小型
13	玉新萤石矿	小型	30	栗扎坪萤石矿	小型
14	范进寺萤石矿	小型	31	六合萤石矿	小型
15	东草沟萤石矿	小型	32	陈楼萤石矿	大型
16	下马丢萤石矿	小型	33	段家庄萤石矿	小型
17	枣树凹萤石矿	小型			

2.2　矿床空间分布特征

豫西合峪—车村地区萤石矿床的分布与燕山期花岗岩、断裂构造关系密切。

1. 矿床与花岗岩体的关系

合峪—车村地区萤石矿主要分布在鲁山-车村-庙子断裂带北侧,燕山期合峪、太山庙花岗岩体及其内外接触带(图 1)。根据区域萤石矿床与燕山期花岗岩的位置关系,可划分为 3 类,即燕山期花岗岩体内部(杨山,编号 8;阳桃沟,编号 25)、燕山期花岗岩体与中元古界熊耳群火山岩接触带(小涩沟,编号 9)、中元古界熊耳群火山岩内部,其中大部分萤石矿产于燕山期花岗岩体内部。

2. 矿床与含矿断裂构造关系

合峪—车村地区萤石矿的产出严格受含矿断裂构造控制,按含矿断裂构造产状可分为北东、北西、近东西向及近南北向 4 组。北东向含矿断裂主要有 F11 和 F7;北西向含矿断裂主要有 F13 和 F6;近东西向含矿断裂主要有 F3 和 F27;近南北向含矿断裂主要有 F12 等。其中,近东西向、北西向、北东向为主要含矿构造,近南北向构造规模较小。就单个含矿断裂来说,近东西向 F3、北西向 F13(古满沟)、北东向 F11 含矿断裂构造中萤石矿数量多,规模较大,其次为北西向 F6、北东向 F7 等。例如,分布于近东西向 F3 断裂带的中兴萤石矿(编号 27,大型),北西向 F13 断裂带的杨山萤石矿(编号 8,大型)及古满沟萤石矿(编号 19,小型),北东向 F7 断裂带的竹园沟萤石矿(编号 25,中型)及 F7 断裂带的阳桃沟萤石矿(编号 22,大型)。

合峪—车村地区萤石矿的分布与区域性断裂构造的距离有一定关系。矿床大多分布于马超营断裂两侧 3.0km 范围以内(主要分布于北侧),鲁山-车村-庙子断裂及其北 2.5km 以内。

3　矿床地球化学特征

3.1　成岩成矿年龄

3.1.1　合峪岩体年龄

前人采用不同方法测定了合峪花岗岩体的年龄(表2),可以看出合峪岩体经历了多期次岩浆活动的叠加,最老年龄(148.2±2.5)Ma,中期侵入年龄为131.8～144.4Ma,合峪岩体中的细晶岩、花岗斑岩脉年龄可作为末期侵入时间上限,介于124.7～130.2Ma之间。同时,老的Nd同位素两阶段亏损地幔模式年龄T_{DM2}(1.85～2.27Ga)和负的εNd(t)值(−16.4～−11.2),指示合峪花岗岩体物质可能主要来自古老的地壳;合峪岩体在Nd−Sr同位素图解上位于玄武岩源区与陆壳源区之间的过渡地带,说明源岩可能有少量幔源岩浆加入。

表2　合峪岩体年龄测定统计表

岩体	序号	岩性	测试方法	年龄/Ma	误差	数据来源
合峪岩体	1	黑云母二长花岗岩	黑云母 Ar-Ar	131.8	0.65	张宗清等,2002
	2	巨斑状黑云二长花岗岩	锆石 U-Pb	127.2	1.4	李永峰,2005
	3	黑云母二长花岗岩	黑云母 Ar-Ar	131.8	0.7	Han et al,2007
	4	黑云母二长花岗岩	黑云母 Ar-Ar	132.5	1.1	
	5	黑云母二长花岗岩	锆石 U-Pb	134.5	1.5	郭波等,2009
	6	黑云母二长花岗岩	锆石 U-Pb	135.4	5.4	高昕宇等,2010
	7	黑云母二长花岗岩	锆石 U-Pb	148.2	2.5	
	8	黑云母二长花岗岩	锆石 U-Pb	141.4	5.4	
	9	黑云母二长花岗岩	锆石 U-Pb	135.3	4.9	
	10	多斑花岗斑岩	锆石 U-Pb	136.1	1.4	李春艳等,2016
	11	大斑多斑中粗粒黑云母二长花岗岩	锆石 U-Pb	139.8	1.3	
	12	大斑多斑中粗粒黑云母二长花岗岩	锆石 U-Pb	143.5	1.3	
	13	含中斑中粒黑云母二长花岗岩	锆石 U-Pb	133.0	1.0	
	14	正长花岗岩	锆石 U-Pb	143.1	2.1	庞绪成等,2018
	15	正长花岗岩	锆石 U-Pb	144.4	4.0	
	16	细晶岩脉	锆石 U-Pb	128.1	2.9	
	17	细晶岩脉	锆石 U-Pb	130.2	2.7	
	18	花岗斑岩脉	锆石 U-Pb	124.7	2.9	
	19	黑云母二长花岗岩	锆石 U-Pb	134.0	3.0	Bao et al.,2018
	20	黑云母二长花岗岩	锆石 U-Pb	144.0	3.0	
太山庙岩体	21	碱长花岗岩	锆石 U-Pb	115.0	2.0	叶会寿等,2008
	22	中粗粒正长花岗岩	锆石 U-Pb	123.1	3.0	高昕宇等,2012
	23	细中粒正长花岗岩	锆石 U-Pb	121.3	3.0	
	24	正长花岗斑岩	锆石 U-Pb	112.7	5.0	

续表 2

岩体	序号	岩性	测试方法	年龄/Ma	误差	数据来源
太山庙岩体	25	中粗粒钾长花岗岩	锆石 U-Pb	121.0	2.2	齐玥,2014
	26	中粗粒钾长花岗岩	锆石 U-Pb	116.2	1.3	
	27	中细粒钾长花岗岩	锆石 U-Pb	121.7	2.5	
	28	中细粒钾长花岗岩	锆石 U-Pb	120.0	2.2	
	29	细粒似斑状花岗岩	锆石 U-Pb	122.0	1.6	
	30	细粒似斑状花岗岩	锆石 U-Pb	122.3	1.5	

3.1.2　太山庙岩体年龄

叶会寿等(2008)、高昕宇等(2012)、齐玥(2014)对太山庙岩体进行了黑云母 Ar-Ar、花岗岩锆石 U-Pb年龄测定。依据花岗岩的结构构造,太山庙岩体可划分为 3 种岩相,即细粒似斑状花岗岩、中细粒钾长花岗岩和中粗粒钾长花岗岩,其平均锆石 U-Pb 年龄分别为 122.2Ma、120.9Ma、118.6Ma,在形成时间上细粒似斑状花岗岩最早,中细粒钾长花岗岩次之,中粗粒钾长花岗岩最晚。总的来说,锆石 U-Pb 定年结果表明复式太山庙岩体的岩浆活动具有多阶段、持续时间长的特征,形成年龄为 115～123.1Ma。因此,认为太上庙岩体是在早白垩世晚期形成的,晚于合峪岩体的侵位年龄。

3.1.3　萤石成矿年龄

合峪—车村地区萤石成矿时代研究较少,庞绪成等(2019)、刘纪峰等(2020)对车村地区的康达、陈楼萤石矿采用 Sm-Nd 法测定了萤石成矿年龄,本次又对研究区东部的竹园沟萤石矿的成矿年龄进行了测定,年龄等时线 MSWD 均小于 1,测试结果精度较高。康达、陈楼萤石矿分别位于鲁山-车村-庙子镇大断裂北侧的 F11 和 F3 次级断裂构造带上,测得二者的 Sm-Nd 同位素等时线年龄分别为(123±9.1)Ma、(120±17)Ma;竹园沟萤石矿分布于 F7 断裂构造带上,本次测得其萤石成矿年龄为(126.8±9.1)Ma。总的来说,合峪—车村地区萤石矿床主要形成于燕山期早白垩世,萤石成矿年龄介于 120～126.8Ma,说明成矿作用发生在合峪岩体侵入末期、太山庙岩体侵入早期。

3.2　流体包裹体特征

本次对东部车村矿段的陈楼萤石矿和西部合峪矿段马丢萤石矿的流体包裹体特征进行了统计分析,重点研究了包裹体的岩相学特征、温度、盐度及成矿深度。

3.2.1　包裹体岩相学特征

陈楼、马丢矿区萤石包裹体具有数量多、尺寸大、成群分布的特征,形状以椭圆状、似椭圆状及不规则状为主,说明成矿作用后期经历了一定构造改造作用。区内包裹体以纯液相和气液两相包裹体为主,还可见少量纯气相包裹体、富 CO_2 两相包裹体及裂隙较发育的包裹体,其中气液两相包裹体中气相体积占比 5%～35%,少数包裹体相比可达 55%。包裹体的大小尺寸变化范围较大,多数集中于 2～30μm 之间,最大可达约 50μm。

3.2.2　包裹体温度和盐度

东部车村矿段陈楼矿区包裹体温度按不同成矿阶段统计。陈楼萤石矿成矿过程可划分为 4 个阶段,即石英脉形成阶段(Ⅰ)、早期萤石形成阶段(Ⅱ)、萤石主成矿阶段(Ⅲ)和碳酸盐化阶段(Ⅳ)。萤石产出于第Ⅱ、Ⅲ成矿阶段,萤石包裹体温度测试结果表明,第Ⅱ成矿阶段包裹体均一温度主要集中于 115.6～359.2℃,平均均一温度为 235.6℃,冰点温度主要集中于－0.10～－0.95℃,平均冰点温度－0.35℃,计算获得成矿流体盐度介于 0.18%～1.66% ,平均盐度为 0.71% ,流体密度主要集中于 0.62～1.00g/cm^3,平均密度值 0.81g/cm^3;第Ⅲ成矿阶段包裹体均一温度主要集中于 123.2～

349.5℃，平均均一温度为187.7℃，冰点温度主要集中于－0.10～－3.33℃，平均冰点温度－0.38℃，计算获得成矿流体盐度介于0.17%～2.46%，平均盐度为0.67%，流体密度主要集中于0.61～1.00g/cm^3，平均密度值0.81g/cm^3。

西部合峪矿段马丢矿区同一成矿阶段萤石包裹体温度按不同中段（773m、730m、715m）统计。773m中段萤石包裹体均一温度范围为122.2～262.4℃，峰值主要介于140～160℃，冰点温度范围为－3.4～－0.1℃，峰值主要介于－0.8～－0.1℃，计算获得成矿流体盐度范围为0.18%～3.39%，峰值主要介于0.35%～1.56%，密度范围为0.77～0.959/cm^3，平均密度值为0.909/cm^3；730m中段萤石包裹体均一温度范围为135.7～339.5℃，峰值主要介于140～160℃，冰点温度范围为－1.7～－0.1℃，峰值主要介于－1.2～－0.1℃，计算获得成矿流体盐度范围为0.18%～2.90%，峰值主要介于0.18%～2.07%，密度范围为0.62～0.949/cm^3，平均密度值为0.879/cm^3；715m中段萤石包裹体均一温度范围为134.2～213.8℃，峰值主要介于160～180℃，冰点温度范围为－1.7～－0.1℃，峰值主要介于－0.6～－0.1℃，计算获得成矿流体盐度范围为0.18%～2.90%，峰值主要介于0.18%～1.05%，密度范围为0.85～0.959/cm^3，平均密度值为0.919/cm^3。对3个中段所有包裹体测温结果进行统计分析，包裹体均一温度主要集中于150～180℃，平均均一温度为176.3℃，计算获得成矿流体盐度介于0.53%～1.35%，平均盐度为1.14%，流体密度主要集中于0.81～0.94g/cm^3，平均密度值0.90g/cm^3。

不同成矿阶段和不同中段萤石包裹体温度、盐度、流体密度结果显示，合峪—车村地区萤石的均一温度范围为176.3～235.6℃，指示区内萤石矿床属于中低温热液矿床；成矿流体盐度介于0.67%～1.14%，盐度值变化范围较小，暗示矿床成矿流体在物质成分和物理化学状态上具有一致性；流体密度介于0.81～0.90g/cm^3，显示低密度流体特征，指示成矿流体可能来自上涌的热水溶液。因此，合峪—车村地区萤石矿成矿流体属于中低温、低盐度、低密度的$NaCl-H_2O$体系。

3.2.3 成矿深度

根据合峪—车村地区萤石包裹体的温度、盐度，计算得到车村矿段陈楼萤石矿第Ⅱ、Ⅲ成矿阶段的成矿压力分别为6.9～24.2MPa、7.3～20.0MPa，相应成矿深度范围依次为0.69～2.42km、0.73～2.00km，平均值分别为1.47km、1.17km；合峪矿段马丢萤石矿773m、730m、715m 3个中段的成矿压力分别为22.4～30.4MPa、22.4～29.5MPa、22.4～29.5MPa，相应成矿深度范围依次为0.75～1.03km、0.75～0.99km、0.75～0.99km，平均值分别为0.84km、0.82km、0.81km（表3）。

可以看出，区内萤石矿成矿深度介于0.81～1.47km，符合中低温浅成热液型萤石矿床的特征。同时，萤石成矿作用过程中从早期萤石形成阶段到后期萤石主成矿阶段，成矿压力值具减小趋势，成矿深度亦相应减小，说明成矿热液随着成矿过程的进行，由深部逐渐向浅部运移。

表3 合峪—车村地区萤石矿成矿压力及成矿深度估算表

矿区	成矿阶段及位置	压力范围/MPa	平均压力/MPa	成矿深度范围/km	平均成矿深度/km
陈楼萤石矿	第Ⅱ成矿阶段	6.9～24.2	14.7	0.69～2.42	1.47
	第Ⅲ成矿阶段	7.3～20.0	11.7	0.73～2.00	1.17
马丢萤石矿	773m中段	22.4～30.4	25.3	0.75～1.03	0.84
	730m中段	22.4～29.5	24.6	0.75～0.99	0.82
	715m中段	22.4～29.5	24.3	0.75～0.99	0.81

3.3 稀土元素特征

合峪—车村地区萤石矿床赋矿围岩大多为合峪花岗岩体，少部分为太山庙花岗岩体。前人对合峪、太山庙花岗岩体的稀土元素特征开展了大量的研究，绘制了两大岩体的球粒陨石标准化稀土元素分布模式图（图3，图4），可以看出，合峪、太山庙花岗岩体均具有轻稀土富集、重稀土亏损的特点，在稀土元素球粒陨石标准化配分图上表现为显著的右倾趋势。合峪花岗岩体稀土元素总量(不包括 Y)ΣREE 平均值 192.64×10^{-6},轻重稀土比 LREE/HREE 平均值 15.46,$(La/Yb)_N$平均值 21.37,$(La/Sm)_N$平均值 5.80,$(Gd/Yb)_N$平均值 3.17,δEu 平均值 0.60,δCe 平均值 1.12;太山庙花岗岩体稀土元素总量(不包括 Y)ΣREE 平均值 213.02×10^{-6},轻重稀土比 LREE/HREE 平均值 13.47,$(La/Yb)_N$平均值 13.01,$(La/Sm)_N$平均值 7.89,$(Gd/Yb)_N$平均值 1.18,δEu 平均值 0.43,δCe 平均值 0.98。两大岩体轻重稀土发生不同程度的分馏,轻稀土和重稀土内部均发生了一定程度的分异作用,δEu 值指示两大岩体具有显著 Eu 负异常特征,在其稀土元素球粒陨石标准化配分图上可观察到明显的“V”字形曲线,Ce 异常不明显或表现为弱 Ce 正异常。

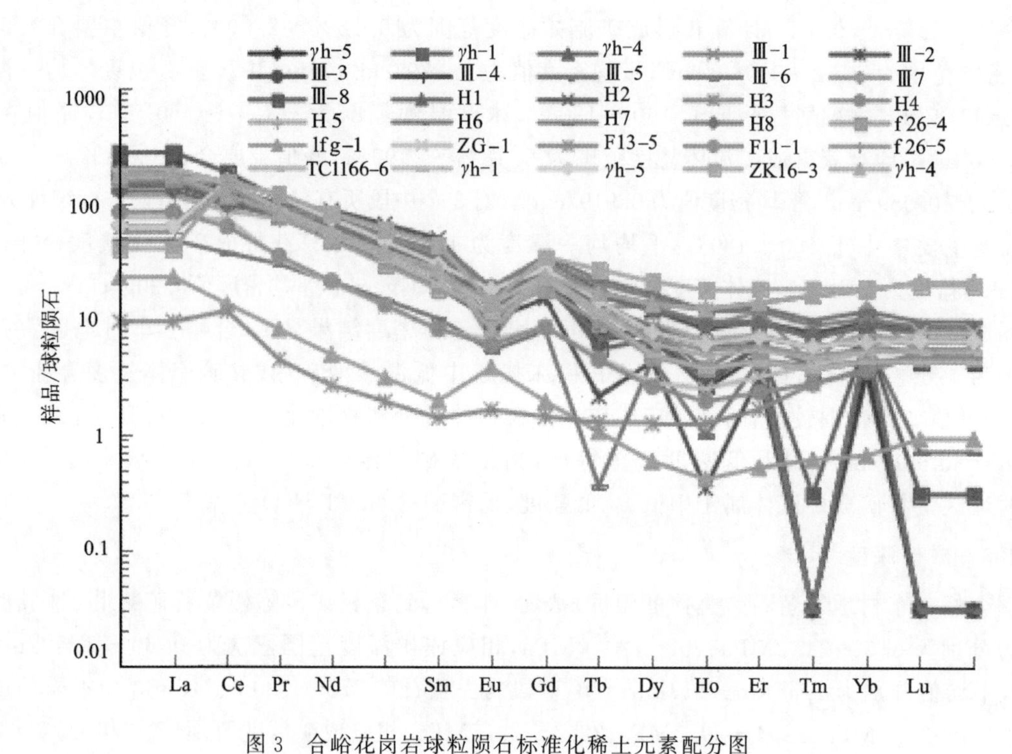

图 3　合峪花岗岩球粒陨石标准化稀土元素配分图

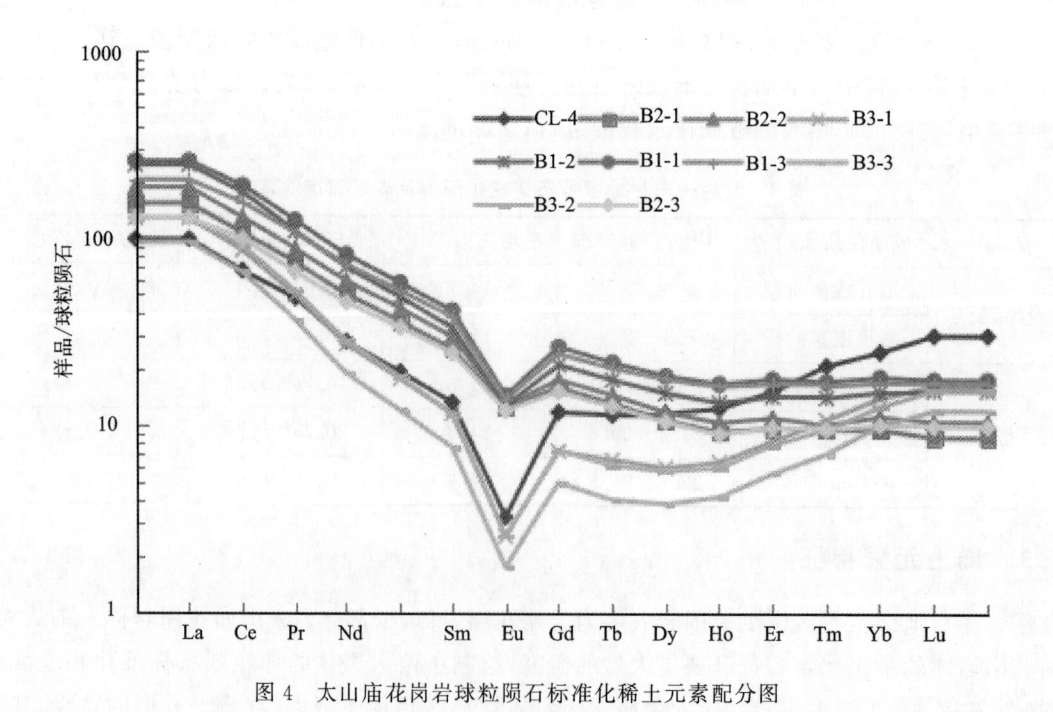

图 4　太山庙花岗岩球粒陨石标准化稀土元素配分图

对合峪—车村地区陈楼、杨山、马丢、车村、竹园沟、奋进萤石矿 50 件萤石样品的稀土元素数据进行统计分析，绘制了萤石球粒陨石标准化稀土元素配分图(图 5)，根据稀土元素配分曲线变化趋势可将样品分为三类。第一类 13 件样品的稀土元素配分曲线表现为略微左倾趋势，萤石稀土总量 ΣREE(不包括 Y)范围为 35.03×10^{-6}～168.85×10^{-6}，轻重稀土比值(ΣLREE/ΣHREE)范围为 0.57～0.90，平均值 0.73；$(La/Yb)_N$比值范围为 0.25～0.52，平均值 0.33，轻重稀土发生了一定程度的分馏作用；$(La/Sm)_N$比值范围为 0.53～1.62，平均值 1.21，$(Gd/Yb)_N$比值范围为 0.19～0.52，平均值 0.29，轻稀土和重稀土内部发生了微弱的分异作用；δEu 值介于 0.34～0.67，平均值 0.60，表现为 Eu 负异常，δCe 值介于 0.87～0.99，平均值 0.92，整体表现为弱 Ce 负异常。第二类 12 件样品的稀土元素配分曲线较为平坦，萤石稀土总量相对较低，ΣREE(不包括 Y)范围为 16.23×10^{-6}～100.85×10^{-6}，轻重稀土比值(ΣLREE/ΣHREE)范围为 1.07～1.56，平均值 1.26；$(La/Yb)_N$比值范围为 0.51～0.88，平均值 0.71，轻重稀土发生了微弱分馏作用；$(La/Sm)_N$比值范围为 0.84～2.84，平均值 1.72，$(Gd/Yb)_N$比值范围为 0.23～0.68，平均值 0.47，轻稀土和重稀土内部发生了一定程度的分异作用；δEu 值介于 0.54～0.82，平均值 0.64，表现为 Eu 负异常，δCe 值介于 0.84～1.19，平均值 0.95，整体表现为弱 Ce 负异常。第三类 25 件样品的稀土元素配分曲线表现为右倾趋势，萤石稀土总量 ΣREE(不包括 Y)范围为 10.46×10^{-6}～175.02×10^{-6}，轻重稀土比值(ΣLREE/ΣHREE)范围为 1.79～13.30，平均值 5.21；$(La/Yb)_N$比值范围为 1.00～13.11，平均值 4.52，轻重稀土发生了较强的分馏作用；$(La/Sm)_N$比值范围为1.61～11.14，平均值 4.97，$(Gd/Yb)_N$比值范围为 0.23～1.69，平均值 0.64，轻稀土和重稀土内部发生了一定程度的分异作用；δEu 值介于 0.44～0.97，平均值 0.77，表现为 Eu 负异常，δCe 值介于 0.79～1.37，平均值 0.95，整体表现为弱 Ce 负异常。

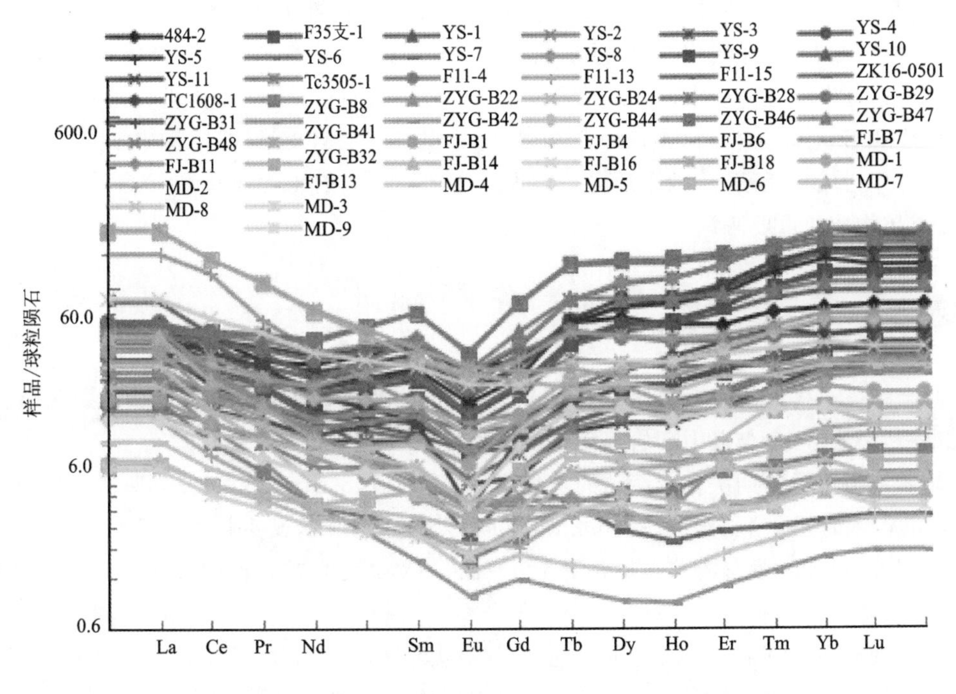

图 5 合峪—车村地区萤石球粒陨石标准化稀土元素配分图

稀土元素的吸/解附、络合两个过程是轻重稀土发生分馏作用的主要原因，当流体中的稀土元素以吸附作用为主存在时，会导致轻稀土富集，$(La/Yb)_N>1$；当流体中稀土元素主要以络合物的形式存在时，会导致重稀土富集，$(La/Yb)_N<1$。合峪—车村地区萤石的轻重稀土元素均发生了一定程度的分馏作用，其中第一、第二类萤石样品表现为重稀土富集，$(La/Yb)_N<1$，暗示这两类萤石中的稀土元素主要是以络合作用为主，指示成矿流体经历了较长时间的演化，稀土元素在流体中形成络离子并得到了充分的分异，代表流体演化的后期的萤石成矿活动；第三类萤石样品表现为轻稀土富集，$(La/Yb)_N>1$，说明这类萤石中的稀土元素主要是以吸/解附作用为主,代表区域上萤石矿化的早期热液及成矿活动。

4 成矿物质来源探讨

合峪—车村地区的萤石稀土元素配分模式比较复杂,这与本区萤石多期次成矿有关,也指示萤石成矿物质来源具有多源性。第一、第二类萤石稀土元素配分曲线显示为略微左倾型或平坦型,与幔源花岗岩稀土元素配分模式相似,认为可能是成矿热液对深源流体稀土元素特征的继承;第三类萤石稀土元素配分曲线表现为右倾型,与燕山期合峪、太山庙花岗岩的稀土元素配分模式相一致,且均显示出强 Eu 负异常和弱 Ce 负异常,说明成矿物质来源与燕山期花岗岩有关,即燕山期花岗岩对区域上萤石的形成提供了一定的物质来源。

同时,康达萤石矿床$^{143}Nd/^{144}Nd$测定值为 0.511 666± 0.000 016,$\varepsilon Nd(t)$值为−15.9,与合峪花岗岩体的$^{143}Nd/^{144}Nd$初始比值(0.511 715~0.511 982)和$\varepsilon Nd(t)$=−16.4~−11.2 相近,说明康达萤石矿床与合峪岩体有一定的成因联系。陈楼萤石矿床测得$^{143}Nd/^{144}Nd$比值为 0.512 031± 0.000 026,$\varepsilon Nd(t)$比值为−8.8,与太山庙岩体的$^{143}Nd/^{144}Nd$初始比值(0.511 653~0.512 506)和$\varepsilon Nd(t)$值(−16.2~−7.5)一致,暗示陈楼萤石矿床和太山庙岩体在成因上关系密切。合峪、太山庙岩体与区内萤石矿床的$^{143}Nd/^{144}Nd$初始比值和$\varepsilon Nd(t)$值基本一致,且三者的$\varepsilon Nd(t)$值均为负值,指示在物质来源上与两大岩体一致或相近,这与研究区岩(矿)石稀土元素分析结果相吻合。

萤石成矿作用过程中,一般具有就地取材的特点,成矿物质来源往往位于矿体附近。有专家学者研究发现,与花岗岩有关的萤石矿床的 F 元素主要来自花岗岩中的黑云母,合峪—车村地区萤石矿主要赋存于合峪岩体和太山庙岩体,赋矿围岩主要为黑云二长花岗岩和钾长花岗岩,是典型的与花岗岩有关的萤石矿床。周坷(2008)对合峪岩体中的 CaO 和 F 含量进行了测定,合峪岩体的 F 平均含量较高(1024×10^{-6}),超过中国花岗岩中 F 平均含量(450×10^{-6})的两倍,成矿流体可以通过淋滤花岗岩为萤石成矿作用提供 F 元素。合峪岩体中 CaO 平均含量 1.68%,略高于中国花岗岩 CaO 平均含量(1.35%),也可作为成矿元素 Ca 的来源之一。太山庙钾长花岗岩中黑云母和 F 含量相对较少,也是区内萤石矿床成矿物质的重要来源。

5 结论

(1)豫西合峪—车村地区萤石矿床主要以单一萤石矿为主,矿床主要分布于燕山期花岗岩体内及其内外接触带的断裂构造中,与燕山期岩浆活动及断裂构造关系密切。

(2)合峪岩体经历了多期次岩浆活动的叠加,最老年龄(148.2±2.5)Ma,中期侵入年龄为 131.8~144.4Ma,末期侵入时间介于 124.7~130.2Ma 之间;太山庙岩体形成年龄为 115~123.1Ma,晚于合峪岩体的侵位年龄。研究区萤石成矿年龄介于 120~126.8Ma,说明成矿作用发生在合峪岩体侵入末期、太山庙岩体侵入早期。

(3)流体包裹体特征显示,合峪—车村地区萤石包裹体均一温度 176.3~235.6℃,成矿流体盐度 0.67%~1.14% ,流体密度 0.81~0.90g/cm^3;成矿流体属于中低温、低盐度、低密度的 $NaCl\text{-}H_2O$ 体系,指示区内矿床为中低温浅成热液型萤石矿床。

(4)合峪、太山庙岩体的稀土元素均具轻稀土富集、轻重稀土发生不同程度分馏的特点,其球粒陨石标准化配分曲线均表现为右倾型。研究区萤石具有多期次成矿的特点,其稀土元素球粒陨石标准化配分曲线可分为略微左倾型、平坦型及右倾型三类,以右倾型为主,略微左倾型、平坦型萤石成矿时间较晚,右倾型萤石代表早期成矿阶段。右倾型萤石的稀土元素球粒陨石标准化配分曲线与燕山期合峪、太山庙花岗岩相似,且均表现为强 Eu 负异常和弱 Ce 负异常,说明萤石的部分成矿物质来源于燕山期花岗岩。萤石与合峪、太山庙岩体的成岩成矿年龄、$^{143}Nd/^{144}Nd$比值及$\varepsilon Nd(t)$值相近,也说明成矿物质来源与燕山期花岗岩有关。

(5)综合分析认为,成矿元素 F 可能主要来源于合峪、太山庙岩体,成矿元素 Ca 部分来源于花岗岩围岩。

主要参考文献

曹俊臣,1994.热液脉型萤石矿床萤石气液包裹体氢、氧同位素特征[J].地质与勘探,30(4):28-29.

曹俊臣,1995.华南低温热液脉状萤石矿床稀土元素地球化学特征[J].地球化学,24(3):225-234.

邓红玲,张苏坤,汪江河,等,2017.河南省栾川县杨山萤石矿床地质特征及成因研究[J].中国非金属矿工业导刊(3):37-40.

董文超,庞绪成,司媛媛,等,2020.河南嵩县车村萤石矿床稀土元素特征及地质意义[J].中国稀土学报,38(5):706-714.

冯绍平,汪江河,刘耀文,等,2020.豫西杨山萤石矿稀土元素地球化学特征及其指示意义[J].稀土,41(5):50-58.

高昕宇,2012.华北克拉通南缘外方山和伏牛山地区早白垩世花岗岩成因研究[D].广州:中国科学院大学.

高昕宇,赵太平,原振雷,等,2010.华北陆块南缘中生代合峪花岗岩的地球化学特征与成因[J].岩石学报,26(12):3485-3506.

郭波,朱赖民,李犇,等,2009.华北陆块南缘华山和合峪花岗岩岩体锆石 U-Pb 年龄、Hf 同位素组成与成岩动力学背景[J].岩石学报,25(2):265-281.

胡呈祥,2016.河南嵩县南坪地区萤石矿地质特征及成因[J].现代矿业,32(6):165-168.

李春艳,吕宪河,李瑞强,等,2016.河南 1∶5 万合峪(I49E013016)、木植街(I49E013017)、栗树街(I49E014016)、车村(I49E014017)、二郎庙幅(I49E014018)区域地质矿产调查报告[R].郑州:河南省地质调查院.

李文明,2018.豫西南陈楼萤石矿地质地球化学特征及深部远景[D].焦作:河南理工大学.

李永峰,2005.豫西熊耳山地区中生代花岗岩类时空演化与钼(金)成矿作用[D].北京:中国地质大学(北京).

刘纪峰,白德胜,张凯涛,等,2020.豫西陈楼萤石矿床地质特征及 Sm-Nd 同位素年龄[J].矿物岩石,40(1):69-75.

庞绪成,董文超,李文明,等,2018.河南省嵩县萤石矿控矿因素及成矿机理研究报告[R].焦作:河南理工大学.

庞绪成,李文明,刘纪峰,等,2019.河南省嵩县陈楼萤石矿流体包裹体特征及其地质意义[J].河南理工大学学报(自然科学版),38(1):45-53.

庞绪成,司媛媛,刘纪峰,等,2019.河南嵩县康达萤石矿 Sm-Nd 同位素年龄及地质意义[J].矿物岩石地球化学通报,38(3):534-538.

齐玥,2014.东秦岭地区晚中生代老君山岩体和太山庙岩体成因[D].北京:中国科学技术大学.

史长义,鄢明才,刘崇民,等,2005.中国不同岩石类型花岗岩类元素丰度及特征[J].物探化探计算技术,27(3):256-262.

王吉平,商朋强,熊先孝,等,2014.中国萤石矿床分类[J].中国地质,41(2):315-325.

王吉平,商朋强,熊先孝,等,2015.中国萤石矿床成矿规律[J].中国地质,42(1):18-32.

王建其,朱赖民,郭波,等,2015.华北陆块南缘华山、老牛山及合峪花岗岩体 Sr-Nd、Pb 同位素组成特征及其地质意义[J].矿物岩石,35(1):63-72.

席晓凤,吴林涛,马珉艺,2018.杨山萤石矿矿床地质特征及围岩稀土元素地球化学特征[J].中国矿业,27(S1):147-150.

席晓凤,吴林涛,张林飞,2019.马丢萤石矿矿床地质特征及围岩稀土元素地球化学特征[J].中国矿业,28(Z2):272-274.

杨东潮,孟芳,白德胜,等,2021.河南省洛阳市合峪地区萤石矿整装勘查报告[R].郑州:河南省地质矿产勘查开发局第二地质矿产调查院.

叶会寿,毛景文,徐林刚,等,2008.豫西太山庙铝质A型花岗岩SHRIMP锆石U-Pb年龄及其地球化学特征[J].地质论评,54(5):699-711.

张宗清,张国伟,唐索寒,2002.南秦岭变质地层同位素年代学[M].北京:地质出版社.

赵鹏,郑厚义,张新,等,2020.中国萤石产业资源现状及发展建议[J].化工矿产地质,42(2):178-183.

赵玉,2016..河南栾川马丢萤石矿地质地球化学特征及成因探讨[D].北京:中国地质大学(北京).

赵玉,张寿庭,裴秋明,等,2015.河南栾川马丢萤石矿床流体包裹体研究[J].矿物学报,35(S1):649.

周珂,2008.豫西鱼池岭斑岩型钼矿床的地质地球化学特征与成因研究[D].北京:中国地质大学(北京).

BAO Z W,XIONGM F,LI Q,2018. mo-rich source and protracted crystallization of Latemesozoic granites in the East Qinling porphyrymo belt (central China): Constraints from zircon U/Pb ages and Hf-O isotopes[J]. Journal of Asian Earth Sciences,160:322-333.

HAN Y G, ZHANG S H, FRANCO P, et al. , 2007. Evolution of themesozoic Granites in the Xiong'ershan-Waifangshan Region, Western Henan Province, China, and Its Tectonic Implications[J]. Acta Geologica Sinica,81(2):253-265.

基于压汞数据的致密储层孔隙结构分析——以渭北油田延长组为例

张 帆，王延鹏，王志怀，严 锡，朱红卫

（中国石化河南油田勘探开发研究院实验中心，河南 郑州 450001）

摘 要：：以压汞数据为基础，对渭北油田延长组致密储层孔隙结构进行系统研究，认为压汞数据比较真实地反映了储层的孔隙结构，在对不同单位实验报告参数一致化处理的基础上，发现分选系数、结构优度等参数在致密储层孔隙结构评价中存在多解性，不利于评价储层。基于地质意义创立了存流系数(a)、优势系数(b)，通过与储层物性对比，具有较好的耦合性，能够较好地反映致密储层孔隙结构特征，达到评价储层的目的。

关键词：致密储层；孔隙结构；存流系数；优势系数

0 引言

目前国内储层分类评价主要根据岩石孔隙度、渗透率、孔喉结构、孔隙类型等进行定性分类评价，但是评价结果具有一定的多解性，尤其是对非常规致密砂岩储层，更是多解性强，这给储层评价造成了困惑(邹才能等，2011；王秀平，牟传龙，2013；王伟力，高海仁，2013)。本文通过进行解剖分析渭北地区延长组致密砂岩储层的物性、压汞数据，研究该区储层的赋存空间和流体流动能力，总结出一种针对致密砂岩储层定性和半定量分类评价方法。

1 地质概况及储层特征

渭北油田构造位于鄂尔多斯盆地南部伊陕斜坡与渭北隆起过渡部位上，主力含油层系为上三叠统延长组长3油层组、长7油层组，长8油层组，储层岩性为长石岩屑砂岩，非常致密，各层位平均孔隙度基本上小于10%，平均渗透率均小于$1\times10^{-3}\mu m^2$，属于特低孔非渗超低渗型。

2 物性特征

渭北油田目前有3000多个物性测试数据，细分层位，每层又有各自的特征，长3最好，渗透率大于$1\times10^{-3}\mu m^2$占比达20%，长7、长8也存在一些相对异常高渗层，占比较小，可能是数据较少的缘故。孔隙度与渗透率占比匹配有一定的相关性，但是明显存在孔隙度大值占比小，而渗透率大值占比较高的现象，如长6、长7、长8(图1)，存在低孔高渗现象。

作者简介：张帆(1981—)，男，硕士研究生，副研究员，主要从事油气储层沉积学方向研究工作。E-mail:g8598@163.com。

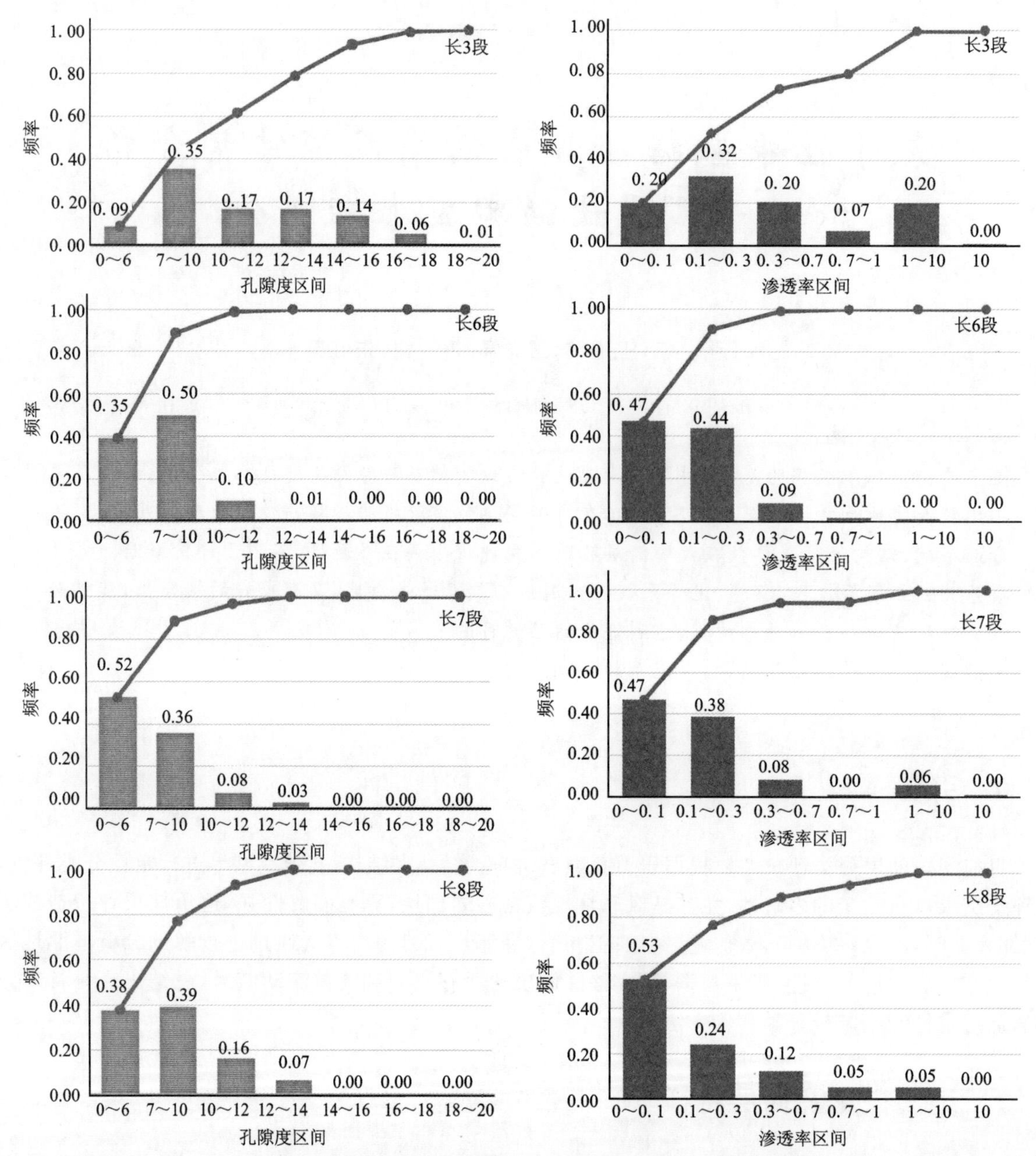

图1　延长组各层位孔隙度(%)、渗透率($10^{-3}\mu m^2$)特征图

在不同层位孔隙度、渗透率交会图上(图2),各层均具有一定的相关性,但对于一定区间的孔隙度,渗透率数据均有两个区间,二者之间相差一个数量级,所以整体上相关性不是很好,存在渗透率数据的分叉现象。大的孔隙度可能并不具备好的渗透性,这取决于连通孔腔的喉道数量、形状、宽度等因素,而这些正是孔隙结构特征的一系列参数。

3　孔隙结构特征

孔喉结构是指岩石所具有的孔隙和喉道的几何形状、尺寸、分布及其相互连通关系。对于致密储层而言,其孔隙半径相差甚微,孔喉结构的非均质性主要体现在喉道特征参数上,喉道半径越大、大喉道含量越高、样品渗透率越强,储层品质越高,即致密储层渗透性主要由占少部分的较大喉道来贡献(杨勇等,2005;李海燕,彭仕宓,2007;杨斌虎等,2008)。

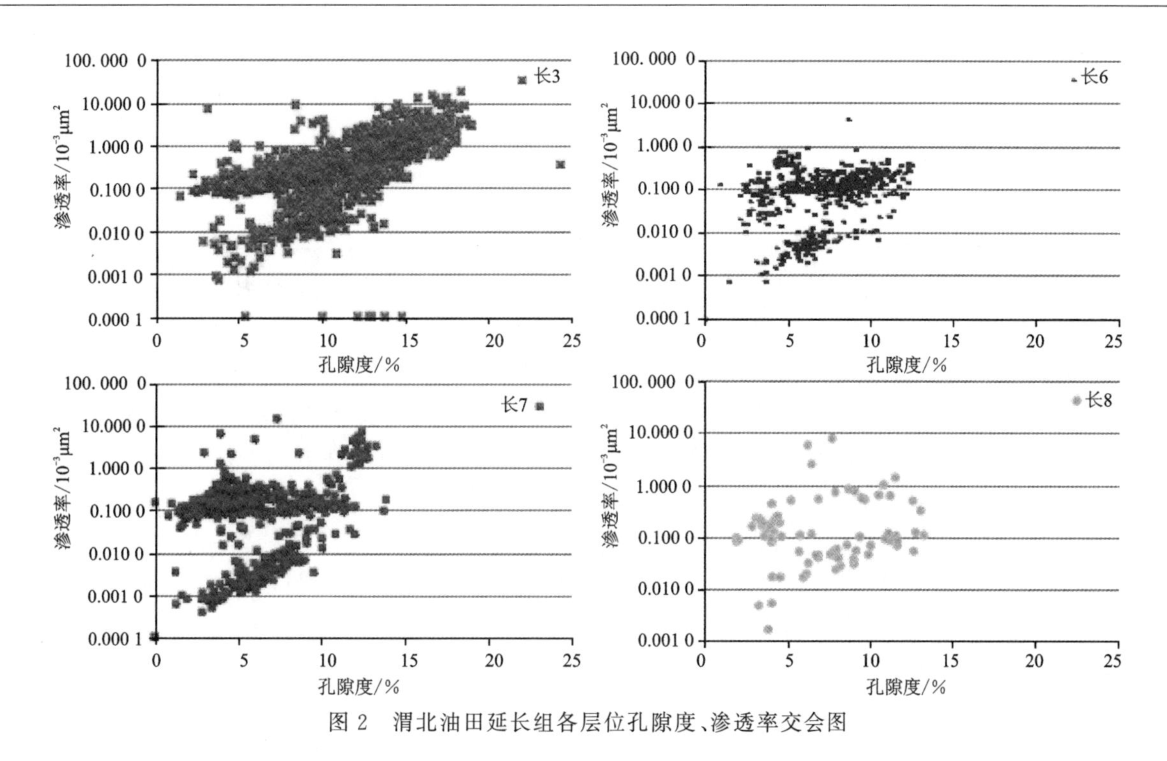

图 2　渭北油田延长组各层位孔隙度、渗透率交会图

3.1　现有参数的多解性

在实际研究中，由于储层致密，铸体图像法不能够客观地评价孔隙结构，通常用高压压汞毛管压力曲线来表征孔隙结构特征(崔宏伟等，2011；郭妍等，2015)。将不同格式的毛管压力实验报告参数一致化后对比分析，发现相似的分选系数或结构优度，而孔隙度和渗透率却天壤之别，如前 4 个样品，孔隙度差异明显，渗透率更是相差数量级。当前的参数对物性具有多解性(表 1)，导致无法使用现有的参数统一评价储层的孔隙结构特征。

表 1　一致化后的压汞参数与物性对比

序号	井号	孔隙度	渗透率	歪度系数 SK	变异系数 CC	$R_c>0.075$	$R_c>0.1$	$R_c>0.2$	均值	分数系数	结构优度	a	b
1	渭北 9	4.60	0.090	1.88	0.70	1.24	0.84	0.30	0.01	0.01	1.43	3.37	14.70
2	谓北 18	4.90	0.233	2.25	0.86	5.18	4.07	2.33	0.01	0.01	1.17	3.27	20.12
3	谓北 6-5	15.90	4.300	2.94	1.25	50.56	45.06	29.22	0.09	0.12	0.80	20.78	22.81
4	渭北 27	12.90	0.445	1.78	1.07	58.46	53.00	40.02	0.12	0.13	0.94	21.78	24.82
5	渭北 45	7.58	0.003	1.31	0.46	12.90	3.62	0.73	8.80	4.07	2.16	0.00	7.12
6	谓北 37	1.27	0.001	1.96	1.38	9.84	7.86	2.31	3.87	5.34	0.73	0.00	14.53
7	渭北 16	7.95	0.003	1.41	0.61	9.05	3.70	0.35	7.87	4.77	1.65	0.00	5.86
8	谓北 16	7.95	−0.003	1.41	0.61	9.05	3.70	0.35	7.87	4.77	1.65	17.35	5.86
9	谓北 16	13.28	4.100	−0.03	0.48	74.82	72.46	66.79	9.17	4.43	2.07	18.99	28.34
10	谓北 36	9.06	0.022	0.81	0.12	63.99	54.91	17.27	12.02	1.39	8.66	16.98	15.58
11	谓北 48	6.61	0.003	1.36	0.22	19.85	8.73	3.22	11.34	2.49	4.56	15.29	12.08
12	谓北 67	12.8	1.758	1.57	0.27	65.80	61.00	52.64	9.80	2.64	3.71	24.34	26.83
13	谓北 53	10.00	0.020	1.44	0.38	50.57	44.38	15.28	8.40	3.20	2.63	6.03	16.49
14	谓北 53	10.42	0.030	1.54	0.31	52.33	43.96	14.81	9.16	2.87	3.19	6.06	15.96

3.2 引入新参数

由于岩石的储存流体和运输流体能力关系到储集性能的好坏，依据其地质意义，新创立了存流系数(a)和优势系数(b)。

a为最大汞饱和度、退出效率、排驱压力的计算拟合，最大汞饱和度(S_{max}，%)代表了储层的孔隙体积，在相同进汞压力下，汞饱和度的高低指示了汞所赋存空间的大小，即孔隙体积的大小。退汞效率(W_e，%)指在限定的压力范围内，从最大注入压力降到起始压力时，从岩样内退出的汞体积与降压前注入的汞总体积的比值。退汞效率指示了孔隙的分选好坏及均匀程度，代表了储层中流体的可流动性的难易。排驱压力(P_d)指非润湿相开始进入岩样最大孔喉的压力，指示了储层最大孔喉的特征。

最大汞饱和度与退汞效率从储层中流体赋存的空间和流体的可流动性方面表征了储层赋存与流动能力，排驱压力则定义初始的孔隙大小，3种结合揭示了孔隙结构的优劣。

$$a=[(S_{max}\times W_e)/(P_d\times 10)]^{1/2}\times 10$$

式中：a为存流系数，无量纲；S_{max}为最大汞饱和度，%；W_e为退汞效率，%；P_d为排驱压力，MPa。

b为不同孔径体积占比关系的计算拟合。它的意义为储层中渗透率大于0.2μm的孔隙体积与大于0.075μm的孔隙体积比值，表征的是不同级别孔隙体积占总孔隙体积的比例，这两个参数对比代表了储层孔隙体积的均一程度及大孔隙的含量，从而评价储层大孔喉的优势。

$$b=(R_c>0.2/R_c>0.075)^{1/2}\times 30$$

式中：b为优势系数，无量纲；$R_c>0.2$为大于0.2μm的孔隙体积，%；$R_c>0.075$为大于0.075μm的孔隙体积，%。

3.3 储层评价

计算的存流系数a和优势系数b与储层物性具有较好的一致性(表1，图3)，便于对储层进行评价。依据存流系数特征，可以将储层分为3类(图4)，评价结果见表2。

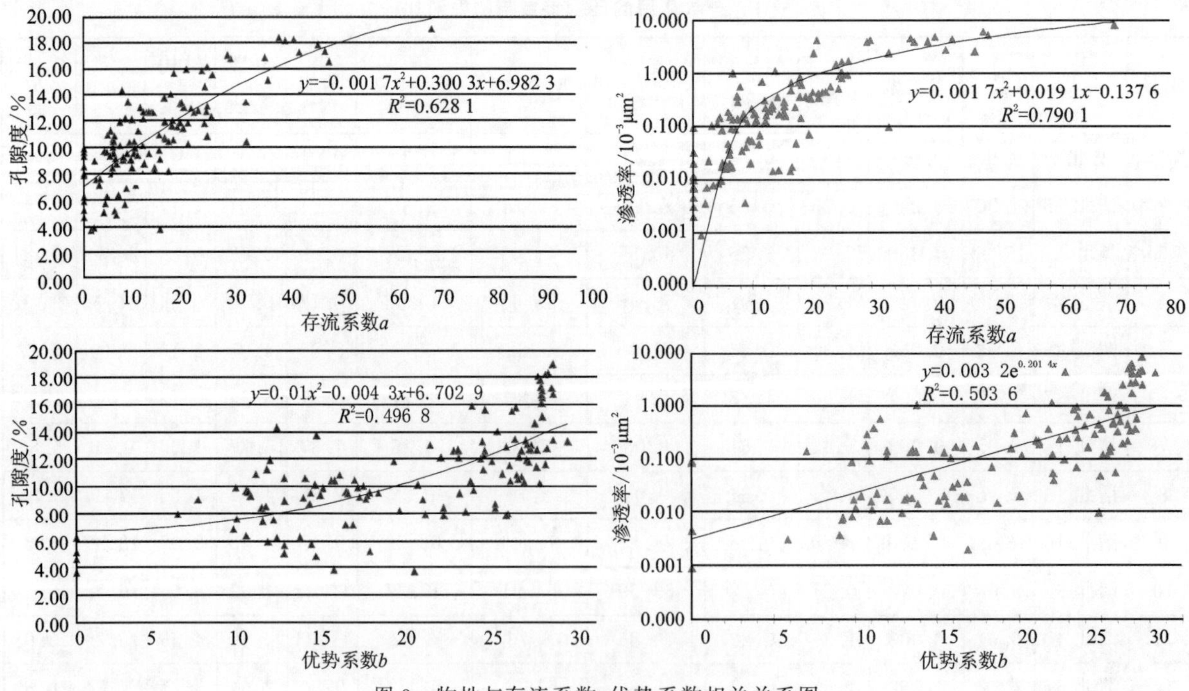

图3　物性与存流系数、优势系数相关关系图

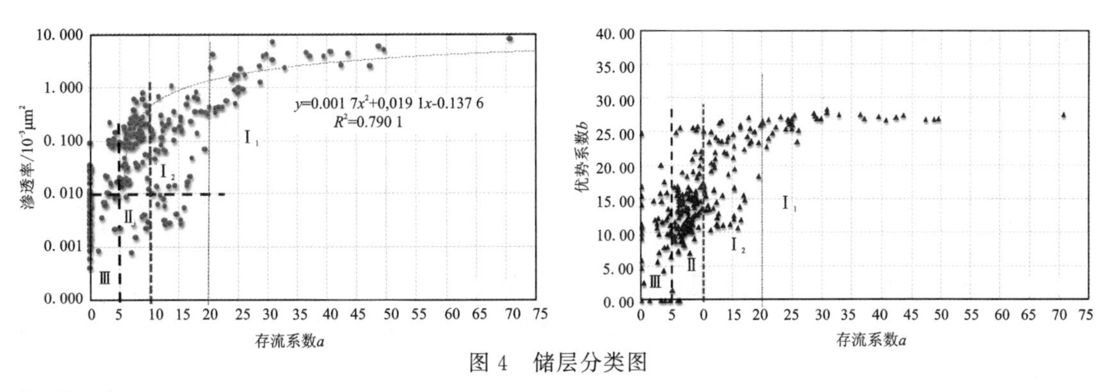

图 4　储层分类图

Ⅰ_1类：$a \geqslant 20$，$b>22$。

Ⅰ_2类：$10 \leqslant a<20$，$b>18$。

Ⅱ类：$5<a<10$，$12 \leqslant b<18$。

Ⅲ类：$a \leqslant 5$，$b<12$。

当 $a<5$ 时，渗透率基本处在 $0.1\times10^{-3}\mu m^2$ 以下，集中在 $0.01\times10^{-3}\mu m^2$ 附近，b 基本上小于 12，评价为Ⅲ类储层。

当 a 在 5～10 时，与Ⅲ类储层相比，渗透率明显升高，b 值无明显变化，处在 10～15 间，指示该类储层尽管具有一定的存流能力，但以较小的孔隙为主，评价为Ⅱ类储层。

当 $a>10$ 时，与Ⅱ类储层相比，渗透率更是呈明显升高，异常数据点也随之减少，b 值则逐渐达到平台，指示该类储层存流能力强，较大孔隙体积占比较高，评价为Ⅰ类储层。在Ⅰ类储层中，当 $a>20$ 时，渗透率则是基本上大于 $1\times10^{-3}\mu m^2$，b 值则窄幅集中在平台附近，由此作为Ⅰ_1类和Ⅰ_2类的划分线。

渭北油田延长组以Ⅱ、Ⅲ类为主，占比超过 65%。分层来看，长 3 段储层最好，以Ⅰ类为主，达到近 56%，尤其是Ⅰ_1类储层也有相当一部分，占比 24%。长 6、长 7、长 8 段储层较差，Ⅰ类占比较小，都在 17%左右，Ⅱ、Ⅲ类占比超 80%，长 7 段也发育Ⅰ_1类储层，显示深层也有好的优势储层，长 6、长 8 仅发育Ⅰ_2储层。深层明显差于浅层，值得关注的是长 7 的Ⅰ_1类储层的发育与展布情况。

表 2　延长组储层孔隙结构评价表

层位	类型							
	Ⅰ				Ⅱ		Ⅲ	
	Ⅰ_1		Ⅰ_2					
	$a \geqslant 20$	占比/%	$10 \leqslant a<20$	占比/%	$5<a<10$	占比/%	$a \leqslant 5$	占比/%
延长组	37	12.9	62	21.6	109	38.0	79	27.5
长 3 段	31	24.4	40	31.5	30	23.6	26	20.5
长 6 段	0	0	14	17.7	45	57.0	20	25.3
长 7 段	6	9.7	5	8.1	23	37.1	28	45.2
长 8 段	0	0	3	15.8	11	57.9	5	26.3

4　结论

(1)渭北油田延长组整体致密，但其非均质性强，孔渗相关性差，存在相对优势相带。

(2)在常用压汞参数存在多解性时，存流系数 a 与优势系数 b 在该区能够较为敏感地反映储层物性特征，从而评价储层。

主要参考文献

崔宏伟,陈义才,任庆国,等,2011.鄂尔多斯盆地定边地区延安组延10低渗储层微观特征[J].天然气勘探与开发,34(2):15-17+33.

郭妍,万旸璐,肖露,等,2015.鄂尔多斯盆地大牛地气田太原组致密储层非均质性特征[J].石油地质与工程,29(3):35-37.

李海燕,彭仕宓,2007.苏里格气田低渗透储层成岩储集相特征[J].石油学报,28(3):100-104.

王伟力,高海仁,2013.鄂尔多斯盆地中东部致密砂岩储层地质特征及控制因素[J].岩性油气藏,25(6):71-77.

王秀平,牟传龙,2013.苏里格气田东二区盒8段储层成岩作用与成岩相研究[J].天然气地球科学,24(4):678-689.

杨斌虎,刘小,罗静兰,2008.鄂尔多斯盆地苏里格气田东部优质储层分布规律[J].石油实验地质,30(4);333-339.

杨勇,达世攀,徐晓蓉,2005.苏里格气田盒8段储层孔隙结构研究[J].天然气工业,24(4):50-52.

邹才能,陶士振,侯连华,等,2011.非常规油气地质[M].北京:地质出版社.

圈闭地质风险评价模型校正方法研究及应用

刘　鹏，尹　安

（中石化河南油田勘探开发研究院，河南 郑州　450001）

摘　要：基于不同地区，不同类型已上钻圈闭所含探井的试油资料，建立图版进行分析，对于地质风险评价框架中子因子、父因子的污染系数进行图版求解，求取纯净度，归一化处理后能够有效校正不同因子权值，通过这种方法校正后的地质风险评价模型较以往评价模型整体误差率降低22～35个百分点，进一步提高了圈闭目标评价的可靠性。

关键词：地质风险评价；污染系数法；误差率；可靠性

目前在勘探目标地质风险评价上大多数都是定量赋值参数引入相对应的地质风险评价模型进行评价排队，因此地质风险模型的研究对于评价结果具有至关重要的影响，地质风险模型理念提出之初是为了进行风险决策，要求针对不同勘探目标进行横向对比，因此要求在统一模板上进行风险排队，优先选择低风险目标部署工作，然后实际应用中发现此方法最大的缺陷就是缺乏个异性考虑，不同探区、不同油田、不同类型目标都应当有其自身的关键风险因子，此类关键风险因子也应当具备较高的权重，如果所有目标都选用同等权值参数来评价，那么势必造成评价结果脱离实际生产需求。本文从不同地区，不同类型已上钻圈闭所包含探井的试油资料出发，提出污染系数法对地质风险评价框架中24项子因子、5项父因子的污染系数进行图版求解，去污染后求取纯净度，归一化处理最终落实不同因子权值，建立泌阳凹陷、南阳凹陷、春光区块三套地质风险评价模型，利用三套模型重新评价之后，误差率降低22～35个百分点，整体误差率控制在15%左右。

1　地质风险构建的要素

石油勘探风险大的原因之一是油气藏赋存于地下的深部，从地表直接预测其存在和其原始状态有困难。尽管三维地震勘探技术等新的勘探方法也已经出现，而且方法也在进一步地提高中，但是易于勘探的可能对象在减少，地震波难以到达的断层下盘以及岩盐层之下的、难度较大的目标和地表条件差的勘探区在增加。

为使石油勘探成功，就必须满足大量的条件，这也增加了最初预测的难度。大量的有机物质堆积下来，经历漫长的时间埋藏到地下的深处并生成石油，因浮力的作用而发生运移。石油不发生逸散而高效率地聚集在构造中，构造中的岩层存在可以充满石油的多孔储集岩。储集岩形成背斜等可以保存石油的形状（圈闭），而且储集岩为致密的岩层所覆盖（封闭），产生石油赋存的空间，这是必要的。油气藏最初形成必须满足有成熟的烃源岩、运移、聚集、储集岩、圈闭、盖层这六个条件，且缺一不可，这也是构建地质风险模型的地质要素。

作者简介：刘鹏（1987—），男，学士，副研究员，主要从事勘探目标综合评价与优选方面工作。E-mail：243655499@qq.com。

在石油勘探中,要对油气藏系统各种因素存在的可能性进行评价,以地质成功率(geological chance of success)计算发现石油的可能性。之所以称作"地质",是因为要与探明油田的相关储量的确定(经济成功率)相区别。地质成功率(含油气概率)指的是预探井发现的石油流出到地表的最小储量的可能性,这也是地质分析评价的定量考核要素。

2　地质风险模型框架构建

通过对比分析,结合实际科研生产经验,择优而用,构建2021版圈闭地质风险评价模型框架,它不仅参数全面性高,而且主观经验影响也较小(表1)。

表1　地质风险评价模板框架

地质条件	地质因素	评价参数				权系数
保存条件	直接盖层厚/m	＜5 (0.25)	5～20 (0.5)	20～100 (0.75)	＞100 (1)	
	盖层岩性	膏盐岩石膏(1)	厚层泥岩(0.75)	泥岩(0.5)	砂质泥岩(0.25)	
	构造活动强度	未—弱(1)	中等(0.75)	较强(0.5)	强(0.25)	
	侧向封挡条件	好(1)	较好(0.75)	一般(0.5)	差(0.25)	
充注条件	烃源岩厚度/m	＜300 (0.25)	300～600 (0.5)	600～900 (0.75)	＞900 (1)	
	有机质类型	Ⅰ (1)	Ⅱ1 (0.75)	Ⅱ2 (0.5)	Ⅲ (0.25)	
	烃源岩成熟度	高成熟(1)	过成熟(0.75)	低成熟(0.5)	未成熟(0.25)	
	圈源距离	＜1 (1)	1～5 (0.75)	5～20 (0.5)	＞20 (0.25)	
	圈闭位置	源内(1)	近源(0.75)	中源(0.5)	远源(0.25)	
	运移通道	好(1)	较好(0.75)	一般(0.5)	差(0.25)	
	时间配套	好(1)	较好(0.75)	一般(0.5)	差(0.25)	
	空间配套	好(1)	较好(0.75)	一般(0.5)	差(0.25)	
圈闭条件	面积/km^2	＜1 (0.25)	1～2 (0.5)	2～4 (0.75)	＞4 (1)	
	幅度/m	＜50 (0.25)	50～100 (0.5)	100～200 (0.75)	＞200 (1)	
	类型	背斜为主(1)	断背斜断(0.75)	地层(0.5)	岩性(0.25)	
	埋深/m	＜1500 (0.1)	1500～3500 (0.75)	3500～4500 (0.5)	＞4500 (0.25)	
	地震剖面品质	好(1)	较好(0.75)	一般(0.5)	差(0.25)	
	地震控制程度	好(1)	较好(0.75)	一般(0.5)	差(0.25)	
	钻井控制程度	好(1)	较好(0.75)	一般(0.5)	差(0.25)	
储层条件	储层岩性	砂砾岩(1)	细砂岩(0.75)	粉砂岩(0.5)	泥质粉砂岩(0.25)	
	储层厚度/m	＜10 (0.25)	10～50 (0.5)	50～100 (0.75)	＞100 (1)	
	储层孔隙度/%	＜8 (0.25)	8～14 (0.5)	13～20 (0.75)	＞20 (1)	
	储层沉积相	三角洲滨浅湖(1)	扇三角洲(0.75)	水下扇河道重力流(0.5)	洪冲积相(0.25)	
战略价值条件	圈闭资源量/10^4 t	＜500 (0.25)	1000～500 (0.5)	2000～1000 (0.75)	＞2000 (1)	

注:表中括号内数值为对应定性参考级别下或数值范围内的评价取值参照。

3 地质风险评价模型权值计算

在数学领域中权值指加权平均数中每个数的频数，也称为权数或权重，在目标评价中用于量化表述因子对于目标评价决定性大小，因此对于其方法的研究势必会进一步提高地质风险评价的可靠性。

3.1 污染系数法设计思路

圈闭地质风险评价核心是评价模型，而评价模型的重要参数是取值和权值，权值是表述某项因子对于圈闭是否能够获得工业油气流的影响度大小。圈闭取值来源于基础地质、物探资料，易于把握，准确性较高，而权值确定目前除了主观经验判定，还没有有效措施。本文从以往上钻圈闭出发，逆向思维，设想既然权值大小影响圈闭目标的风险值大小、成功概率，那么实际圈闭上钻的成功与否同样可以反推回来决定权值的大小，这也是污染系数法设计之初的思路(图 1)。

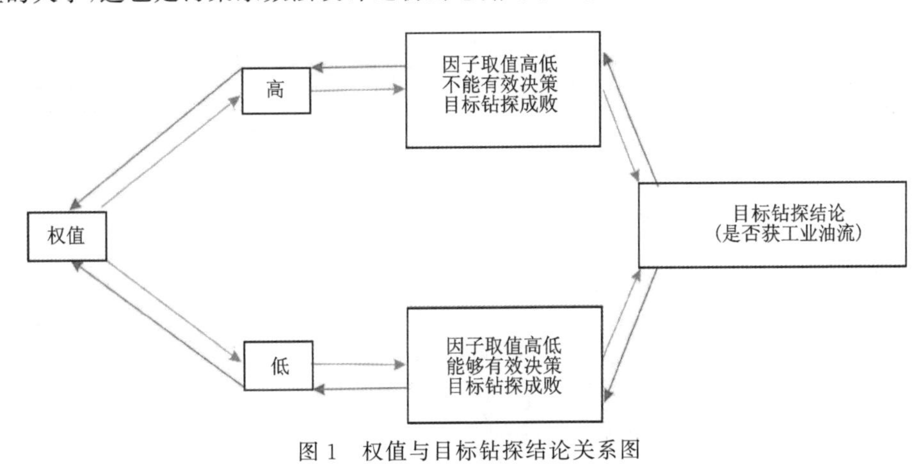

图 1 权值与目标钻探结论关系图

3.2 污染系数法计算原理

所谓污染系数法，就是将不同地区、不同类型已上钻圈闭包含探井的试油资料，依照工业油气流标准将圈闭划分为成功和失败两种类型，参照圈闭钻前不同次级参数下的初始取值，以其为纵轴(0～1 之间)，以圈闭序号为横组(1，2，…，正整数)，以圈闭成功与否为系列，建立图版进行分析，某一取值范围内如果同时包含成功和失败圈闭，那么称之为污染带，其与总取值范围之比称为污染系数。例如某区块有 10 口探井，其中 5 口探井获得工业油流，对于因子 A 来说取值 0.5 以上为 5 口工业油流井，有明显界线，决策性最强，权值应最高，再看因子 B 无论取值高与低都存在工业油流井和未获工业油流井，成功和失败相互混杂(也就是污染带)，决策性最弱，权值应最低(图 2)，实际工作中多数遇到的是因子 C 和因子 D 的情况(图 3)，量化计算如下：

纯净度＝1－(0.7－0.4)＝0.7

纯净度＝1－(0.6－0.5)＝0.9

权值：因子 $C=0.7\times[1/(0.7+0.9)]=0.4$，因子 $D=1-0.4=0.6$

3.3 染系数法技术框架

与污染系数相反，污染带之外的取值范围与总取值范围之比称为纯净度，纯净带与总取值范围之比也称为纯净度，纯净度直观表明此项次级参数对于圈闭成功与否影响度高，因此权重较大，遵循不同次级参数权值之和为 1 原则，进行演算落实权值进行校正初始权值，从而重新对主因子下初始取值进行校正，建立图版，演算主因子权值进行性校正，从而完成地质风险模型权值校正计算(图 4)。

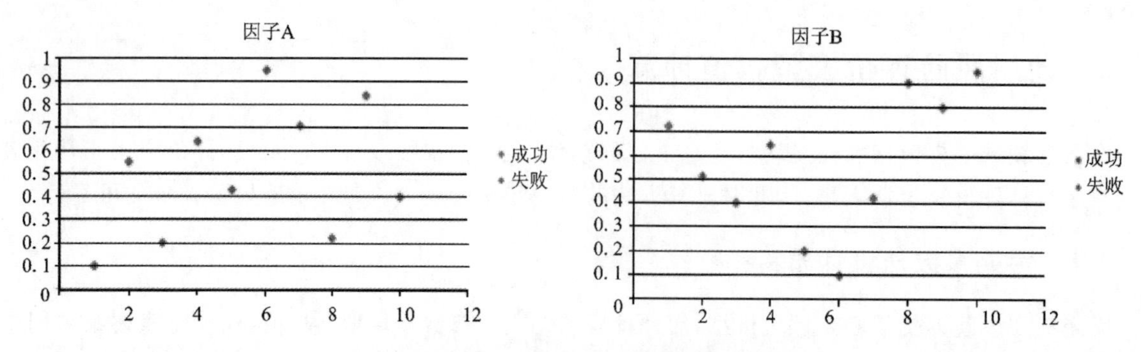

图 2　圈闭因子取值与实钻结论关系示例图

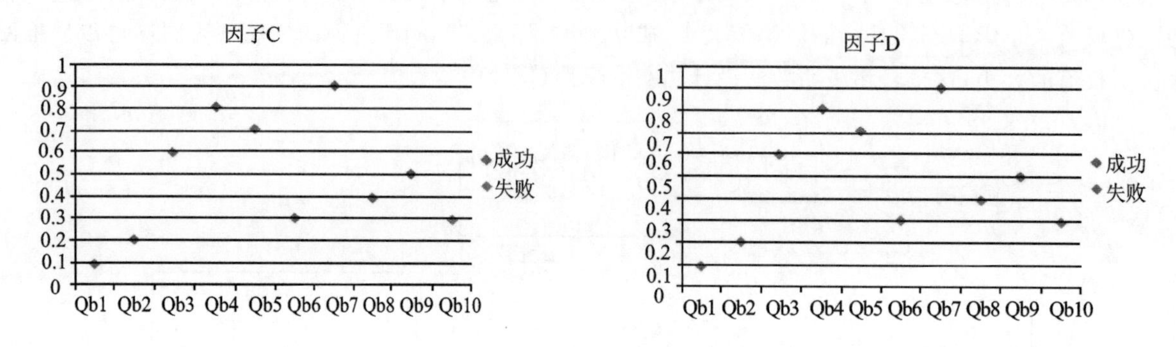

图 3　圈闭不同因子取值污染带示意图

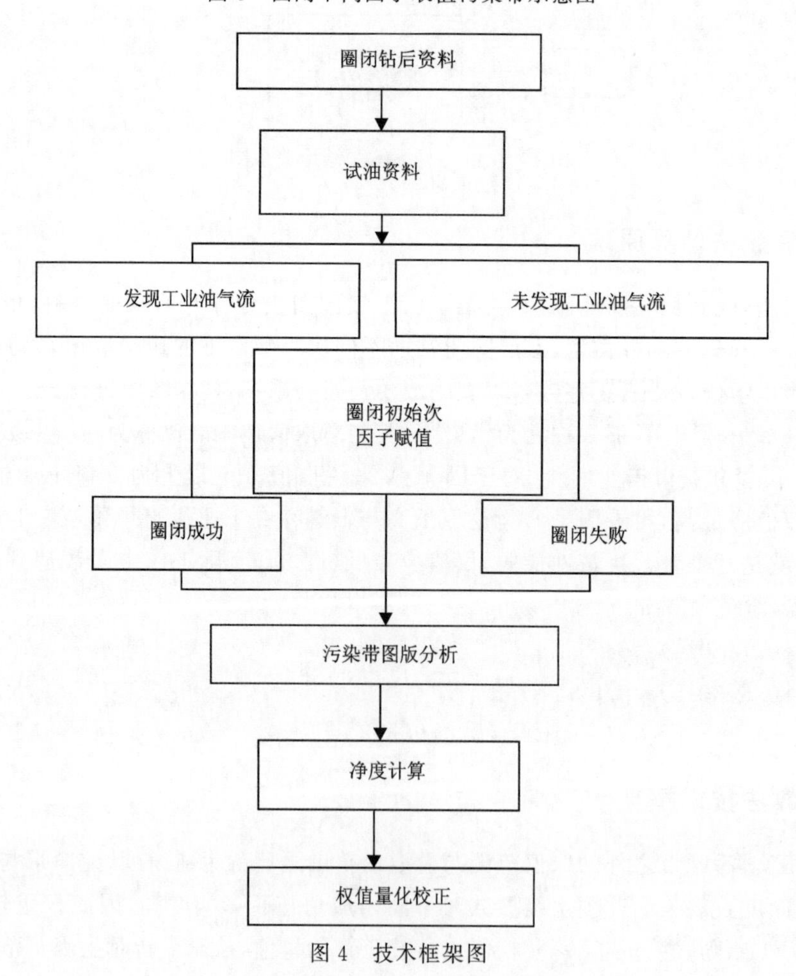

图 4　技术框架图

4 实际区块应用

4.1 泌阳凹陷

泌阳凹陷作为高勘探程度区块，上钻圈闭较多，样品较为丰富，整体地质风险模型校正难度较小，共计收集到2006年以来205个上钻圈闭的实际钻探情况，与其先前父、子因子钻前取值情况对比分析发现其取值跨度大，污染上下界限清晰，适宜于污染系数法的应用，通过绘制子因子污染系数图版24幅，父因子污染系数图版5副，建立校正后地质风险模型1套，包含父因子5项，子因子24项。父因子中保存条件权值最大，战略价值权值最小。子因子中保存条件下子因子直接该层厚度权值最大，侧向封挡条件最小；充注条件下子因子烃源岩成熟度权值最大，时间配套权值最小；圈闭条件下子因子地震控制程度权值最大，圈闭幅度权值最小；储层条件下子因子储层孔隙度权值最大，储层厚度权值最小；战略价值条件下子因子只有圈闭资源量一项，权值为1(表2)。

表2 泌阳凹陷地质风险评价模板（校正后）

地质条件	地质因素	权系数	评价参数				权系数
保存条件	直接盖层厚度/m	0.3	<5 (0.25)	5～20 (0.5)	20～100 (0.75)	>100 (1)	0.26
	盖层岩性	0.3	膏盐岩石膏岩(1)	厚层泥岩(0.75)	泥岩(0.5)	脆性砂质泥岩(0.25)	
	构造活动强度	0.23	未—弱 (1)	中等 (0.75)	较强 (0.5)	强 (0.25)	
	侧向封挡条件	0.17	好 (1)	较好 (0.75)	一般 (0.5)	差 (0.25)	
充注条件	烃源岩厚度/m	0.12	<300 (0.25)	300～600 (0.5)	600～900 (0.75)	>900 (1)	0.25
	有机质类型	0.13	Ⅰ(1)	Ⅱ1 (0.75)	Ⅱ2 (0.5)	Ⅲ (0.25)	
	有机碳含量	0.15	>1	1～0.6	0.6～0.4	<0.4	
	烃源岩成熟度	0.14	高成熟(1)	过成熟(0.75)	低成熟(0.5)	未成熟(0.25)	
	圈源距离	0.12	<1 (1)	1～5 (0.75)	5～20 (0.5)	>20 (0.25)	
	圈闭位置	0.08	源内(1)	近源(0.75)	中源(0.5)	远源(0.25)	
	运移通道	0.11	好(1)	较好(0.75)	一般(0.5)	差(0.25)	
	时间配套	0.07	好(1)	较好(0.75)	一般(0.5)	差(0.25)	
	空间配套	0.08	好(1)	较好(0.75)	一般(0.5)	差(0.25)	
圈闭条件	面积/km²	0.15	<1 (0.25)	1～2 (0.5)	2～4 (0.75)	>4 (1)	0.18
	幅度/m	0.1	<100 (0.25)	100～200 (0.5)	200～400 (0.75)	>400 (1)	
	类型	0.1	背斜为主 (1)	断背斜断块(0.75)	地层(0.5)	岩性(0.25)	
	埋深/m	0.1	<500 (1)	1500～2500 (0.75)	2500～3500 (0.5)	>3500 (0.25)	
	地震剖面品质	0.15	好(1)	较好(0.75)	一般(0.5)	差(0.25)	
	地震控制程度	0.2	好(1)	较好(0.75)	一般(0.5)	差(0.25)	
	钻井控制程度	0.2	好(1)	较好(0.75)	一般(0.5)	差(0.25)	

续表 2

地质条件	地质因素	权系数	评价参数				权系数
储层条件	储层岩性	0.22	砂砾岩(1)	细砂岩(0.75)	粉砂岩(0.5)	泥质粉砂岩(0.25)	0.26
	储层厚度/m	0.22	＜10 (0.25)	10～50 (0.5)	50～100 (0.75)	＞100 (1)	
	储层孔隙度/%	0.3	＜8 (0.25)	8～14 (0.5)	13～20 (0.75)	＞20 (1)	
	储层沉积相	0.26	三角洲滨浅湖(1)	扇三角洲(0.75)	水下扇河道重力流(0.5)	洪冲积相(0.25)	
战略价值	圈闭资源量/10^4 t	1	＜500 (0.25)	1000～500 (0.5)	2000～1000 (0.75)	＞2000 (1)	0.05

注:表中括号内数值为对应定性参考级别下或数值范围内的评价取值参照。

通过应用校正后地质风险模型进行上钻圈闭再评价发现较以往评价模板有效降低污染率 29 个百分点(图 5)。

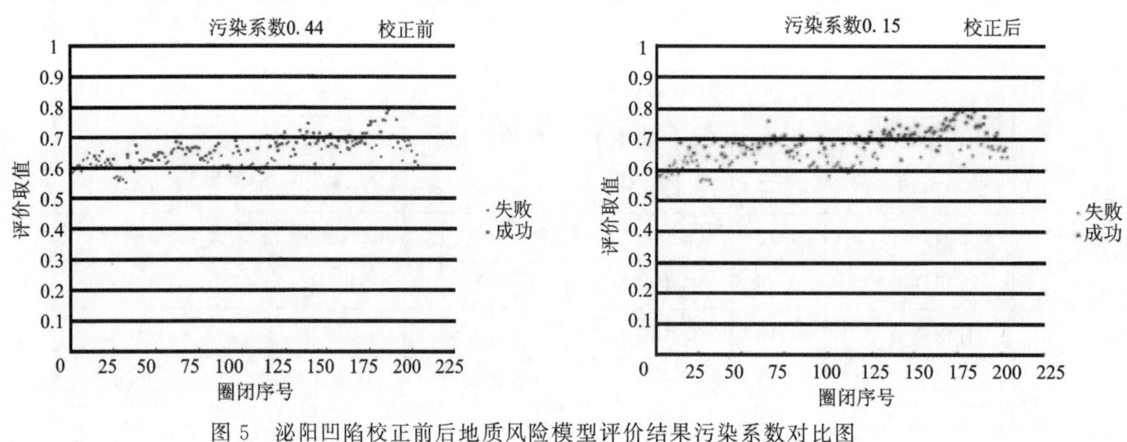

图 5　泌阳凹陷校正前后地质风险模型评价结果污染系数对比图

通过应用校正后地质风险模型针对 2021 年 10 个圈闭目标进行地质风险综合评价，优选 6 个圈闭作为河南油田 2021 年储备圈闭入库，新增圈闭资源量 625.7×10^4 t(油)、129.11×10^8 m^3(气)，计算风险后经济价值 12 632 万元。

4.2　南阳凹陷

南阳凹陷虽然是勘探老区，但其工作量投入相对泌阳凹陷较少，上钻圈闭不多，地质风险模型校正有难度，共计收集到 2006 年以来 57 个上钻圈闭的实际钻探情况，与其先前父、子因子钻前取值情况对比分析发现其取值跨度大，污染上下界限清晰，适宜于污染系数法的应用，通过绘制子因子污染系数图版 25 幅，父因子污染系数图版 4 副，建立校正后地质风险模型 1 套，包含父因子 4 项，子因子 22 项。父因子中储层条件权值最大，保存条件权值最小。子因子中保存条件下子因子侧向封挡条件权值最大，直接盖层岩性最小；充注条件下子因子运移通道权值最大，烃源岩厚度权值最小；圈闭条件下子因子地震剖面品质权值最大，圈闭面积权值最小；储层条件下子因子储层孔隙度权值最大，储层厚度权值最小(表 3)。

表 3　南阳凹陷地质风险评价模板（校正后）

地质条件	地质因素	权系数	评价参数				权系数
保存条件	直接盖层厚度/m	0.22	＜5（0.25）	5～20（0.5）	20～100（0.75）	＞100（1）	0.22
	盖层岩性	0.27	膏盐岩石膏岩（1）	厚层泥岩(0.75)	泥岩(0.5)	脆泥岩砂质泥岩(0.25)	
	构造活动强度	0.21	未-弱(1)	中等(0.75)	较强(0.5)	强(0.25)	
	侧向封挡条件	0.3	好(1)	较好(0.75)	一般(0.5)	差(0.25)	
充注条件	烃源岩厚度/m	0.12	＜300（0.25）	300～600（0.5）	600～900（0.75）	＞900（1）	0.25
	有机质类型	0.13	Ⅰ(1)	Ⅱ1（0.75）	Ⅱ2（0.5）	Ⅲ（0.25）	
	有机碳含量	0.15	＞1	1～0.6	0.6～0.4	＜0.4	
	烃源岩成熟度	0.14	高成熟(1)	过成熟(0.75)	低成熟(0.5)	未成熟(0.25)	
	圈源距离	0.12	＜1（1）	1～5（0.75）	5～20（0.5）	＞20（0.25）	
	圈闭位置	0.08	源内(1)	近源(0.75)	中源(0.5)	远源(0.25)	
	运移通道	0.11	好(1)	较好(0.75)	一般(0.5)	差(0.25)	
	时间配套	0.07	好(1)	较好(0.75)	一般(0.5)	差(0.25)	
	空间配套	0.08	好(1)	较好(0.75)	一般(0.5)	差(0.25)	
圈闭条件	面积/km^2	0.1	＜1（0.25）	1～2（0.5）	2～4（0.75）	＞4（1）	0.26
	类型	0.16	背斜为主（1）	断背斜断块(0.75)	地层(0.5)	岩性(0.25)	
	埋深/m	0.12	＜500（1）	1500～2500（0.75）	2500～3500（0.5）	＞3500（0.25）	
	地震剖面品质	0.22	好(1)	较好(0.75)	一般(0.5)	差(0.25)	
	地震控制程度	0.2	好(1)	较好(0.75)	一般(0.5)	差(0.25)	
	钻井控制程度	0.2	好(1)	较好(0.75)	一般(0.5)	差(0.25)	
储层条件	储层岩性	0.25	砂砾岩(1)	细砂岩(0.75)	粉砂岩(0.5)	泥质粉砂岩(0.25)	0.27
	储层厚度/m	0.23	＜10（0.25）	10～50（0.5）	50～100（0.75）	＞100（1）	
	储层孔隙度/%	0.27	＜8（0.25）	8～14（0.5）	13～20（0.75）	＞20（1）	
	储层沉积相	0.25	三角洲滨浅湖(1)	扇三角洲(0.75)	水下扇河道重力流(0.5)	洪冲积相(0.25)	

注：表中括号内数值为对应定性参考级别下或数值范围内的评价取值参照。

通过应用校正后地质风险模型进行上钻圈闭再评价发现较以往评价模板有效降低污染率 22 个百分点(图 6)。

通过应用校正后地质风险模型针对 2021 年 5 个圈闭目标进行地质风险综合评价，优选 4 个圈闭作为河南油田 2021 年储备圈闭入库，新增圈闭资源量 465.22 × 10^4 t(油)，计算风险后经济价值 3599 万元。

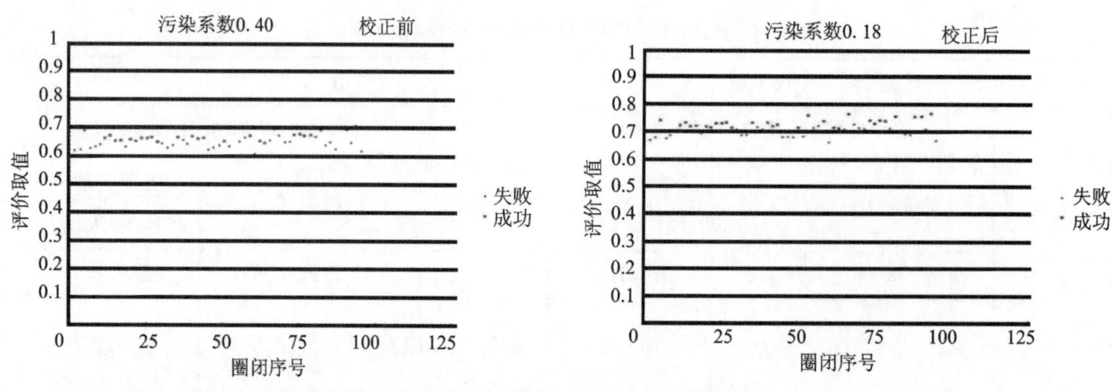

图6　南阳凹陷校正前后地质风险模型评价结果污染系数对比图

4.3　春光区块

春光区块自从2010年开展勘探工作以来，有持续的工作量投入，上钻圈闭较多，样品较为丰富，地质风险模型校正难较小，共计收集到102个上钻圈闭的实际钻探情况，与其先前父、子因子钻前取值情况对比分析发现其取值跨度大，污染上下界限清晰，适宜于污染系数法的应用，通过绘制子因子污染系数图版24幅，父因子污染系数图版4幅，建立校正后地质风险模型1套，包含父因子4项，子因子21项。父因子中保存条件权值最大，圈闭条件权值最小。子因子中保存条件下子因子直接盖层厚度权值最大，构造活动强度权值最小；充注条件下子因子运移通道权值最大，圈闭位置权值最小；圈闭条件下子因子地震剖面品质权值最大，圈闭面积权值最小；储层条件下子因子储层沉积相权值最大，储层厚度权值最小(表4)。

表4　春光区块地质风险评价模板(校正后)

地质条件	地质因素	权系数	评价参数				权系数
保存条件	直接盖层厚度/m	0.27	<5 (0.25)	5～20 (0.5)	20～100 (0.75)	>100 (1)	0.27
	盖层岩性	0.25	膏盐岩石膏岩(1)	厚层泥岩(0.75)	泥岩(0.5)	脆泥岩砂质泥岩(0.25)	
	构造活动强度	0.23	未—弱(1)	中等(0.75)	较强(0.5)	强(0.25)	
	侧向封挡条件	0.25	好(1)	较好(0.75)	一般(0.5)	差(0.25)	
充注条件	圈源距离	0.2	<1 (1)	1～5 (0.75)	5～20 (0.5)	>20 (0.25)	0.26
	圈闭位置	0.16	源内(1)	近源(0.75)	中源(0.5)	远源(0.25)	
	运移通道	0.23	好(1)	较好(0.75)	一般(0.5)	差(0.25)	
	时间配套	0.19	好(1)	较好(0.75)	一般(0.5)	差(0.25)	
	空间配套	0.21	好(1)	较好(0.75)	一般(0.5)	差(0.25)	
圈闭条件	面积/km^2	0.02	<1 (0.25)	1～2 (0.5)	2～4 (0.75)	>4 (1)	0.23
	幅度/m	0.03	<100 (0.25)	100～200 (0.5)	200～400 (0.75)	>400 (1)	
	类型	0.18	背斜为主 (1)	断背斜断块(0.75)	地层(0.5)	岩性(0.25)	
	埋深/m	0.19	<500 (1)	1500～2500 (0.75)	2500～3500 (0.5)	>3500 (0.25)	
	地震剖面品质	0.21	好(1)	较好(0.75)	一般(0.5)	差(0.25)	
	地震控制程度	0.18	好(1)	较好(0.75)	一般(0.5)	差(0.25)	
	钻井控制程度	0.19	好(1)	较好(0.75)	一般(0.5)	差(0.25)	

续表 4

地质条件	地质因素	权系数	评价参数				权系数
储层条件	储层岩性	0.24	砂砾岩(1)	细砂岩(0.75)	粉砂岩(0.5)	泥质粉砂岩(0.25)	0.24
	储层厚度/m	0.22	<10 (0.25)	10～50 (0.5)	50～100 (0.75)	>100 (1)	
	储层孔隙度/%	0.27	<8 (0.25)	8～14 (0.5)	13～20 (0.75)	>20 (1)	
	储层沉积相	0.27	三角洲滨浅湖(1)	扇三角洲(0.75)	水下扇河道重力流(0.5)	洪冲积相(0.25)	

注:表中括号内数值为对应定性参考级别下或数值范围内的评价取值参照。

通过应用C区块校正后地质风险模型进行上钻圈闭再评价发现较以往评价模板有效降低污染率35个百分点(图7)。

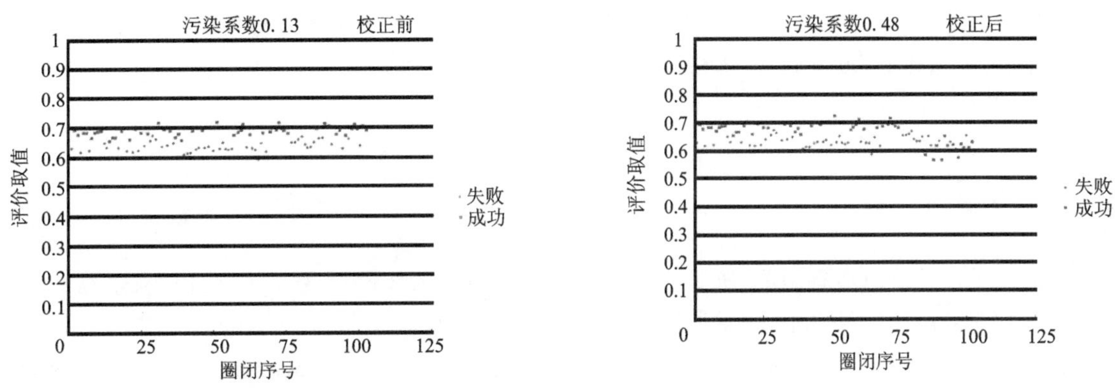

图7 C区块校正前后地质风险模型评价结果污染系数对比图

通过应用校正后地质风险模型针对2021年10个圈闭目标进行地质风险综合评价优选9个圈闭作为河南油田2021年储备圈闭入库，新增圈闭资源量2 446.58×10^4 t(油)，计算风险后经济价值14 577万元。

5 结论

污染系数代表了是否能有效判断圈闭地质风险的反向指标，污染率越小，评价结论越可靠，越贴近于实际，这一方法的提出不仅有效解决了针对不同区块地质风险模型权值的校正问题，同时以钻后资料为出发点指导后续钻前评价，使得圈闭评价结果进一步趋于可靠。既节省了一部分风险较大的勘探投入，又降低了入库圈闭的勘探决策风险，降低了此类目标的投资风险，达到了低风险控制，优化投资组合的目的，同时通过对于地质风险评价优选出的27个三级圈闭进行参数取值，计算落实圈闭资源量3 537.5×10^4 t(油)、129.11×10^8 m^3(气)，使得河南油田资源序列更为合理，也为河南油田可持续发展提供了潜在资源基础，综上所述，此项目的实施具有可观的不可计算效益。

主要参考文献

国家发展和改革委员会，2005. 圈闭评价技术规范：SY/T5520—2005[S]. 北京：中国标准出版社.
郭秋麟，宋国春，曾磊，等，2001. 圈闭评价系统(TrapDEN2.0)[J]. 石油勘探与开发，28(3)：41-45.
武守诚，1994. 石油资源地质评价导论[M]. 北京：石油工业出版社.

王集勘查区煤层地质特征分析

沈佩霞

(河南省资源环境调查四院,河南 郑州　450012)

摘　要:根据平顶山煤田王集勘查区以往的地质成果资料,对区内煤系地层分布、构造形态、断层发育情况、煤层特征及水文地质条件进行了较深入的分析,阐述了区内主要可采煤层的厚度、结构、煤层分岔情况以及标志层大占砂岩发育情况及其之间的相互联系;对地质构造复杂程度、水文地质类型、工程地质勘查类型进行了分类,为煤炭资源开发利用提供依据。

关键词:可采煤层;地质特征;王集勘查区

0　引言

平顶山煤田位于河南省中部,所属地层区划为华北地层区豫西分区渑池-确山小区,是我国重要的大型煤田之一。煤田储量丰富,煤系地层属石炭系—二叠纪,含煤面积 650km^2。王集勘查区位于平顶山煤田北部郏县县城东南部,南北长约 8.77km,东西宽约 2.20～7.70km,面积 41.21km^2。勘查区为一向斜构造形态,全区发育断层 16 条,落差大于等于 50m 的共 7 条。这些地质构造破坏了煤层连续性,对煤层厚度变化造成了一定影响(河南煤田地质公司,1991;李增学等,2003;朱德胜,朱立杰,2009)。前人对河南省平顶山煤田进行了较为深入系统的研究,取得了有益的研究成果(张衍辉等,2012;张晓逵,2017),本文重点对王集勘查区构造特征、煤层特征及水文地质条件等对煤层厚度的影响进行了分析。

1　地质特征

1.1　地层

王集勘查区属华北地层区豫西分区渑池-确山小区。地层由老到新为上寒武统崮山组、长山组,上石炭统本溪组、太原组,下二叠统山西组和下石盒子组、中二叠统上石盒子组、上二叠统石千峰组,下三叠统刘家沟组、和尚沟组、中三叠统二马营组和油房庄组,第四系。其中石炭系太原组,二叠系山西组、下石盒子组和上石盒子组为含煤地层。

1.2　地质构造

平顶山煤田成煤后经历了印支期—燕山期、喜马拉雅期构造运动。三叠纪末印支运动华北、华南板

作者简介:沈佩霞(1965—),女,河南舞阳人,高级工程师,河南省地质学会学员,长期从事煤炭地质勘查工作。E-mail:314336542@qq.com 。

块对接完成本区隆起剥蚀；燕山运动早期发育北西向大规模左行走滑断裂，燕山运动晚期主应力为北东、南西向挤压，形成了李口向斜及与李口向斜轴基本平行的逆断层，并伴随岩浆活动；喜马拉雅运动发育了以郏县断层为主的北东向断裂，并切割改造了先期北西向构造，使先期断裂再次活动，表现为强烈差异的升降运动。

王集勘查区位于李口向斜北东翼，主体为一宽缓的向斜构造，即魏庙向斜，向斜枢纽向北西倾伏散开，南东端扬起收敛，两翼次级褶皱较发育。向斜南西翼地层走向 15°～60°，倾角 5°～10°；北东翼南部地层走向 320°～340°，倾角 7°～17°，北部地层走向 10°～60°，倾角 12°～19°。

勘查区构造以多样、多期、多序次为特征，这些构造不同程度改变或破坏了煤层的形态和完整性，构造复杂程度为中等（图 1）。

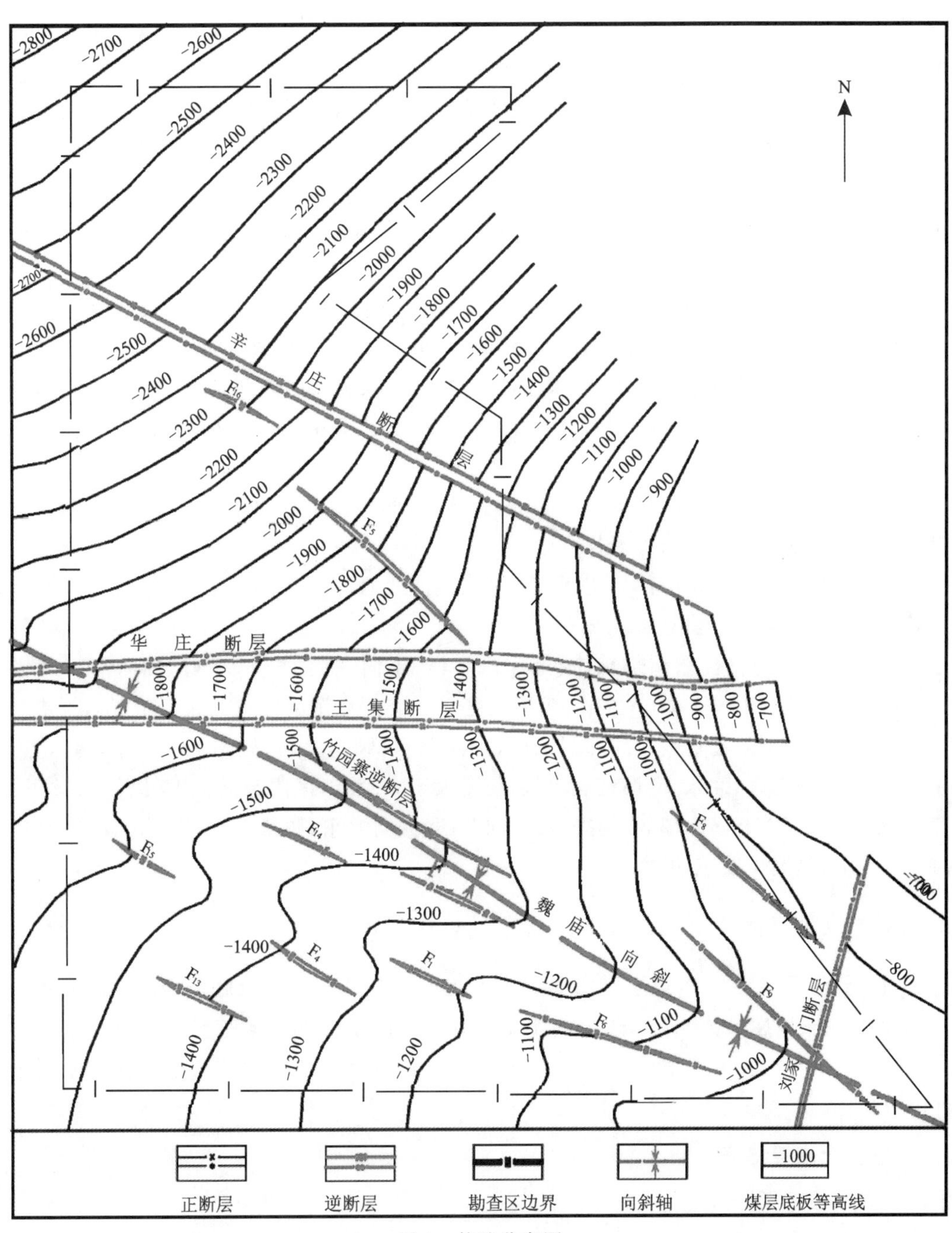

图 1　构造分布图

1.2.1　褶皱

魏庙向斜为勘查区主体构造，向斜轴位于勘查区中南部，展布在刘家门、霍庄、王集、前雷庄、汪庄一线，向北西、南东分别延展出区，长度大于9.5km，区内长度8.5km。轴向北西，平面形态呈舒缓波状，轴面略向南西倾斜，被华庄断层、王集断层、刘家门断层切割。

1.2.2　断层

构造以断裂为主，断层走向绝大多数为北西向，其次为近东西和北东向。除1条逆断层外，其余均为正断层。主要断层有辛庄正断层、华庄正断层、王集正断层、竹园寨逆断层、刘家门正断层、F_5正断层、F_6正断层、F_8正断层、F_9正断层。全区共发现断层16条，其中落差大于100m的2条，50～100m的5条，小于50m的9条。

(1)辛庄正断层：位于勘查区北部，东起同庄，经辛庄、八里营、四里营向北西延展，整体走向北西，倾向南西，倾角66°～71°，北东盘上升，南西盘下降，落差200～240m，向北西、南东分别延展出区，长度大于7.9km，区内长度4.5km。

(2)F_5正断层：位于勘查区北部60勘查线，走向北西，倾向南西，倾角68°～71°，北东盘上升，南西盘下降，落差0～40m，延展长度2.1km。

(3)华庄正断层：位于勘查区中部，东起东马头王，经刘庄、王集、周庄、前雷庄、吴楼向西延展，走向近东西，倾向北，倾角61°～71°，北盘下降，南盘上升，落差70～120m，延展长度大于7.5km，区内长度5.4km。

(4)王集正断层：位于勘查区中部，东起宋庄，经孙集、王集、王家门向西延展，走向近东西，与华庄断层平行，倾向北，倾角67°～72°，南盘上升，北盘下降，落差90～95m，向东、西分别延展出区，长度大于7.5km，区内长度5.7km。

(5)竹园寨逆断层：位于勘查区南部50～56勘查线之间，走向北西，倾向北东，倾角50°～72°，北东盘上升，南西盘下降，落差0～45m，延展长度3.4km。

(6)F_8正断层：位于勘查区东南部魏庄、张庄一线，走向北西，倾向北东，倾角67°～73°，南西盘上升，北东盘下降，落差0～70m，延展长度1.8km。

(7)F_9正断层：位于勘查区东南部魏庄、刘家门一线，走向北西，与F_8平行，倾向南西，倾角68°～73°，北东盘上升，南西盘下降，落差0～66m，延展长度2.3km。在东南部被刘家门断层切割错开。

(8)刘家门正断层：位于勘查区东南部刘家门，走向北东，倾向北西，倾角63°～70°，南东盘上升，北西盘下降，落差70～90m，向北东、南西延展出区，长度大于3.4km，区内长度1.1km。

(9)F_6正断层：位于勘查区南部50勘查线，走向北西，倾向北东，倾角50°～72°，南西盘上升，北东盘下降，落差0～50m，延展长度1.9km。

1.3　水文地质条件

勘查区内主要可采煤层为$二_1$煤层。$二_1$煤层是顶、底板同时进水，且以底板岩溶裂隙充水为主的矿床。$二_1$煤层顶板含水层属砂岩裂隙承压含水层，水文地质条件简单。底板含水层为太原组上段含水层，属岩溶裂隙承压含水层，水文地质条件中等，水文地质勘查类型为以岩溶裂隙直接充水为主的水文地质条件中等矿床。

1.3.1　主要含水层特征

1.第四系含水层组

区内第四系西厚东薄，厚5～180.10m，可分为上、下两段，上段厚5～104.20m，主要岩性为黏土、黏土质砾石及砂、砾石层，含水层主要为砂、砾石层，一般厚6.45～43.50m，平均厚27.04m，富水性强，为当地居民生活用水和农田灌溉用水的主要水源。下段厚0～75.90m，主要岩性为黏土、黏土质砾石，底部有一砾石层，厚 0～6.50m，富水性弱。

2. 三叠系刘家沟组一段金斗山砂岩含水层

金斗山砂岩含水层为刘家沟组一段，除勘查区东南角 56－1 孔附近以东被剥蚀外，分布于整个勘查区的其他地区，厚 0～168.80m，主要岩性为中细粒砂岩夹薄层泥岩。裂隙发育，富水性强。在勘查区以南的姚庄附近，钻孔涌水量高达 $120m^3/h$。

3. 二叠系石千峰组平顶山砂岩含水层

平顶山砂岩含水层为石千峰组一段，分布于整个勘查区，厚 87.15～129.55m，主要岩性为中、粗粒石英砂岩裂隙发育，富水性强，但弱于金斗山砂岩含水层，属中等富水的砂岩裂隙承压含水层。

4. $二_1$煤层顶板砂岩含水层

由$二_1$煤层顶板至砂锅窑砂岩顶界，单层厚度大于 1m 的砂岩组成，含水层厚 6.50～41.28m，一般厚 9.17～30.94m，平均厚 21.59m，埋深一般在 950m 以下，裂隙不发育，富水性弱且不均一，属弱富水的砂岩裂隙承压含水层。

5. 太原组上段灰岩含水层

含水层一般由 L_7～$L_9$3 层灰岩组成。据区内全揭露该段的 9 个钻孔资料，太原组上段灰岩含水层厚 12.25～17.10m，一般厚 12.25～14.37m，平均厚 13.60m。岩溶裂隙发育较差，富水性弱且极不均一，属弱富水的岩溶裂隙承压含水层。在断层和褶皱发育地段，含水层的岩溶裂隙发育程度和富水性中等。含水层顶界上距$二_1$煤层 3.05～16.27m，一般 8.75～13.36m，平均 10.94m。

6. 太原组下段灰岩含水层

含水层由 L_1～$L_4$4 层灰岩组成。据区内全揭露该段的 529 和 5211 两钻孔资料，含水层分别厚 11.44mm、13.77mm，平均 12.59m。岩溶裂隙发育较差，富水性弱且极不均一，属弱富水的岩溶裂隙承压含水层。在断层和褶皱发育地段，含水层的岩溶裂隙发育程度和富水性中等。含水层顶界 L_4 上距$二_1$煤层 35.86～44.43m。

7. 上寒武统白云质灰岩含水层

含水层主要为长山组及崮山组的白云质灰岩。区内 529 和 5211 两钻孔资料，揭露含水层厚 50.03m、52.09m。岩溶裂隙发育较差，富水性弱且极不均一，属弱富水的岩溶裂隙承压含水层。在断层和褶皱发育地段，含水层的岩溶裂隙发育程度和富水性中等。含水层顶界上距$二_1$煤层 64.61～68.48m。

1.3.2 主要隔水层特征

1. 二叠系含煤地层砂泥岩隔水层

二叠系岩性主要为泥岩、砂质泥岩、粉砂岩夹中、细粒砂岩及煤层组成，能有效阻断了平顶山砂岩含水层与$七_2$煤层顶板砂岩含水层以及下伏各煤层顶板含水层之间的水力联系。

2. $二_1$煤层底板隔水层

太原组上段灰岩含水层顶界与$二_1$煤层之间，主要岩性为泥岩、砂质泥岩及粉细粒砂岩，厚 3.05～16.27m，一般厚 8.75～13.36m，平均厚 10.94m。天然状态下可视为相对的隔水层，阻隔$二_1$煤层顶板含水层与太原组上段灰岩含水层之间的水力联系。

3. 太原组中段隔水层

在太原组上、下两段含水层之间，主要岩性为泥岩、砂质泥岩、粉细粒砂岩夹石灰岩和薄煤层，厚 14.44～19.21m。可视为良好的隔水层，有效阻隔两含水之间的水力联系。

4. 本溪组铝土质泥岩隔水层

在上寒武统含水层与太原组下段含水层之间有厚 8.59～13.43m 的铝土质泥岩，视为相对的隔水层，但厚度较小，隔水能力较差。

1.3.3 地下水的补给、径流及排泄条件

王集勘查区属汝河流域，位于平顶山—首山水文地质段西部的平顶山十三矿以西、李口向斜北东

翼。主体为一向斜构造,全区被新生界所覆盖,地形平坦,属山前冲积平原。上部非煤系地层的基岩地下水来自南部山区和东部低山丘陵区的补给,顶部排泄于第四系含水层,进而排泄于汝河。

地下水补给来源主要为上部含水层越流补给及地表水下渗补给。向斜南西翼地下水位标高为－276.19～＋91.44m,地下水自西北流向东南;北东翼水位标高为－233.52～－41.513m,至首山一井东部转向由北向南流向平煤八矿。王集勘查区位于平顶山—首山水文地质段西部,平煤十三矿以西,为地下水的弱径流区或滞流区。

径流受地形地貌条件影响,集中于河流排泄。煤田西部、西南部丘陵地带迳流排泄受地形条件控制,而东部往往与构造关系密切,背斜轴部及断层裂隙发育部位沿裂隙排泄于地表。

1.4　工程地质特征

二$_1$煤层顶底板

二$_1$煤层直接顶板为本区主要标志层——大占砂岩,以富含白云母片和碳质为特征。二$_1$煤层有时分岔为二$_2^1$、二$_2^2$两个分层,间距1.5～6m,上分层偶尔可采。

二$_1$煤层直接底板砂岩平均厚7m。岩性以砂、泥岩互层或泥岩夹砂质条带,或砂岩夹泥质条带,波状与透镜状层理非常发育,含黄铁矿结核,具虫迹化石,层位稳定,为本区主要标志层之一,上部为含煤段,平均厚8m。其中二$_1$煤层平均厚4.23m,为本区主要可采煤层。

2　煤层特征

本区属华北地层区豫西分区渑池-确山小区。勘查区地层由老到新有上寒武统崮山组、长山组,上石炭统本溪组、太原组,下二叠统山西组和下石盒子组,中二叠统石盒子组,上二叠统石千峰组,下三叠统刘家沟组、和尚沟组,中三叠统二马营组和油房庄组,第四系。其中石炭系太原组,二叠系山西组、下石盒子组和上石盒子组为含煤地层。

山西组为一套砂岩、砂质泥岩、泥岩及煤的沉积组合,具有较明显的四段特征,底部为二$_1$煤层底板深灰色细粒砂岩,常与泥岩呈互层状,具波状、透镜状层理;下部有稳定的二$_1$煤层,全区可采,偶分岔为二$_2^1$、二$_2^2$煤层;中部有富含白云母片和碳质的大占砂岩和富含菱铁质颗粒的香炭砂岩与泥岩、砂质泥岩组合,大占砂岩段含二$_2$煤;上部为紫红色泥岩、砂质泥岩和紫斑的小紫泥岩。

2.1　含煤性

本区含煤地层为上石炭统太原组,下二叠统山西组、下石盒子组及中二叠统上石盒子组,含煤地层总厚729m,划分9个含煤段,含煤34层。岩性主要由灰绿色、浅灰色、深灰色泥岩、中粒砂岩、细粒砂岩、砂质泥岩及煤层组成,山西组二$_1$煤层属全区可采煤层,二$_2$煤层属局部可采煤层,下石盒子组四$_2$煤层属大部可采煤层,五$_2$煤层属局部可采煤层,上石盒子组七$_2$煤层属局部可采煤层,其余煤层均为不可采或偶见可采点。煤层总厚度11.84m,含煤系数1.6%。可采煤层总厚8.33m,可采含煤系数1.14%。本文对主要可采煤层二$_1$煤层进行分析研究。

2.2　可采煤层

二$_1$煤层为主要可采煤层,厚1.19～11.26m,平均厚4.23m,属全区可采较稳定厚煤层;煤厚分级以中厚、厚煤层为主,次为特厚、薄煤层。二$_1$煤层偶尔分岔为二$_1^1$、二$_2^1$煤层,共有4孔,其中2孔二$_1^1$、二$_2^1$煤层均可采。因此二$_1$煤层结构简单—复杂,为全区较稳定可采厚煤层。二$_1$煤埋深920～2810m,赋存标高－2710～－820m。

勘查区内大占砂岩主要岩性为褐灰色、深灰色细中粒砂岩,层面含碳质和大白云母片,缓波状层理发育,为本区主要标志层之一。时常分为上下两个分层,中间夹深灰色泥岩,局部发育二$_2$煤层,为局部可采煤层，本段厚约15m。厚度大、岩性粗的地段，二$_1$煤层厚度小，大占砂岩发育程度和二$_1$煤层厚度存在互相的关系，这是由于大占砂岩分流河道流经的地方，二$_1$煤层原始泥碳沼泽遭受大占砂岩分流河道的冲刷，使二$_1$煤层变薄。

二$_1$煤层厚度表现为中西部及中南部厚，东南部薄的特征，而在中南部厚度大的区域二$_1$煤层厚度也有较大差异，厚度最大的503孔(11.26m)位于研究区的南部，与之相邻的50-1孔和54-1孔煤厚分别为5.30m和2.96m。中西部及中南部二$_1$煤层属于中厚至特厚煤层，而位于东南部的4个钻孔二$_1$煤厚均小于3m，为薄至中厚煤层。二$_1$煤为中灰、特低硫、高发热量的焦煤，可作炼焦配煤、工业动力用煤(图2)。

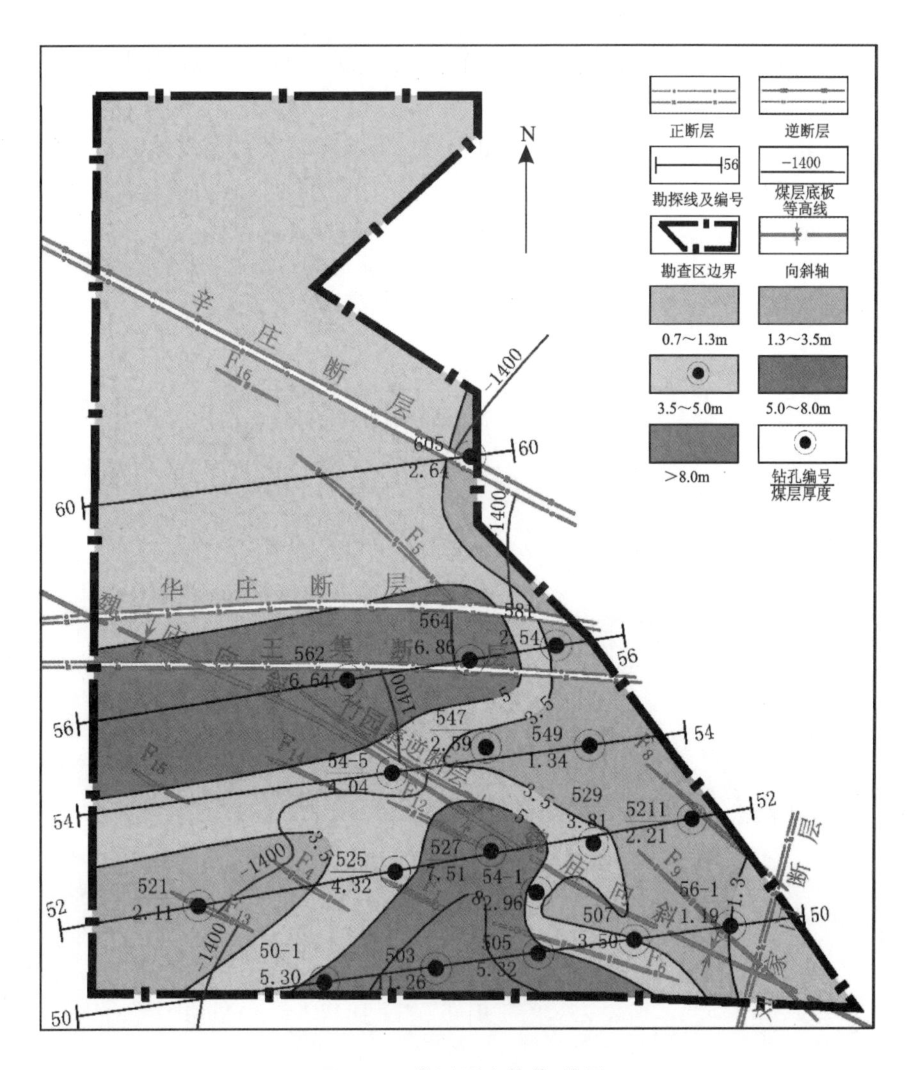

图2　二$_1$煤层厚度等值线图

3　结论

研究区构造以多样、多期、多序次为特征，这些构造不同程度改变或破坏了二$_1$煤层的形态和完整性。

研究区内主要可采煤层二$_1$煤层顶板属于砂岩裂隙承压含水层，水文地质条件简单；底板含水层为太原组上段含水层，属岩溶裂隙承压含水层，水文地质条件中等。水文地质勘查类型为以岩溶裂隙直接充水为主的水文地质条件中等矿床。

研究区内各可采煤层顶、底板岩体完整性和质量分级均为差—中等，属基本易于管理的顶、底板。

在向斜轴部和断层发育处，岩体结构遭到破坏，裂隙较发育，强度较低，岩体质量分级降一级使用。工程地质勘查类型为第三类中等型。

$二_1$煤为中灰、特低硫、高发热量的焦煤，可作炼焦配煤、工业动力用煤。

主要参考文献

河南煤田地质公司，1991. 河南省晚古生代聚煤规律[M]. 武汉：中国地质大学出版社.

河南省煤田地质局四队，2010. 河南省郏县王集勘查区煤炭详查报告[R]. 平顶山：河南煤田地质局四队.

李增学，魏久传，刘莹，2003. 煤地质学[M]. 北京：地质出版社.

张晓逵，2017. 浅析河南省平顶山煤田深部东段煤层煤质特征及利用方向[J]. 中国井矿盐(4)：25-27.

张衍辉，张建奎，李建欣，2012. 平顶山煤田首山一井$二_1$煤层厚度变化规律分析[J]. 能源技术与管理(1)：76-78.

朱德胜，朱立杰，2009. 新安煤田$二_1$煤层地质特征[J]. 中州煤炭(11)：36-37.

水工环地质

2021年许昌市地下水位动态监测分析

蒋亚茹,张庆晓,李屹田

(河南省自然资源监测和国土整治院,河南 郑州 450016)

摘　要:开展许昌市地下水环境监测,及时掌握地下水位现状及动态数据信息,为河南省自然资源管理、地质灾害防治和生态环境地质保护、地下水资源合理利用与保护提供科学依据。

关键词:地下水动态监测;枯水期;丰水期

0　引言

地下水动态监测是一项基础性、公益性工作,是掌握区域地下水动态变化规律,科学利用地下水资源,防止过量开采与水质污染,促进地下水环境保护的重要依据(孙淼等,2019)。许昌市是严重的缺水城市,20世纪90年代以前,为解决市民生活和工农业生产用水,城区内打了很多浅、中深和深井,致使地下水严重超采。到20世纪80年代末期,地下水位埋深已由原来的1～2m下降到50～60m,多个地下水降落漏斗连片,已出现地面沉降的面积占当时城区面积的75％,且多处出现地裂缝,危及建筑物的安全。水资源贫乏成为制约许昌市经济发展的关键(刘晓博等,2022)。

许昌市由地下水和地表水联合供水,地下水资源是许昌市工农业生产、城市供水的主要水源之一(杨静,2020)。为有效掌握地下水动态,提高地下水管理的时效性、准确性和科学性,应长期开展地下水动态监测,及时掌握动态变化情况,提高地下水开采及受污染预警预报水平,保障城乡居民饮用地下水安全。

1　研究区基本概况

许昌市位于河南省中部,东邻鄢陵市,西接禹州市,南接漯河市,北依长葛市,距离郑州80km²。许昌市中心市区建成区面积114.27km²,东经113°41′1.2″—113°54′45.6″,北纬33°55′23.55″—34°7′13.5″,第七次全国人口普查数据显示许昌市常住人口438万。该地区属北暖温带季风气候区,热量资源丰富,雨量充沛,阳光充足,无霜期长。因属大陆性季风气候,多发生旱、涝、风、雹等气象灾害。历年年平均气温在14.3～14.6℃之间,魏都区最高为14.6℃(与城市效应有关)。最热月在7月,平均气温为27.2～27.4℃;最冷月在1月,平均气温为0～0.5℃。许昌市地表水主要来源于天然降水,多年平均降水量671～736mm,多集中在6月～9月,占年降水量的65％。

许昌市地下水水位监测网由浅层、中深层2层地下水监测井组成,共有监测点60个。2021年许昌市地下水动态监测一览表见表1。

作者简介:蒋亚茹,女,1989年生,硕士,助理工程师,主要从事地下水环境调查与监测、评价等方面工作。E-mail:1650903091@qq.com。

表1　2021年度许昌市地下水动态监测一览表

<table>
<tr><th>监测内容</th><th colspan="3">监测概况</th><th>点数</th><th>合计</th><th>监测频率</th></tr>
<tr><td rowspan="6">地下水
水位动态监测</td><td rowspan="4">长观井全年</td><td rowspan="2">浅层井</td><td>国家级</td><td>9</td><td rowspan="2">17</td><td>6次/月</td></tr>
<tr><td>省级</td><td>8</td><td>3次/月</td></tr>
<tr><td rowspan="2">中深层井</td><td>国家级</td><td>1</td><td rowspan="2">2</td><td>6次/月</td></tr>
<tr><td>省级</td><td>1</td><td>3次/月</td></tr>
<tr><td rowspan="2">统调井</td><td colspan="2">浅层井</td><td>58</td><td rowspan="2">60</td><td rowspan="2">2次/年</td></tr>
<tr><td colspan="2">中深层井</td><td>2</td></tr>
<tr><td rowspan="3">水质
监测</td><td rowspan="3">地下水</td><td colspan="2">水源地</td><td>1</td><td rowspan="3">14</td><td rowspan="3">1次/年</td></tr>
<tr><td colspan="2">浅层水</td><td>12</td></tr>
<tr><td colspan="2">中深层水</td><td>1</td></tr>
</table>

2　水位埋深变化分析

2.1　枯水期浅层地下水水位埋深

许昌市2021年度枯水期(4月份)浅层地下水水位埋深平均值为5.45m,较上年同期上升0.22m;最大水位埋深为17.47m,位于李门村小学对面村北地里(河街乡)附近,较上年同期下降0.76m;最小水位埋深为1.43m,位于新兴西路与西外环交汇西南罗庄葡萄园里,较上年同期上升0.74m。许昌市近五年枯水期地下水埋深情况详见表2。

表2　许昌市近五年枯水期浅层地下水埋深情况表

时期	2017年	2018年	2019年	2020年	2021年	5年均值
平均埋深	5.65	5.39	5.89	5.67	5.45	5.61
最大埋深	21.3	15	17.98	17.95	17.47	17.94
最小埋深	1.85	1.5	0.45	1.95	1.43	1.44

图1为根据2021年4月份许昌市地下水水位统调资料所作的地下水水位埋深分区图,具体分区分述如下:

埋深＜4m区:主要分布于监测区大任庄—魏都区七里店办事处—许继大道西段曹庄村—许昌路西马庄预制板厂—朝阳路与长庆街交叉口东北槐树下沿线内以及许昌夏庄村西—许昌市北环以北老吴营村西—劳动路西创新驾校—十四中学东南—红腾大道劳动北路东南角(红腾造纸厂东)沿线内。面积为85.83km^2,占测区总面积的23.29 %,与上年同期相比面积减少了2.42km^2。

埋深4～6m区:分布于监测区中部。面积为127.75km^2,占测区总面积的34.67 %,与上年同期相比面积增加了0.38km^2。

埋深6～8m区:分布于监测区东部。面积为89.57km^2,占测区总面积的24.31 %,与上年同期相比面积减少了1.15km^2。

埋深8～10m区:分布于监测区许昌育才建筑机械总厂(许禹路与天宝路)-付庄村北地里(河街乡)沿线。面积为22.41km^2,占测区总面积的6.08 %,与上年同期相比面积增加了4.83km^2。

埋深＞10m区:分布于监测区西北部。面积为42.96km^2,占测区总面积的11.66 %,与上年同期相比面积减少了1.64km^2。

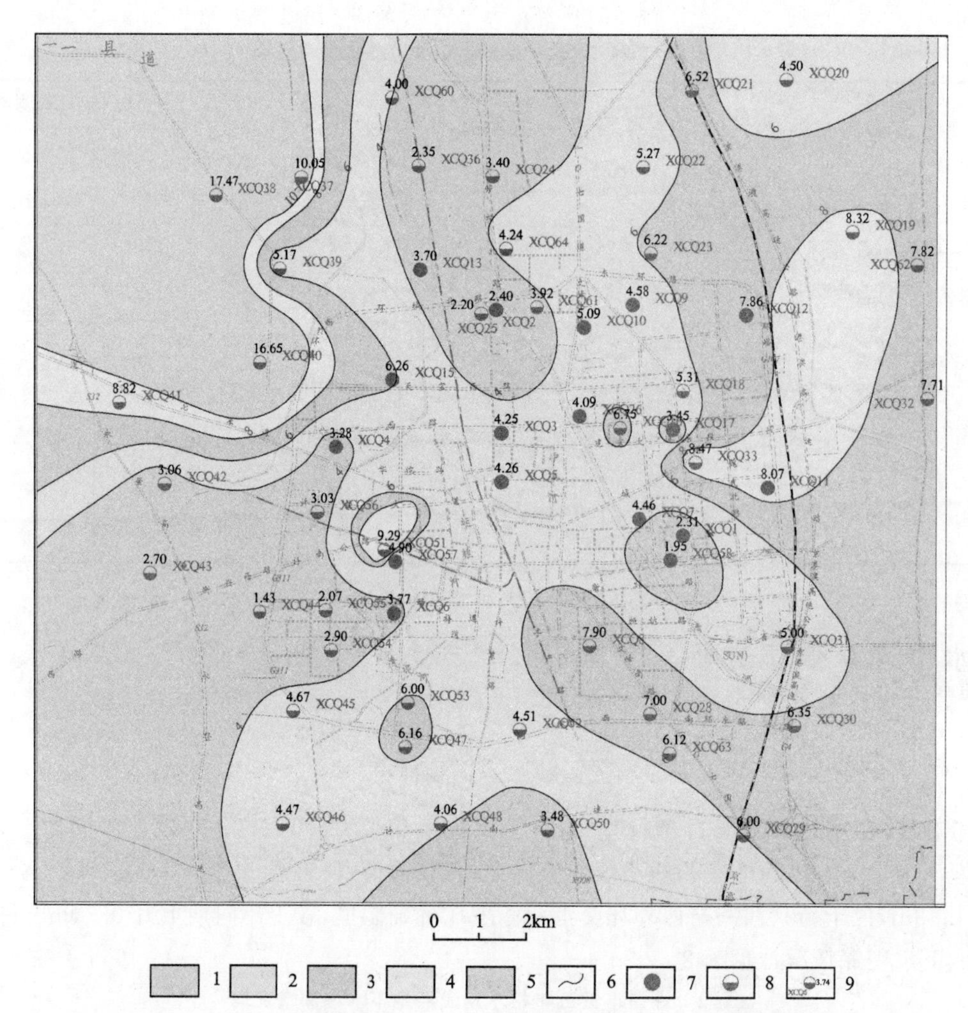

1. 水位埋深分区<4m;2. 水位埋深分区 4～6m;3. 水位埋深分区 6～8m;4. 水位埋深分区 8～10m;5. 水位埋深分区>10m;6. 水位埋深分区界线;7. 浅层地下水长观点;8. 浅层地下水统测点;9. 浅层观测点埋深。

图 1　2021 年许昌市浅层地下水枯水期水位埋深分区图

2.2　丰水期浅层地下水水位埋深

许昌市丰水期(9 月份)浅层地下水水位埋深平均值为 2.99m,较上年同期上升 2.05m;最大水位埋深为 10.55m,位于李门村小学对面村北[李门村小学对面村北地里(河街乡]附近,较上年同期上升了 5.32m;最小水位埋深为 0.15m,位于国家级农业标准化示范区天和农场地里,较上年同期上升了 5.39m。许昌市近五年丰水期地下水埋深情况表详见表 3。

表 3　许昌市近五年丰水期浅层地下水埋深情况表

时期	2017 年	2018 年	2019 年	2020 年	2021 年	5 年均值
平均埋深	5.24	5.49	5.42	5.04	2.99	4.84
最大埋深	17.28	15.6	15.79	15.87	10.55	15.02
最小埋深	1.43	0.2	0.3	1.14	0.15	0.64

图 2 为根据 2021 年 9 月许昌市浅层地下水丰水期资料所作的水位埋深分区图,具体分区分述如下:

埋深<4m 区:分布于监测区大部分区域。面积为 260.83km^2,占测区总面积的 70.78 %,与上年同

期相比面积增加了 138.23km²。

埋深 4～6m 区：分布于监测区芙蓉大道芙蓉湖旁信储投资大厦—永昌东路与青梅路交会处东北角—魏都区青梅路与陈庄街交会处东北—天宝东路与学院北路交会处东南—新东街与紫云路交会处东北角—八里营社区沿线东北方向的部分区域以及许昌育才建筑机械总厂—河街乡小寨村敬老院沿线西北方向部分区域。面积为 59.45km²，占测区总面积的 16.13 %，与上年同期相比面积减少了 42.63km²。

埋深 6～8m 区：分布于监测区付庄村北—邢庄村—老韩庄沿线以及于庄村和大罗庄村部分区域。面积为 24.54km²，占测区总面积的 6.66 %，与上年同期相比面积减少了 46.48km²。

埋深 8～10m 区：分布于监测区西北部。面积为 21.75km²，占测区总面积的 5.90 %，与上年同期相比面积减少了 11.54km²。

埋深＞10m 区：分布于监测区西北部槐大庙村区域。面积为 1.95km²，占测区总面积的 0.53 %，与上年同期相比面积减少了 37.57km²。

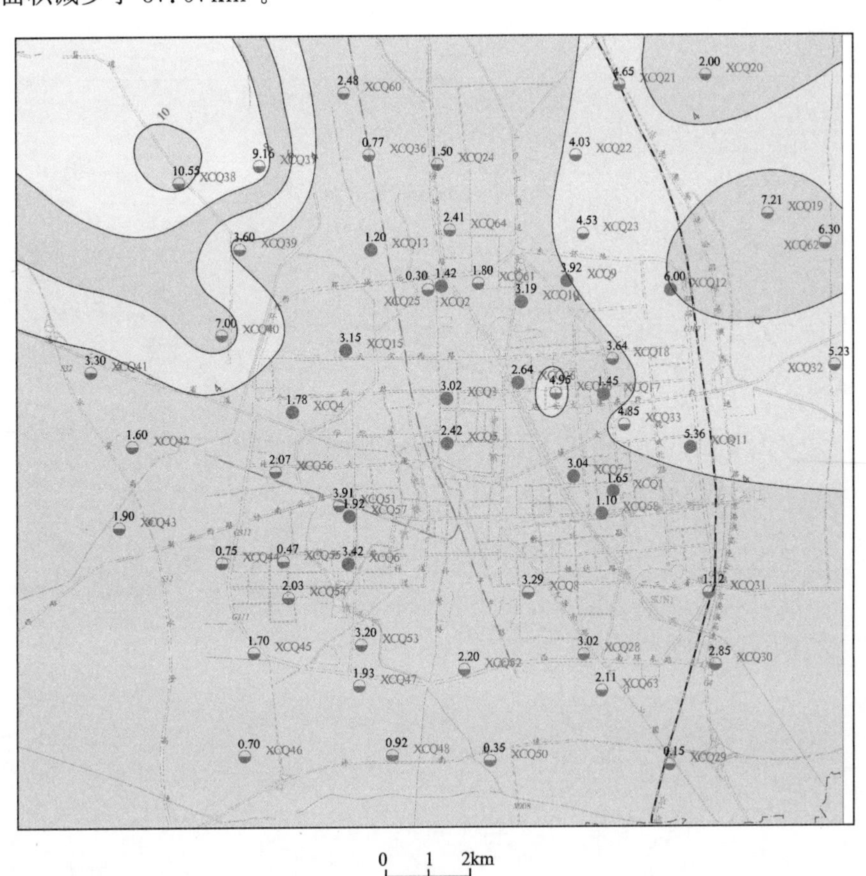

1. 水位埋深分区＜4m；2. 水位埋深分区 4～6m；3. 水位埋深分区 6～8m；4. 水位埋深分区 8～10m；5. 水位埋深分区＞10m；6. 水位埋深分区界线；7. 浅层地下水长观点；8. 浅层地下水统测点；9. 浅层观测点埋深。

图 2 2021 年许昌市浅层地下水丰水期水位埋深分区图

3 水位变化分析

3.1 枯水期浅层地下水水位动态变化

根据浅层地下水监测井的统调资料统计：浅层地下水平均水位为 67.74m，与上年同期相比上升

0.22m。水位变幅与上年同期相比，呈上升趋势，平均变幅 0.22m；最大升幅为 1.79m，位于朝阳路与长庆街交叉口东北槐树下；最大降幅为－2.75m，位于许昌百花北路有线台家属院。

浅层地下水枯水期监测区水位变化大致分为水位缓慢上升区(0.5～2.0m)、水位基本平衡区(－0.5～0.5m)、水位缓慢下降区(－2.0～－0.5m)、水位急剧下降区(＜－2.0m)4 个区(图 3)。

缓慢上升区(0.5～2.0m)：主要分布于监测区大任庄—长村张乡于楼村—寇庄村卫生所—八一路与京广路交会处远东大理石厂—魏都区七里店办事沿线封闭区域以及天宝东路与学院北路交会处东南—新东街与紫云路交会处东北角—许昌职业技术学院—田庄村沿线封闭区域。面积为 79.56km²，占监测区总面积的 21.59 %。

基本平衡区(－0.5～0.5m)：分布于监测区大部分区域。面积为 247.42km²，占监测区总面积的 67.14 %。

缓慢下降区(－2.0～－0.5m)：主要分布于监测区西北区域。面积为 41.23km²，占监测区总面积的 11.19 %。

急剧下降区(＜－2.0m)：分布于监测区许昌百花北路有限台家属院区域周边，面积为 0.31km²，占监测区总面积 0.08 %。

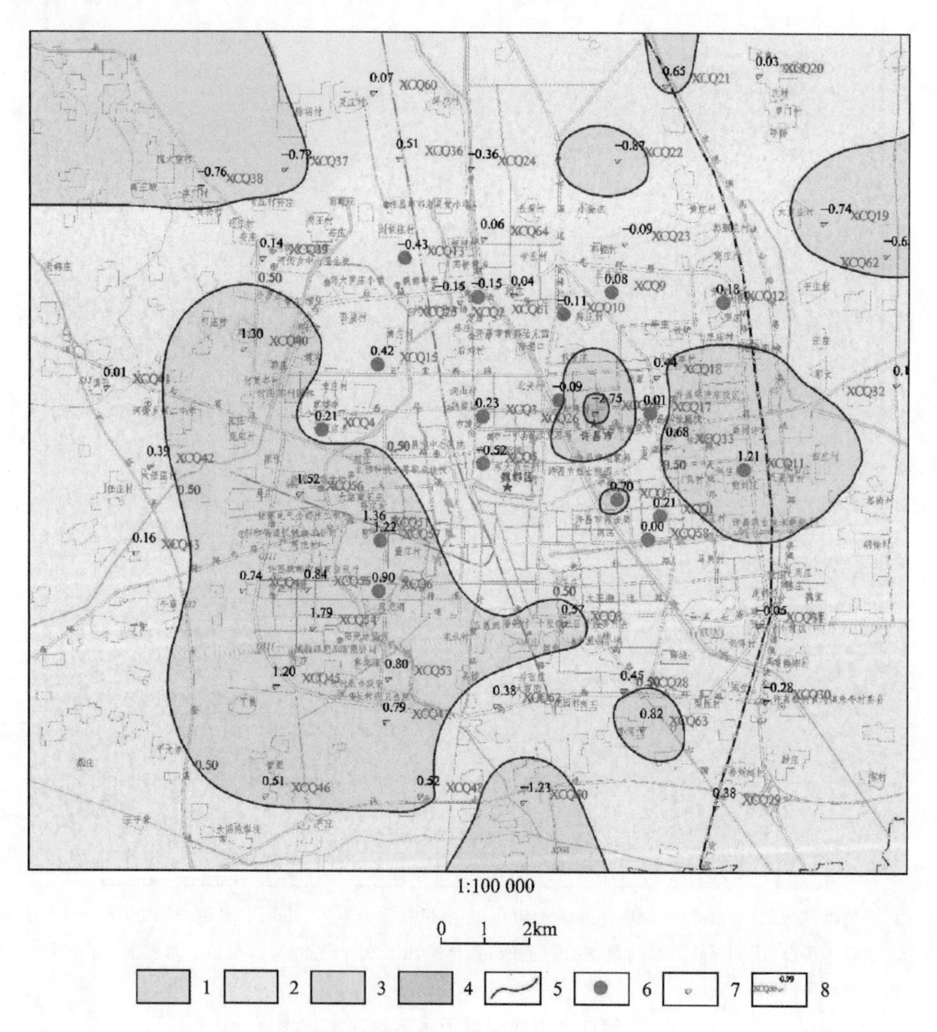

1.缓慢上升区(0.5～2.0m)；2.基本平衡区(－0.5～＋0.5mm)；3.缓慢下降区(－2.0～－0.5m)；4.急剧下降区(＜－2.0m)；5.水位变幅区分界线；6.浅层地下水长观点；7.浅层地下水统测点；8.观测点变幅数据。

图 3　2021 年许昌市浅层地下水枯水期水位变幅图

3.2　丰水期浅层地下水水位动态变化

根据浅层监测井的统调资料统计：浅层地下水平均水位为 70.20m，与上年同期相比上升了 2.05m。

水位变幅与上年同期相比，呈上升趋势，平均变幅 2.05m，最大升幅为 5.39m，位于国家级农业标准化示范区天和农场地里，最小升幅为 0.22m，位于许昌路西马庄预制板厂附近。

丰水期由于降雨影响，水位全部呈上升趋势，根据其变幅大小。监测区水位变化大致分为水位急剧上升区（>4.0m）、水位较急剧上升区（2.0～4.0m）、水位缓慢上升区（0.0～2.0m）3 个区（图 4）。

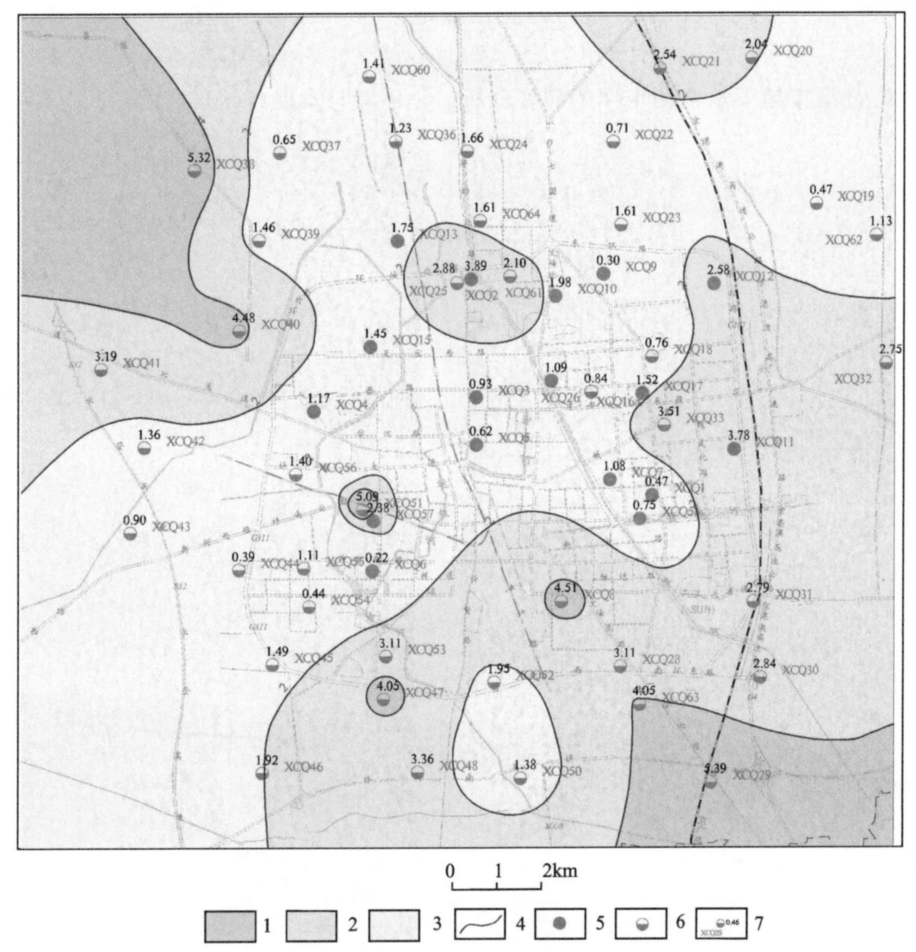

1.急剧上升区（>4.0m）；2.缓慢上升区（2.0～4.0m）；3.基本平衡区（<2.0m）；4.水位变幅分区界线；5.浅层地下水长观点；6.浅层地下水统测点；7.观测点变幅数据。

图 4　2021 年许昌市浅层地下水丰水期水位变幅图

水位急剧上升区（>4.0m）：分布于监测区西北和东南小部分区域，面积 44.32km²，占监测区总面积的 12.03 %。

水位较急剧上升区（2.0～4.0m）：分布于监测区中部大部分区域。面积为 131.55km²，占监测区总面积的 35.70 %。

水位缓慢上升区（0.0～2.0m）：分布于监测区东南大部分区域。面积为 192.65km²，占监测区总面积的 52.28 %。

4　结语

2021 年许昌市浅层地下水丰枯水期平均水位埋深、平均水位较上年同期均上升。由于许昌市地下水资源贫乏，建议加大对地下水动态监测自动化监测程度，控制超采现象，进行节水宣传，同时提高城区污水处理和循环利用的能力，做好水资源保护工作。

主要参考文献

刘晓博,王磊,刘力伟,2022.许昌市地下水位动态变化及影响因素分析[J].河南水利与南水北调(1):32-34.

孙淼,王宝红,徐郅杰,2019.2017年河南省区域地下水水位动态监测研究[J].环境与发展(5):148-151.

杨静,2020.许昌市地下水监测工作的简要分析[J].环境与发展(7):164-165.

河南省主要煤系地层放射性异常分析

罗　挺[1]，王瑞利[1]，王　俊[1]，刘凤银[1]，孟利山[2]

（1.河南省核技术应用中心，河南 郑州　450000；2.中国地质调查局天津地质调查中心，天津　300170）

摘　要：笔者基于河南省煤田已有钻孔测井资料，依据《我国主要盆地煤铀等多矿种综合调查评价计划项目工作技术要求（第三版）》，筛查出放射性异常孔90眼；根据含煤岩系放射性异常划分标准，可将我省20个主要煤田的钻孔放射性异常等级划分为安全至高度危险4个安全等级，豁免监管、限制使用和禁止使用3种使用类型；统计放射性异常空间分布特征，分别绘制完成了河南省主要煤田3种基本类型1∶50万放射性异常分布图，为我省主要煤田放射性异常做出评价，对我省煤炭资源整体开发利用提供指导。

0　引言

我国含煤岩系铀的研究始于1960年前后（王国坤等，2017），21世纪初煤铀兼探达到一个高潮，但主要由中国地质调查局主导。煤铀兼探既能二次开发利用河南省煤田钻孔资料，又能在项目实施过程中了解煤田开发过程中放射性元素对环境造成的影响，特别是利用煤渣或煤矸石作为原材料制成的建筑材料，或因燃烧积聚对人体造成严重伤害（刘强，2017）。基于上述因素，笔者在已有煤田钻孔伽马测井资料的基础上，进行了河南省含煤岩系放射性（含铀）环境分析，划分出放射性异常强度、空间特征、对煤田开发安全性影响，为制订生产安全措施提供依据。

1　主要含煤岩系地层分布及岩性

河南省地跨华北板块、北秦岭造山带和南秦岭造山带。含煤地层发育较全，既有华北型，又有华南型和过渡型。从新元古代到新生代，各时代中均发生过不同程度的聚煤作用。本省含煤地层多，各时代煤层发育较好，从平面上看主要集中于中部及西北部，从时代上看主要是石炭系、二叠系，其中尤以二叠系含煤最好。

1.1　主要含煤岩系地层分布

含煤地层主要有秦大区的下寒武统祖师庙群或水井沱组，下石炭统杨山组、上石炭统杨小庄组合双

作者简介：罗挺（1988—），男，硕士研究生，地质工程师，从事矿产地质调查工作。E-mail：122291964@qq.com。

石头组、上三叠统留山组和华北地层区的新元古界栾川群煤窑沟组、上石炭统本溪组、下二叠统太原组、中二叠统山西组和下石盒子组、上二叠统上石盒子组、上三叠统谭庄组、中侏罗统义马组、古近系潭头组和东营组、新近系馆陶组,其中华北巨型聚煤盆地的二叠系含煤地层和义马盆地的中侏统义马组发育最好,形成我省主要煤产地(张苗等,2011)。

河南省上古生界共发育 8～9 个煤段,含煤 15～43 层。聚煤段具有自北西向南东方向迁移升高,煤层层数增多的变化趋势。其中二$_1$煤层是全省普遍发育的可采煤层,为我省主要开采对象,煤层厚度0～37.78m,一般厚 3～6m,总体上具南北分带、东西分异的规律,呈现北厚南薄,自西向东薄—厚—薄的变化趋势。

1.2 含煤岩系放射性地层及岩性

通过统计发现,含煤层岩系放射性异常地层主要为上石炭统本溪组(C_2b)和太原组(C_2t)、下二叠统山西组(P_1s)和下石盒子组(P_1x)、上二叠统上石盒子组(P_2s)和石千峰组下段(P_2sh_1)。

岩性分别为太原组中粒砂岩、细粒砂岩、石灰岩;山西组泥岩、砂质泥岩、粉砂岩、细—中粒砂岩,下石盒子组泥岩、粉砂岩、煤层、细砂岩、粗砂岩;上石盒子组砂质泥岩、细—中—粗粒砂岩;石千峰组下段中—粗粒长石石英砂岩,局部夹砂质泥岩(俗称平顶山砂岩)和石千峰组上段(P_2sh_2)细—中粒砂岩及粉砂岩夹泥岩、砂质泥岩,含砾屑灰岩。

1.3 主要异常赋存地层

下二叠统下石盒子组(P_1x)和上二叠统上石盒子组(P_2s)为本区最主要的煤系岩层异常赋存层位。异常厚度一般在 0.1～10.9m,自然伽马测井异常极值为 394.64～1572.18 或 185.99～984.17API 或 6.34～27.36PA/kg 或 76.96γ。本溪组因处于煤下 30m 以深,或埋深较大未做评价。

1.4 放射性异常原因分析

河南省煤系地层放射性异常主要赋存于石炭系和二叠系煤层顶底板富含地下水的围岩中,岩性主要为细、中、粗粒砂岩、粉砂岩和砂质泥岩等。根据放射性异常钻孔煤质化验可知,河南省含煤岩系放射性异常主要与铀、钍异常相关。

2 放射性异常统计及评价

2.1 评价方法及评价标准

收集 20 个煤田(含两个找煤区)中除南召和确山煤田外的 18 个煤田的 71 份勘探报告,1 份河南省煤田工作部署资料和 1 份河南省煤炭资源现状及其潜力评价资料,以及河南省核工业地质局部分以往工作资料,基本满足工作需要。

按照编图方法要求,煤上型放射性异常主要评价范围:中—新生代地层中主要煤层之上 150m 以内,古生代地层中主要煤层之上 80m 以内。煤下型放射性异常主要评价范围为主要煤层之下 30m。

由于煤田勘查天然伽马测井资料时间跨度大、各测井队所用仪器各不相同,提交的资料度量单位也很多,既有 PA/kg、API 、n · C/kg · h,也有采用原始曲线的,为便于筛查和评价,参考中国地质调查局《我国主要盆地煤铀等多矿种综合调查评价计划项目工作技术要求(第三版)》中 6.1.5 的要求,将钻孔自然伽马测井曲线中 γ>3.5PA/kg(或 50γ、150API、12.6n · C/kg · h)的划分为煤层放射性(含铀性)

异常层;放射性测井采用CPS或其他单位时,以大于4倍以上自然伽马平均值为异常层。煤田放射性异常等级划分见表1。

对于测井数据漂移钻孔的处理:对所收集的煤炭钻孔的自然伽马测井曲线进行对比分析,对于自然伽马值大于或小于正常的数值[0.3～0.7PA/kg(或4～10γ、10～30API、1.0～2.5n·C/kg·h)]进行含煤岩系放射性异常判别时,应以大于4倍以上自然伽马平均值为异常层。

表1　煤田放射性异常等级划分表

序号	自然伽马值/γ	调平原则	安全等级	使用分类
1	γ＜50γ或 γ＜3.5PA/kg或 γ＜12.6n·C/kg·h	异常层自然伽马值＜自然伽马平均值4倍	安全	豁免监管
2	50γ≤γ＜350γ或 3.5PA/kg≤γ＜25PA/kg或 12.6n·C/kg·h≤γ＜90n·C/kg·h	自然伽马平均值4倍≤异常层自然伽马值＜自然伽马平均值7倍	轻度危险	限制使用
3	350γ≤γ＜3500γ或 25PA/kg≤γ＜250PA/kg或 90n·C/kg·h≤γ＜900n·C/kg·h	自然伽马平均值7倍≤异常层自然伽马值＜自然伽马平均值70倍	中度危险	禁止使用
4	γ≥3500γ或 γ≥250PA/kg或 γ≥900n·C/kg·h	异常层自然伽马值≥自然伽马平均值70倍	重度危险	

2.2 煤田钻孔放射性异常筛选结果

通过整理河南省主要煤田勘查资料,对35个勘查区1352眼钻孔进行初筛和二筛,确认异常钻孔90个(表2),分别分布在安鹤、登封、济源、临汝、平顶山、确山、新安、新密、偃龙、宜洛、荥巩、永夏、禹州和焦作14个煤田,以及通许找煤区。

表2　选区内钻孔异常情况统计表

类型	正常孔	煤上异常	煤间异常	煤下异常	煤间—煤层异常	煤间—煤下异常	总计
钻孔数/眼	1262	15	22	46	1	6	1352
百分比/%	93.34	1.11	1.63	3.40	0.07	0.44	100

由表2可知,异常钻孔数量占比很小,只占收集钻孔总数的6.66%,且异常孔分布相对分散,对河南省煤炭资源整体开发利用影响较小。

3 河南省主要煤田放射性异常分布特征

根据放射性异常与煤层的空间关系,将煤层的放射性异常类型划分为煤上型、煤间型、煤层型和煤下型4种基本异常类型,以及煤上—煤层型和煤间—煤下型组合异常。

3.1 煤上型异常分布

根据异常孔筛查,煤上型异常共有12个项目,15个煤上型异常钻孔。根据异常评价划分原则,共划分安全等级项目66个,轻度危险等级项目7个,无中度及重度危险等级项目(图1)。

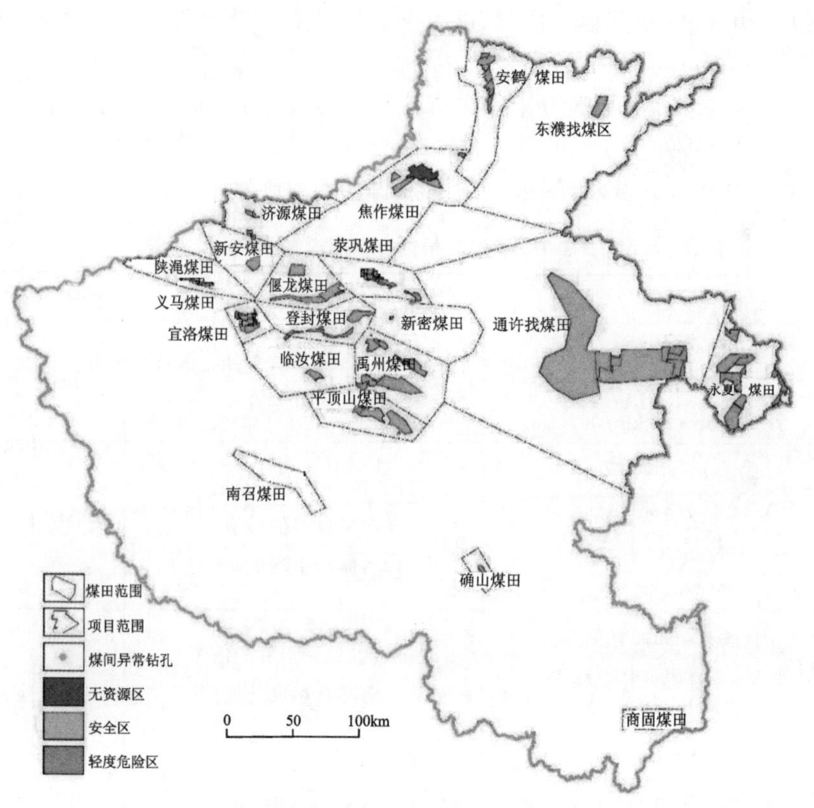

图1　河南省主要煤田放射性煤上异常分布图

其中轻度危险等级的7个项目分别是禹州市张得区、永城市马桥北马庄、睢阳区谷熟镇南、永城市薛湖西、禹州煤田葡萄寺、夏邑县骆集西(图2)、新郑市侯庄。

轻度危险等级的7个项目中,除禹州市张得区井田涉及3个放射性异常钻孔外,其他井田均为1个放射性异常钻孔。

3.2　煤间型异常分布图

根据异常孔筛查,煤间型异常共有19个项目,29个煤间型异常钻孔。根据异常评价划分原则,共划分安全等级项目62个,轻度危险等级项目11个,无中度及重度危险等级项目(图3)。

轻度危险等级的11个项目分别是新密煤田宋楼、永城市马桥北马庄、宝丰县贾寨-平顶山唐街勘查区、河南宜洛煤田、永城市车集煤矿东、永城市薛湖西(图4)、安阳当中岗、偃龙煤田府店、禹州市方山-白沙、禹州煤田葡萄寺、新郑市侯庄。除偃龙煤田府店涉及4个放射性异常钻孔外,其他井田均不超过2个放射性异常钻孔。

3.3　煤层型异常分布

根据异常孔筛查结果,煤层型异常共有1个项目,其中,含煤间型异常的钻孔1个。根据异常评价划分原则,共划分安全等级项目73个,无轻度、中度及重度危险等级项目(图5)。

在所收集的河南省煤田资料中,只有宜洛煤田一个项目含有煤层异常(图6),且异常率较低(只有一个钻孔,而且是组合异常——既是煤间型,又是煤层型),放射性评价为安全等级,可归类为豁免监管。

3.4　煤下型异常分布

根据异常孔筛查,煤间型异常共有26个项目,52个煤下型异常钻孔(图7),具体情况见表3。根据异常评价划分原则,共划分安全等级项目52个,轻度危险等级项目21个,无中度及重度危险等级项目,具体分布如图8所示 。

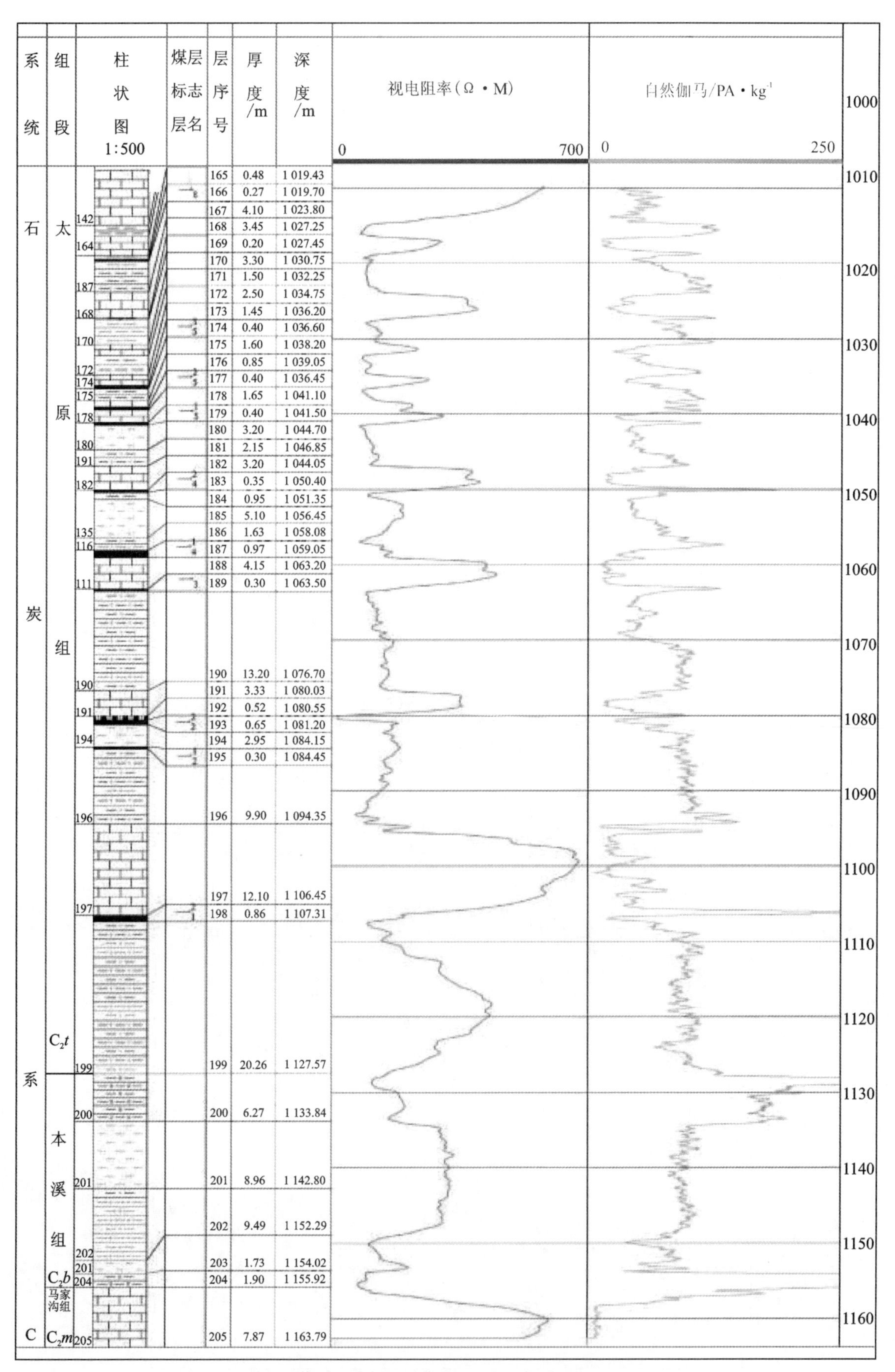

图 2 煤上型放射性异常(夏邑县骆集西,钻孔 2803)

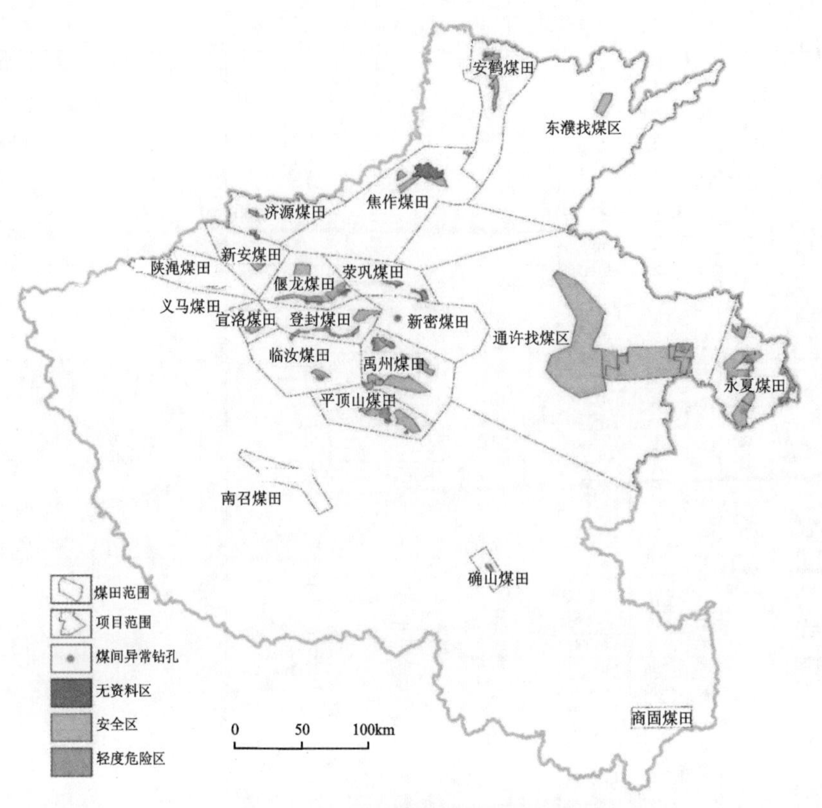

图 3　河南省主要煤田煤间放射性异常分布图

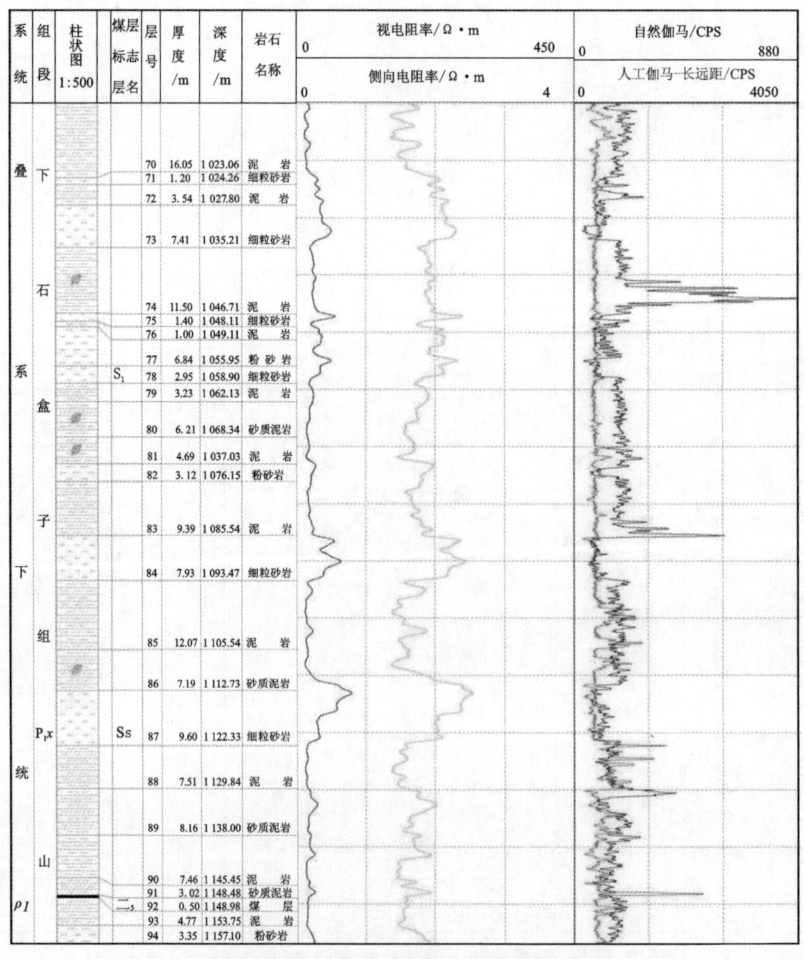

图 4　煤间型放射性异常(永城市薛湖西煤,钻孔 0402)

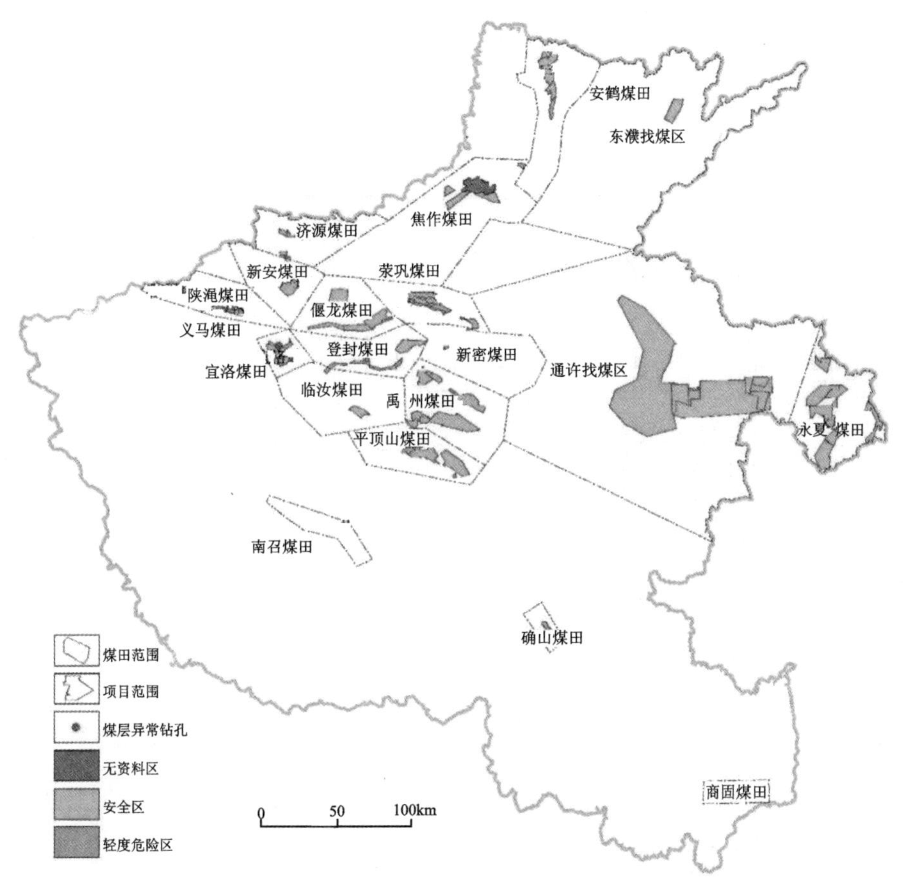

图 5　河南省主要煤田煤层放射性异常分布图

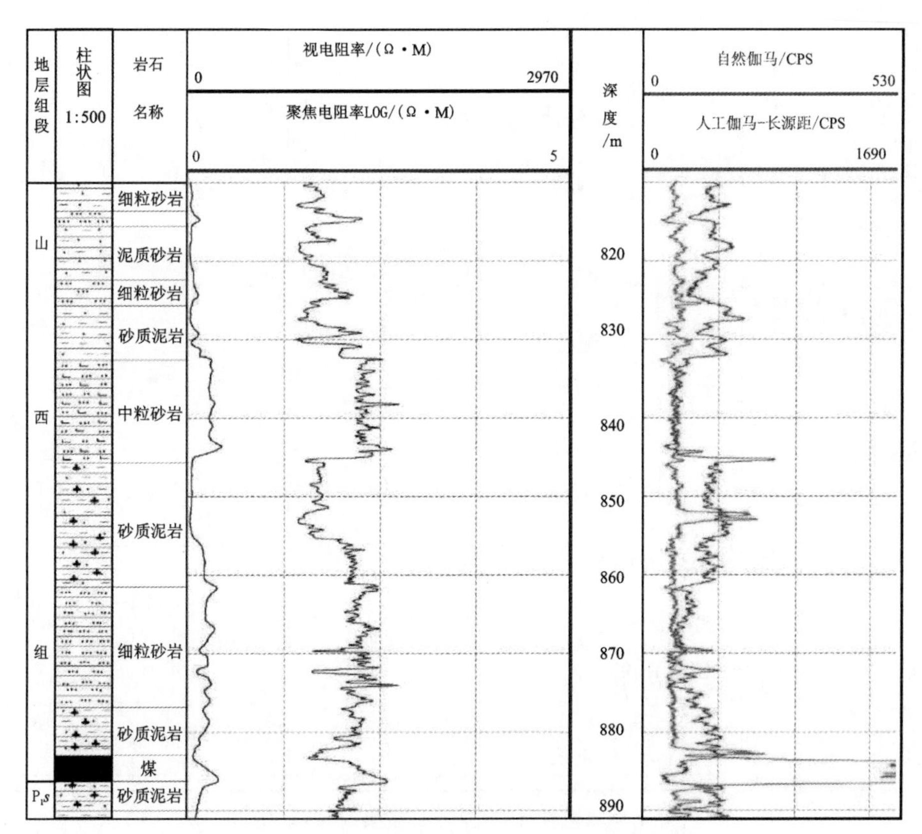

图 6　煤层型放射性异常(宜洛煤田,钻孔 301)

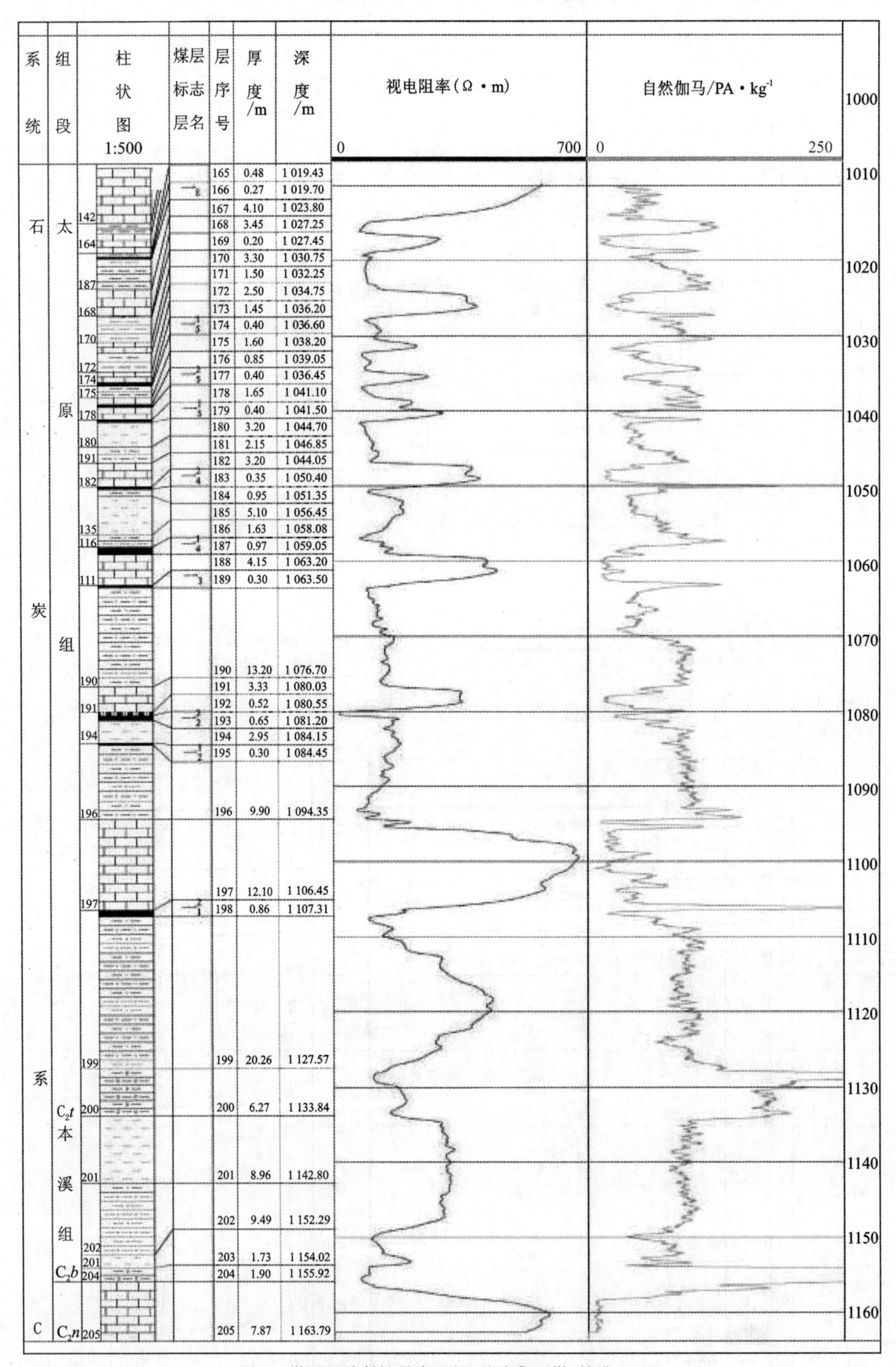

图 7　煤下型放射性异常(夏邑县骆集西煤,钻孔 2003)

表 3 煤下型异常统计表

序号	报告名称	勘探钻孔数/个	煤下型异常钻孔数/个	放射性异常评价结果	异常地层
1	新密煤田宋楼煤矿详查	8	2	轻度	C_2b
2	确山煤田安里井田勘探	39	2	轻度	C_2t
3	济源市前张岭矿区煤矿普查	5	2	轻度	C_2b
4	荥巩煤田小里河区勘探	59	3	轻度	C_2b、O_2m
5	济源市韩彦矿区煤矿普查	5	1	轻度	C_2b
6	郏县安良镇狮王寺煤矿区勘探	10	1	轻度	C_2b
7	汝州市黄庄勘查区煤炭普查	22	2	轻度	C_2t、C_2b、E_3g
8	巩义市石井煤矿勘探	29	8	轻度	C_2b、O_2m
9	禹州市张得区煤普查	31	3	轻度	C_2t、C_2b
10	登封煤田颖阳庞窑煤详查	12	1	轻度	C_2b
11	伊川县柳庄煤普查	4	1	轻度	C_2b
12	孟津县—偃师大石桥矿区煤矿普查	5	2	轻度	C_2b
13	河南宜洛煤田深部煤详查	35	3	轻度	P_1s、C_2b
14	荥阳市竹川煤普查	2	1	轻度	C_2b
15	永城市薛湖西煤普查	4	1	轻度	C_2b
16	偃龙煤田西村煤详查	41	2	安全	C_2t、O_2m
17	伊川县高山煤普查	7	2	轻度	C_2t、C_2b、E_3g
18	郏县安良煤炭勘查区详查	24	1	安全	C_2t
19	睢县西部煤普查	93	2	安全	P_1s、C_2b
20	焦作煤田方庄井田深部煤普查	4	1	轻度	C_2b
21	宝丰县贾寨－郏县唐街煤详查	51	1	安全	C_2b
22	偃龙煤田府店煤详查	50	3	轻度	C_2t、C_2b
23	禹州市方山－白沙煤矿深部煤详查	37	2	轻度	C_2b
24	禹州煤田葡萄寺煤详查	16	2	轻度	C_2b
25	鹤壁市石林煤详查	43	1	安全	C_2t
26	夏邑县骆集西煤普查	9	2	轻度	C_2b

由表 3 可以看出，被评价为轻度危险等级的勘查项目中所包含的煤下型异常钻孔数量是很少的，且异常大部分都是单独存在，埋藏较深，影响面积很小，在开发利用时应对该项目异常地段加强监管，限制使用。

4 结论

（1）河南省煤系地层放射性异常主要赋存于石炭系和二叠系煤层顶底板富含地下水的围岩中，岩性主要为细、中、粗粒砂岩、粉砂岩和砂质泥岩等，钻孔放射性异常主要与 U、Th 元素异常相关。

（2）河南省煤田异常可划分为煤上型、煤间型、煤层型和煤下型 4 种基本异常类型，以及煤上—煤层型和煤间—煤下型组合异常。

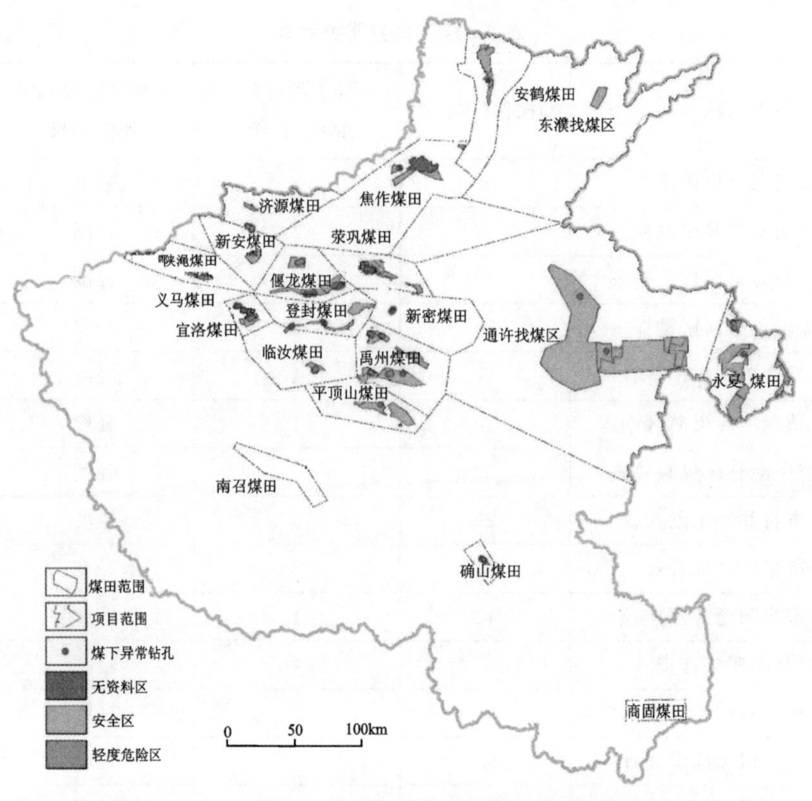

图8　河南省主要煤田煤下放射性异常分布图

(3) 勘查项目中被评为轻度危险等级的异常钻孔数量很少,只占收集钻孔总数的6.66%,且异常孔分布相对分散,对河南省煤炭资源整体开发利用影响较小。

(4) 对放射性异常钻孔占比相对较多的项目在开发利用过程中,在对异常地段加强监管和防护措施的情况下,可以有效利用。

主要参考文献

刘强,2017.辽宁省主要煤田含煤岩系放射性特征分析[J].资质与资源,27(3):263-267.

王国坤,息朝庄,刘开坤,等,2017.贵州含煤岩系含铀性对环境的影响评价[J].中国煤炭地质,29(3):58-61.

张苗,郝君,刘炎昊,等,2011.河南省煤炭资源现状及其潜力评价[J].中国煤炭地质,23(8):85-89.

矿山地质环境问题及修复技术研究
——以河南省镇平县丰源选矿厂废弃矿山为例

刘鹏举，李文丽

（河南省地质矿产勘查开发局第五地质勘查院，河南 郑州 450001）

摘　要：矿山地质环境问题治理是一项复杂的长期的治理工程，笔者以河南省镇平县一矿区为例，分析了该矿区所存在的生态环境地质问题，提出地质灾害治理方案和生态修复治理方案，并通过实施合理的工程措施，力图恢复废弃矿山的生态环境，解决废弃矿山地质环境问题，为区域矿山修复治理工程的施工与管理提供依据，并为后续其他区域矿山地质环境的修复改善提供参考。

关键词：地质环境；矿山修复；治理工程；镇平矿区

1　引言

人们对矿产资源的开发利用，在为区域经济和社会发展带来巨大贡献的同时也不可避免地引发了一系列的生态和社会问题，如生态破坏、环境污染及其引发的生存危机等。对矿山生态环境保护问题的认识不足，不科学、不规范和不环保的过度开采，导致在一些废弃矿山存在面积较大且形状不规则的采坑、高陡边坡耸立、植被退化和土壤裸露等现象，这不仅影响着地区生态环境和城市的市容市貌，也造成地质灾害（如崩塌、滑坡和泥石流等）隐患，威胁着人民群众的生命和财产安全。因此，废弃矿山的生态环境和地质灾害问题的治理工作已经亟待开展（贾斌，宋少秋，2019；秦鑫，陈洪凯，2017；杨金中等，2017）。

目前，我国针对矿山生态修复治理问题所采用的工程技术主要有以下 3 种：其一是土石方回填平整技术，即通过实施削坡和护坡等工程，使山体边坡和坡面更加平稳（周惠荣，2012；孙达等，2021）；其二是加固工程技术，即通过设置干砌石挡墙和浆砌石挡墙等工程（刘德成等，2021；李建，2009），实现保护矿区生态植被的目的；其三是绿化工程技术，即选择性价比较高的树种，实现废弃矿山复绿（吴鹏飞，陈小婷，2021；王晶，2019）。

笔者以镇平县二龙乡和老庄镇的丰源选矿厂废弃矿山为研究对象，将矿区划分为 A 治理区（位于二龙乡黄竹芭寺村，包括一处废弃露天采坑、一个工业广场和一处铁矿尾砂堆积场）、B 治理区（位于 A 治理区西约 200m 的一处铁矿尾砂堆积场）和 C 治理区（老庄镇任家沟村的一处铁矿尾砂堆积场），（图 1）对矿区存在的露天矿坑、山体破损、景观破坏及土地占用等地质环境问题进行调查，因地制宜地

作者简介：刘鹏举（1993－），男，大专，河南省地质矿产勘查开发局第五地质勘查院助理工程师，主要从事地质工程、环境工程、测绘工程研究工作。Email：774978245@qq.com。

提出废弃矿山生态恢复治理的技术措施,切实保护矿区生态环境,为当地废弃矿山的生态修复提供技术支撑。

图1　矿区遥感影像示意图

2　研究区概况

丰源选矿厂废弃矿山位于河南省南阳市西北侧的镇平县二龙乡二龙村、黄竹芭寺村和老庄镇任家沟村,该废弃矿区主要由废弃露天采坑和铁矿尾砂形成,正在生态修复治理中。本研究中A治理区和B治理区到县城的直线距离约为18km,C治理区到县城的直线距离约为12km。焦柳铁路穿越县境东南部,宁西铁路横跨县境东西,312国道、207国道在县境交会,各乡镇以及各乡村之间均有水泥公路相贯通,交通便利。该研究区属北亚热带—暖温带半湿润气候区。春季温和少雨,夏季炎热多雨,秋季阴雨连绵,冬季寒冷干燥。年平均气温15℃,极端最高气温42.6℃,极端最低气温－14.7℃,多年平均降水量为696.8mm,主要集中于夏秋季节。谷地切割上、中更新统甚至下更新统,区域地震烈度为Ⅵ度,地下水属块状岩类裂隙水。

3　矿山生态环境问题

3.1　矿山环境现状

矿区受多年的矿物开采及铁矿尾砂堆积的影响,基岩裸露,破坏面积大,极大地改变了矿山原有的地形地貌,加之大量废渣堆积,形成废弃边坡、废堆、采坑及相关建筑物,对矿山地质环境造成诸多影响和危害。

(1)地形地貌。矿区属于被剥蚀的浑圆状残山丘陵地貌,区内地势北高南低(海拔310～340m),山体坡度整体较缓(一般为25°～30°),侵蚀冲沟较为发育,3个治理区分布在河谷型冲沟内植被覆盖良好的位置。

(2)地层岩性。矿区地层岩性为古元古界秦岭岩群雁岭沟组(Pt_1y)石墨大理岩、大理岩和含石英条带或团块碳质大理岩,其中夹石英岩和石榴黑云斜长片麻岩。

(3)地质构造。矿区位于伏牛-大别弧形构造带的东部,以断裂构造为主,褶皱构造不发育。区内二龙乡附近断裂构造不发育;老庄镇发育1处小型断裂;任家庄-柳泉铺断裂范围较大,该断裂构造走向300°～315°,倾向北北东,倾角60°～85°,延伸长度10km,破碎带宽度100～200m,具挤压透镜体,断面有应力泥和擦痕。

(4)水文地质。矿区内地下水属岩溶裂隙水,含水岩组以大理岩为主,地下水主要赋存于岩体风化和构造节理、裂隙中，其富水性较差。该类水径流模数小于 $5\times10^5 m^4/a\cdot km^2$。

(5)工程地质。矿区内有碎裂状较软花岗岩强风化岩组(r)和中厚层稀裂状中等岩溶化大理岩岩组(Pt)两类工程地质岩组。其中，r岩组集中分布于北部山区的老庄镇、二龙乡、高丘镇等地，以中粗粒花岗岩、斑状花岗岩、辉长岩等为主，属坚硬岩类，岩体呈块状，抗压强度高，节理发育，抗风化能力较弱；Pt岩组集中分布于北部山区的老庄镇、二龙乡、四山、高丘镇、石佛寺等地，岩性主要为石墨大理岩、大理岩、含石英条带或团块碳质大理岩，其中夹石英岩、石榴黑云斜长片麻岩，属坚硬岩类。岩体呈块状，抗压强度高，节理发育，抗风化能力较弱，利于(崩、滑)重力侵蚀。

3.2 矿山地质环境问题

矿区内地质环境问题主要集中在3处铁矿尾砂堆积场和1处废弃露天采坑及周边地区，表现为开采矿物引发的地质灾害隐患、含水层破坏、地形地貌景观破坏及土地资源破坏等问题。

(1)铁矿尾砂堆积场及边坡地质灾害。在尾砂堆积场内，强降雨条件下尾矿坝存在因浸泡、冲刷而渗流的隐患，同时可能会因初期坝和后期坝接触面之间的抗剪强度减少而形成潜在的滑动面，进而诱发滑坡和泥石流等地质灾害。在废弃露天采坑边坡及周边地区，露天开采条件下断层带内的岩石风化较强，加之采矿开挖导致呈碎裂-散体结构，边坡自稳能力较差，易造成柱状岩体与母岩脱离从而形成崩塌(图2,图3)。

图2 东侧边坡形态

图3 西侧边坡形态

(2)含水层破坏。废弃露天采场的切坡现象导致风化层裂隙水遭到破坏,同时尾砂堆积场矿渣经过雨水淋滤,有害物质会渗入周围土壤内,风化层裂隙水的水质可能会受到污染。

(3)地形地貌景观破坏。矿区内少部分位置已经过自然恢复,地表存在自然生长的灌木和草类植被(图4),但大部分边坡基岩裸露,植被破坏严重,尾砂堆积场未自然恢复的部分也未进行复垦,可见白色的矿渣堆积,且堆积高度较高(一般为10～20m),堆积范围较大(图5),对矿区地形地貌景观造成严重破坏。

图4　经自然恢复的覆被地表

图5　未经自然恢复的堆渣场裸露地表

(4)土地资源破坏。尾砂堆积场裸露部分地表的沙尘可被风吹至库区周围,严重时会导致库外周围地区土地沙化;尾矿中的相关成分及所残留的药剂也会造成土地的污染。

(5)其他地质环境问题。矿区内为方便矿物开采及运输而修建的道路、排水设施等构筑物同样会对周围环境产生影响,改变局部环境。此外,矿区露天采坑破坏土地资源,严重影响草地、林地、耕地等生态系统的功能,而靠自然恢复不仅时间漫长而且恢复效果较差,据现场调查本矿区被破坏的土地资源的面积约为0.22km^2。

4 修复治理

4.1 技术路线及目标任务

(1)技术路线:根据收集到的矿区地质构造和地质环境资料,开展矿山地质环境条件现状调查,分析造成矿山地质环境问题的原因,接着预测矿山地质环境问题发展趋势并评估危害程度,进而确定矿山修复目标并针对性地提出具体的恢复治理措施,最终合理有序地开展矿区地质环境生态修复工作。

(2)目标任务:通过科学的技术方法和合理的工程措施,开展矿山生态环境修复,消除地质灾害隐患,逐步改善矿山地质环境,提高土地利用率,促进矿山开采与生态地质环境的协调发展。

4.2 修复原则

(1)以人为本、防灾减灾的原则。矿区矿产资源开采造成生态环境恶化等环境问题,对矿区居民的生命和财产安全构成直接或间接的威胁,本次矿区环境治理要保证其附近居民避免受到地质灾害的影响,以达到防灾减灾的目的。

(2)统一规划,统筹安排原则。在矿山地质环境治理工程设计和实施过程中,结合国家政策和各级政府(河南省、南阳市及镇平县)等相关部门的规划,统筹安排治理工程。

(3)工程措施与生物措施相结合的原则。只有将工程措施与生物措施紧密结合,才能达到矿山环境治理最终目标。由于工程措施投资规模较大,本次治理根据资金情况,拟采取场地平整和覆土等工程量较小但收效明显的工程措施。而生物措施具有投资规模较小和能有效改善小气候等优点,因此也广泛应用于矿山环境治理中工作中。

(4)自然生态修复的原则。在矿区生态修复治理的过程中遵循因地制宜的原则,以自然恢复为主,技术手段为辅,科学地采取相应的技术修复措施,同时也做好服务监管措施,注重长效机制。

5 矿山生态环境修复方案

根据矿区存在的地质环境问题和危害程度等调查结果,区内修复方案采用地质灾害治理工程、地形地貌整治、覆土复垦工程、截排水工程 4 项工程措施对矿山环境进行生态恢复修复治理。

5.1 地质灾害治理工程方案

(1)场地平整清理工程。沟谷型尾矿库目前较为稳定,未发现坝体裂缝、渗水等现象,但在强降雨或地震作用下有可能造成砂土液化,从而导致坝体失稳,形成沟谷泥石流,威胁下方村民。尾砂采用履带式挖掘机装载到小型农用车,运到库外,再通过自卸卡车对外运输加以利用。位于老庄镇的 C 治理区为一尾砂堆积场(位置见图 1),治理方案以清理尾砂为主。

(2)边坡削坡整理工程。主要是指清除坡面的碎石后修整坡度,修整坡度的具体措施是分级削坡(修正后单级台阶宽 5m,高 6～8m,斜坡坡度 45°～60°)。此外,用削高填低的方法修整采矿平台。本方案中,位于二龙乡的 A 治理区石方开挖 9.63 万 m^3,石方清运 0.7 万 m^3,位于二龙乡的 B 治理区石方开挖 16.28 万 m^3。

5.2 地形地貌整治方案

矿区场地环境较为复杂,对采坑、边坡和废渣堆等结合实际地形地貌削高填低,进行平整回填,并计算各治理区的挖填方量。矿区内平整高程范围 362～342m;平整开采深度最大 21m,最小 4.7m;平整开采坡面角 20°,内坡面坡比 1∶3;坝前安全平台宽度为 20～30m;运输通道宽度为 5m。设计采砂带宽度为 10m,分层厚度为 1.5m,为横向开采,即与主坝坝轴线方向基本保持平行。在地形地貌整治过程中,A 治理区自库前上游至坝划分 20 条回采带,土方开挖 12.9 万 m^3;B 治理区自库前上游至坝划分 60 条回采带,土方开挖 43.9 万 m^3;C 治理区自库前上游至坝划分 37 条回采带,土方开挖 18.5 万 m^3。

5.3　覆土复垦工程方案

矿区复垦土地类型区为黄淮海平原区,主要以生态修复和污染治理为主。结合矿区自然地理环境和土壤物理化学性质等修复因采矿不规范引发的耕地、草地和林地的破坏。覆土的标准是有效土层厚度达到 0.6m,土壤容重为 1.30g/cm^3,土壤质地为壤土,土壤中砾石含量在 3%以内,pH 值为 7.1,土壤有机质含量为 3%。在覆土工程实施过程中,覆土面积共计 7.54 万 m^2,其中各治理区覆土量分别为:A 治理区覆土 1.20 万 m^3;B 治理区土方开挖 2.56 万 m^3;C 治理区覆土 0.76 万 m^3。经过对覆土区的土地复垦,区域内地质灾害得到有效治理,生态环境得到改善。同时,当地农民的收入水平因种植更多的经济作物而明显提高。

5.4　截排水工程方案

矿区覆土区复垦耕地两侧环山,因此地表截排水对后续的农业生产尤为关键。故在复垦地块两侧沿坡脚修建排水渠和截水渠,排水渠总体修建坡度为 1%,截水渠设计底宽 1m、深度 0.6m。在截水渠工程实施过程中,各治理区的筑渠工作量分别为:A 治理区筑渠长度 110m,挖方量 158.4m^3;B 治理区筑渠长度 108m,挖方量 155m^3;C 治理区筑渠长度 155m,挖方量 282m^3。

排水渠采用梯形断面,截水渠采用矩形断面,弯道角度均控制在允许范围内。两渠均采用 M10 浆砌石结构,砌石壁厚 0.3m,底厚 0.3m,每隔 10m 设置一条宽为 2 cm 的二毡三油沉伸缝,外露部分全部勾成凸缝,顶部用 3 cm 厚的 M10 砂浆抹平。各治理区筑渠工作量分别为:A 治理区筑渠长度 200m,挖方量 1407m^3;B 治理区筑渠长度 520m,挖方量 3640m^3;C 治理区筑渠长度 729m,挖方量 2657m^3。

6　修复效果

在矿区 A 治理区和 B 治理区各选择一个典型地块的地质灾害生态修复治理工程部分设计剖面图(图 6,图 7),以此来展示矿区地质环境生态修复的直观效果。其中,A 治理区的地块 4—4′治理工程设计剖面图(图 6)展示了边坡整理、地形平整和覆土植草的效果;B 治理区的地块 6—6′治理工程设计剖面图(图 7)展示了地形平整、覆土工程和排水渠构筑的效果。总之,丰源选矿厂废弃矿山生态修复方案可实现预定修复目标,可达到预期的修复效果

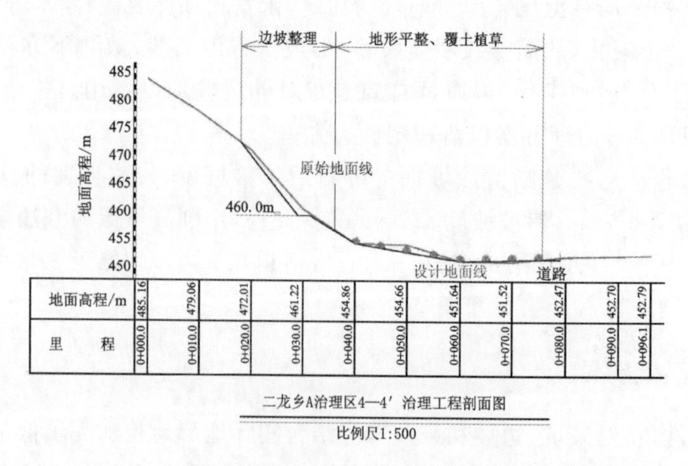

图 6　二龙乡 A 治理区某一部分治理工程设计剖面图

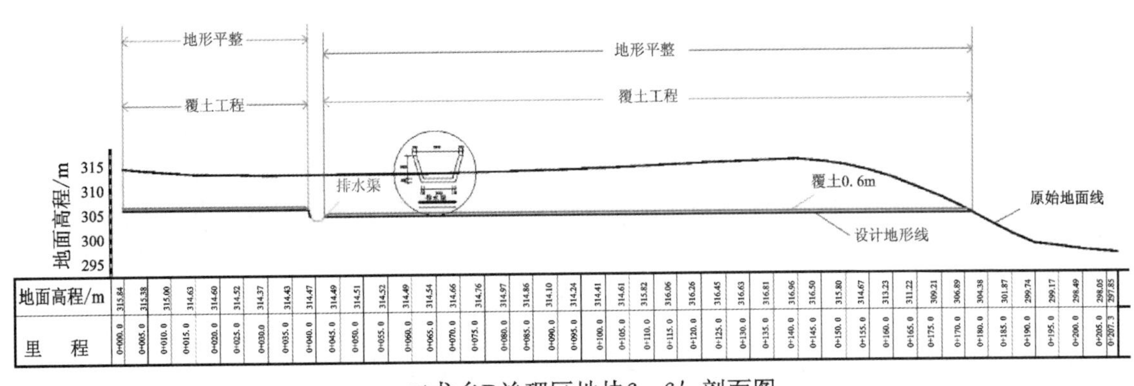

图7 二龙乡B治理区某一部分治理工程设计剖面图

7 治理效益分析

矿区的地质环境治理工程是公益性、社会性的项目，其价值具有间接性、潜在性、长久性的特点，在保障居民安全、防灾减灾方面起着重要作用，本项目的社会经济效益、环境效益较为显著。

7.1 社会经济效益

河南省镇平县二龙乡及老庄镇矿山生态环境修复工程实施后，将会消除尾矿库可能引发的滑坡、泥石流等地质灾害隐患，更好地保障附近居民的生命和财产安全。同时，项目的实施还会减少地质灾害引发的道路、通信和电力设施破坏造成的经济损失。此外，项目的实施还会为当地人民的生产、生活创造良好的生态环境，并提高当地居民的收入水平，达到“稳定发展，长期收益”的目的。

7.2 环境效益

河南省镇平县二龙乡及老庄镇矿山生态环境修复工程的实施过程中采用了生物工程，改善了矿区生态环境，有利于促进和保持当地生态系统的良性循环。此外，项目实施后，可新增耕地100亩（1亩≈666.67m^2），将真正开创生态环境优化和生产生活发展的双赢局面。

8 结论

本文在调查河南省镇平县丰源选矿厂废弃矿区的类型、特点和现状的基础上，针对存在的生态环境地质问题（如渣堆和边坡存在的地质灾害隐患、含水层破坏、地形地貌景观的破坏、土地资源占损等），采用有针对性的工程技术措施和生物措施，有效地修复地貌景观，恢复耕地，防治水土流失。治理方案从实际情况出发，因地制宜，以实现社会、经济和环境效益最大化为原则，其实施将有效改善周边居民的生活环境，提高生活质量，促进当地生态系统功能的完整性，提高镇平县生态环境价值总量。

主要参考文献

贾斌，宋少秋，2019. 废弃矿山生态修复治理技术应用：以北京房山区废弃矿山为例[J]. 矿产勘查，10(11)：2831-2834.

李建，2009. 妙峰山镇杨岭废弃矿山生态恢复技术研究[J]. 林业实用技术(7)：14-17.

刘德成，李玉倩，刘学贤，等，2021. 废弃矿山生态环境修复技术研究：以唐山市玉田县为例[J]. 四川地质学报,41 (1) :98-102.

秦鑫,陈洪凯,2017.矿山地质环境保护研究综述[J].人民长江,48(21):74-79.

孙达,聂振邦,余兴江,2021.浅谈湖北省大冶市某露天矿山地质环境治理与恢复[J].资源环境与工程,35 (1) :68-71.

王晶,2019.矿山生态修复工程及技术措施研究[J].生态经济,22:75-76.

吴鹏飞,陈小婷,2021.对新时期废弃露天石材矿山地质环境生态修复问题的思考[J].资源环境与工程,35 (4) :505-508.

杨金中,聂洪峰,荆青青,2017.初论全国矿山地质环境现状与存在问题[J].国土资源遥感,29(2):1-7.

周惠荣,2012.滇池流域采矿废弃地生态恢复技术[J].林业调查规划,37(1):72-77.

河南省地下水环境监测井建设关键技术研究

田鹏州[1,3],潘 登[2,4],李爱勤[1,3],豆敬峰[2,4],郑扬帆[1,3]

(1.河南省资源环境调查一院,河南 郑州 450016;2.河南省自然资源监测院,河南 郑州 450016;
3.河南省自然资源科技创新中心(地下水环境监测修复研究,河南 郑州 450016;
4.河南省自然资源科技创新平台(地下水资源调查监测研究,河南 郑州 450016)

摘 要:为了完善河南省地下水环境监测网络结构,填补河南省地下水环境监测部分空白区域,为河南省地下水资源合理开发利用、社会经济可持续发展、生态文明建设提供科学依据,河南省组织建设了一大批地下水环境监测井,并在监测井的建设过程中形成了一套完整的建井技术流程。本文系统总结河南省地下水赋存特征,结合区域地下水环境问题、水文地质分区,针对地下水监测井的特点,总结了地下水监测井建设过程中的关键环节及关键技术,重点提出设备选型、洗井过程中的有效方法和技术。结果表明,在监测井建设过程中,相关设备选型及参数选用适用于省内不同水文地质分区、不同地层,相关洗井方法能够快捷有效的对监测井质量做到很好的把控。

关键词:地下水环境;监测井;设备选型;洗井

0 引言

河南省是我国人口大省,同时又是农业大省和工业大省,合理开发利用地下水资源是保障工农业快速发展的基础。随着经济社会的快速发展和人口的不断增长,社会各方面对水资源的需求日益增加,因此地下水开采量持续增加,在多个地区出现了地下水的超采现象。超采地下水引发众多地质、环境以及生态问题,严重制约了社会经济的可持续发展。而地下水环境的监测,作为一项地下水资源合理开发利用与保护的基础工作,不仅可为地下水环境污染防治、规划以及管理工作提供技术支持,同时可以为水资源的科学管理、地质环境的保护以及生态环境的保护提供重要的技术支撑。

在地下水环境监测工程实施的过程中,监测井作为地下水环境监测的重要组成部分,是保证监测工作得以顺利开展的前提之一。河南省已经初步建立了地下水环境监测"一张网",

在以往工作中,没有对监测井建设过程中监测层位选择、井径、钻孔取芯、终孔、井管过滤器、沉淀管、填砾工艺、止水工艺以及洗井进行系统总结,本文通过对前期各阶段监测井建设资料的系统总结和研究,在后续逐步完善地下水环境监测网的过程中,将更加明确不同区域、不同类型监测井的施工方法和工艺,能够系统指导监测井建设各项工序和注意事项,对建设高质量监测井的意义重大。

基金项目:2019年中央水污染防治基金项目资助(河南省地下水环境监测网建设)。

作者简介:田鹏州(1986—),男,高级工程师,主要从事水工环地质工作。

1　河南省区域地下水环境概况

1.1　区域地层

河南省在大地构造上跨华北板块和中央造山带，地层出露齐全，除南阳市为扬子地层区外，其他城市均属华北地层分区。太古宇为一套火山变质岩系，岩性以片麻岩、片岩为主。中元古界主要有熊耳群及汝阳群，发育一套海相及滨海相地层，岩性以砂岩、灰岩、泥岩为主。古生界寒武系和奥陶系发育浅海相碎屑岩—碳酸盐岩建造，岩性以灰岩、泥灰岩及白云岩为主，石炭系为一套浅海相和海陆过渡相地层，岩性以砂岩、页岩、煤、铝土质页岩、灰岩为主，二叠系为一套海陆过渡相地层，岩性以泥岩、砂岩及煤层为主。中生界以陆相碎屑岩和火山碎屑岩为主。新生界最大沉积厚度达7000m以上，其中古近系岩性以黏土岩、砂岩、砂砾岩为主，厚度可达5000m以上，新近系、第四系主要为松散堆积物，厚度500～2000m。

1.2　水文地质条件

河南省可划分为5个水文地质单元，包括黄淮海平原(河南平原)、伊洛断陷盆地、灵宝—三门峡断陷盆地、南阳盆地以及基岩山区(图1)。研究区地下水类型划分为松散岩类孔隙水、碎屑岩类孔隙裂隙水、岩溶型裂隙水、基岩类裂隙水。

松散岩类孔隙水主要分布在黄淮海平原、山前平原和山间平原中，地下水赋存在第四系砂、砂砾、卵砾石层孔隙中。含水层厚度变化较大，由数米至数十米，古黄河、古淮河河道的变迁导致其含水层具条带状分布的特征(图1)。

碎屑岩类孔隙裂隙水主要分布于豫西王屋山和新渑山地，中西部嵩山北麓、箕山西南、平顶山，以及太行山、大别山前和山间盆地等，含水层主要为晚古生界、中生界及新生界砂砾岩和砂岩(图1)。

岩溶型裂隙水主要分布于北部太行山区、中西部嵩箕山区、平顶山—宝丰地区及西南部淅川一带，寒武系、奥陶系碳酸盐岩是岩溶型裂隙水的主要富集层位。此外，一些大型、特大型水源地开采层位为中奥陶统岩溶含水层组。在黄淮海平原及山间盆地隐伏区，分布有大面积的深层岩溶型裂隙水(图1)。

基岩类裂隙水包括岩浆岩和变质岩组成的含水层组。侵入岩类含水层组主要分布在伏牛山，岩性为花岗岩；喷发岩类含水层组主要分布崤山、熊耳山和外方山地区，岩性由玄武岩、安山岩、流纹岩等组成；变质岩类含水层组主要分布在伏牛山，济源和登封一带偶有分布，岩性由片麻岩、片岩、千枚岩、石英岩、白云岩、大理岩组成(图1)。

2　监测井建设技术方法及关键技术研究

2.1　技术方法

地下水监测网的建设是一项繁杂的系统工程，主要包资料收集、地下监测井建设、设备安装、资料整编、相关的数据库建设等(图2)。

2.2　关键技术研究

河南省地下水环境监测网建设的核心环节为监测井的建设，而监测井的建设核心为成井施工，成井施工主要包括取芯钻进、全面钻进、洗井等环节。2015年以来，随着国家地下水监测工程、河南省地下水监测井监测工程的相继实施，河南省相继建成了近千个地下水监测井，最初进行地下水监测井的建设时，主要参照《供水水文地质勘察规范》(GB 50027—2001)和《供水管井技术规范》(GB 50296—1999)，

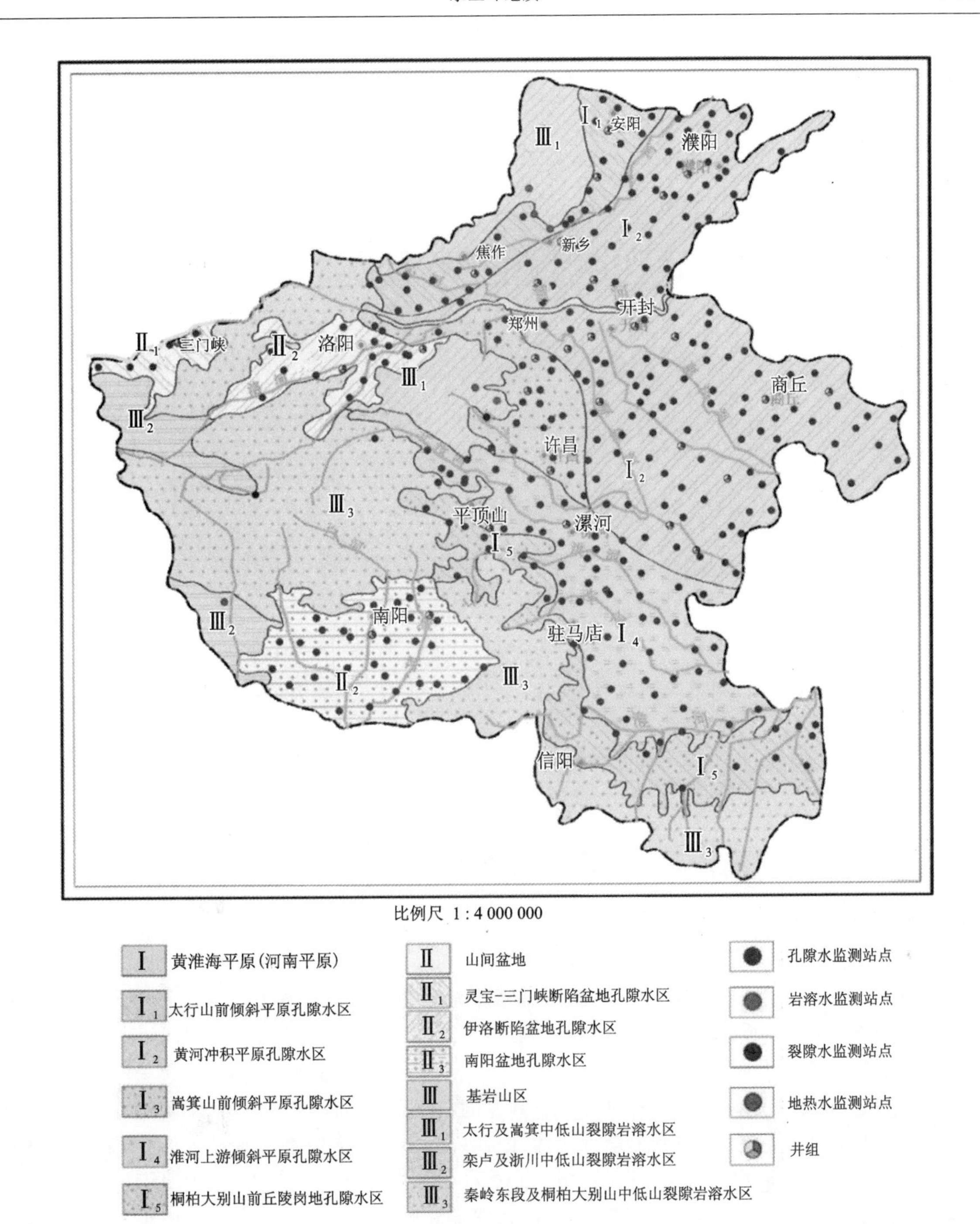

图 1　河南省水文地质单元图及监测站点分布图

利用以往水井建设的经验指导施工，而在地下水监测井验收时，主要依据《地下水监测井建设规范》(DZ/T 0270—2014)。

水井与监测井在成井工艺上虽有共通之处，但在建设目的和质量要求上有许多差别。首先，建设水井的主要目的为供水，水量为第一要务，而建设监测井的主要目的为监测，层位为第一要务；其次，水井在建成后，后期基本一直处于动态运行状态，而监测井在建成后，除每年例行的常规取样外，其余多数时间处于近似静止监测状态，这就要求监测井需要更严格的建设要求，才能保证监测井后期的长久利用。因此，经过多年监测井的建设经验，总结出以下关键技术。

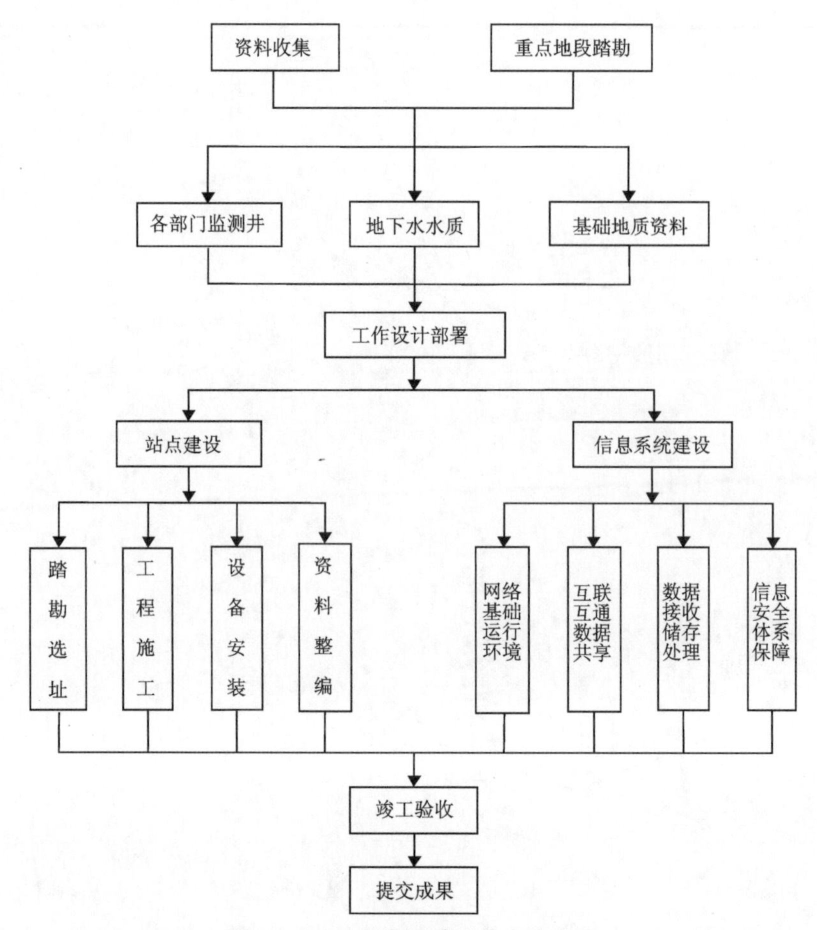

图 2　地下水监测网建设技术路线图

2.2.1　钻进设备选型及参数选择

1.设备选型

河南省地下水环境监测网建设中所涉及的监测井类型主要为成井深度≤100m 的孔隙潜水监测井，其次为成井深度＞100m 的孔隙承压水监测井和岩溶裂隙水监测井。不同类型的监测井在成井施工时，需根据自身的特点选择合适的钻进设备。

(1)孔隙潜水监测井钻机选型。针对此类监测井的特点，为保证良好的成井效果，在砂土、黏性土和粉土地层中，尽量采用反循环钻机全面钻进成井，此钻进方法主要适用于黄淮海平原和南阳盆地大部分地区。部分存在卵砾石地层的地区，无法采用反循环钻进全面钻进时，采用正循环或冲击钻进行成井，此钻进方法主要适用于黄淮海平原中太行山前倾斜平原孔隙水区、嵩箕山前倾斜平原孔隙水区和桐柏大别山前丘陵岗地孔隙水区，以及灵宝—三门峡断陷盆地孔隙水区和伊洛断陷盆地孔隙水区。

(2)成井深度＞100m 的孔隙承压水监测井钻机选型。针对此类监测井的特点，深度较大，采用反循环钻进施工时，风险较大，主要选用水井钻机进行取芯施工，取芯工作完成后直接换用大口径钻头进行扩孔成井。因水源钻机进行取芯施工时辅助时间较长，效率偏低，部分此类监测井先选用取芯效率较高的钻机进行取芯施工，取芯工作完成后换用水源钻机进行扩孔成井。目前，省内孔隙承压水监测井多数采用此钻进方法进行施工。

(3)岩溶裂隙水监测井钻机选型。岩溶水与裂隙水监测井地层主要由基岩构成，较孔隙水监测井地层坚硬，针对此特点，直接选用空气潜孔锤钻机或水源钻机进行施工，此方法主要适用于基岩山区监测井的施工。

根据监测站点的设计深度、钻孔结构及地层条件等情况，各类监测井施工时主要钻机设备选型见表 1。

表 1　监测井施工钻机类型汇总表

监测井类型	取芯设备		扩孔/成井设备	
	设备型号	钻进方式	设备型号	钻进方式
孔隙潜水（＜100m）	DPP-100、XY-1A-4 等	正循环	QGD-200、GF-250、BT-160 等	反循环
			PK-150 等	正循环
			CZ-6A、CZ-8、CZ-20、CZ-30 等	冲击钻
中深层孔隙承压水	SPJ-300、SPJ-400 、XY-4、XY-44A	正循环	SPJ-300、SPJ-400、HX-400、HX-600 等	正循环
岩溶裂隙水（300～400m）	/	/	XSL7/350 等	空气潜孔锤

2. 钻进参数

泵吸反循环钻进工艺参数：根据钻探施工理论和多年的生产实践经验，确定钻进参数如下。钻压50～90kN，转速 10～37 r/min，泵量 120～$240m^3/h$，泵压＞2.0MPa。

正循环钻进工艺参数：一般采用“大泵量、中转速、小钻压”操作规程，以保证井的垂直度和井壁圆滑。根据区域地质钻探资料，确定钻进参数如下。钻压 30～60kN，转速 52～145 r/min，泵量 800～1200 L/min，泵压＞2.0MPa。

冲击钻进工艺参数：根据钻孔孔径、钻进地层情况以及多年的生产实践经验，确定钻进参数如下。重锤 2.2t，卷筒提升力 60kN，桅杆高度 8.5～12m，冲击次数 36～38 次，冲程 5～11m。

2.2.2　洗井

在对监测井进行洗井时，常用的方法包括机械洗井法、化学洗井法。其中，机械洗井法主要包括空气压缩机洗井、活塞洗井、钢刷洗井、潜水泵洗井和喷射洗井等；化学洗井主要包括化学试剂（焦磷酸钠）洗井、二氧化碳洗井、盐酸洗井等。

以上大多数洗井方法的目的是使监测井成井后能够水清砂净，与水井施工时的洗井方法雷同，而监测井在进行验收时，一项很重要的指标为井底沉渣不能超出成井深度的 5‰。所以，监测井在进行洗井时，除须保证监测井的水清砂净外，还须保证监测井的成井深度满足相关规范要求，因此，通过近年来监测井的施工经验，在常规洗井的基础上，进行了相应的技术革新，除保证监测井在洗井后能水清砂净外，还能保证井底沉渣不超出成井深度的 5‰。

采用潜水泵进行抽水洗井时，在潜水泵与出水管法兰连接处，再安装一个 4 分管，水管与水泵泵体平行，出水口指向井底，在潜水泵运行过程中，利用水冲力高压冲呲作用和水动砂动漂浮原理，4 分管中向下排出清水并搅冲淤积层，从而使孔底淤积物随水柱旋流带出井外，达到水清砂净和井底干净无沉渣的效果（图 3）。

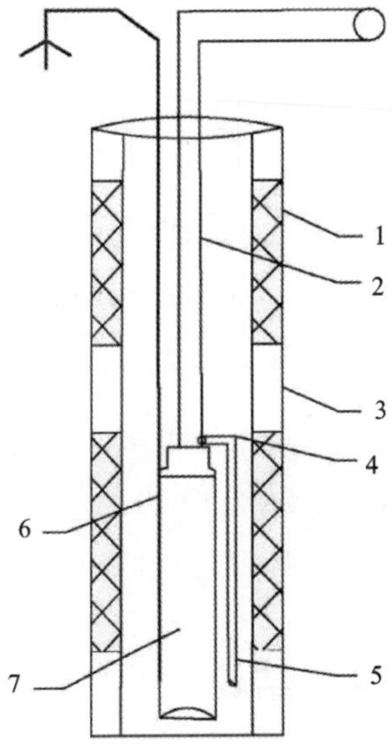

1. Φ200 × 9. 6PVC － U 井管；2. 2.5～3 寸（1 寸≈3.33cm）出水管；3. Φ200 × 9. 6PVC-U 井壁管；4. Φ4″母接头＋短节＋弯接头；5. Φ4″水管钢管冲渣器；6. 潜水泵电缆线；7. 潜水泵。

图 3　高压水冲渣器示意图

3　典型监测井设计方案

在以黄淮海平原、伊洛断陷盆地、灵宝-三门峡断陷盆地、南阳盆地为主的重点监测区布设孔隙水潜水监测井和孔隙承压水监测井，基岩山区岩溶水及裂隙水一般监测区布设少量的岩溶裂隙水监测井。收集以往地质工作钻孔资料，分析区域地层岩性，布设不同深度的监测井，以周口地区和平顶山鲁山地区为例做典型监测井施工设计。

(1)孔隙水潜水监测井深度，监测井结构图以 70m 为例(图 4)。

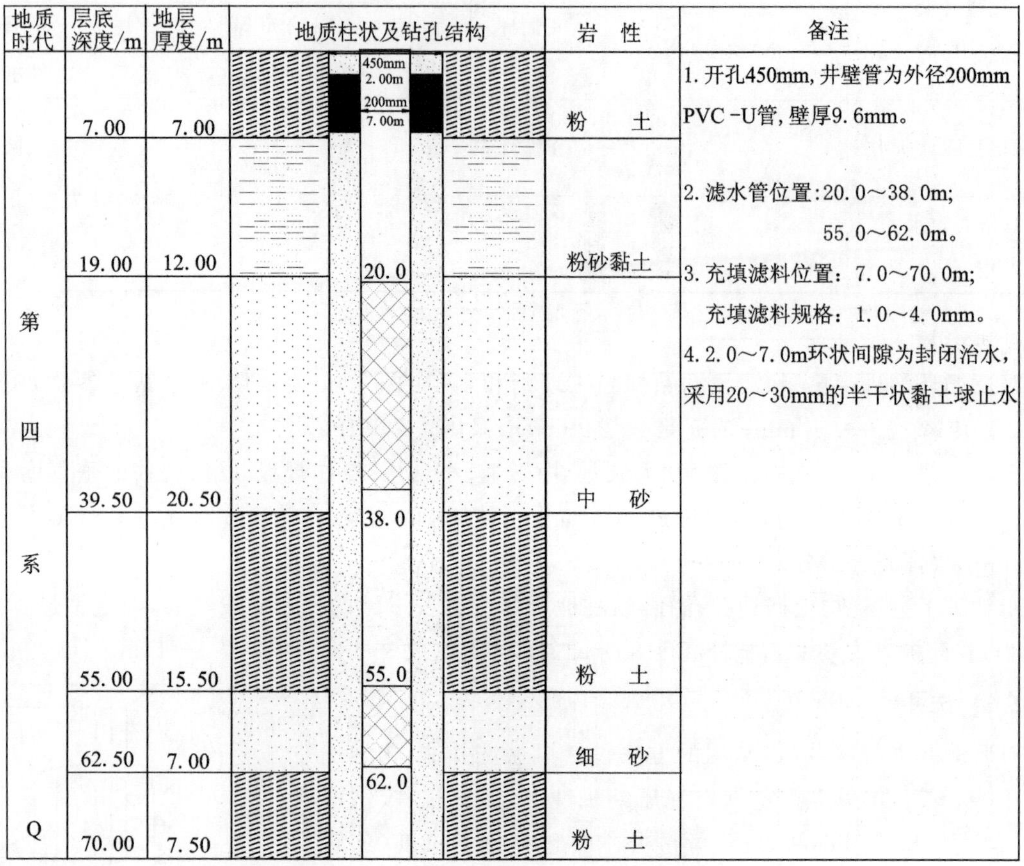

地质时代	层底深度/m	地层厚度/m	地质柱状及钻孔结构	岩性	备注
第四系 Q	7.00	7.00	450mm 2.00m 200mm 7.00m	粉土	1. 开孔450mm, 井壁管为外径200mm PVC -U管, 壁厚9.6mm。
	19.00	12.00	20.0	粉砂黏土	2. 滤水管位置:20.0～38.0m; 55.0～62.0m。
	39.50	20.50		中砂	3. 充填滤料位置：7.0～70.0m; 充填滤料规格：1.0～4.0mm。 4. 2.0～7.0m环状间隙为封闭治水, 采用20～30mm的半干状黏土球止水
	55.00	15.50	38.0 55.0	粉土	
	62.50	7.00		细砂	
	70.00	7.50	62.0	粉土	

图 4　70m 孔隙潜水监测井施工设计图

(2)孔隙承压水监测井深度主要为 200m、350m、450m。其中，200m 及 350m 深度监测点主要监测承压含水层组地下水(中深层)；450m 深度监测点主要监测承压含水层组地下水(深层)；监测井结构图以 350m 为例(图 5)。

(3)岩溶裂隙水监测井深度大致约 300～400m，监测井结构图以 300m 为例(图 6)。

4　结论

通过分析河南省地下水资源的赋存特征，依据相关的规范和要求，并结合区域地下水环境问题、水文地质分区，提出河南省地下水环境监测井建设的关键技术如下：

(1)针对不同水文地质分区，不同区域地层，成井深度≤100m 的孔隙潜水监测井、成井深度＞100m 的孔隙承压水监测井和岩溶裂隙水监测井的设备选型合理，参数设置合理，能够指导监测井建设。

(2)对潜水泵洗井方法进行革新后，形成高压水冲渣器，在完成洗井工作后，既能保证监测井的水清砂净，又能使监测井井底不超出规范的限值，此洗井方法切实可行，在后期的监测井建设中值得推广。

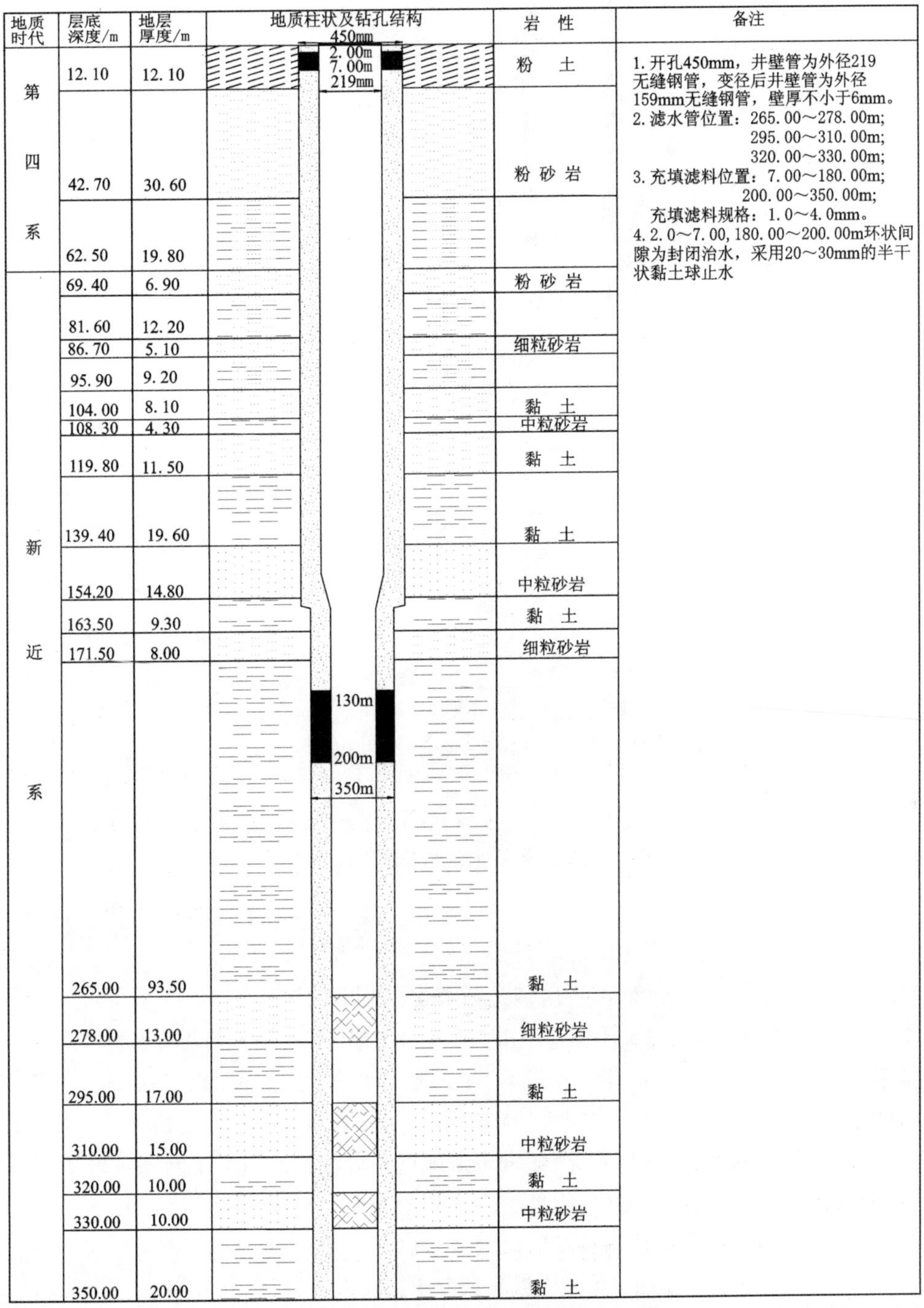

地质时代	层底深度/m	地层厚度/m	地质柱状及钻孔结构	岩性	备注
第四系	12.10	12.10	450mm 2.00m 7.00m 219mm	粉土	1. 开孔450mm，井壁管为外径219无缝钢管，变径后井壁管为外径159mm无缝钢管，壁厚不小于6mm。 2. 滤水管位置：265.00～278.00m; 295.00～310.00m; 320.00～330.00m; 3. 充填滤料位置：7.00～180.00m; 200.00～350.00m; 充填滤料规格：1.0～4.0mm。 4. 2.0～7.00, 180.00～200.00m环状间隙为封闭治水，采用20～30mm的半干状黏土球止水
	42.70	30.60		粉砂岩	
	62.50	19.80			
新近系	69.40	6.90		粉砂岩	
	81.60	12.20			
	86.70	5.10		细粒砂岩	
	95.90	9.20			
	104.00	8.10		黏土	
	108.30	4.30		中粒砂岩	
	119.80	11.50		黏土	
	139.40	19.60		黏土	
	154.20	14.80		中粒砂岩	
	163.50	9.30		黏土	
	171.50	8.00		细粒砂岩	
	265.00	93.50	130m 200m 350m	黏土	
	278.00	13.00		细粒砂岩	
	295.00	17.00		黏土	
	310.00	15.00		中粒砂岩	
	320.00	10.00		黏土	
	330.00	10.00		中粒砂岩	
	350.00	20.00		黏土	

图5　350m孔隙承压水监测井施工设计图

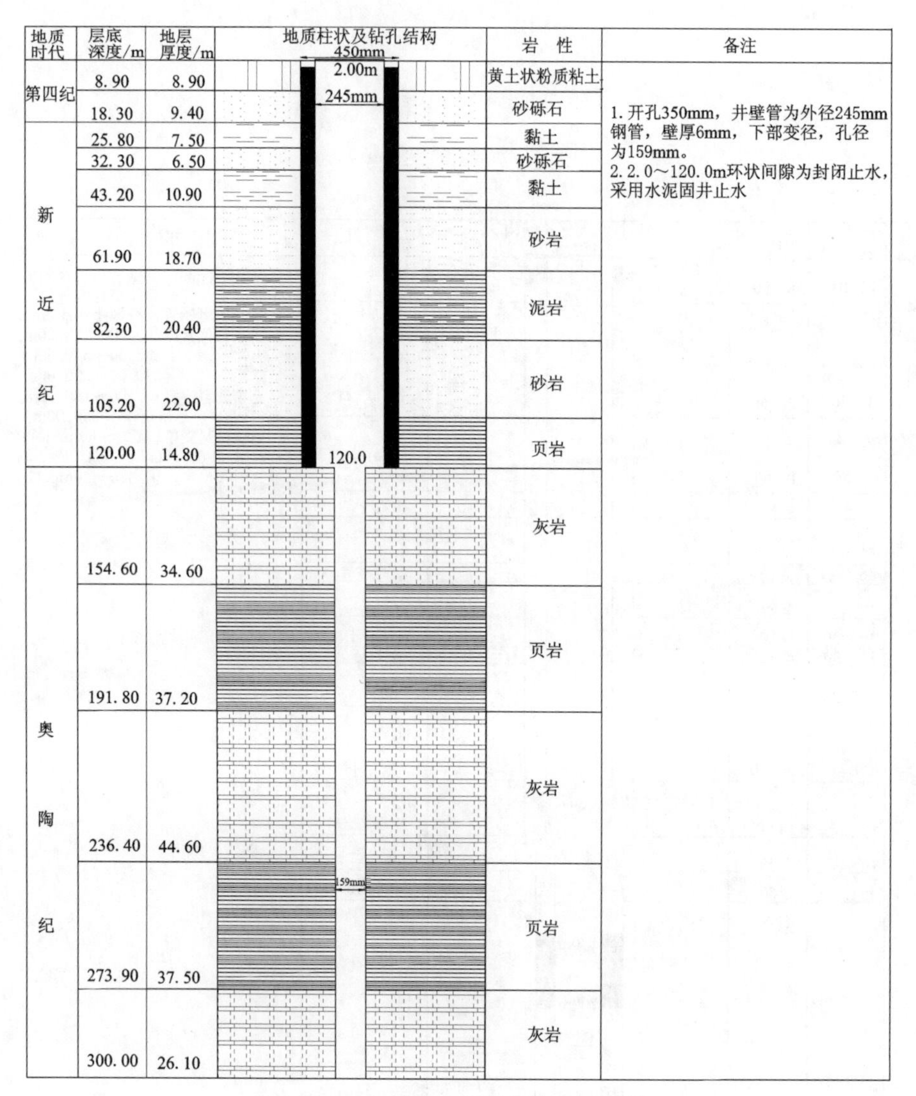

图6　300m岩溶水监测井施工设计图

主要参考文献

林德超，裴放，李潇丽，等，1998. 河南省区域地质概况[J]. 中国区域地质(4)：2-11.

刘敏，聂振龙，王金哲，等，2017. 华北平原地下水资源承载力评价[J]. 南水北调与水利科技，15(4)：13-18.

刘鹏飞，董伟，王萍，2020. 河南：监测"一张网"守护地下水安全[J]. 资源导刊(1)：26-27.

潘桂棠，陆松年，肖庆辉，等，2016. 中国大地构造阶段划分和演化[J]. 地学前缘，23(6)：1-23.

裴放，1991. 河南省华北型寒武纪—早奥陶世多重地层划分和对比[J]. 中国区域地质(3)：210-220.

裴放，1998. 河南省华北型石炭—二叠纪地层多重划分与对比[J]. 河南地质(4)：34-41.

邵长颖，2019. 关于地下水环境监测技术的研究[J]. 化工管理(21)：111-112.

田华，杨明华，2012. 河南省浅层地下水动态演变分析[J]. 人民黄河，34(3)：45-46.

田志仁，李名升，夏新，等，2020. 我国地下水环境监测现状和工作建议[J]. 环境监控与预警，12(6)：1-6.

王德有，2013. 河南省几个中生代地层问题的讨论[J]. 地质论评，59(4)：601-606.

严洋，蔡紫昊，2018. 地下水环境监测技术探究[J]. 环境与发展，30(9)：158-160.

翟明国，2010. 华北克拉通的形成演化与成矿作用[J]. 矿床地质，29(1)：24-36.

朱中道，2004. 河南省地下水资源开发战略探讨[J]. 人民黄河，26(10)：30-32.

矿山地质环境治理工程技术研究

沈佩霞

（河南省资源环境调查四院，河南 郑州 450012）

摘 要：为了消除采石场治理区地质灾害，及时对破坏土地复垦利用和恢复建设区生态环境，减轻矿业活动对地质环境及土地利用的影响。基于工程概况与矿山基本情况，分析矿山主要地质环境问题，设计了矿山地质环境恢复治理工程，研究制订矿山地质环境治理方案，实现矿山地质环境和土地利用的有效保护与恢复治理，为矿山实施地质环境保护治理提供技术支撑。

关键词：地质环境；灰岩矿；恢复治理

0 引言

鑫弘基建材有限公司位于叶县常村乡，主要开采建筑石料用灰岩矿，经过多年露天开采，对矿山地质环境影响较严重，主要体现为对土地的挖损，使原有地类遭到破坏，以及工业场地及建筑对土地资源的压占，造成土地资源的损毁及生态环境的恶化。通过对治理区采取边坡整理、石方开挖、废石清运、植树绿化、覆土恢复等措施，有效消除崩塌、滑坡等地质灾害隐患，实现矿山地质环境的有效恢复。之前有学者对矿山地质环境治理工程进行了较为深入系统的研究，取得了有益的研究成果。本文从恢复生态环境角度出发，对矿山地质环境修复技术进行研究。

1 矿山概况

鑫弘基建材有限公司位于叶县常村乡中马村北的低岗之上，矿区南距中马村 1.4km，东北距常村乡 7km，距叶县城区 24km。矿区面积为 0.067 3km^2，生产规模为 20 万 t/a。

露天采场位于矿区中西部，大致呈东西向展布，长约 338m，宽 50～130m。采坑东部南缘堆放矿渣 3000m^3。采坑南部设有工业场地。

2 矿山背景

鑫弘基建材有限公司，由原平顶山市鑫弘基建材有限公司和叶县常青石料有限责任公司采石场两矿山整合而成，开采方式为露天开采，采用自上而下台阶式开采，经野外调查，确定治理区为鑫弘基建材

作者简介：沈佩霞（1965—），女，河南舞阳人，高级工程师，河南省地质学会学员，长期从事煤炭地质勘查工作。E-mail：314336542@qq.com 。

有限公司采石场采坑、工业场地及堆土场地，治理区面积 10.303 6hm²（1hm² = 0.011km²）。范围由 23 个拐点坐标圈定。露天采场与工程布置见图 1。

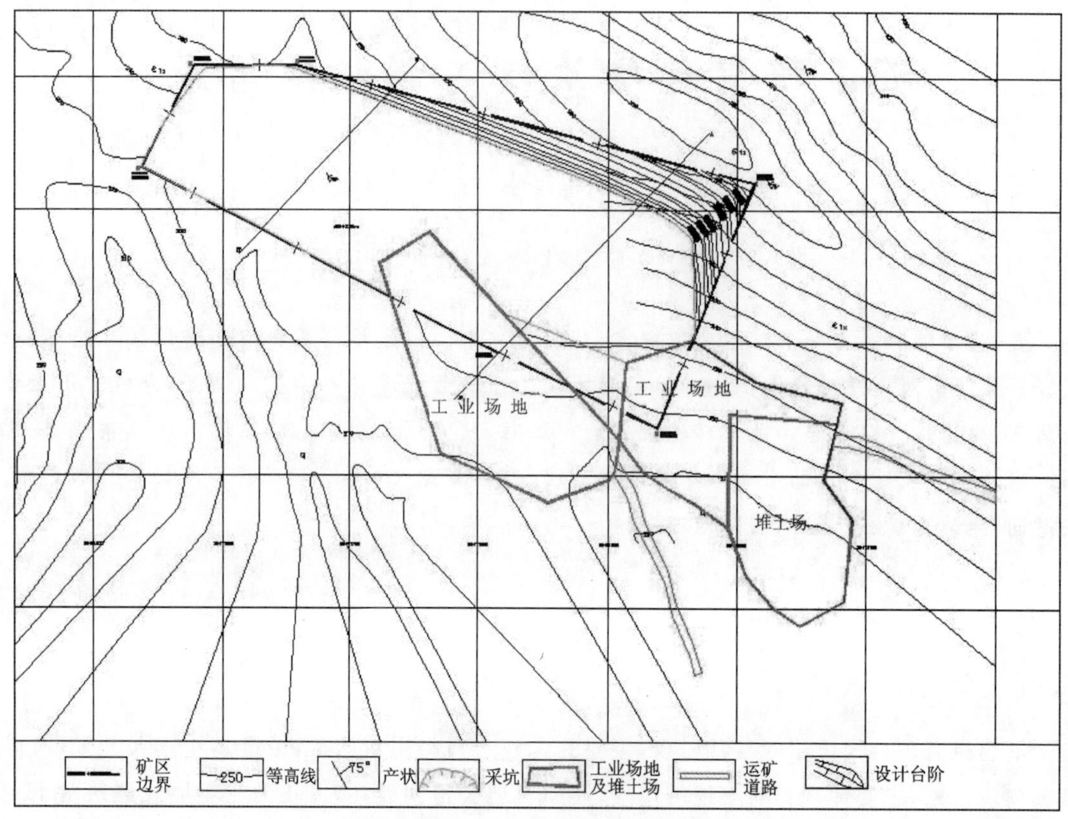

图 1　露天采场及工程布置平面图

3　主要矿山地质环境问题

3.1　矿山地质灾害

评估区采矿活动为较重要建设项目，地质环境条件复杂程度为中等，地质灾害危险性评估分级为二级。矿区中部有正在进行生产形成的采坑，采坑附近还有渣堆、台地及生产平台等生产区域。两条运矿道路从矿区东南部通入矿区生产平台，在生产平台东南角，运矿道路的两侧有工业广场、破碎站等。经现场调查，评估区内没有发现地面塌陷、崩塌、滑坡、泥石流等地质灾害，地质灾害不发育，综合判定地质灾害危险性小。

3.2　矿区含水层破坏

本矿山为露天开采，矿区无地表水体，无地下涌水产生。采石场水源主要为大气降水，排水设计主要是采石场顶面积水和坡面积水排放。露天开采地面标高位于侵蚀基准面以上，对附近地表水与地下含水层水质无影响，未对矿区及周边居民生产生活用水造成不良影响，未发现地表水漏水和地下水下降。现状条件下，含水层破坏对矿山地质环境影响程度为较轻。

3.3　矿区地形地貌景观破坏

露天采场长约 325m，宽 50～130m，占地面积约为 4.047 2hm²，采坑较深部位剥离坡面高 40～70m，宽 60m，倾角大于 70°；采坑较浅部位深 10～20m，宽 50～108m。生产形成的废石、废渣在采坑南部堆积，形成渣堆、台地和生产平台。现状条件下，露天采场对地形地貌景观影响和破坏程度为严重，工业场地对地形地貌景观影响和破坏程度为较严重，运矿道路对地形地貌景观影响的破坏程度为较严重(图 2)。

图 2 露天采场对地形地貌的破坏

3.4 土地资源破坏

矿山对土地资源的破坏主要表现为露天采场对土地造成破坏，损毁地类为其他草地和采矿用地，土地损毁类型主要为挖损，挖损损毁程度为重度，损毁面积 6.000 6hm²。工业场地(包括工业广场、办公及食堂、破碎站等)对土地造成破坏，损毁地类为其他草地和采矿用地，土地损毁类型主要为压占，挖损损毁程度为重度，损毁面积 4.303hm²。运矿道路土地损毁类型主要为压占，损毁地类为其他草地，损毁程度为重度，损毁面积 0.220 2hm²。

3.5 水土环境污染

矿区矿体分布在山坡上，地势较高，位于区内最低侵蚀基准面＋167m。地势南高北低，有利于矿坑自然排水。采场的充水因素主要为大气降水，最低开采标高＋220m，高于区内最低侵蚀基准面，大气降水均可沿山坡径流自然排泄，故对地下水环境造成的污染程度较轻。

4 矿山地质环境恢复治理工程设计

4.1 设计条件和有关参数选取

本次设计从治理方案的技术合理性、施工的可行性和生态环境协调性等多方面综合考虑，选择最佳治理方案。根据勘查结果，此次治理工程主要采用危岩清理、废石堆清运、坑底覆土、挡土墙、绿化管护等工程措施，消除矿山地质灾害，恢复矿山地貌景观。

1.危岩清理

该区内地质灾害为崩塌，防治工程为危岩体清除工程。经现场测量原岩体坡度 75°左右，危岩体清除采取挖掘机清除方式，先清除最上部的松散岩石，自上而下，依次削除各平台坡面，削除后最终坡面角 55°，边坡高度为 10m。

2. 坑底覆土

在露天采场底部平台上，先用废渣填充 20cm，覆渣量为 9 975.8m³，石渣来源于矿山产生的废石。然后上部覆土 50cm，需要覆土量 24 939.5m³。

3. 挡土墙

设计在露采场外侧修整浆砌石挡土墙，其截面为矩形，材料选用 M7.5 浆砌块石，块石强度不低于 MU30。墙体距地面高 1.5m 处设置 1 排排水孔，孔间距 5m，排水孔由内向外倾斜 5%的坡度。

4. 排水沟

在采场底部＋220m 平台修排水沟，排水沟设计为矩形，先对底部平台进行基础开挖，然后采用 M7.5 浆砌石砌墙，厚度 25cm，M10 砂浆抹面。

5. 道路

该矿山有运矿道路 2 条，路基宽 3.7m，路面宽 3.5m，面积 0.220 2hm²。矿方已在路面铺土夯实，经过矿山载重车的碾压，路基较稳固。

6. 绿化工程

该矿山位于低山区，干旱少雨，土壤贫瘠，树种选择适宜当地气候的树种，此次设计选择胸径 30mm 的刺槐，株行距 2.5m×2.5m，即 1600 株/hm²，共需种植 7981 株树苗。阶梯边坡按照 1.5m 间距人工种植爬山虎，株行距 1.5m×1.5m。在树下撒播草籽，草种选用狗尾草，撒播量为 30kg/hm²。

治理工程相关参数见表 1。

表 1　治理工程相关参数

治理工程	覆土厚度/m	宽/m	高/m	沟壁厚/m	坑穴直径/m	坑穴深度/m	路宽/m	路基宽/m
坑底覆土	0.7							
挡土墙		0.4	0.8			0.1		
排水沟		0.7	0.8	0.25				
刺槐					0.5	0.6		
道路							3.7	3.5

4.2　工程总体布置

工程设计范围为矿山恢复治理责任范围，拟对复垦区进行覆土绿化，恢复为有林地。对因采矿造成的矿山地质环境问题实施恢复或治理工程，修复评估区生态环境，治理率达到 100%。

4.3　治理工程分项设计

4.3.1　露天采场治理工程

通过实地调查，区内露天采场长约 325m，宽 50～130m，面积约 6.000 6hm²。采坑边坡高度 60m，坡度大多 50°～75°，地形地貌景观破坏程度严重，共损毁土地面积 4.047 2hm²，全部为挖损。矿区离村庄距离较远，适宜复垦为林地。此次设计对边坡危岩体进行清除，坑底平台覆土种树，靠近边坡边缘种植爬山虎藤本植物，为避免雨水冲刷平台覆土，设计在坑底平台侧面修建挡土墙，墙体距地面高 1.5m 处设置 1 排排水孔，孔间距 5m，排水孔由内向外倾斜 5%的坡度。在采场＋220m 平台开挖排水沟，保证降水排泄顺畅，有利于覆土的稳定。治理工程结束后，后期要对绿化工程进行浇水和施肥管护。

(1)边坡整理。危岩体清除采取挖掘机清除方式，先清除最上部的松散岩石，自上而下，依次削除各平台坡面，削除后最终坡面角 55°，根据实测结果，边坡需削坡方量为 23 919.58m³。

(2)废石堆清运。采坑东部南缘有一处渣堆，面积 1.171 8hm²，堆放矿渣 3000m³。设计对采矿产生的部分废土用于回覆，废渣回填采坑处理，覆土绿化，修复被破坏的地形地貌，恢复土地功能。

(3)坑底及工业广场覆土。此次环境治理方案设计对坑底平台进行覆土，先用废渣填充 20cm，然后上部覆土 50cm，以利于植被和农作物的生长。

(4)挡土墙工程。本次设计四面挡土墙。一是露天采场挡土墙；二是开采平台挡土墙；三是废石堆挡土墙；四是工业场地挡土墙。

(5)排水沟工程。设计在治理区内采场底部＋220m 平台修排水沟，排水沟设计为矩形，先对底部平台进行基础开挖，然后采用 M7.5 浆砌石砌墙，厚度 25cm，修筑排水沟长度为 524.30m。根据计算，需要基础开挖 492.84m^3，浆砌石 304.09m^3，砂浆抹面 26.22m^3。

(6)绿化工程。对＋220m 底部平台覆土种树，树种选择胸径 30mm 的刺槐，株行距 2.5m×2.5m，即 1600 株/hm^2。阶梯边坡按照 1.5m 间距人工种植爬山虎，株行距 1.5m×1.5m 需种植 2042 株爬山虎。为了更好地达到绿化效果，设计在林下撒播狗尾草籽 30kg/hm^2，共计 4.047 2hm^2。

(7)管护工程。林地抚育管理期间，为防止杂草侵入，苗期要进行除草。由于干旱、寒冷、雨水冲刷等客观原因导致部分植物死亡，应及时补植。方案设计管护期为 3 年，管护面积 10.303 6hm^2，拟安排 2 人进行管护。每年管护 4 次，一次需要 5 工日/次，连续管护 3 年。管护期每年需用水 7 326.06m^3。林地、草地施肥标准：每年施肥一次，每次 180kg/ hm^2。

4.3.2 道路工程

该矿山有运矿道路 2 条，路基宽 3.7m，路面宽 3.5m，面积 0.220 2hm^2，矿方已在路面铺土夯实，经过矿山载重车的碾压，路基较稳固，可作为农业生产道路。

4.4 设计工程量

经测算，该项目矿山地质环境治理设计工程量见表 2。

表 2 矿山地质环境治理设计工程量汇总表

<table>
<tr><th>治理区</th><th colspan="2">项目名称</th><th>主要工作内容</th><th>单位</th><th>定额编号</th><th>工作量</th></tr>
<tr><td rowspan="16">露天采场</td><td colspan="2">警示工程</td><td>标志牌</td><td>2 块</td><td>补 001</td><td>2.5</td></tr>
<tr><td colspan="2">防护网工程</td><td>防护网</td><td>m</td><td>—</td><td>1 101.3</td></tr>
<tr><td rowspan="7">老采坑</td><td>废渣清运</td><td>废渣清运</td><td>$100m^3$</td><td>20 282</td><td>100</td></tr>
<tr><td rowspan="5">挡土墙工程</td><td>浆砌石</td><td>$100m^3$</td><td>30 026</td><td>7.557 5</td></tr>
<tr><td>PVC 管</td><td>100m</td><td>50 067</td><td>0.364 3</td></tr>
<tr><td>反滤层</td><td>$100m^3$</td><td>30 004</td><td>0.234 2</td></tr>
<tr><td>基础开挖</td><td>$100m^3$</td><td>20 092</td><td>2.081 6</td></tr>
<tr><td>伸缩缝</td><td>$100m^2$</td><td>40 279</td><td>0.052 04</td></tr>
<tr><td>撒播草籽</td><td>草籽</td><td>$1hm^2$</td><td>90 031</td><td>3 189.07</td></tr>
<tr><td colspan="2" rowspan="2">排水沟工程</td><td>浆砌石</td><td>$100m^3$</td><td>30 028</td><td>3.040 9</td></tr>
<tr><td>基础开挖</td><td>$100m^3$</td><td>20 092</td><td>4.928 4</td></tr>
<tr><td colspan="2">危岩清理工程</td><td>削坡</td><td>$100m^3$</td><td>20 010</td><td>239.195 8</td></tr>
<tr><td colspan="2" rowspan="4">挡土保水岸墙工程</td><td>浆砌石</td><td>$100m^3$</td><td>30 026</td><td>3.712 8</td></tr>
<tr><td>PVC 管</td><td>100m</td><td>50 067</td><td>1.060 8</td></tr>
<tr><td>反滤层</td><td>$100m^3$</td><td>30 004</td><td>1.194</td></tr>
<tr><td>伸缩缝</td><td>$100m^2$</td><td>40 279</td><td>0.265 2</td></tr>
</table>

续表 2

治理区	项目名称	主要工作内容	单位	定额编号	工作量
临时堆土场	挡土墙工程	浆砌石	100m^3	30 026	3.639
		PVC 管	100m	50 067	0.175
		基础开挖	100m^3	20 092	1.002 4
		反滤层	100m^3	30 004	0.113
		伸缩缝	100m^2	40 279	0.025 1
		草籽	1hm^2	90 031	3 189.07
工业场地	房屋拆除工程	建筑拆除	100m^2	100 118	58.08
		建筑垃圾清理	100m^3	20 283	23.232
	挡土墙工程	浆砌石	100m^3	30 026	20.401 2
		PVC 管	100m	50 067	0.983 4
		基础开挖	100m^3	20 092	5.619 2
		反滤层	100m^3	30 004	0.632 2
		伸缩缝	100m^2	40 279	0.140 5

5　工程效益分析

5.1　环境效益

(1)治理工程的实施,可恢复治理区植被,减少水土流失,具有明显的生态效益和环境效益。

(2)治理工程的实施,能有效保护脆弱的矿山地质环境。通过实施绿化工程,使原来的荒地变为林地,防风固沙,水土得以保持;修复地表景观,可以改善大气质量,美化生态环境,使矿区具有生态景观效益。

5.2　经济效益

治理工程实施后,可以减少矿山施工带来的水土流失,减轻所造成的损失和危害。直接经济效益为减少破坏土地带来的经济损失,增加地类的收益。间接经济效益为减少了矿山因水土流失、土地沙化等造成的损失费用,治理工程结合矿山生产过程中的协调管控与循环经济,减少了恢复生态系统管护费用。

5.3　社会效益

(1)矿山企业通过设置警示牌、清除危岩体等措施,可以有效消除崩塌地质灾害隐患,避免对周边居民生命财产造成危害,营造和谐友好社会环境。

(2)大面积的绿化植被有利于保护项目区的自然生态系统和自然资源的增长,丰富该地区的植物种类,为各种野生动物提供栖息场所,对维护地区的生态平衡,减少自然灾害有着深远的实际意义。

(3)可以增加当地居民就业机会,增加经济收入,促进人民和谐团结,带来一定的社会效益。

6　结论

通过对治理区恢复治理,使被损毁的生态系统得到改善和恢复,有效地遏制草地的沙化、退化和碱化，从而为区内脆弱的生态系统平衡稳定提供保障。矿山地质环境治理工程实施后，可有效防止地质灾害发生，保障矿区及周边人民财产安全，达到防灾减灾的目的；工程的实施可恢复土地功能，真正实现固土护坡、快速复绿、回归自然的修复目标，使人感受和谐的自然之美。

主要参考文献

河南省煤田地质局四队，2018. 平顶山市鑫弘基建材有限公司建筑石料用灰岩矿矿山地质环境保护与土地复垦方案[R]. 郑州：河南煤田地质局四队.

田一彤，金存鑫，王键，2020. 矿山地质环境影响评估及综合治理研究[J]. 中国金属通报(12)：247-248.

杨青华，李艺，杜军，2010. 基于 GIS 和 RS 的黄石市矿山地质环境定量研究[J]. 长江科学院院报(8)：73-76，81.

余鹏程，白彦波，陈孝兵，2013. 矿山地质环境影响治理分析[J]. 科技资讯(19)：121-122.

曾敏，彭红霞，刘凤梅，2011. 安远新龙稀土矿山地质环境综合治理研究[J]. 金属矿山(3)：136-139.

周亚光，2020. 玉皇全采石场建筑石料用灰岩矿矿山地质环境治理工程设计[J]. 能源与环保(9)：45-49.

小浪底水库高水位运行库周主要地质灾害类型及成因分析

李国权[1,2],孙红义[1,2],周金存[1,2],刘　贺[1,2]

(1.黄河勘测规划设计研究院有限公司,河南 郑州　450003;
2.水利部黄河流域水治理与水安全重点实验室(筹),河南 郑州　450003)

摘　要:黄河小浪底水库库区地跨晋、豫两省七县(市)。2021年秋汛期间,受持续强降雨和水库高水位运行影响,库周发生了较为严重的崩塌、滑坡、水库塌岸、采空区塌陷、黄土浸没湿陷等地质灾害。灾害造成了库周部分公路桥梁损毁、耕地塌于库区、房屋开裂倒塌等灾情。本文结合小浪底水库库区环境地质条件,论述了库周水库塌岸、滑坡、采空塌陷和黄土浸没湿陷等4种主要地质灾害类型的成因。小浪底库岸整体稳定,但局部地质灾害突出,在后期水库高水位期间会再次引发或加剧库周上述地质灾害。

关键词:小浪底水库;高水位运行;地质灾害;采空塌陷

1　前言

黄河小浪底水库库区地跨晋、豫两省七县(市),地处黄河最后一个峡谷段。自1999年10月蓄水运行后,由于丰水、枯水年的水量不均,加上水库调水调沙运用,库水位的变化,库岸再造现象时有发生,库周局部相继出现以采空塌陷、水库塌岸、滑坡、黄土浸没湿陷为主的地质灾害。尤其是近几年,水库高水位运行,灾害危及范围有所扩大。2021年秋汛期间,受长期强降雨影响,黄河三门峡至花园口区间、支流渭河发生大洪水,期间小浪底水库达到历史273.5m的最高水位。库周因强降雨和水库高水位运行引发或加剧了崩塌、滑坡、水库塌岸、采空区塌陷等地质灾害,造成库周部分公路桥梁损毁、耕地塌于库区、房屋开裂倒塌等。

2　库区环境地质条件

2.1　地形地貌

黄河小浪底库区的库尾至三门峡大坝,北岸为中条山和王屋山,南岸为秦岭山系的淆山山脉,两岸

作者简介:李国权(1973—),男,高级工程师,长期从事地质灾害评估、勘查、治理工作。E-mail:liguoquanyrcc@sina.com。

山岭相对高差在150～300m之间。区域内地势处于我国第二、三级阶梯过渡带，西高东低，以山地丘陵为主。库腹冲沟及支流发育，岸坡形态大多为平直高陡、高缓岸坡及高陡的凸型岸坡。特别是左岸支流亳清河、沇河两岸淹没区均为土质岸坡，阶地发育。

库区呈不对称分布有四级阶地，阶面高程自上游向下游不断降低。Ⅳ级阶地广泛分布于垣曲盆地和石井河流域及其以东地区，为基座阶地，其基座高程变化较大，范围为190～400m；Ⅲ级阶地仅在三门峡坝址附近、垣曲盆地南部、八里胡同下口左岸及逢石河下游右岸保存得较好，为基座阶地，基座高程为225m以上；Ⅱ级阶地普遍存在于黄河干流及各支流，保存得比较完好；Ⅰ级阶地高出正常水位15～20m，为具有高漫滩性质的水文气象阶地。

2.2 地层岩性和矿产分布

库区内出露的基岩地层岩性有元古宇汝阳群石英砂岩和安山岩；下古生界寒武系和奥陶系碎屑岩；中生界三叠系的中下部出露有一套红色软硬相间的砂、泥岩；分布于山间盆地的新生界第三系(古近系＋新近系)半胶结或未胶结砂砾石层；第四系中更新统、上更新统冲洪积松散层在整个库区内断续分布于Ⅵ～Ⅱ级阶地，全新统冲洪积松散层分布于河床、漫滩，Ⅰ级阶地(高漫滩)。

库区范围内分布有煤、铝、铁、硫等矿产资源，其中尤以上古生界石炭系太原组和二叠系山西组的煤层分布最广，最具工业开采价值。库区产煤主要地层分布于上古生界的石炭系中、上统(C_{2+3})以及二叠系山西组(P_1s)、上石盒子组下段(P_2s^1)、下石盒子组(P_1x)，库区硫磺矿层分布于石炭系本溪组底部(刘庆军等，2001；王志荣等，2003)。

2.3 地质构造

小浪底库区处于华北豫西断隆与山西中台隆的交接地带的地质构造单元，南与秦岭断褶带相邻，西与汾渭地堑相接。库区受大地构造单元的控制，地质构造较为复杂，出露地层较为齐全。库区西、东两段的构造形迹有明显的差异。就断裂展布而言，前者多以北东—南西向为主，后者则以北西西—南东东向为主，而在库区的中部，即山西垣曲县古城镇附近则大致呈东西走向。黄河河道受构造线的控制，其总体流向亦由北东向南东东，也说明库区西段受制于山西中台隆以及鄂尔多斯断块东部边缘断裂系——汾渭地堑的影响，东部则属于豫西断隆的一部分。

2.4 水文地质条件

库区地下水主要为中更新统至全新统的第四系冲洪积物中的松散堆积物孔隙水、二叠系和三叠系砂岩中的碎屑岩裂隙水以及寒武系和奥陶系的厚层灰岩及白云质灰岩中的碳酸盐岩裂隙－岩溶水。黄河岸边的厚层碳酸盐岩一般形成陡立的峭壁，宽大的卸荷裂隙发育，雨季时雨水顺裂隙灌入，在孔隙压力作用下，可促使前缘岩体崩落。本区地下水主要受大气降水补给，由于岩层大部分呈单斜产出，沟谷较发育，因此地下水循环交替条件较好，黄河是其排泄基准面。

3 库周地质灾害类型及分布情况

小浪底水库库周地质灾害的类型主要为采空塌陷、滑坡(变形体)、水库塌岸(区内主要为水库黄土岸坡塌岸)、水库浸没(区内主要为黄土浸没湿陷)。库周采空塌陷地质灾害主要分布于黄河右岸新安县、孟津县境和黄河左岸济源市境、平陆县老鸦石渡口附近，库区矿产开采形成的采空塌陷地质灾害危害面积最大、影响人口最多；滑坡(变形体)主要分布于黄河右岸渑池县境白浪库段、南村库段、新安县境峪里库段、孟津县境竹峪-小浪底库段和黄河左岸的垣曲县古城镇、济源市邵原镇、平陆县临库局部地段；水库塌岸主要发生于黄河右岸渑池县境南村库段、孟津县境竹峪-小浪底库段和黄河左岸的济源市境支流逢石河、大峪河两岸、沇河、亳清河等河岸的黄土岸坡；黄土浸没湿陷地质灾害主要分布于沇河、毫清河两岸高程较低(268～280m)的区域。

4　库区高水位运行地质灾害成因分析

4.1　采空塌陷

小浪底水库运行引起区域地下水环境的改变,引发了老采空区活化。库周采空区主要分布于黄河右岸新安县、孟津县境和黄河左岸济源市境、平陆县老鸦石渡口附近。库周矿产开采所形成的采空塌陷地质灾害在地表主要以边坡塌滑、地裂缝和塌陷的形式呈现,规模大小均有,其影响人口最多、危害面积最大。水库蓄水后区域地下水位抬升,使得库水位以下的采空区受到水的侵蚀作用,水对煤矿巷道及采空区的影响包括以下几个方面:

(1)水库蓄水后,水位的升高使得原采空区渗入或灌入库水导致采空区上部的顶板岩石软化,采空区预留安全煤柱和采空区顶板岩石力学性质发生较大的变化。由于在干燥和湿润的不同状态下采空区顶板岩石和安全煤柱应力出现不平衡,进而使得地表塌陷变形加剧。岩石受水浸湿后,岩石软化使岩石整体强度降低,同时,在水压作用下岩体裂隙进一步扩展,从而导致岩体整体弱化。岩体在水的作用下,水对岩石的软化机理表现在以下几个方面:①岩体矿物颗粒在水浸润后,使得岩体的内聚力和强度降低;②矿物颗粒的水合作用,破坏了矿物颗粒间的黏结力,使其强度降低;③岩石内部有许多显微裂隙,浸水饱和岩石裂缝吸入薄层水,裂纹尖端的应力集中,产生新的裂纹,从而导致岩石强度降低;④岩石中的某些矿物有溶解于水的性质,水的这种溶解作用使岩石密度降低、孔隙增大,强度也降低。

饱和岩石力学强度的降低对采空区地表的破坏,主要表现在使冒落带和导水裂隙带增大,地表及地表上部的建筑物变形量在原有的基础上进一步加大,地表移动的范围也在加大。这种相对较缓的变形影响时间较长,直至饱和后的岩体强度足以支撑尚未完全塌落的采空区达到稳定状态,处于新的应力平衡。

(2)库水位的上下较大波动使得采空区内的巷道和采空面内的动水压力发生较大的变化,这种较大的水压变化使得原有的应力平衡发生变化,从而导致采空区上部顶板出现塌落。区内良好的地下水疏放条件使水库放水时,采空区内积水迅速被放空,而采空区顶板含水层内的地下水就产生了一个向下的水头压力,最大时达几十米水头,进一步破坏了顶板岩石的完整性,造成顶板冒落高度加大,地表变形严重。这种作用称为水库放水作用下的采空区活化,一般来说老采区回采率高者,上覆岩层已比较充分地冒落、移动,其活化影响程度一般较轻;而开采面积小,回采率较低,开采后上覆岩层未得到充分移动,活化影响严重。水库放水引起的采空区活化对地表的影响较大,使地表产生新裂缝,地表变形强度急剧加大,对采空区上部地表的居民建筑物产生较大的破坏,采空塌陷变形后,采空区上部地表塌陷变形将趋于减弱,一般破坏持续时间较短。

(3)每年汛期前为了腾库容及汛期期间拦洪和汛期后蓄水,小浪底库区库水位升降幅度变化较大,在水位升降变幅内的采空区反复遭受水流的冲掏、溶蚀,采空巷道侧壁和采空区安全煤柱体的细粒物质在水的作用下被冲刷和掏蚀,从而使得采空区支撑变弱,导致采空区上部地表塌陷的范围和程度扩大。这种作用造成采空区冒落带冒落块度减小,胀碎系数增大,冒落后采空区充填严实;同时该作用也使煤柱风化加快,煤柱失去支撑作用。对于位于水位变幅内的采空区地表,其变形表现在老裂缝的进一步加大,地表移动范围和强度增大,其影响时间也较长。

上述3种作用对采空区地表的影响是相互联系的,是引发老采空区活化、造成居民房屋和其他建筑物变形破坏的主要因素。在水库建成运行期间,上述的几种作用在比较长的时间内对采空区所在区域的稳定性将有所影响,对地表建筑物的破坏存在着突然性,破坏程度也不均一,居民区的生命财产安全长期受到威胁。

4.2 滑坡

小浪底水库库周河南境内滑坡主要分布于黄河右岸的渑池县境白浪库段、南村库段，新安县境峪里库段，孟津县境竹峪-小浪底库段；山西境内主要分布在垣曲县黄河支流亳清河右岸南坡村、申家庄村。滑坡地层岩性以二叠系、三叠系砂岩、泥岩、页岩、黏土岩和第四系覆盖层为主。

滑坡影响因素因其所处地质环境不同而各异，主要影响因素有地形地貌、地质构造、岩体结构、岩石的物理力学性质、地下水和地表水的作用、地震（震动）、人为因素等。一般而言，地形上边坡高陡、支沟发育、岩体破碎时不利于其稳定，易产生变形失稳，力学强度低、遇水易软化、崩解的软弱岩石，其抗风化能力差、层间易产生不利于边坡稳定的泥化夹层，断层、节理的切割有利于岩体的切割分离和降水、地表水的入渗，尤其是各种软弱结构面的产状和组合关系、顺向坡岩层的断脚临空有利于变形岩体的产生和滑动，岩体结构中软硬相间的层状岩体由于岩体弹塑性变形的差异和软弱夹层的存在，尤其是层间泥化夹层的分布有利于岩体变形失稳。地下水的动水压力和地表水入渗使软岩遇水软化不利于边坡稳定。地震、人为的边坡开挖破坏等易造成边坡变形失稳。

小浪底水库蓄水后，库水对岸坡坡脚产生淘刷，使岸坡失去平衡，引发滑坡地质灾害；水库蓄水后引起库周区域地下水位的抬升，地下水位淹没已有不稳定斜坡滑带，库水的升降使已有滑坡产生动水压力，已有滑坡复活，从而加剧滑坡灾害的发生。

4.3 水库塌岸

小浪底水库库周塌岸主要是黄土岸坡坍塌，河南段主要分布于黄河右岸的渑池县境南村库段，孟津县境竹峪-小浪底库段部分区段等，黄河左岸的济源市境支流逢石河和大峪河两岸；山西段主要分布于垣曲县，平陆县境黄河主河道及其支流沇河、亳清河、西阳河、闫家河、板涧河两岸等土质岸坡，尤其是垣曲县古城镇址、王茅镇南坡村等临库黄土岸坡塌岸较为严重。黄土岸坡主要分布于Ⅱ级阶地，在塬面以下的各级阶地及阶坡上呈连续分布，在塬及塬面以上呈不连续分布。库周黄土的粉粒含量大、孔隙率高，崩解速度快，浸水后土的胶体联结被破坏，大大降低土体承载力，易形成快速、强烈的塌岸。

水库塌岸问题与水库的运行方式、库岸类型、地层岩性特征和水文气象特征有关。通常情况下，地形地貌特征是水库塌岸的主要控制因素之一。弯曲库岸发生塌岸的可能性比平直库岸大，凸形岸坡比凹形岸坡大；库岸愈是高陡，则塌岸愈严重；高缓坡塌岸以塌腰为主，塌岸量较小；低岸陡坡的塌岸速度快，塌岸量小，塌岸形式常为崩塌；低岸缓坡常以水下坍塌为主。也就是说，塌岸规模在同等条件下与岸高、坡角成正比。库岸的切割程度往往是塌岸范围和形式的制约条件，一般支沟发育、地形切割严重的库岸坍塌显著，而地形平整、阶面宽广、支沟不发育的库岸则次之。

影响水库塌岸的因素可分内因和外因两个方面。内因如地形地貌、地层岩性等；外因如水库水位变化（升降幅度和变化速度）、波浪掏蚀、地震和人为活动等。小浪底库周水库岸坡黄土塌岸以崩塌、剥落、座落和滑塌 4 种基本形态表现，其发生、发展过程，大致可分为 4 个阶段：①库岸土体性质的弱化；②岸壁的坍塌和库岸线后退；③坍塌物质的搬运和堆积；④浅滩的形成和发展。上述 4 个阶段随着库水位较大幅度地升降频繁变化，呈反复式累进发展（图 1）。

库水位上升后，库岸为近直立高边坡，塌岸发生机制一般为下列 5 个阶段：①水库水位上升到一定高度时，库水边线侵蚀直立边坡，临水库岸岸坡因张裂隙发育和库水浸润而出现塌落；②临水岸坡在库区高水位风浪淘蚀的作用下出现浪蚀龛，岸坡崩塌物堆积在水下斜坡后，浅滩雏形初步形成；③库水位下降至低水位时较缓斜坡处形成水下浅滩；④库水位再次上升至高水位时，库岸岸壁再次受到库水掏蚀而后退，并在第二次水位降落至低位时水下浅滩进一步扩大；⑤在库水位不断升降的轮回过程中，库岸岸壁不断后退，直至水下浅滩扩大终止，形成水下稳定坡脚，岸坡趋于稳定为止。

水库水位的上下变动幅度愈大，则风浪蚀掏蚀带越宽，在岸坡同等地质条件下，塌岸岸壁后退的范围也越大。同时高位水持续时间越长，塌岸范围越大，在水位上升阶段塌岸的发展速度比水位消落期

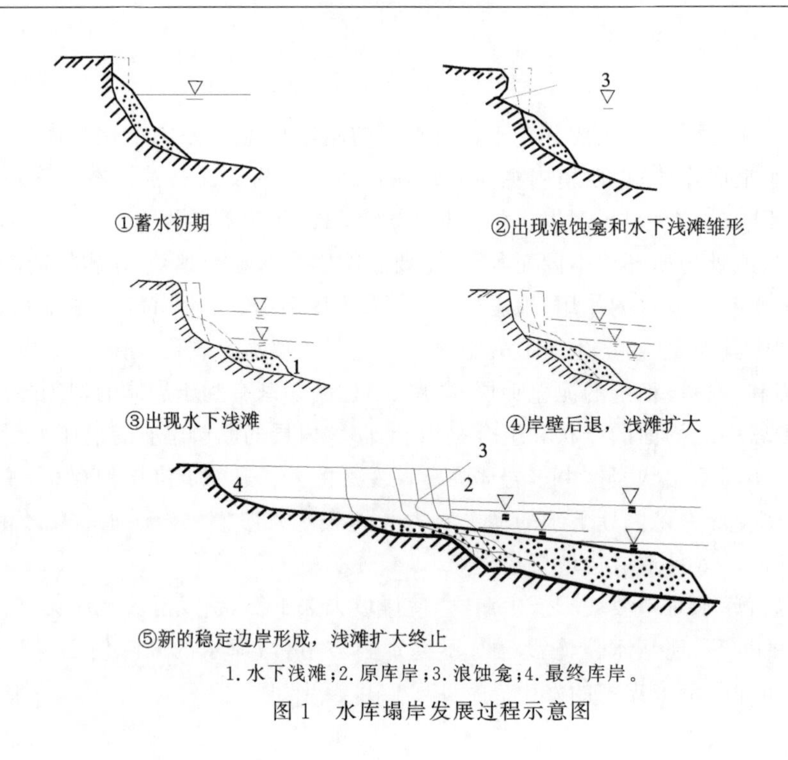

1. 水下浅滩;2. 原库岸;3. 浪蚀龛;4. 最终库岸。

图1　水库塌岸发展过程示意图

快。小浪底库水位近10年最大差值约50m,尤其库区高水位运行期间,库区黄土岸坡塌岸地质灾害更为严重。

4.4　黄土浸没湿陷

黄土是一种具有湿陷性特殊性质的第四纪大陆松散堆积物,黄土遇水后连接明显减弱,其在受水浸湿后的作用下,土体结构迅速被破坏并产生明显的沉陷。

水库浸没问题是小浪底库周重要地质灾害问题之一。库水位上升后,库岸附近地下水位雍高,使岸边黄土浸水厚度增大,变形增大,影响范围向外延伸,湿陷范围变大。当库岸地形平坦且高程与库水位接近时,地下水位雍高及毛细水上升可能接近甚至超出地面,造成农田沼泽化或盐泽化,建筑物地基土强度降低甚至破坏,影响其稳定和正常使用。

库区覆盖层上部为几至几十米厚的第四系中、上更新统黄土状土,具有一定的透水性和湿陷性,受库水浸没影响后,将会引起严重的后果。

库岸黄土地层可能产生浸没的自然条件有以下几个方面:①受水库渗漏影响的临谷或洼地,特别是地形标高接近或低于原来库岸的地段,容易产生浸没,浸没在高陡库岸区域不可能发生;②黏性土和粉砂质土较易产生浸没,胀缩性土和黄土状土的浸没产生的影响更为严重;③在地表水、地下水排泄路径不畅,地下水埋深藏深度小,补给大于排泄的库岸区域的边缘易产生浸没。

小浪底水库蓄水前地下水埋藏深度大,地下水补给量小。水库蓄水后,区内水文地质条件将发生变化,地下水位普遍雍高。区内分布地层多为黄土状土(粉质壤土、粉质黏土),其毛细水上升高度试验值见表1。

表1　毛细水上升高度试验成果表

地点	取样组数	范围值/cm	平均值/cm
寨里	10	25.0～135.0	74.4
古城	2	108.0～112.0	110.0

浸没问题的产生与否，由地下水临界埋藏深度的大小而定，地下水深大于临界埋深时，可判定为不易浸没。反之，则判定为易产生浸没问题。

5 结论

2021年秋汛，受长期强降雨影响，黄河三花区间、支流渭河发生大洪水，水库蓄水至历史最高水位273.5m，小浪底库岸整体稳定，但局部地质灾害突出。本文详细分析小浪底水库库区地质灾害类型并对其成因进行分析，小浪底水库在今后的高水位运行期间可能会再次引发或加剧库周水库塌岸、不稳定斜坡、采空塌陷、黄土浸没湿陷等地质灾害，应加以注意和防范。

主要参考文献

高鹏翔，2018. 基于尖点突变理论的小浪底库区附近采空区稳定性分析[J]. 工业安全与环保，44(6)：32-35.

刘庆军，牛书安，吴国宏，等，2001. 小浪底水库蓄水运行对库区矿产资源利用的影响评价[J]. 水利水电科技进展，21(A1)：105-106

王志荣，刘庆军，牛书安，2003. 小浪底水库蓄水运行对矿井水害防治的影响评价[J]. 水文地质工程地质，30(5)：61-65.

徐峰，苗栋，罗延婷，等，2019. 黄河小浪底库区柳树滩土质岸坡塌岸预测[J]. 河北地质大学学报，42(3)：65-67.

杨金林，吴国宏，刘庆军，等，2018. 小浪底库区垣曲段塌岸参数及其影响因素研究[J]. 人民黄河，40(1)：96-99.

杨金林，闫长斌，刘庆军，等，2020. 解析法在黄土浸没湿陷影响高程中的应用[J]. 水力发电，46(5)：62-66.

S233焦桐线郏县渣园至宝丰县周庄段改建工程地质灾害危险性评估及防治措施

沈佩霞

(河南省资源环境调查四院,河南 郑州　450012)

摘　要:笔者对S233焦桐线郏县渣园至宝丰县周庄段改建工程建设场地地质灾害危险性进行评估,分析了崩塌、滑坡等主要地质灾害类型,对省道沿线地质灾害进行了现状评估、预测评估,并在此基础上对沿线地质灾害危险性进行综合分区评估,根据综合分析,给出了建设场地适宜性评价,有针对性地提出了相应的防治措施。

关键词:S233焦桐线;改建工程;地质灾害;危险性评估

0　引言

公路在建设过程中或以后的运营中会伴随着各种类型的地质灾害危险发生,对人员以及工程本身造成危害。因此,地质灾害危险性评估是评判工程项目可行与否的一个重要因素。采用什么样的技术手段对地质灾害发生的可能性以及危害程度进行评估预测,是目前地质灾害领域探讨的重要课题之一。之前有学者对此进行了较为深入系统的研究,取得了有益的研究成果。笔者以S233焦桐线郏县渣园至宝丰县周庄段改建工程为例,对线路建设工程地质灾害危险性进行评估,提出有效防治地质灾害的措施与建议,为建设项目用地批复和公路设计提供科学依据。

拟建项目S233焦桐线郏县渣园至宝丰县周庄段改建工程位于平顶山市郏县、宝丰县。该项目由北向南依次联通G344(原S238常付线)、S231、G311(原S329郸石线)3条省级以上道路,建成后将是平顶山市西部重要的交通干线,改善了平顶山市西部路网,地理位置十分突出。路线全长14.266km,为双向四车道一级公路,属于重要建设项目。

1　地质环境条件

评估区地质环境条件主要受区域地质背景、气象水文、地形地貌、地层岩性、地质构造、工程地质条件、水文地质条件、人类工程活动等的影响。评估区内线路由北向南依次为冲积平原和谷地、冲湖积低平原、冲洪积倾斜平原,地形简单,地势较为平坦,海拔标高在110.00～133.40m,相对高差约23.40m;岩性岩相变化小,土体结构简单,工程地质性质良好;地质构造简单,地质灾害及不良地质现象发育弱或不发育,工程水文地质条件良好,破坏地质环境的人类工程活动一般,故评估区地质环境条件复杂程度为简单。

作者简介:沈佩霞(1965—),女,河南舞阳人,高级工程师,河南省地质学会学员,长期从事煤炭地质勘查工作。E-mail:314336542@qq.com 。

评估区内人类工程活动对地质环境的影响，主要表现在以下两个方面：

(1)垦荒种地导致表层土体或岩石裸露，破坏地表岩土体结构，加剧了风化速度，遭暴雨、连阴雨，土石浸水饱和，有可能发生滑坡、崩塌等地质灾害。

(2)评估区内北汝河、石河、净肠河等河道上建了多个水库和塘坝闸，这些水利工程的修建，虽然能带来利益造福于民，但也存在诱发边坡失稳、形成软弱地基、增加局部地段洪水侵蚀塌岸的隐患。

2 地质灾害危险性现状评估

2.1 地质灾害类型及特征

根据收集的资料及野外调查结果，可知评估区现状条件下发现潜在地质灾害不稳定斜坡群有 3 处，具体见表 1。

表 1 地质灾害危害程度分级表

点号	地点	规模	发育特征	发育程度	危害对象	危害程度	现状及稳定性评价
XP1	净肠河两侧	小型	可能诱发小型黄土滑坡：坡度 30°，组成斜坡岩性为(Qh_2^{al})黏土、亚黏土层、砂砾石层	弱	新建桥梁	小	斜坡较矮且两岸斜坡处建有护坡工程，危险性小
XP2	北汝河南岸	中型	可能诱发小型黄土滑坡：坡度 22°，组成斜坡岩性为(Qh_2^{al})黏土、亚黏土层、砂砾石层	中等	新建桥梁	中等	建有护坡工程，河道较宽，且附近建有采砂厂，危险性中等
XP3	北汝河北岸	中型	可能诱发小型黄土滑坡：坡度 23°，组成斜坡岩性为(Qh_2^{al})黏土、亚黏土层、砂砾石层	中等	新建桥梁	中等	建有护坡工程，河道较宽，且附近建有采砂厂，危险性中等

评估区内可能诱发的滑坡、崩塌为小型—中型；发育程度弱的 1 处，中等 2 处；危险性现状评估：弱的 1 处，中等 2 处。评估区不稳定斜坡以小型的黄土斜坡为主。

2.2 地质灾害危险性现状评估及结论

据野外调查，评估区未发现崩塌、泥石流、岩溶塌陷、地裂缝、地面沉降等地质灾害。评估区内可能诱发的滑坡、崩塌为小型—中型。不稳定斜坡均位于河岸两侧，拟建项目横穿河岸，且位于灾害影响范围内，可能引发滑坡、崩塌等地质灾害。现状评估认为，现状条件下地质灾害中等发育，危险性中等。

3 地质灾害危险性预测评估

3.1 工程建设引发地质灾害可能预测评估

依据《S233 焦桐线郏县渣园至宝丰县周庄段改建工程可行性研究报告》的工程建设推荐方案，结合拟建公路沿线地质环境条件、地质灾害发育类型和特征，预测该工程建设可能会在路基边坡开挖、土石方回填、桥涵工程建设等环节引发或加剧地质灾害，地质灾害类型主要为路基边坡崩塌、路面沉降、路堑边坡崩塌等。

本项目设置桥梁1 233.2m/6座，其中特大桥1 027m/1座，中桥184.16m/4座，小桥22.04m/1座。综合各桥梁所处位置的地质环境条件和工程建设特点，预测其建设中引发或加剧地质灾害的危险性如下：

(1)北汝河特大桥。桥梁工程两端的过渡段为填方路段，两岸斜坡处建有护坡工程。但是由于河岸两侧附近有多家采砂厂，多年来在河道内采砂，改变了水体流动方式，降低了河岸两侧斜坡的稳定性，桥梁两端过渡段建设中、建成后引发路基边坡崩塌、路面沉降的可能性中等，危险性中等。

(2)践沟河中桥。桥梁工程两端的过渡段为填方路段，桥梁两端过渡段建设中、建成后引发或加剧路基边坡崩塌、路面沉降的可能性较小，危险性小。

(3)石河中桥。桥梁工程两端的过渡段为填方路段，河道与路线交角90°，交叉位置河道规整，桥梁两端过渡段建设中、建成后引发或加剧路基边坡崩塌、路面沉降的可能性较小，危险性小。

(4)燕子河中桥。桥梁工程两端的过渡段为填方路段，桥梁两端过渡段建设中、建成后引发或加剧路基边坡崩塌、路面沉降的可能性较小，危险性小。

(5)净肠河中桥。桥梁工程两端的过渡段为填方路段，边坡高度3～4m，坡度30°，河岸两侧斜坡建有护坡工程，但因河岸两侧紧邻居民建筑物，桥梁两端过渡段建设中、建成后引发或加剧路基边坡崩塌、路面沉降的可能性中等，危险性中等。

(6)荒沟河小桥。桥梁工程两端的过渡段为填方路段，桥梁两端过渡段建设中、建成后引发或加剧路基边坡崩塌、路面沉降的可能性较小，危险性小。

该路段共设置涵洞20道，均为新建钢筋混凝土圆管涵，基础采用整体式。涵洞两端开挖洞口施工过程中，有引发路基边坡崩塌的可能性。因涵洞单孔跨径小于5m，规模较小，引发路基边坡崩塌、路面沉降的可能性小、危险性小。

3.2 工程建设遭受地质灾害的危险性预测评估

填、挖方路段工程建设中和建成后引发路堑边坡滑坡的可能性较小。因此，工程建设中和建成后遭受路堑边坡滑坡的危险性小。

第四纪下伏地层主要为古生代-石炭纪煤系地层。河床两侧为第四系上更新统老黏性土和卵砾石。汝河冲洪积平原以北丘陵山地基岩多裸露，主要为石炭纪煤系地层，局部为二叠纪地层整合于石炭系之上，其岩性以泥岩、砂岩、泥灰岩为主。与拟建项目有关的主要岩土介质是第四系全新统和中更新统冲洪积层，其岩性以黏性土和卵砾石为主，夹有砂土、粉土薄层(胀缩土)，工程地质特征为结构松散，抗压强度较低。胀缩土多具弱膨胀趋势，胀缩土具有弱—中等胀缩性，可使公路工程出现轻微变形，因此，拟建工程有遭受胀缩土变形的可能性。

3.3 地质灾害危险性预测评估

预测评估认为，填方路段工程建设中、建成后引发路基边坡崩塌、滑坡、路面沉降的可能性小，遭受路基边坡崩塌、滑坡、路面沉降的危险性小。挖方路段K1＋670.0～K3＋600.0、K5＋250.0～K5＋767.0、K5＋793.0～K7＋050.0、K7＋210.0～K8＋976.0、K8＋998.0～K9＋515.0、K10＋550.0～K11＋663.0、K11＋689.0～K12＋636.0、K12＋722.0～K13＋060.0路段建成后引发路基边坡崩塌、滑坡、地面不均匀沉陷的可能性小，遭受路基边坡崩塌、滑坡、地面不均匀沉陷的危险性小。

K3＋520.0～K4＋800.0、K12＋560.0～K12＋780.0段路基工程、涵洞工程遭受不稳定斜坡的危险性中等；其余区段路基工程、涵洞工程遭受不稳定斜坡的危险性小；涵洞基坑开挖施工过程中，引发基坑边坡崩塌的可能性小，遭受基坑边坡崩塌的危险性小；拟建项目路基工程建设中、建成后遭受胀缩土变形的危险性小。

因此，K3＋520.0～K4＋800.0、K12＋560.0～K12＋780.0 段为地质灾害危险性中等区；其余区段为地质灾害危险性小区。

4　地质灾害危险性综合分区评估

据野外调查，评估区未发现崩塌、泥石流、岩溶塌陷、地裂缝、地面不均匀沉陷等地质灾害。依据现状评估和预测评估结果，拟建工程全线划分为地质灾害危险性中等和危险性小两个大区，见表 2。

表 2　地质灾害危险性综合分区评估表

<table>
<tr><th colspan="3" rowspan="3">区(段)</th><th rowspan="3">地质灾害类型</th><th colspan="4">预测评估</th><th rowspan="2">综合分区评估</th></tr>
<tr><th colspan="2">①</th><th colspan="2">②</th></tr>
<tr><th>建设中</th><th>建成后</th><th>建设中</th><th>建成后</th><th></th></tr>
<tr><td rowspan="4">路基</td><td rowspan="2">填方段</td><td rowspan="2">K1＋670.0～K3＋840.0、K4＋870.0～K5＋150.0、K7＋169.0～K7＋210.0、K9＋515.0～K10＋011.0、K12＋570.0～K12＋800.0</td><td>路基边坡崩塌</td><td>小</td><td>小</td><td>小</td><td>小</td><td rowspan="11">K3＋520.0～K4＋800.0、K12＋560.0～K12＋780.0 段为危险性中等区；其余区段为危险性小区</td></tr>
<tr><td>路面沉降</td><td>小</td><td>小</td><td>小</td><td>小</td></tr>
<tr><td>挖方段</td><td>K1＋670.0～K3＋600.0、K5＋793.0～K7＋050.0、K8＋998.0～K9＋515.0、K10＋550.0～K11＋663.0、K12＋722.0～K13＋060.0</td><td>路堑边坡崩塌</td><td>小</td><td>小</td><td>小</td><td>小</td></tr>
<tr><td colspan="2">全路段</td><td>胀缩土变形</td><td>小</td><td>小</td><td>小</td><td>小</td></tr>
<tr><td rowspan="6">桥梁</td><td colspan="2">北汝河特大桥</td><td>不稳定斜坡</td><td>中等</td><td>中等</td><td>中等</td><td>中等</td></tr>
<tr><td colspan="2">净肠河中桥</td><td>不稳定斜坡</td><td>中等</td><td>中等</td><td>中等</td><td>中等</td></tr>
<tr><td colspan="2">践沟河中桥</td><td>不稳定斜坡</td><td>小</td><td>小</td><td>小</td><td>小</td></tr>
<tr><td colspan="2">石河中桥</td><td>不稳定斜坡</td><td>小</td><td>小</td><td>小</td><td>小</td></tr>
<tr><td colspan="2">燕子河中桥</td><td>不稳定斜坡</td><td>小</td><td>小</td><td>小</td><td>小</td></tr>
<tr><td colspan="2">荒沟河小桥</td><td>不稳定斜坡</td><td>小</td><td>小</td><td>小</td><td>小</td></tr>
<tr><td>涵洞</td><td colspan="2">全部涵洞</td><td>基坑边坡崩塌</td><td>小</td><td>小</td><td>小</td><td>小</td></tr>
</table>

注：①工程建设引发、加剧地质灾害危险性预测；②工程建设本身遭受地质灾害的危险性预测。

4.1 地质灾害危险性中等区

评估区内地质灾害危险性中等的路段共两段，分布在线路的 K3＋520.0～K4＋800.0 和 K12＋560.0～K12＋780.0 段，长度共计 1.50km，占路线总长的 10.51%。以上两区段所处位置的岩土体的工程地质条件较好，现状条件下发育不稳定斜坡 3 处，地质环境条件中等。工程建设可能遭受的地质灾害主要为潜在不稳定斜坡失稳所引发的地质灾害，其危害程度中等，危险性中等。

4.2 地质灾害危险性小区

评估区内除 K3＋520.0～K4＋800.0 和 K12＋560.0～K12＋780.0 段，其余区段均为地质灾害危险性小区，长度共计 12.766km，占拟建公路总长的 89.49%。区段所处位置的岩土体的工程地质条件较好，现状条件下未见地质灾害发育，地质环境条件简单。工程建设在此区域的挖填方高度不大，其引发、加剧的路基边坡崩塌、路堑边坡崩塌、地面不均匀沉陷或胀缩土变形等对工程的危害轻微，危险性小。

5 防治措施

5.1 工程防治措施

(1)路堑边坡崩塌防治：一是尽量避开雨季施工；二是严格按设计施工，作好路堑边坡防护；三是作好路堑边坡排水。

(2)路基边坡崩塌防治：一是尽量避开雨季施工；二是严格按设计施工，路基碾压要密实、均匀，并作好路基边坡防护；三是作好路基排水。

(3)地面不均匀沉陷防治措施：一是在工程建设时，应按照有关规范作好填方处理工作，需要填方的地段应尽量夯实、压实、减少土体变形；二是作好地基防渗工作，在地基周围做好防渗层，防止地表水渗入和地下水水位变化对地基的影响，造成基土特性改变。

(4)河岸边坡崩塌措施：一是在易风化剥落的边坡地段，修建护墙，对缓坡进行水泥护坡；二是对坡体中的裂隙、缝、空洞，可用片石填补空洞，水泥砂浆沟缝以及防止裂隙、缝、洞的进一步发展；三是在有水活动的地段，布置排水构筑物，以进行拦截疏导。

5.2 生物防治措施

生物防治措施主要指保护和恢复植被，合理耕植。首先是在工程建设中要最大限度地保护现有的植被，其次是在水土流失严重或地质灾害易发地区采取土地改良措施：一方面在林木植被稀疏的地区进行种植，促使植被迅速恢复；另一方面是切合实际改变种植结构，以保持水土，调节径流，从而达到预防和防止地质灾害的发生或减小灾害规模，减轻其危险程度的目的。

6 结论

(1)据野外调查，评估区未发现崩塌、泥石流、岩溶塌陷、地裂缝、地面不均匀沉陷等地质灾害。现状条件下评估区地质灾害类型主要为不稳定斜坡。现状评估认为，现状条件下地质灾害中等发育，危险性中等。

(2)综合分区评估认为，K3＋520.0～K4＋800.0、K12＋560.0～K12＋780.0 段为地质灾害危险性中等区；其余区段为地质灾害危险性小区。

(3)建设场地适宜性评价认为，K3＋520.0～K4＋800.0、K12＋560.0～K12＋780.0 段建设场地适

宜性为基本适宜；其余路段建设场地适宜性为适宜。

(4)工程建设时地质环境遭受不同程度的破坏，地质环境条件可能会发生相应的变化，有可能产生尚未发现的问题，建设单位应予以重视。

(5)由于局部工程地质条件的差异或施工问题，在危险性小的场地也有可能发生危害大的地质灾害，建议在施工过程中，加强与工程勘察单位和地质灾害危险性评估单位的联系与沟通，以便对发现的问题及时进行研究并解决。

(6)工程建设中和建成后应加强地质灾害监测，以便及时发现及时采取措施，避免地质灾害的发生，减少地质灾害造成的损失。

主要参考文献

陈君，2001.公路建设用地地质灾害危险性评估实践与认识[J]，中国地质灾害与防治学报(1)：67-70.

李新明，尹俊涛，2017.洛卢高速公路地质灾害危险性评估[J]，西部探矿工程(3)：26-28.

张小连，张文炤，姚倩，等，2020.建设场地地质灾害危险性评估与防治措施研究[J]，能源与环保(9)：33-36.

朱佳川，刘占梅，张志颖，等，2017.石灰石生产加工项目地质灾害危险性评估及防治措施[J]，地质灾害与环境保护(2)：27-32.

河南省镇平县废弃矿山生态修复技术的研究应用

李文丽,王伟才,梅鹏里,赵书堂

(河南省地质矿产勘查开发局第五地质勘查院,河南 郑州　450001)

摘　要:笔者以河南省镇平县14个片区废弃矿山为研究对象,通过实地调查和资料收集评估各片区矿山开采现状及引发的地质、生态和环境等问题,并针对不同的环境破坏类型提出合理的工程施工方案和生物保护措施,以消除其在矿业活动中带来的地质灾害隐患,为同类矿山生态环境问题的修复提供借鉴和数据参考。

关键词:废弃矿山;生态修复;工程施工技术

1　引言

近年来,矿产资源的过度开采带来了一系列生态环境问题,其中代表性的问题有基岩地表裸露、地形地貌景观的破坏、植被稀少和土地损毁等。同时,过度开采还会引发崩塌、滑坡、泥石流等地质灾害,严重影响了我国社会经济的发展和人民群众生命财产安全。为改变废弃矿区的生态环境和防范地质风险,早在2016年国土资源部、工业和信息化部、财政部、环境保护部、国家能源局就联合发布了《关于加强矿山地质环境恢复和综合治理的指导意见》,明确指出我国矿山地质环境恢复和综合治理的主要目标是,到2025年,全面建立动态监测体系,保护和治理恢复责任全面落实,历史遗留问题治理取得显著成效。加强矿山生态环境修复治理已成为我国目前最为紧迫的任务之一。

河南省南阳市镇平县北部山区的矿产资源经过多年的开采、开发和加工,区域生态环境破坏较为严重。其中,老庄镇、二龙乡的主要采矿业务是露天开采花岗岩大理石,区域内留存的废弃矿山集中成片,废弃的小矿口更是不计其数。矿山废弃后,老庄镇和二龙乡两地矿区现在的情况是:露天开采造成的高陡边坡和弃渣成片分布、地貌景观和土地资源遭到破坏,水土流失严重,地质灾害隐患点增加。这些严重威胁着周边人民的生命和财产安全,也影响着镇平县的城市形象。针对上述亟待解决的问题,镇平县出台了“矿山地质环境恢复与综合治理规划(2017—2025)”文件,旨在通过开展矿山地质环境治理工程,提高境内“三区两线”范围内的历史遗留矿山地质环境问题的治理率。

笔者以河南省镇平县14个片区为研究对象(图1),详细分析各片区所存在的具体矿山地质环境问题,针对不同环境和灾害类型提出合理的工程施工方案和生物保护措施,以切实改善区域生态环境,因地制宜地开展矿山生态环境恢复治理工程。

作者简介:李文丽,女,1993年生,硕士,助理工程师,从事矿山地质环境治理和生态环境修复工作。E-mail:1078176166@qq.com。

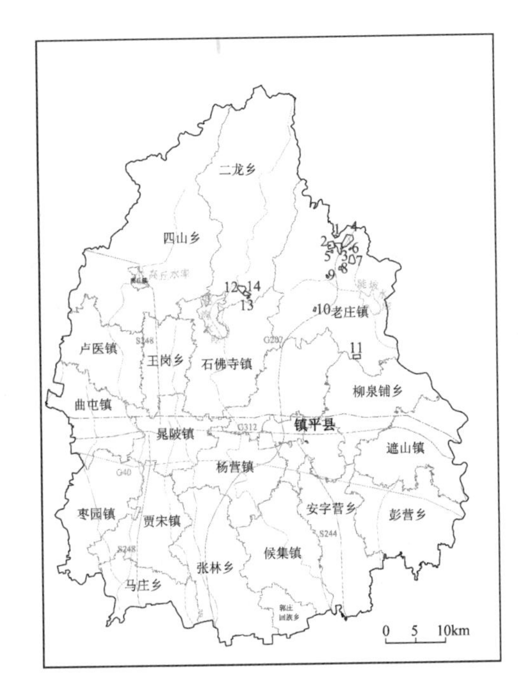

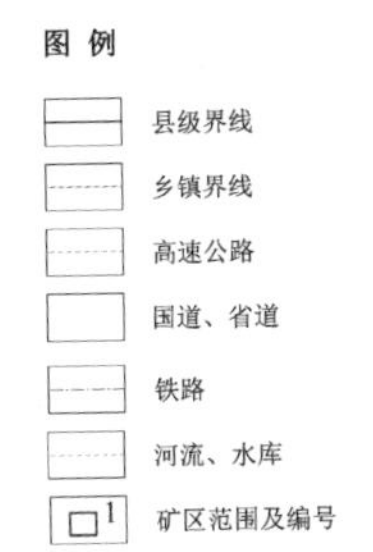

序号	矿山名称	面积/hm²
1	老庄镇马家扬村七狼庙南花岗岩矿废弃矿山	2.41
2	老庄镇大西沟村对王庙花岗岩矿废弃矿山	16.08
3	老庄镇赶仗河村下河废弃花岗岩矿废弃矿山	18.42
4	老庄镇赶仗河村白沟废弃花岗岩矿废弃矿山	11.59
5	老庄镇赶仗河村南沟西南700m花岗岩矿废弃矿山	2.14
6	老庄镇赶仗河村陈桥西花岗岩矿废弃矿山	1.10
7	老庄镇姜庄村周沟西花岗岩矿废弃矿山	5.80
8	老庄镇姜庄村岔河西花岗岩矿废弃矿山	2.02
9	老庄镇任家沟村毛腊沟花岗岩矿废弃矿山	0.98
10	老庄镇任家沟村老王扒大理岩矿废弃矿山	1.77
11	老庄镇小西岗村狼洞沟西大理岩矿废弃矿山	8.66
12	二龙乡付家庄村栗扒子西北大理岩矿废弃矿山	10.78
13	二龙乡付家庄村北窝南大理岩矿废弃矿山	1.37
14	二龙乡付家庄村栗扒子北大理岩矿废弃矿山	10.84

图1 镇平县老庄镇、二龙乡废弃矿区分布图

2 矿区地质环境条件

2.1 地形地貌

矿区属于伏牛山东南部的低山丘陵区，海拔1000～1665m，相对高差大于300m。山脊尖峭，山坡陡峻，山体坡度一般在35°～55°之间，地形切割强烈，多发育“V”形沟谷。矿区内矿坑、矿渣堆及残留矿体零散分布，地形地貌破坏严重。

2.2 地质概况

矿区位于华北地层区与扬子地层区交界处，地跨镇平小区和西大巴山小区，地层主要为秦岭岩群雁岭沟组(Pt_1y)，岩性主要为石墨大理岩、大理岩和含石英条带或团块碳质大理岩，其中夹石英岩、石榴黑云斜长片麻岩。矿区位于伏牛-大别弧形构造带东部，断裂构造大致分为北西及北东向，构造以断裂构造为主，褶皱构造不发育。根据《中国地震动参数区划图》(GB18306—2015)，矿区地震动峰值加速度为0.05g，相当于地震基本烈度Ⅵ度区。

2.3 水文地质

镇平县矿山的花岗岩开采矿区内地下水类型为基岩裂隙水，大理岩开采矿区内地下水类型为碳酸盐岩类裂隙岩溶水。各矿区地下水以大气降水为主要补给来源，其次为山前侧向径流补给，自然排水条件良好。

3 矿山地质环境问题

镇平县老庄镇共有11处废弃矿山，其中废弃花岗岩石料矿9个(序号1～9)和废弃大理岩石料矿

2个(序号10～11)。二龙乡共有3处废弃矿山,均为废弃大理岩石料矿(序号12～14)。上述2个乡镇的14个片区均为露天开采矿山,目前这些废弃矿区内随处可见露天采坑、矿渣堆、废石渣废料堆和固体废弃物及废液等,不但破坏了矿区原有的地形地貌,而且也产生了一系列的地质环境问题,特别是采矿遗留的危岩体直接威胁着当地居民的人身安全。

3.1　地形地貌景观破坏

(1)采坑。由于长期的露天开采,矿区内植被破坏严重,基岩大面积裸露于地表,采坑遍布,对原生地形地貌景观造成了严重的破坏。根据野外调查可知,整个矿区内累计分布着大大小小的采坑多达28个,采坑高陡边坡林立,采坑深度为10～30m(图2A)。

(2)废石废渣堆。废弃矿山在开采过程中剥离的碎石岩土堆积在矿区内,严重影响了区域地形地貌景观。野外调查发现矿区内废石废渣大部分顺坡堆积于山体原始斜坡表面,堆积厚度为1～5m(图2B、图2C)。

(3)高危边坡。矿区内多年无序开采造成开采坡面破损,形成多个高陡边坡及残留矿体(图2D、图2E),在长期重力和风化作用下已形成危岩体,极易造成崩塌或滑坡等地质灾害。根据野外调查可知,矿区内坡度多以50°～90°为主,局部段岩体悬空,边坡高度为10～50m,局部超过70m。矿区内共存在崩塌及隐患12处,滑坡及隐患8处,矿山地质环境问题十分严重。

3.2　土地资源的破坏

矿区内持续多年的无序采矿导致基岩裸露,植被破坏严重,土地资源闲置浪费,生态环境遭到严重破坏。根据野外调查可知,14个废弃矿山片区(序号1～14)的土地资源破坏总面积约为93.9hm^2,破坏的土地资源类型主要为采矿用地,后续计划将其恢复为林地和草地等。

4　修复治理

4.1　生态环境修复原则

(1)一矿一策、因矿施策。结合矿区各个片区的地质环境现状,因地制宜,有针对性地提出合理的工程治理措施,促进矿产资源开发与社会经济的可持续发展。

(2)突出重点、分步实施。对矿区采取综合治理的方式,实施合理的工程施工方案和生物保护措施,修复裸露边坡及被占用和损坏的土地资源。优先治理高速公路等交通干线可视范围内的环境问题,优先排除对县城及周边对人民群众的生命和财产安全构成严重威胁的地质灾害隐患。

(3)以人为本、防灾减灾。矿山开采所造成的生态环境问题直接或间接地对人民生命财产造成威胁,因此要保证矿区附近居民免遭地质灾害的威胁,达到防灾减灾的目的。

4.2　生态修复总思路

针对矿区的14个片区不同的地质环境条件,因地制宜的分类施策,以达到矿山生态修复的目的。具体来讲,对矿区采坑进行平整,坑底平台覆土复绿;对废石废渣堆进行清运后播撒草籽绿化;对高陡不稳定边坡在分级削坡后,覆土绿化。

5　修复治理总体设计

针对矿区内不稳定高陡边坡及弃渣成片分布的情况,充分结合镇平县土地利用总体规划和城市景观规划,以消除地质灾害为目的对高陡边坡采取分级削坡、采坑回填、危岩体清理等措施消除隐患,并以

A. 露天开采造成采坑及高陡边坡；B. 废弃的渣堆及不稳定边坡；C. 废石堆积坡面；D. 废弃的采面及高边坡；E. 危岩体引发的崩塌。

图 2　矿区不同位置的现场调查照片

恢复植被和地貌景观，将矿山地质环境治理与景观设计、土地增值充分融合。

5.1　土石方工程

土石方工程包括坡面废石清理、边坡整治和平整回填等。清理坡面上块度大于 10cm 的废石，岩质边坡采取分级削坡，台阶平台（马道）宽度根据地势走向设置为 5m，台阶边坡高度根据各边坡实际情况而定，一般选择 10m 或 12m，边坡挖方坡度为 60°～65°。矿区内渣土堆放区，设计填筑边坡坡度为 30°。矿区内覆土厚度为自然沉实土壤，覆土厚度 0.6m 和 1.0m，碎石含量低于 5%。

5.2 挡土墙工程

在坡面坡脚布置浆砌石挡土墙，设计挡土保水墙呈矩形结构，设计墙宽 0.5m，墙高 1.0m，采用 M15 浆砌石衬砌，顶部采用 M15 砂浆压顶。局部填方平台及风化破碎岩石面挡土保水墙每隔 10m 设置 1 条沉伸缝。

5.3 排水渠工程

在整理好的边坡坡顶、坡面两侧和分级台阶上修筑浆砌石排水渠，设计排水渠宽 50cm，深 50cm，侧壁厚 30cm，底部厚 30cm。过水断面为 0.5m×0.5m 的矩形断面。侧壁及底部使用厚 0.3m 的 M15 浆砌石衬砌，表层使用 M15 砂浆抹面。排水渠每隔 10m 设置 1 条沉伸缝。

5.4 废弃设施拆除工程

对原有的采矿工业设备和遗留的全部房屋等进行拆除，拆除后的建筑垃圾应不含污染物，可就近填至平台低洼处。

5.5 生物绿化工程

对裸露基岩和面积较小的设计平台、边坡及缓坡开展生物绿化工程。对地势开阔、交通便利、具有耕作条件的面积较大的平台恢复为旱地。绿色植被优先选用与当前区域植被相同的树种。具体来说，在矿区台阶平台覆土后选蜀桧进行绿化，树高 0.8～1.0m，带土球，种植行距与株距均为 1.5m；在斜坡上撒播草籽及树籽，草籽选择黑麦草，同时种植爬藤类植物（如葛藤和连翘）提升绿化效果；在矿区内所有平台及台阶的岩质边坡下部种植葛藤，上部栽植连翘、葛藤和凌霄，种植株距为 1m。

5.6 安全防护工程

围绕边坡坡顶约 1.5m 处构筑安全防护栏工程，保证人员安全。

5.7 后期苗木养护工程

为了保证种植树木的成活率，后期要定时对树木进行养护浇水，养护期为 1 年。同时对施工过程中及施工后的边坡稳定性和植被绿化效果进行监测。

鉴于 14 个矿山片区的地质环境问题现状和特点的不同，对其布置合理的工程设施，部分片区的设计剖面图见图 3。

图 3A、图 3C、图 3E 和图 3G 设计均按照原始地形线清理 10cm 以上的块石后覆土种植蜀桧和爬藤类植物。其中图 3A 和图 3G 覆土厚度为 0.6m，图 3C、图 3E 覆土厚度为 1.0m。

图 3B、图 3D、图 3F 和图 3H 设计均包括地形平整，在地形平整后覆土 0.6m，并种植蜀桧，在斜坡上种植葛藤等。其中图 3H 按地形特征将其分级削坡，设计 313m 平台、323m 平台和 333m 平台，303m 平台土地利用类型恢复成旱地。

图 3D、图 3E 和图 3H 均设计有挡土保水墙，图 3B 和图 3C 均设计在地形平整后垫渣 0.4m，图 3H 设计宽 50cm，深 50cm，侧壁厚 30cm，底部厚 30cm 的浆砌石排水渠。

6 修复效果

设计运用地质学、环境学、矿山环境学等相关理论知识，综合各种因素科学设计治理方案，实现矿山环境的生态修复，建立与周边景观协调一致的生态环境，部分片区治理前后对比效果如图 4 所示，可以看出，本次修复设计极大地改善了区域生态环境并排除了地质灾害隐患，达到了预计的修复效果。

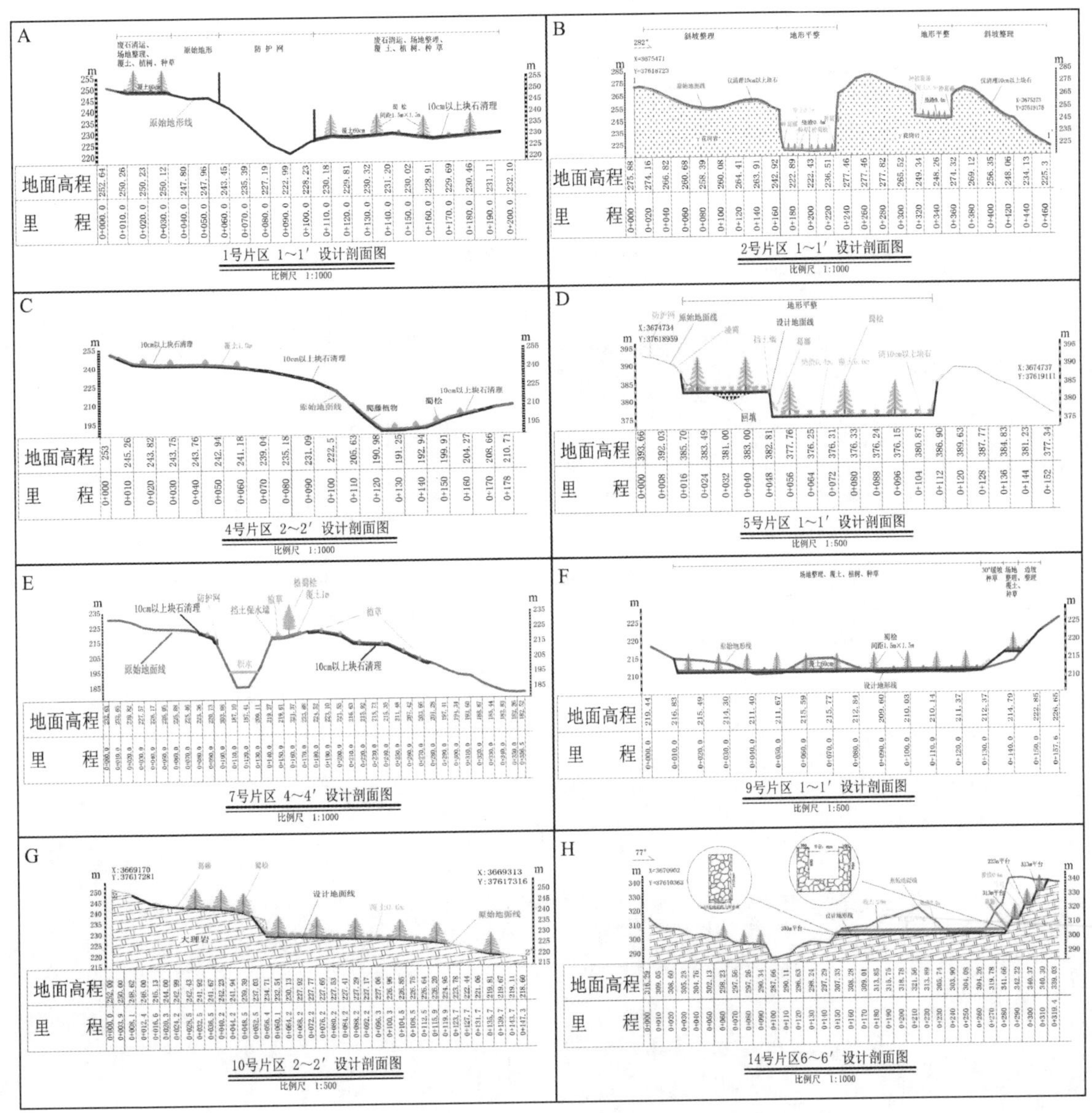

图 3　部分片区设计剖面图

7　修复效益分析

矿山地质环境生态修复是指通过多种生态环境修复手段，对矿山过度开采导致的生态环境系统的破坏进行修复和重建，其本质是平衡矿山开采与生态保护。矿山过度开采导致的大量土地资源损失，通过矿山生态环境修复，能再次利用这些土地资源，有效地解决人地之间的矛盾，改善矿山环境和周边土地利用结构，促进当地社会经济协调发展，更能增加就业机会，对社会的和谐安定和稳定团结发展有重要意义。矿山地质环境生态修复对生态环境也有重大意义，通过植被重建营造绿色防护林可防止土地沙化，增加植物生态系统的多样性，提高空气质量和减轻局部小气候的影响，同时提高周边居民的生活质量。

8　结论

通过边坡与斜坡坡面整理、地形平整等，有效地消除废弃矿区所引发崩塌、滑坡等地质灾害隐患，降低了资源开发所带来的环境代价；通过治理工程，将原本的采矿用地等恢复为旱地，共新增旱地约

14.77 hm^2，增加了周边农民的收入，促进了当地经济的发展；通过采用草、灌、乔木相结合，使矿区生物工程绿化总面积约 71.21 hm^2，其中恢复有林地约 29.16 hm^2，提高了镇平县森林覆盖率，较好地改善了镇平县的人居环境和旅游环境，切实保护了居民的生命财产安全和生态环境效益，实现经济社会和资源环境协调可持续发展。

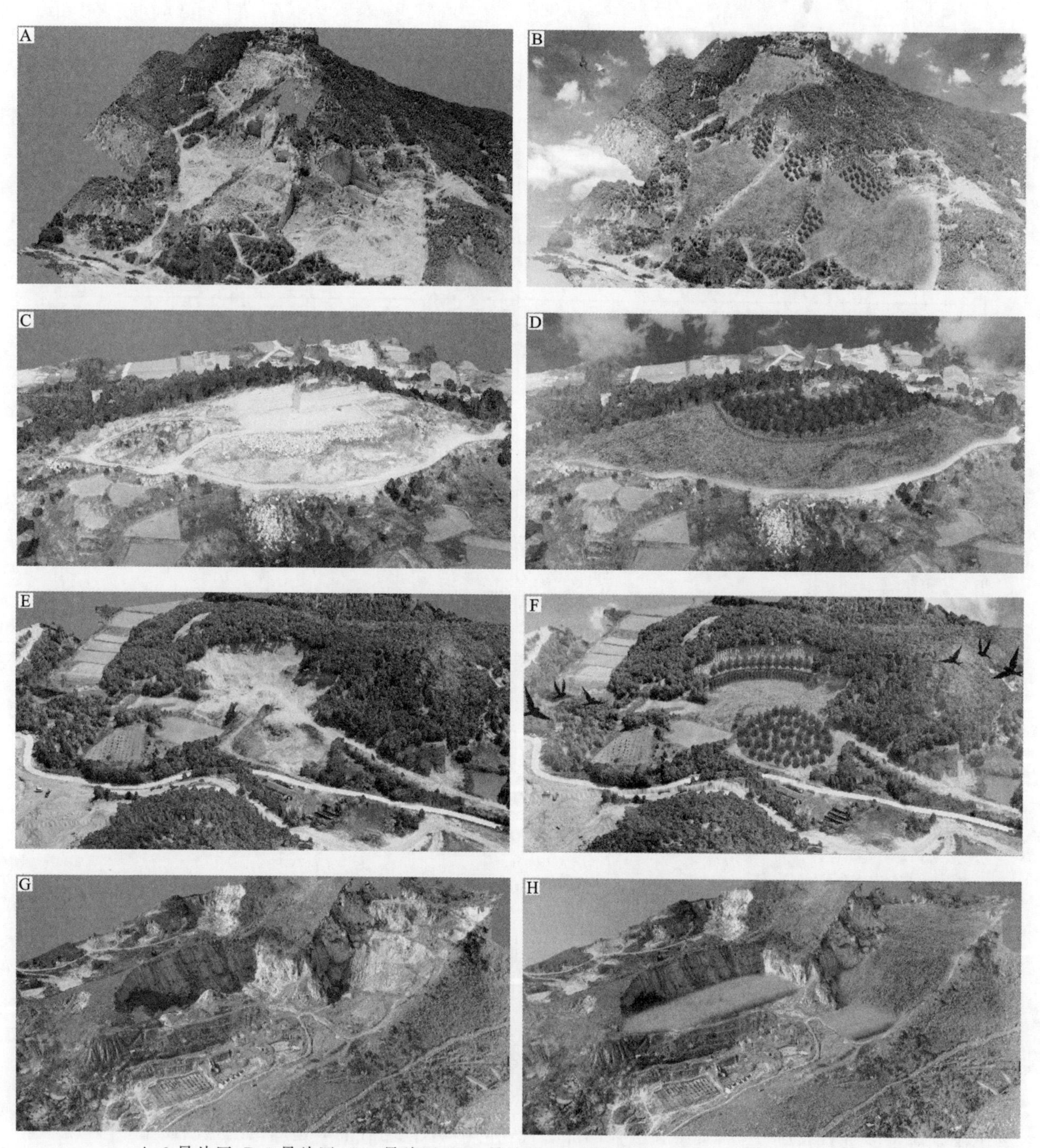

A. 2 号片区；B. 2 号片区；C. 6 号片区；D. 6 号片区；E. 9 号片区；F. 9 号片区；G. 11 号片区现状图；H. 11 号片区修复效果图。

图 4　部分片区现状图和修复效果图对比

主要参考文献

邸克强，2012.我国矿山环境治理存在的问题和解决措施[J].西部资源(6):167-168.

雷喜明，2018.矿山地质环境恢复治理模式创新讨论[J].工程建设与设计(14):165-166.

孟繁，耿谏，2019.废弃灰岩矿矿山地质环境综合勘查及治理技术:以天津大兴峪北矿区为例[J].矿产勘查，10(11):2825-2830.

王娟，张建国，杨自安，等，2014.遥感技术在甘肃省重点矿山开发调查与监测中的应用[J].环境保护，46(7):60-63.

方法技术

BP网络自动搜索法结构寻优及其在基坑监测中的应用

陈艳国[1,2] 王勇鑫[1,2]

(1.黄河勘测规划设计研究院有限公司,河南 郑州 450003;
2.水利部黄河流域水治理与水安全重点实验室(筹),河南 郑州 450003)

摘　要:基坑监测信息是基坑稳定性状况的直观反映,通过监测信息来掌握基坑稳定性趋势具有重要的意义。BP神经网络具有较好的非线性拟合能力,本文将模拟退火法与自动搜索过程相结合,提出一种较为实用的自动搜索法来确定网络隐层节点数,并利用模拟退火法确定其初始权值与偏置值,通过MATLAB软件实现。经润扬大桥深基坑工程南锚锭基坑支撑轴力与排桩位移多维非线性建模验证,认为此方法较为高效。

关键词:监测信息;初始权值;隐层节点数;模拟退火;自动搜索

1　引言

深基坑工程具有造价高、施工难度大、安全隐患大等特点,因此监测系统的优劣性对于掌握深基坑稳定性状况影响重大。但深基坑是支护体系与周边土体相互结合的多种介质组合的高度复杂的空间系统,其变形和安全性受地质条件、岩土体性质、场地环境、气候变化、地下水动态等因素影响。常规统计方法无法利用监测信息建模预测,BP神经网络具有并行处理、联想记忆、分布式知识存储与鲁棒性强的优势,同时具有自组织、自适自学习功能,使其在复杂非线性系统的分析和预测中得到了广泛应用(黄震等,2017;孟雪,2018)。但BP网络也具有明显缺陷,易收敛于局部极小值、过拟合、网络结构选择具有主观性、初始权值和偏置值难以确定等问题制约了其应用性。本文采用模拟退火法及提出的自动搜索法来优化BP网络,针对基坑监测信息建立非线性“隐式”模型,预测基坑稳定性发展趋势。

2　BP网络

BP网络本质是基于误差反向传播算法的前馈网络,BP网络的层数一般指中间层和输出层,中间层即为隐含层(常用1层或2层),其网络模型如图1所示。对于输入数据,要先向前传播到隐节点,经过激活函数后,再把隐节点的输出信息传播到输出节点,经误差函数分析,然后误差逐层反向传播“分摊”给各隐层神经元并逐层调整权值与偏置值,这样前后循环,直至误差满足要求,最后给出输出结果。隐层节点的激活函数通常选取标准Sigmoid型函数。BP算法是一个很有效的算法,可解决诸多问题。

作者简介:陈艳国(1980—),男,高级工程师,硕士,主要从事岩土工程、水利水电工程勘察设计工作。E-mail:45680278@qq.com。

MATLAB软件具强大的矩阵运算功能及各种数学算法函数，编程方便，本文算法全部基于MATLAB软件内部函数及M语言编程实现。

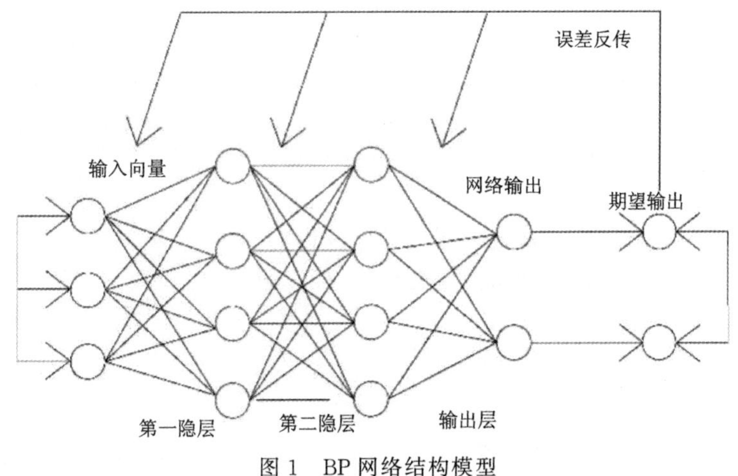

图1 BP网络结构模型

3 BP网络性能因素

影响BP神经网络效果的主体因素主要有原始数据的处理、初始权值 W 与初始偏置值 B 以及BP网络结构——网络层数、隐层节点数与层间连接函数，这些因素对网络的有效性影响重大。在深基坑工程中，运用BP网络的目的主要是建模预测和反分析，若网络结构不当，面对大量的监测数据重复建模将是一项十分繁琐的工作。本文就BP网络的关键影响因素简要予以总结，并提出模拟退火法结合新的自动搜索法来优化网络结构。

3.1 原始数据预处理

实测资料往往伴随有许多不明的影响因素掺杂其中，在进行BP网络建模时，对数据进行预处理是必要的，目前的常用方法有归一化(premnmx函数、prestd函数)、主成分分析法、特征提取法等，还有研究者提出用 $y' = y/(y_{\max} + y_{\min})$ 来处理。不进行预处理的数据训练效果较差，无法满足精度要求。

3.2 初始权值 W 与偏置值 B

BP网络的训练效果强烈依赖于初始权值 W 与偏置值 B，目前对于 W 与 B，学术界并没有明确的理论来说明其如何取值，各研究者针对各自的研究领域提出了不同的取值方法。例如，利用几何数学提出的复合法取初始权值(江艳君等，2004)；初始权值 $W = K^{-\frac{1}{2}}$，其中 K 为前一层的节点数目(李宇峰等，1998)；权退化法；遗传算法；利用Gabor函数来优化网络初始权值(景晓军，余农，2005)。

总结前人的经验成果，目的都是希望得到ANN均方误差性能曲面的最小值点，达到全局最优的目的，本文提出基于金属降温理论的模拟退火法(simulated annealing)(刑文训，谢金星，1999；康立山，1994)来优化BP网络的初始权值与偏置值，具体实现步骤如下：

(1)选定网络结构，包括网络层数(3层，双隐层为例)、各层节点数(输入输出层由原始数据得 R、$S3$，隐层1为 $S1$，隐层2为 $S2$ 为例)及层间连接函数(以logsig函数、purelin函数为例)。

(2)依据网络结构建立网络传播方程和误差方程，如两隐层BP算法，网络传播方程为 $f = \mathrm{purelin}(W3 \times \mathrm{logsig}(W2 \times \mathrm{logsig}(W1 \times P_n + B1) + B2) + B3)$，误差方程为 $E = f - T_n$，现在要做的就是对误差方程 $E = f - T_n$ 求极小值。

(3)对误差方程进行编码，要优化的自变量为初始权值与偏置值，其个数为 $L = S1 \times R + S2 \times S1 + S3 \times S2 + S1 + S2 + S3$，在模拟退火法中 L 是误差方程 $E = f - T_n$ 的自变量个数，利用网络传播方程

$f(x)$确定哪些 x 的值对应哪些权值与偏置值。

(4)选定足够高的初始温度 T_0;随机产生初始解 x_0,计算当前初始函数能量值 E_{old};选定温度衰减函数,一般用 $T=\lambda T$,依经验 λ 为 0.8～0.98 之间。

(5)对当前最优点作一随机扰动(Δx),产生一新的最优点 $x=x_0+\Delta x$,计算新的目标函数值E_{new}。

(6)若 $E_{new}<E_{old}$,则接受新产生的最优点 x 作为当前最优点;若 $E_{new}\geqslant E_{old}$,则以概率 $p=e^{\left(-\frac{(E_{new}-E_{old})}{T}\right)}$,接受该新产生的最优点 x 为当前最优点。

(7)在当前温度 T 下,重复步骤(5)抽样足够多次数,找出当前温度 T 下的能量函数最小值。

(8)温度冷却 $T=\lambda T$,重复步骤(5)。

(9)若温度冷却次数达到要求,则输出当前最优点,优化结束。

(10)转至步骤(3),解译出初始权值 W 与 B。

3.3 BP 网络结构

BP 网络结构包括网络层数与隐层节点数及层间连接函数。网络层数与层间连接函数目前争议不大,已有证明,3 层网络能精确逼近任意函数。输入层到隐层及隐层之间一般采用 Sigmoid 型函数,也有文章提出采用双极性 S 型函数 $y=f(a)=-\frac{1}{2}+\frac{1}{1+e^{-a}}$,还有的提出在 S 型函数中加入可调系数 $y=f(a)=\frac{1}{\alpha_0+\beta_0 e^{-\gamma_0 a}}$(陈详光,裴旭东,2003),隐层到输出层则用线性传输函数 purelin。

目前争议较多的是 BP 网络隐层节点数的确定,过少的节点数不足以建立好的映射网络,过多又会出现过拟合,影响 BP 网络的泛化能力。它的确定方法有许多,如利用遗传算法来确定(张超等,2019),利用模拟退火法来确定(邹恩等,2004),还有人提出隐层节点数的经验取值范围,对于含一个隐层的网络,单输入单输出网络,取隐层节点数 4～8 个,多输入多输出的网络,取隐层节点数为输入节点的 2～4 倍;还有研究者提出用搭积木的形式来一步步增减隐层节点数对所研究问题进行分析,取优舍劣。

经大量试验得出,当隐层节点数达到收敛要求后,再增加 1～2 个节点并不会十分影响网络的收敛性及泛化能力,基于这种经验和高频率原则(即某种结果出现的频率高),提出确定隐层节点数目的一种新方法——自动搜索法,即自动寻找网络最优结构。

4 BP 网络非线性建模过程

(1)原始输入输出数据资料预处理,$P\rightarrow P_n$,$T\rightarrow T_n$ 。

(2)初始权值、偏置值及 ANN 的网络结构采用上面提出的模拟退火法及自动搜索法联合起来的混合搜索法来确定,具体实现步骤如下:

①建立 K 次循环;

②网络结构的确定(自动搜索过程)。

输入输出层节点数由输入输出数据直接定出;确定两隐层节点数目的上限,如 $S1=M$,$S2=N$;确定层间连接函数;隐层节点数的确定采用提出的新方法“自动搜索法”来确定,其步骤如下:

a. 首先建立 M 次子循环;再嵌套建立 N 次子循环,这相当于建立了 $M\times N$ 个网络结构;

b. 然后在每一结构下运用模拟退火法寻找最优的初始权值 W 和偏置值 B,让 BP 网络以此为起点进行训练,得出每一结构训练误差 $E_{(i,j)}$;

c. 找出 $M\times N$ 个结构的 $E_{(i,j)}$ 的最小值 E_{min} ;

d. 找出 E_{min} 所对应的 $S1$ 与 $S2$ 的值,这样通过最初的 K 次循环就能找出 K 组 $S1$ 与 $S2$ 的值,把其命名为最优结构组;

e. 然后把其中 $S1$ 与 $S2$ 都相同的分组,依据“高频率”原则选取组中 $S1$ 与 $S2$ 数目最多的作为最优的网络结构。

(3)经步骤(2)找到最优结构后,我们便建立了针对所研究问题的最优 BP 网络模型。

5 工程实例应用

江苏润扬长江大桥作为大跨径悬索桥,是国内首例采用排桩冻结法作为止水帷幕的深大基坑工程,掌握其基坑稳定性发展趋势是保障基坑安全的关键。大桥南锚锭基坑排桩位移是基坑稳定性状况的直观反映,而实测位移随着基坑开挖施工扰动的影响,呈现出高度非线性变化现象,本文基于上面所述模拟退火自动搜索方法改进的 BP 网络对润扬大桥南锚锭第一道支撑轴力与基坑 I3 号测斜孔排桩位移进行非线性建模。南锚第一道支撑轴力有 Z1-1,Z1-2,Z1-3,Z1-4 4 个测点,即四组轴力数据,基坑Ⅰ3 孔排桩位移为一组数据。采用施工期约 2 个月的监测数据进行分析,此时冻涨力正处于明显变化之中,时刻注意排桩位移显得尤为重要,对排桩位移的预测,对于指导施工进程,掌握冻结状况乃至基坑稳定性有着重要意义。

基于上述监测信息建模过程如下:

(1)初始数据归一化处理,选用 MATLAB 工具箱函数 premnmx。

(2)由于所建模型为四维空间,所以网络结构选用较为复杂的双隐层结构,层间连接函数分别为 logsig 与 purelin。

(3)进行自动搜索过程,其间包含有利用模拟退火法来取得 BP 网络权值与偏置值的初始值。建立 7 次主循环,隐层节点数 $S1$、$S2$ 的上限均为 8,这样就建立了两层 8-8 子循环,即自动循环 8×8×7 次即可自动寻找出较优的网络结构。

表 1 中第二行为隐层 1 节点数 $S1$,第二行为隐层节点数 $S2$。从中可以看出最优结构应为4-7-1结构,当然也可以上下浮动 1 到 2 个节点数目,但为了防止过拟合,当满足收敛要求后,节点数目以少为妙。

表 1 BP 网络结构优化结果

主循环次数 K	1	2	3	4	5	6	7
隐层 1 节点数 $S1$	4	5	4	4	8	5	4
隐层 2 节点数 $S2$	7	3	7	6	4	3	8
最优结构	综合选择结果:$S1=4$,$S2=7$,即隐层 1 与隐层 2 的优化结构数为 4-7						

(4)由所得网络优化结构,对数据进行建模分析,结果如图 2～图 5 所示。

图 2 显示此优化后的网络经 107 步便达到收敛误差 1×10^{-20},说明优化后的网络结构利用模拟退火法求得初始权值与偏置值后收敛速度快;图 3 显示基于模拟退火法与自动搜索法南锚锭第一道支撑 I3 孔排桩位移与 4 个轴力测点的 BP 网络建模仿真误差数量级为 10^{-10},模型精确;图 4 是选取训练数据后的 22 个实测值作为预测数据,预测值与实测值比较如图 4,可以看出误差很小;图 5 显示实测值与预测值的相近性为 0.98,表明所建模型对此问题预测较为精确。

结果说明,基于模拟退火法与自动搜索法优化的 BP 网络用于深基坑的监测信息非线性建模,具有较高的精度。

6 结论

(1)BP 神经网络由于学习能力强,适合于深基坑的位移预测,但其建模效果对于初始数据的处理、初始权值 W 与偏置值 B、网络层数及节点数等 3 项主要因素十分敏感,这些因素的预处理、预设置及优化是 BP 网络非线性模型优劣的关键。

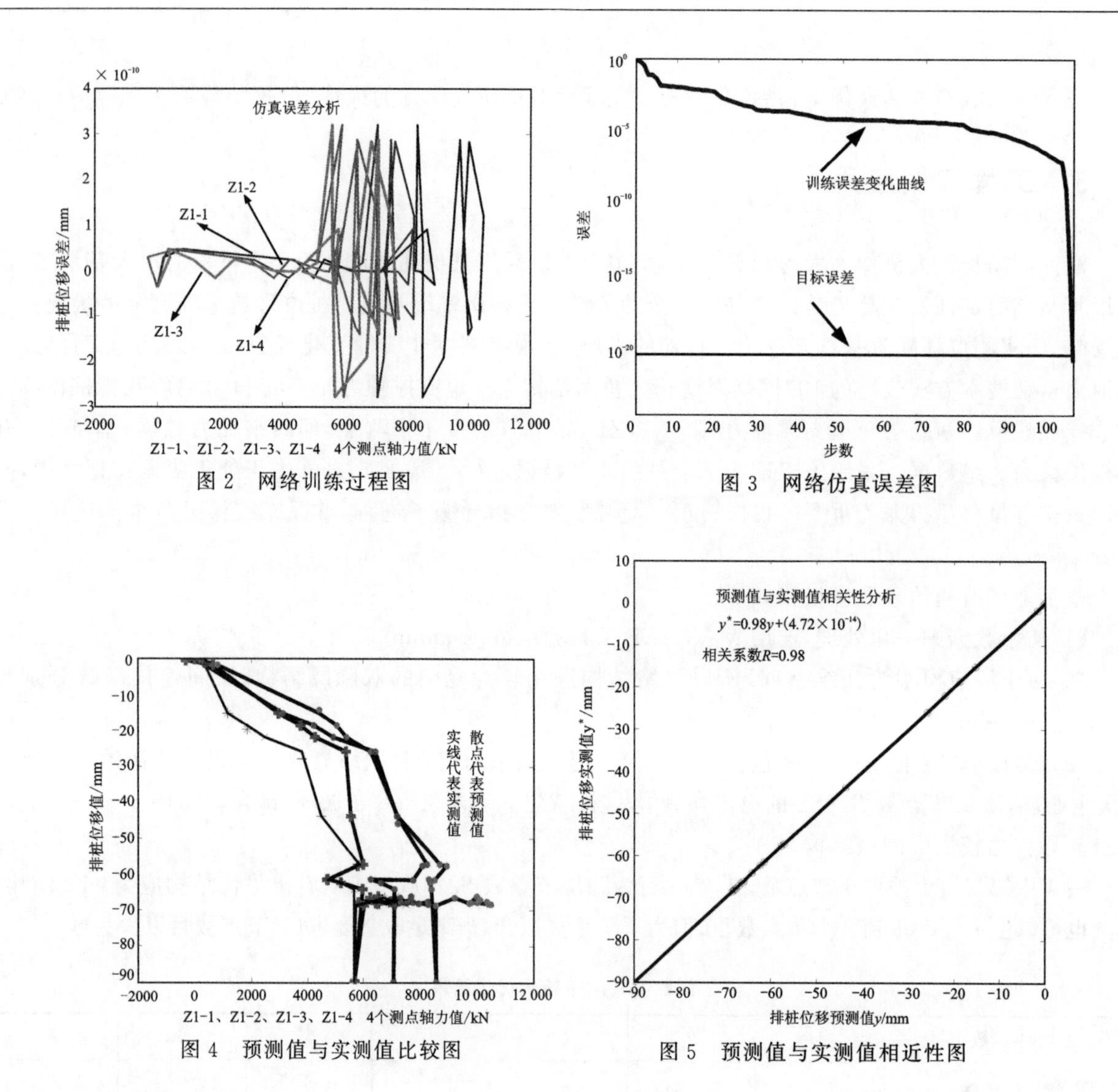

图 2 网络训练过程图

图 3 网络仿真误差图

图 4 预测值与实测值比较图

图 5 预测值与实测值相近性图

(2)基于模拟退火法进行编程循环计算,确定网络初始权值 W 与偏置值 B,然后利用自动搜索法确定网络结构十分有效。

(3)BP 网络工程应用现已十分广泛,其非线性建模能力突出,十分适用于影响因素复杂的结果性输出。而对于深基坑工程,位移监测是基坑安全性最重要的特征,基于前期位移监测数据的后续位移预测,是掌控基坑未来安全性的主要手段。经过优化的 BP 网络应用于深基坑位移预测,与实测值相比,十分有效。同时,该法也可应用于其他类型的数据预测。

主要参考文献

陈详光、裴旭东,2003.人工神经网络技术与应用[M].中国电力出版社.

黄震,赵奎,许宏伟,等,2017.基于 SA-BP 神经网络的软土基坑开挖地表沉降预测[J].工程地质学报,5(2):445-451.

江艳君,李柠,黄道,2004.修正初始权值的 bp 网络在 CSTR 故障诊断中的应用[J].华东理工大学学报,4(2):207-210.

景晓军,余农,2005.基于形态学变权神经网络的数据精练[J].电子学报,33(3):397-401.

康立山,谢云,罗祖华,1994.非数值并行算法-模拟退火法[M].北京:科学出版社.

李宇峰,裴旭东,黄聪明,1998.BP 神经网络实际应用中的若干问题[J].兵工自动化,30(2):1-4.

孟雪,赵燕荣,黄小红,等,2018.基于灰色 GM(1,1)和神经网络组合模型的基坑周边地面沉降预测分析[J].勘察科学与技术,6(3):39-44.

邢文训,谢金星,1999.现代优化计算方法[M].北京:清华大学出版社.

张超,郑晓琼,王娣,等,2019.基于遗传算法进化小波神经网络的电力变压器故障诊断研究[J].自动化与机械仪表,240(10):136-139.

邹恩,李祥飞,刘耦耕,等,2004.最优模糊神经网络参数的设计-混沌模拟退火学习法[J].中南大学学报,35(3):443-447.

工程勘察信息三维综合展示系统研发与应用

葛　星,杜朋召,齐菊梅

(黄河勘测规划设计研究院有限公司,河南 郑州　450003)

摘　要:针对现阶段缺少工程勘察信息的综合展示平台、现有三维GIS软件地下展示功能偏弱、地质数据处理不便等情况,结合当前水利枢纽工程勘察数据管理分散、可视化效果差、专业服务能力不足等问题,以工程应用需求为引导,基于GIS+BIM技术,结合遥感影像、无人机航测、地质、勘探、物探等数据,建立基于二三维一体化、地表地下一体化、宏观微观一体化的工程勘察信息三维综合展示系统,实现地上地下工程勘察信息综合查询和三维综合展示。

关键词:工程勘察;三维综合展示;二三维一体化;GIS+BIM

0　引言

工程勘察是开展各类工程建设的工作基础和首要环节,全面展示工程勘察信息、直观表述工程地质现象、准确揭示工程地质问题,既是工程地质评价与岩土分析设计的重要依据,也是支撑工程运行和社会发展的重要基础。由于工程勘察信息种类繁多、结构复杂,具有多源、多类、多维、多时态和多阶段等特征,传统手段多以文字描述和二维图件展示为主,内容生涩、专业性强,知识传播和可视化效果差,难以满足勘察信息可视化表达和不同层次用户的应用需要。

近年来,随着计算机可视化技术、地质信息建模理论以及GIS、BIM等技术的不断发展和完善,工程勘察全流程的数字化、信息化技术研究逐渐深入。三维GIS环境具有地理空间分析与可视化场景的技术优势,BIM模型具有精细几何结构与丰富语义信息,在三维GIS环境中融合地质BIM模型,实现工程勘察信息的"一张图"综合展示,便于不同阶段、不同类型勘察数据的快速浏览与查询,服务于工程布置、方案比选、决策支持、分析研究和运行维护,为勘察行业从传统的"纸笔"模式逐步向信息化、智能化工作模式转变提供了重要支撑。

然而工程勘察工作中涉及的数据量较大,地上地下数据来源不同、地理地质尺度差异较大、格式复杂,难以直接实现数据的共享和综合利用,需要对海量的信息进行集成。如何将地上地下、地理地质的多源异构勘察数据进行有效管理、可视化表达和三维综合展示成为关键技术难题。

以工程应用需求为引导,基于GIS+BIM技术,利用遥感影像、无人机航测、地质、勘探、物探等数据,建立工程勘察信息三维综合展示数据标准,研究非结构化勘察数据分布存储与有序管理技术、多源

项目来源:河南省科技攻关计划项目(212102311003),黄河勘测规划设计研究院有限公司自主研发项目(2020-ky03)。

作者简介:葛星(1994—),女,地理学硕士,工程师,主要从事地质信息化方面工作。E-Mail:gexingstar@163.com。

异构工程勘察信息快速建模技术。在国产 GIS 平台 SuperMap iDesktop 的基础上，通过插件开发及界面优化研发工程勘察信息三维综合展示系统，实现工程勘察信息的三维综合展示。

1 系统设计与实现

工程勘察信息三维综合展示系统，以勘察工作需求为引导，基于 GIS+BIM 的理念，利用 SuperMap 强大的可视化底层平台支撑，以勘察数据中心为核心，构建了工程勘察信息一体化查询、分析的可视化环境，以不同视角、尺度范围、专题组合的三维勘察综合展示服务，实现对海量工程勘察数据的多源异构融合、三维实景展示、多方共享管理等。

1.1 系统总体设计

基于“GIS+BIM”的工程勘察信息三维综合展示系统构建在 SuperMap iDesktop 基础可视化平台上，先通过分布式数据存储来存储结构化和非结构化数据，然后通过各类工程勘察信息化专业平台实现数据的收集与展示，最后通过系统开发实现不同功能应用。系统总体架构如图 1 所示。

系统数据层综合利用 DEM、DOM、无人机影像、遥感影像、其他矢量数据等 GIS 数据和模型数据、属性数据、其他数据等 BIM 数据，以及图表数据、文本数据、其他数据等非结构性数据。系统平台层以国产超图 SuperMap 为开发底层，以 Visual Studio 为开发平台，融合工程勘察信息综合管理平台(GEIS)、Geo-Modeler、3DExperience 等多个专业应用平台，建立基础数据应用服务接口。系统开发层通过 C# 编程语言实现基于 SuperMap iDesktop 的插件式、模块化开发，为功能模块扩展保留相应接口，便于系统升级。系统现阶段应用层包括项目管理、钻孔岩性分层展示、三维模型属性查询、钻孔照片展示、平洞实景展示等。

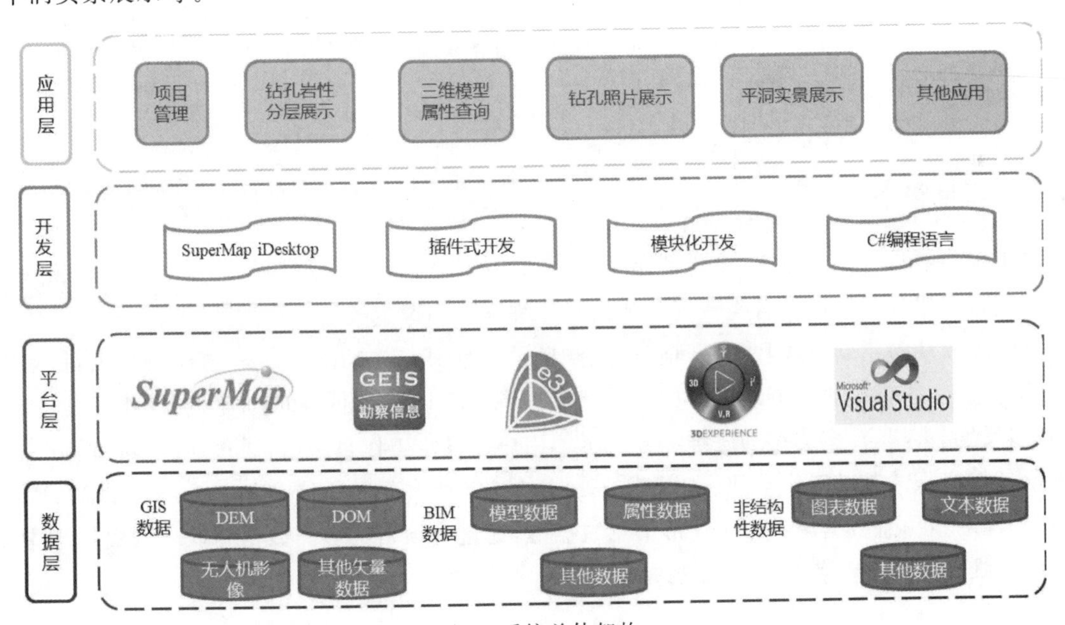

图 1 系统总体架构

1.2 系统功能模块

工程勘察信息三维综合展示系统通过项目管理、三维场景综合展示、钻孔岩性分层、三维模型属性查询、钻孔照片展示、平洞实景展示等功能模块，构建三维展示场景(图 2)，初步实现了工程勘察信息基于二三维一体化、地表地下一体化、宏观微观一体化的集成展示，支持多种格式工程勘察数据导入与展示。

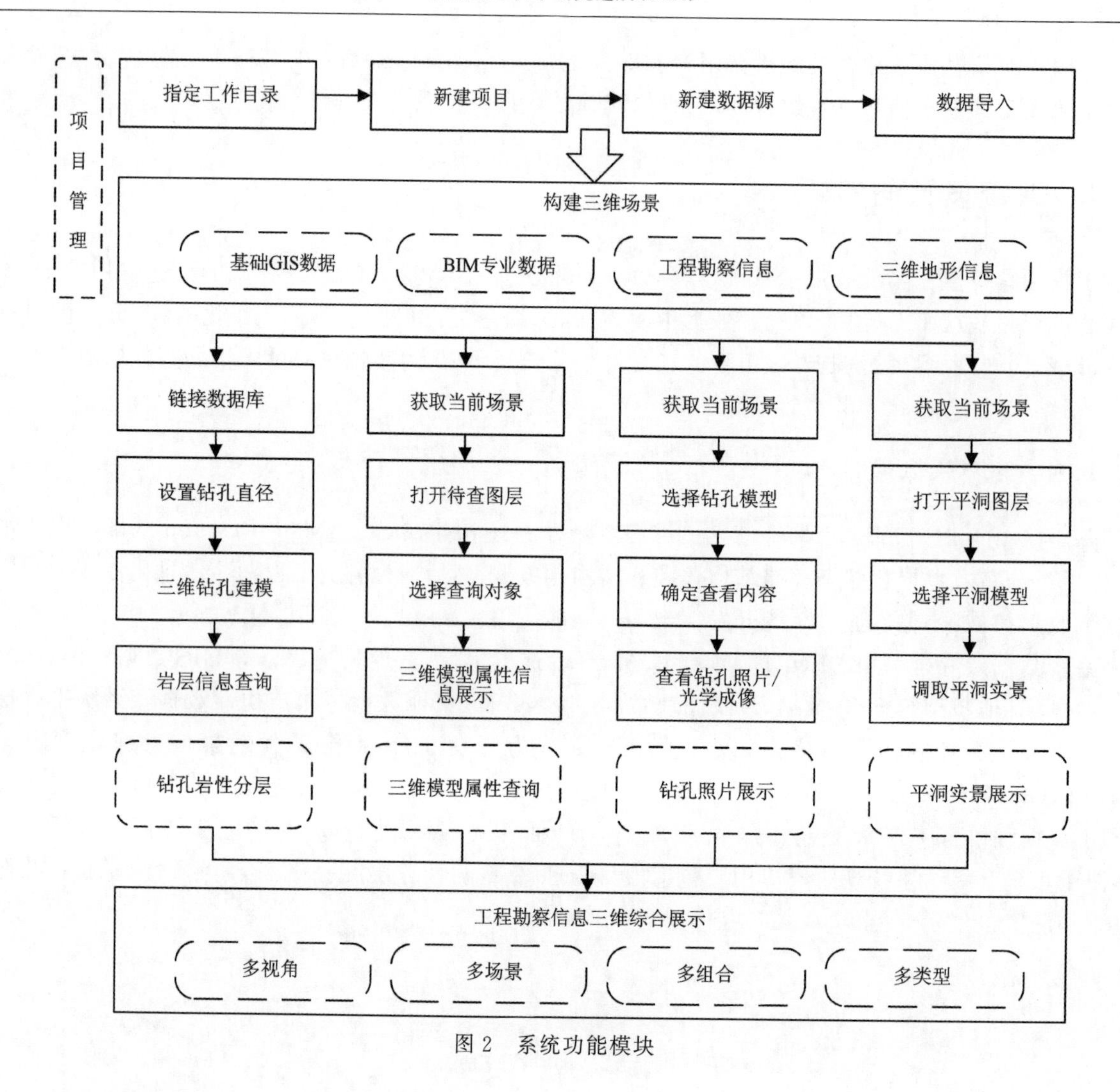

图 2　系统功能模块

1.3　项目管理

为便于项目数据存储与管理,简化新建数据源和初始三维场景搭建过程,通过项目管理模块可实现工程勘察项目三维展示所需的各类数据源和初步三维场景一键生成。

项目管理模块包括新建项目、打开项目、工作目录 3 部分具体功能。用户选择新建项目,可在指定工作目录基础上,一键生成待展示内容的文件型数据源,通过普通图层和地形图层搭建三维场景,便于多视角、多尺度、多组合、多类型的三维综合展示。用户在设定工作目录后,通过新建项目便可一键生成后期展示工作所需的基础工作空间、数据源、三维场景等,其中数据源包含基础 GIS 数据源、BIM 专业数据源、工程勘察信息数据源和三维地形信息数据源,通过将项目的各类数据导入基础数据源中便可进行后期的三维场景搭建和各类信息综合展示。

1.4　钻孔岩性分层展示

工程勘察信息综合管理平台(GEIS)是以一个数据中心为核心,实现工程勘察信息综合管理与应用的平台。三维综合展示系统无缝衔接该平台的 MDB 数据库,用钻孔岩性分层展示模块,可将 GEIS 平台提供的钻孔数据直接导入三维场景,并完成三维钻孔展示模型构建。每一个钻孔数据通过坐标展示于空间位置,通过输入钻孔直径设置三维钻孔展示模型的拉伸大小,逐层读取数据库中每个钻孔地层的起止高程,并根据其差拉伸至三维环境,实现钻孔岩性的分层展示。此外,点击三维钻孔模型的每一层,可查看其岩性的详细信息。

钻孔岩性分层展示模块包括岩性分层和岩层查询两个具体功能，岩性分层完成三维钻孔展示模型的构建，岩层查询可查看其具体属性描述信息。其中“钻孔属性信息展示”可以查询钻孔编号、地层代号、起止高程以及钻孔位置等；“钻孔详细信息展示”则可以查询同一地层代号下更详细的不同层的岩土名称和地质描述。

1.5 三维模型属性查询

工程勘察信息的三维综合展示中含有大量的三维模型，在实现二三维、地上地下一体化展示后，需要进一步查询其具体属性信息，包括不同三维模型的名称、相关描述等。通过三维模型属性查询模块可实现地层岩性、岩体风化卸荷面、地质构造、工程设计模型 4 部分三维模型的属性查询展示功能。

地层岩性属性展示内容包括地层名称和详细的地层信息描述；岩体风化卸荷面属性展示内容包括风化卸荷名称和详细描述信息；地质构造属性展示内容包括地质构造的名称、所在岩组、分布高程、厚度特征、属性描述等详细信息；工程设计模型属性展示内容包括各工程部件的名称、描述信息等。

1.6 钻孔照片展示

在野外勘察过程中，钻孔信息采集时会收集对应的岩芯照片，同时通过钻孔光学成像试验得到大量钻孔光学成像照片，各类照片名称通过钻孔编号实现非结构化信息存储。钻孔照片展示模块可实现至三维钻孔展示模型中钻孔岩芯照片与光学成像照片的链接展示。

该模块包括岩芯照片、光学成像、钻孔深度查询展示 3 部分功能，分别对应查看钻孔的岩芯照片、钻孔光学成像，以及根据鼠标点击钻孔的深度，查看该点的岩芯照片或光学成像。此外，右键可查看选中段对应的岩芯照片或光学成像，可以全部、分段或者按指定深度去查看钻孔对应段的岩芯照片和光学成像。

1.7 平洞实景展示模块

根据平洞洞口坐标及走向，通过三维放样形成三维平洞模型。在三维场景中选中平洞模型并点击平洞实景，可实现三维平洞实景的漫游展示。

1.8 系统实现

SuperMap iDesktop 平台提供了便于开发的插件模板框架，在 Visual Studio 中完成桌面开发环境注册后，添加桌面(Desktop. NET)和组件(Objects. NET)的可用动态库，在此基础上完成各项功能模块开发。同时，为保证工程勘察信息综合管理平台(GEIS)、Geo-Modeler、3DExperience 等多个专业应用系统数据的调用，须保留相应的平台接口。系统数据接口包括 DEM、DOM、无人机影像、遥感影像、其他矢量数据等 GIS 数据和模型数据、属性数据、其他数据等 BIM 数据，以及图表数据、文本数据、其他数据等非结构性数据。在前述系统总体设计和功能模块基础上，初期工程勘察信息三维综合展示系统界面如图 3 所示。

2 工程应用实例

以黄河古贤水利枢纽工程为例，依据总体架构、功能体系以及前述的技术路线及选型，整理并展示了古贤工程勘察数据，包括钻孔数据、工程设计模型、地层岩性、地形地貌、地质构造、岩体风化卸荷、地质模型等共 20G 数据；针对不同展示效果，搭建了多个三维场景；按照古贤勘察汇报展示需求，以地形地貌、区域地质与构造稳定性、勘察工作布置与成果、水库区工程地质、坝址区工程地质、工程设计模型等分组实现分层、分场景展示。

通过多尺度三维勘察信息综合展示技术，面向工程勘察专业人员和管理人员，提供了一个直观的古

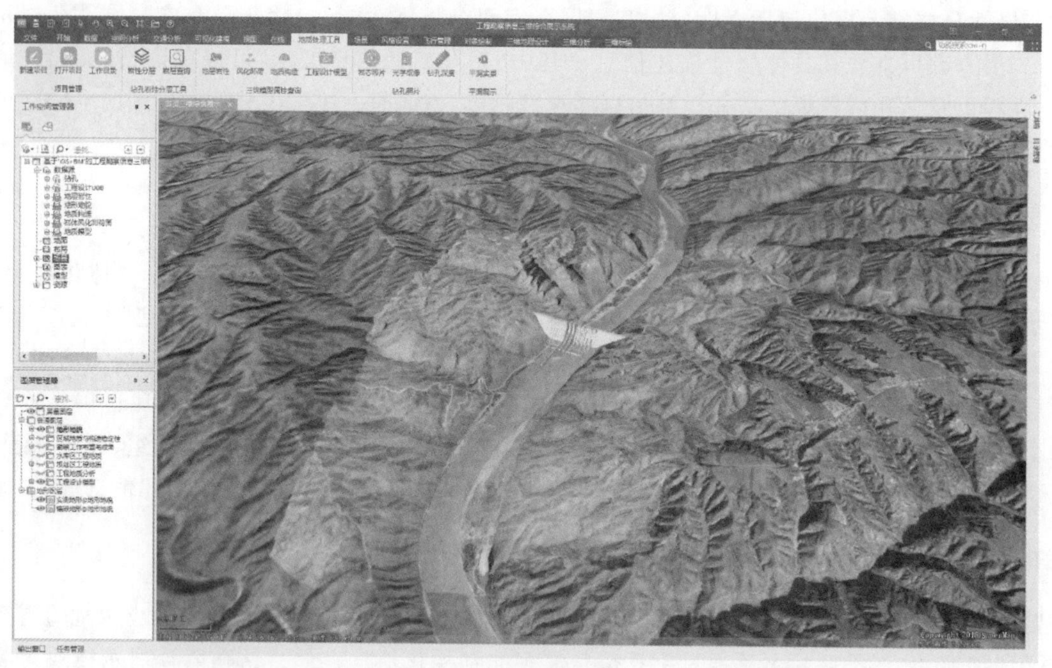

图 3　系统界面

贤工程勘察信息一体化查询、分析的可视化环境，提供了不同视角、尺度范围、专题组合的三维勘察综合显示方式，旨在直观系统地反映工程现场的基本地质信息，为工程全生命周期提供了勘察数据应用服务和综合决策基础。

2.1　多场景展示

针对古贤水利枢纽的实际工程地质问题，可以通过多种数据组合，搭建不同三维场景，实现多视角、多尺度、多组合的三维综合展示，满足建筑物与地质条件关系的详细展示，如图 4 所示。

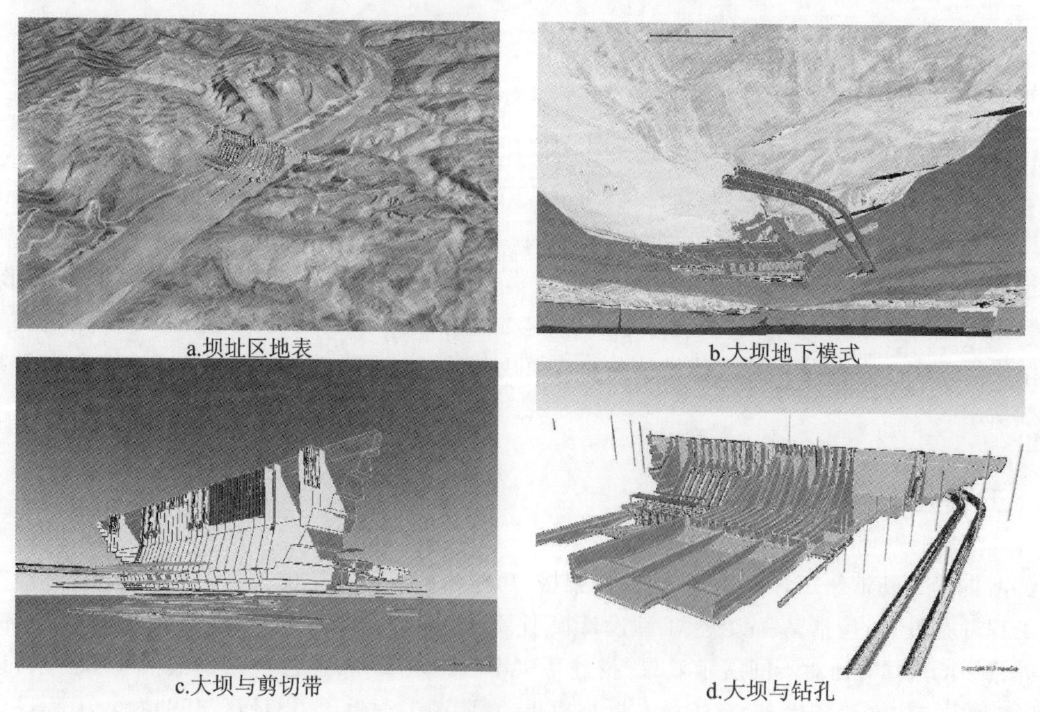

a.坝址区地表　b.大坝地下模式

c.大坝与剪切带　d.大坝与钻孔

图 4　多场景展示

2.2 功能模块应用

系统部分功能模块展示页面如图 5～图 8 所示。在钻孔三维场景中，点击钻孔三维展示模型，查看钻孔详细信息，包括钻孔编号、起止高程、地层代号和钻孔位置描述；右键点击岩层详细信息，可查看岩层更详细的地质描述，如图 5 所示。

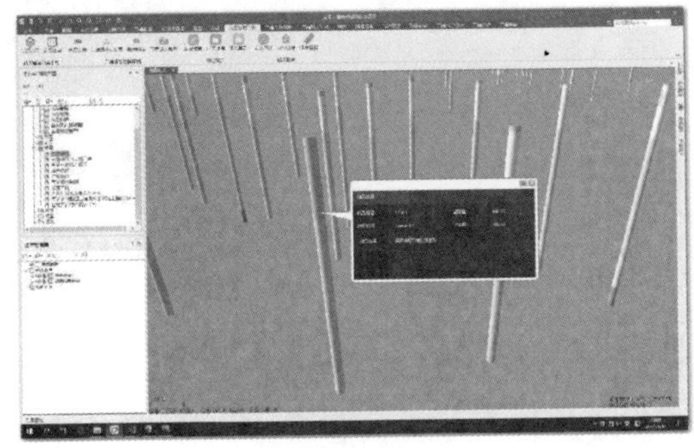

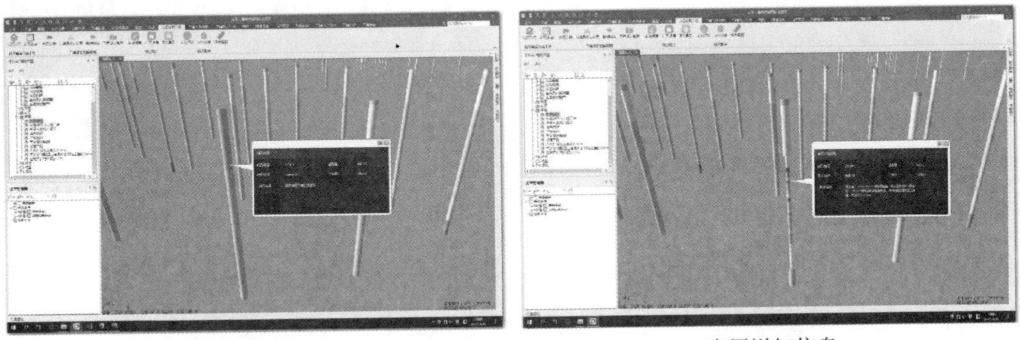

a.钻孔详细信息

b.岩层详细信息

图 5　钻孔信息查询

古贤水利枢纽的三维地质模型包括地层、风化卸荷、地质构造（剪切面），在三维展示场景中，点击相应的模型，可查看其详细属性信息；大坝三维模型各工程部件也可通过三维模型属性查询查看其具体信息，如图 6 所示。

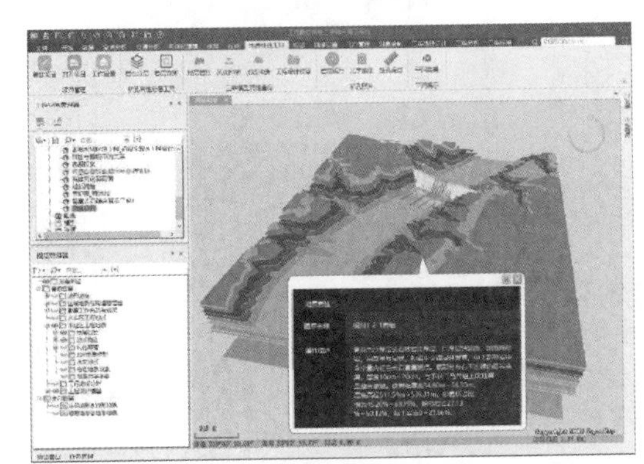

a.地层属性查询

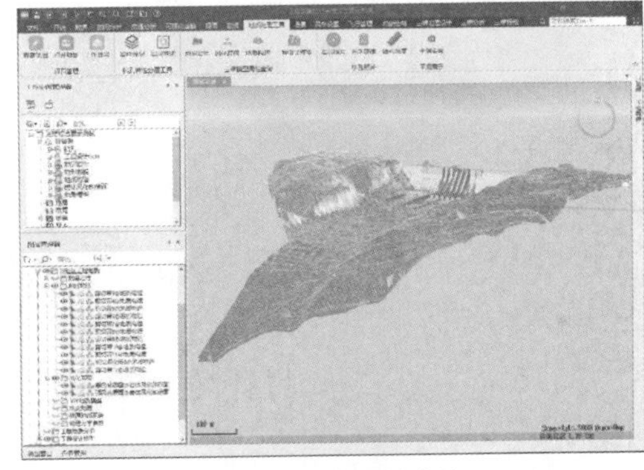

b.风化卸荷属性查询

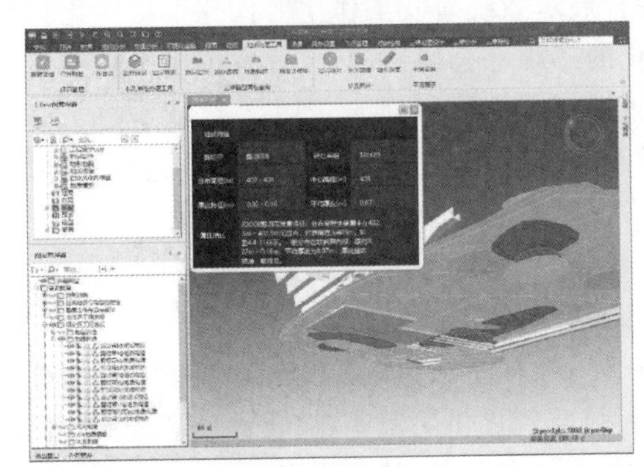

c.地质构造查询

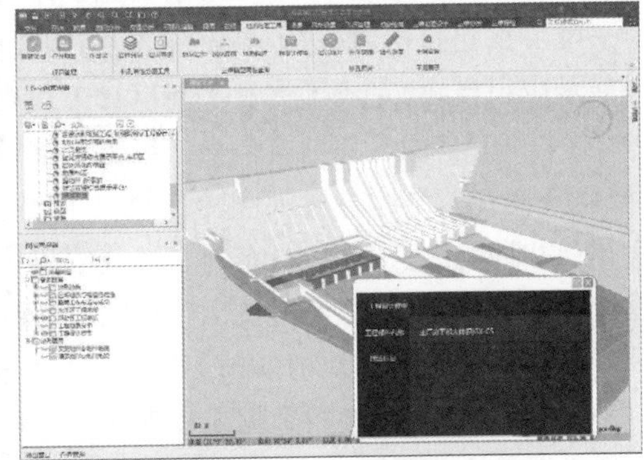

d.工程设计模型属性查询

图 6　三维模型属性查询

钻孔照片展示模块提供钻孔岩芯照片和光学成像查看功能，在钻孔三维场景中，选中待查钻孔三维模型，可查看该钻孔所有岩芯照片或光学成像列表，打开即可看到对应照片，如图 7 所示。平洞实景链接如图 8 所示，选中待查平洞模型，可打开其对应的三维实景，完成实景展示。

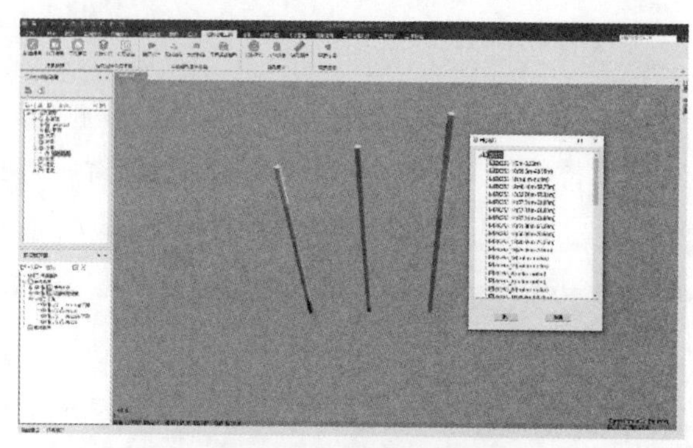

图 7 钻孔岩芯照片查看

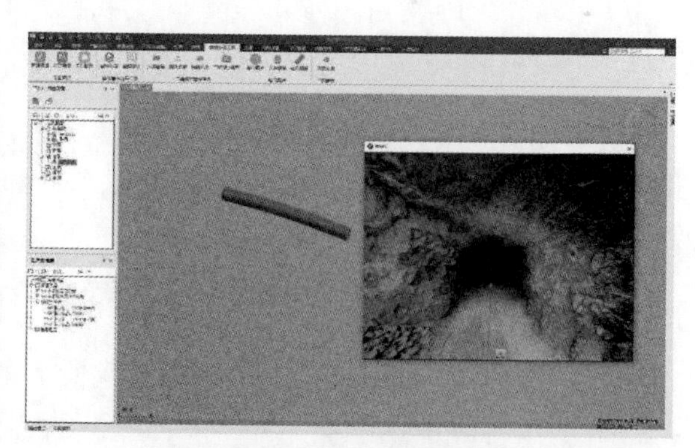

图 8 平洞实景链接

2.3 其他应用

通过系统接口,可将 3Dexperience 中三维地质体模型导入系统中,绘制截面线,还可以查看三维地质体的截面,查看地质体各层级与大坝的关系,调整平移或旋转角度可以查看地质体的不同截面情况(图 9)。

a.裁剪前

b.裁剪后

图 9 三维地质体截面显示

3 结语

现阶段基于"GIS+BIM"的工程勘察信息三维综合展示系统研发工作主要探究了结构化和非结构化数据的三维可视化技术,搭建了界面简洁、结构优化的三维综合展示平台,开发了多个勘察信息属性数据综合展示应用模块,完成了古贤水利枢纽工程勘察信息三维综合展示示例。

基于"GIS+BIM"的工程勘察信息三维综合展示系统最终的建立,实现了工程勘察全空间数据的快速建模、智能查询和三维综合展示,提供三维空间数据管理和服务,改进传统的管理模式,使得管理更有效更方便,节约时间、人力等成本;有利于规范编码体系,统一数据接口;提高工程效率及质量,能够提前对工程设计进行可视化展示,及时找出存在问题,保障工程安全、快速进展。

下一步将在系统现有模块的基础上进一步扩展升级,更加直观系统地反映工程现场的基本地质信息,为工程全生命周期提供勘察数据应用服务,为水利强监管提供决策基础;支撑工程建设,推动 BIM 信息化的发展以及水利数字化应用的发展;保持数据活力,促使长效、持续使用。

同时,在此平台基础上,可延伸至多种应用场景,包括搭建高精度遥感地质解译平台,提供三维层次解译服务;丰富施工地质素描图的绘制手段,实现三维实景地质编录;补充库坝区地质灾害监测等内容,完善地灾监测与分析功能等。

主要参考文献

常晓军,葛伟亚,周丹坤,等,2019.基于 Voxler 平台的城市地质调查数据的三维可视化[J].城市地质,14(2):6-11.

郭艳军,张进江,陈斌,等,2019.基于 VR 技术的多尺度地质数据 3D 沉浸式可视化与交互方法[J].地学前缘,26(4):146-158.

郝明,张建龙,谭富文,等,2019.含油气盆地的三维地质建模及可视化系统设计研究[J].地理空间信息,17(8):5-9.

何紫兰,朱鹏飞,马恒,等,2018.基于多源数据融合的相山火山盆地三维地质建模[J].地质与勘探,54(2):404-414.

胡勤军,姜三,徐爱锋,2015.基于 Skyline 和 IDL 平台的地质数据三维可视化研究[J].测绘工程(6):53-57.

李奋强,何荣华,李冯燕,等,2017.湖南省矿山地质应急救援数据信息三维可视化系统开发与应用[J].国土资源导刊,14(2):18-22.

马震,夏雨波,王小丹,等,2019.雄安新区工程地质勘查数据集成与三维地质结构模型构建[J].中国地质,46(S02):123-129+169+177.

任凯旋,2016.浅谈城市地质环境三维建模与可视化[J].资源信息与工程,31(5):178-179.

谭永杰,2016.地质大数据与信息服务工程技术框架[J].地理信息世界,23(1):1-9.

王志辉,王春博,张学利,等,2018.一种三维无插件展示空间数据服务的体系研究[J].科研信息化技术与应用(4):60-67.

吴冲龙,何珍文,翁正平,等,2011.地质数据三维可视化的属性、分类和关键技术[J].地质通报,31(5):642-649.

喻孟良,赵慧,孙长勇,等,2018.基于云架构的水工环地质信息服务平台研究[J].遥感技术与应用,33(6):1186-1192.

综合物探方法在片麻岩地区地热勘查中的应用

付新建,李小林,李　飞

(河南省地质矿产勘查开发局第一地质环境调查院,郑州　453000)

摘　要:测区地热类型属于隆起山地断裂构造对流型。下部片麻岩是一套深度变质岩,本身不含水或富水性极弱,储水储热目的层往往赋存于断裂构造或裂隙当中,相较于完整围岩而呈低阻特征。通过充分分析、对比验证超低频地质遥感探测法、对称四极电测深法和EH-4连续电导率剖面法等综合物探方法勘查的成果,查明了测区内断裂构造位置及性质,确定了地热井施工靶区。经钻探、测井及成井验证:终孔2251m,涌水量为48.9m^3/h、水温52℃,证明了综合物探方法在片麻岩地区地热勘查中的可行性和有效性。

关键词:超低频地质遥感探测法;对称四极电测深法;EH-4连续电导率剖面法;片麻岩;地热;断裂构造

在地热地质勘探中,物探方法具有其他方法无可比拟且无法替代的优势,单一的物探方法对于解决单一地质问题可发挥重要作用,但从整体上考虑,综合物探在地热地质勘探领域的优势更加明显。本次工作首先通过超低频地质遥感探测法快速扫面,确定断裂构造大致位置,然后采用对称四极电测深法和EH-4连续电导率剖面法加以验证、对比,最终确定断裂构造位置、性质以及地热井靶位。

1　地质概况

1.1　地层

测区位于新乡市北部山区,勘探深度内地层主要为太古宇(Ar)、震旦系(Z)、寒武系(∈)、奥陶系(O)、新近系(N)。上部为棕红色、浅黄色及杂色(棕红、灰绿、灰白)砂质黏土、泥灰岩、泥质砂岩及砂砾石层,多为胶结或半胶结;下部为奥陶系、寒武系及震旦系灰岩、白云岩、砂岩及页岩等;底部为太古宇登封群(Ar*D*),岩性主要为黑云(二云)斜长片麻岩、黑云(二云)变粒岩、斜长角闪片(麻)岩、千枚岩、绢云石英片岩,夹少量大理石及磁铁石英岩,为一套区域变质、混合岩化变质作用形成的不同程度的变质岩类,隐伏于盖层之下,为本区中朝准地台的结晶基底。

1.2　地质构造

本区构造部位处于新华夏系太行山隆起的东南边缘和华北凹陷的过渡地带,南邻秦岭纬向复杂构造带。区内构造痕迹以断裂为主,新构造运动比较活跃,并多呈继承性活动。区内主要构造有青羊口断层、山彪-五陵断层、西曲里断层和杨九屯-李士屯宽缓倾伏背斜,以上断裂见区域构造分布图(图1)。

作者简介:付新建(1976—),男,物化探高级工程师,主要从事水文物探及数字化测井工作。E-mail:305937458@qq.com。

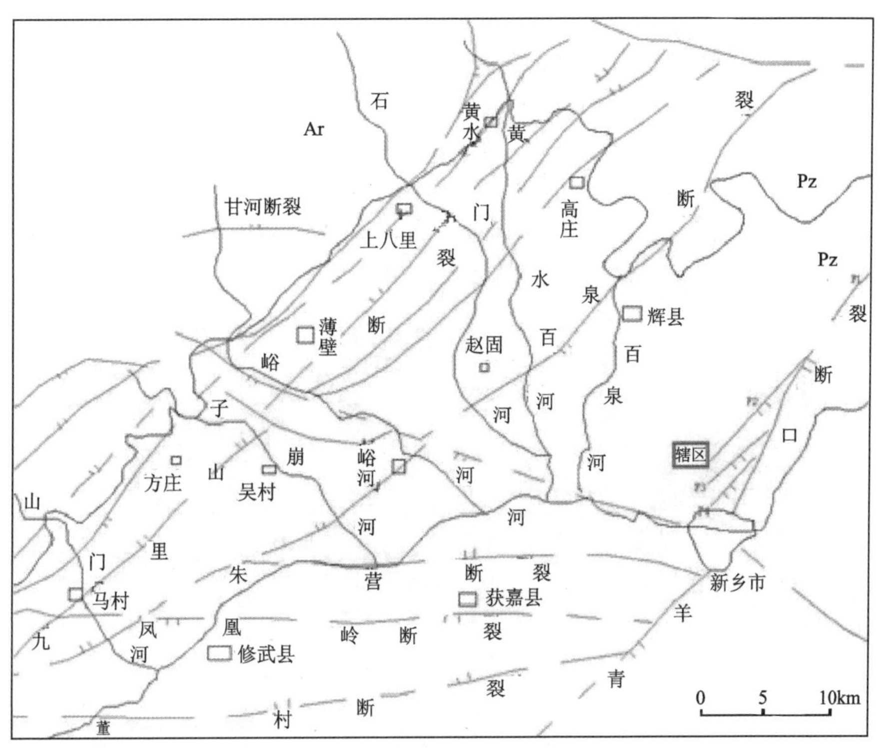

图 1 区域构造分布图

1.3 地热地质条件

1.3.1 储热条件

结合区域地质条件，测区储水储热目的层为深部的太古宇片麻岩断裂构造水，埋深自西向东逐渐加大。测区上部为新近系的黏土、砂、砂砾石及泥灰岩，厚度较薄，约 20～50m；下部为奥陶系、寒武系及震旦系灰岩、白云岩、砂岩及页岩、泥岩等。该套地层的碳酸盐岩裂隙岩溶水主要赋存在上、下奥陶统灰岩中，厚度在 1000 余米，水量丰富，但不均匀，泥岩层分布稳定，隔水性好，热传导率低，具有良好的隔热保温作用，是主要的地热盖层。

1.3.2 导热条件

测区地热类型属于隆起山地断裂构造对流型。附近的青羊口断裂(青羊口断裂带在本区应为 2～3 条相互平行的断裂束组成)是一深大导热断裂，受断裂影响，深部基岩裂隙较发育，断裂或次级断裂从而具备了深部储热的空间及地下水运移的条件。

2 综合物探方法及成果分析

本次工作采用了超低频地质遥感探测法、对称四极视电阻率测深法和 EH-4 连续电导率剖面法。根据地形条件及青羊口断裂走向，垂直断裂近南北向共布设超低频地质遥感探测剖面 1 条、长度 2100m、测点 16 个，对称四极电测深线剖面 1 条、长度 1800m 、测点 4 个；EH-4 连续电导率剖面 1 条、长度 2100m、测点 16 个(其中超低频地质遥感探测剖面与 EH-4 连续电导率剖面重合，在 0～1800m 对应对称四极电测深线剖面)。

2.1 超低频地质遥感探测法

超低频地质遥感探测仪是以大地电磁场为工作场源，利用不同介质电磁学性质的差异测量地下岩性分界面对天然电磁场的反射信息来解释不同深度的地质构造,达到解决地质问题的一种被动遥感电磁勘探方法,也可视为被动源大地电磁测量的一种新方法。

本次工作采用的仪器是由北京大学承担的国家 863 科技攻关项目第 818 号课题《超长波被动遥感技术原理与研究》课题组的科研成果——BD-6 型超低频地质遥感探测仪。该仪器探测地层深度为20～10 000m,分辨率为 1～5,探测效率高,每个测点工作时间少于 20min,仪器轻便,自带电源,只要避开高压线和变压器,可在任何地方进行探测,不受场地条件的限制。超低频电磁波遥感探测剖面长度为2100m,方向 15°,步长为 5m,由 1～16 号共 16 个超低频地质遥感探测点组成(图 2)。

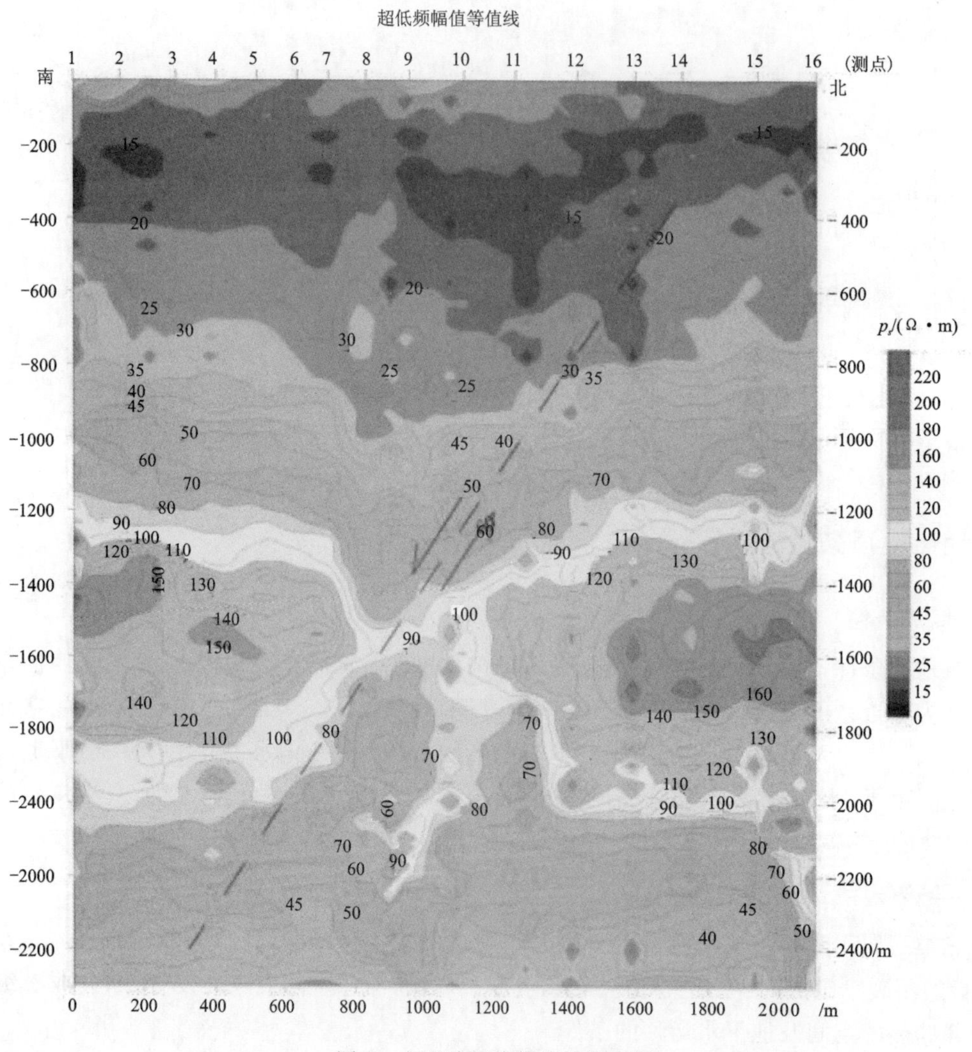

图 2　电磁波幅值等值线断面图

由电磁波幅值等值线断面图可知:垂向上上部 100m 以上幅值等值线多处出现有高阻及低阻的封闭、半封闭圈,反映了上部地层分布不均匀,推测为第四系及新近系的黏土(岩)、砂(岩)、砾石(岩)及泥灰岩等;中部 200～1800m 幅值等值线数值由上到下逐渐升高,反映了岩性颗粒逐渐变粗且较为致密,推测为奥陶系、寒武系灰岩、白云岩及太古宇片麻岩、石英砂岩等的反映;下部 1800m 以下幅值等值线数值又出现了由浅到深逐渐减小的情况,可能由深部太古宇岩石矿物成分的电磁特性引起的。水平方向上 13～14 号测点之间电磁波幅值等值线梯度变化较大且与 8 号测点下方幅值等值线低值区相连后向南倾斜,推测 14 号测点附近有一倾向南的断层存在,断层倾角 56°,为上盘下降、下盘上升的正断层。

超低频地质遥感探测法的优势是效率高、探测深度大、抗干扰能力强、基本不受场条件的限制,但对地层的刻画较粗、对构造性质的判断有一定局限性,可以用该方法进行快速扫描,确定构造大致位置。

2.2 对称四极视电阻率测深法

电阻率法是地热勘探中应用广泛而又有效的方法之一。往往在断裂构造带或裂隙当中富水性较好，此处相较于周围完整围岩会呈现相对低阻或明显低阻的特征。根据电性差异就可以判断断裂构造位置、性质等情况。

本次工作采用对称四极电测深法，主机选用中地装(重庆)地质仪器有限公司的 DZD-8 多功能全波形直流电法仪，供电电源采用 YAMAHA 发电机及 DZ_5-2 大功率数字直流激电系统(整流源)，一次场电压大于 150mV、电流大于 200mA。采用固定装置，最小供电极距 AB/2 为 3m，最大供电极距 AB/2 为 3000m。设计剖面长度 1800m，方向 15°，由 1～4 号电测深点组成(图 3)。

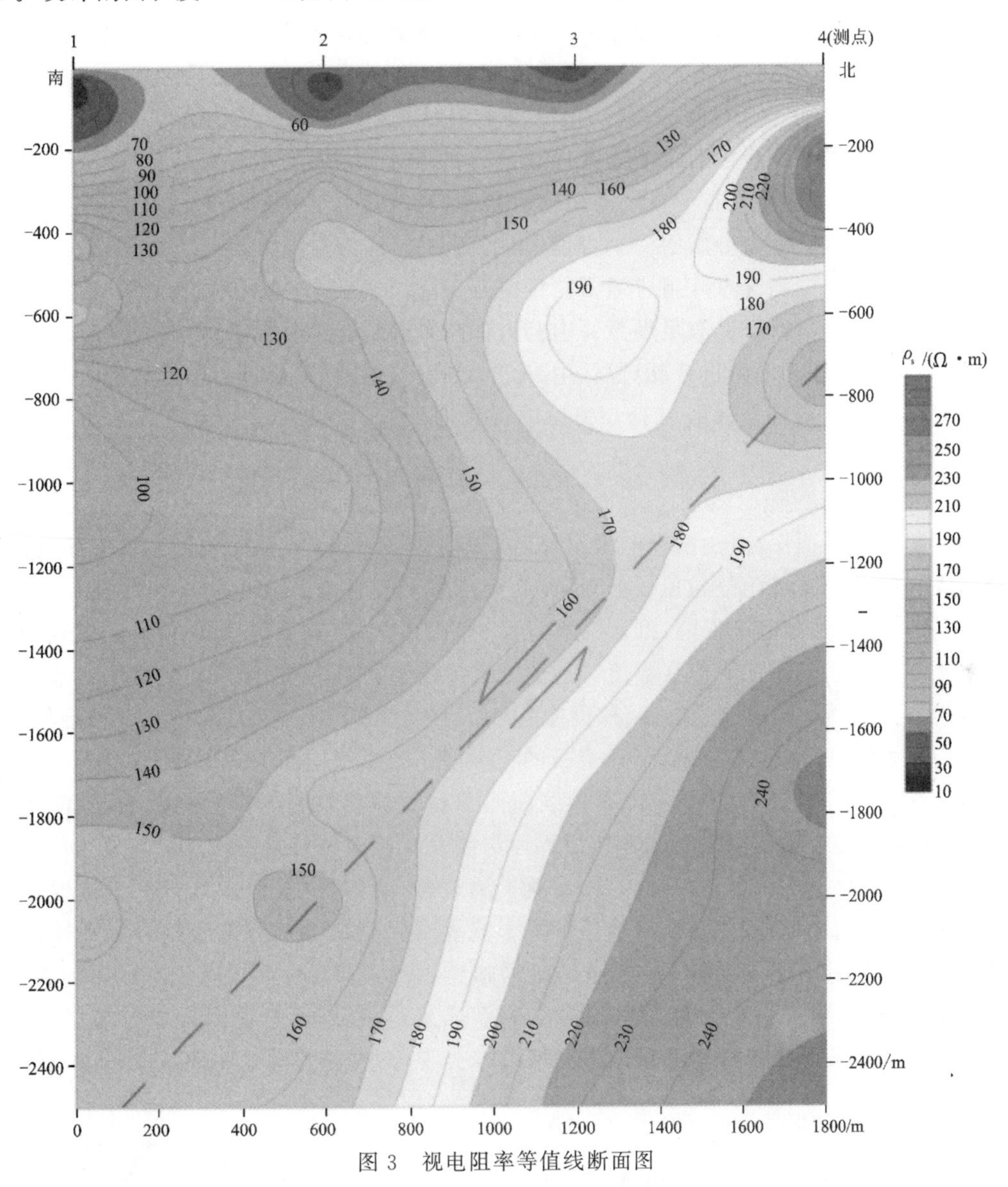

图 3 视电阻率等值线断面图

由视电阻率等值线断面图可知：垂向上 AB/2＝100m 以上视电阻率等值线数值出现多个高阻及低阻的封闭、半封闭圈，反映了浅部不均匀体的存在，亦即在剖面垂向上 100m 左右以上水平方向上的地层岩性不均匀，推测为第四系及新近系的黏土(岩)、砂(岩)、砾石(岩)及泥灰岩等；向下视电阻率数值逐渐升高，反映了向下地层颗粒逐渐变粗、地层逐渐致密，推测为奥陶系、寒武系灰岩、白云岩及太古宇片麻岩、石英砂岩等的反映。其中在 1～2 号测点下部、深度为 1000m 附近出现一低阻带，说明该处岩溶、裂隙较发育；水平方向上剖面下部由南向北等值线数值有逐渐增大趋势，推测剖面下部奥陶系顶板埋深由北向南逐渐变深;2～4号测点之间下部视电阻率等值线梯度变化较大且向南倾斜,其中在4号测点下部、深度为700m附近至2号测点下部、深度为2000m附近出现封闭、半封闭圈的低阻异常带,低阻带倾向南,推测4号测点下部有一倾向南的断层存在,断层倾角46°,为上盘下降、下盘上升的正断层。推断该断层与电磁波幅值等值线断面图推测的断层为同一断层。

在超低频地质遥感探测法扫面的基础上确定断裂构造大致位置后有目的性的布设对称四极视电阻率测深法剖面和测点,进一步验证断裂构造位置及性质,将会收到事半功倍的效果。

2.3 EH-4连续电导率剖面法

EH-4是美国著名的Geometrics公司和EMI公司联合研制的双源型电磁/地震系统。这套仪器是一种用来测量地下几米到几千米深的地球电阻率的特殊大地电磁测深(MT)仪器。它既可以使用天然场源的大地电磁信号,又可以使用人工场源的电磁信号,以此来获得测量点下的电性结构。EH-4大地电磁测深(MT)仪器是通过同时对一系列当地电场和磁场波动的测量来获得地表的电阻抗。这些野外测量要经过几分钟傅里叶变换以后以能谱存储起来。一个大地电磁(MT)测量给出了测量点以下垂直电阻率的估计值,同时也表明了在测量点的地电复杂性。在那些点到点电阻率分布变化不快的地方,电阻率的探测是对测量点下地电分层的一个合理估计。EH-4通过发射和接收地面电磁波来达到电阻率或电导率的探测。连续的测深点阵组成地下二维电阻率剖面,甚至三维立体电阻率成像。在本次工作中,首先对仪器进行了平行测试,满足规范要求;其次在每个测点正式测量前,都要对增益进行调试,把信号调到最佳;最后在每一个测点都要对高、中、低3个频段的数据采集进行多次叠加,以确保野外数据的真实性和可靠性。本次工作采用0.1～10Hz的低频磁探头,电极距$Ex=Ey=25$m。

EH-4连续电导率剖面长度2100m,方向15°,由1～16号EH-4连续电导率剖面探测点组成(图4)。

视电阻率等值线断面图分析:由视电阻率等值线断面图(图4A)可知,垂向上整体等值线数值由上至下逐渐增大,100m以上等值线数值较低,推测为第四系及新近系的黏土(岩)、砂(岩)、砾石(岩)及泥灰岩等;向下视电阻率数值逐渐升高,推测为奥陶系、寒武系灰岩、白云岩及太古宇片麻岩、石英砂岩等的反映。水平方向上由南向北等值线数值有逐渐增大的趋势,推测剖面400m深度下部地层向南倾斜;13～14号测点之间下部视电阻率等值线梯度变化较大且向南倾斜,推测14号测点附近有一倾向南的断层存在,断层倾角54°,为上盘下降、下盘上升的正断层。根据视电阻率等值线变化情况及测区附近已有地质资料分析,结合超低频电磁波幅值等值线断面图和对称四极电测深视电阻率等值线断面图做出EH-4推断地质剖面(图4A),剖面下部各地层界面深度及推测断层位置见图4B。

EH-4连续电导率剖面法探测深度大、抗干扰能力较强、效率较高;但需具备一定接地条件,应尽量避开高压电力线(或磁棒垂直电力线,将电场干扰影响程度降到最低),对地层刻画上部较细下部较粗、对查明地层岩性和构造有一定优势。在超低频地质遥感探测法和对称四极电测深法两种物探勘查手段的基础上用EH-4连续电导率剖面法对构造位置和性质进行验证,所推测断层位置与超低频地质遥感探测法和对称四极电测深法推测的断层位置和情况较为吻合,推测为同一断层,进一步论证了异常的可信程度。

3 钻孔验证效果

通过对该区3种物探勘查手段的综合运用和解释成果的充分分析、综合对比研判,结合区域地质资料,我们认为该区地热类型为隆起山地断裂构造对流型,储水储热目的层应以开采底部太古宇片麻岩断裂构造水为主。所推测构造应为青羊口断裂束次级构造,因青羊口断裂为一深大导热断裂,故所推测构造位置具备地热禀赋条件。综合以上分析,拟定井位建议选在EH-4连续电导率剖面线5号测点附近,设计成井深度2200m,预计2000m左右见构造,预测出水量30m^3/h左右,推测出水温度45～50℃。

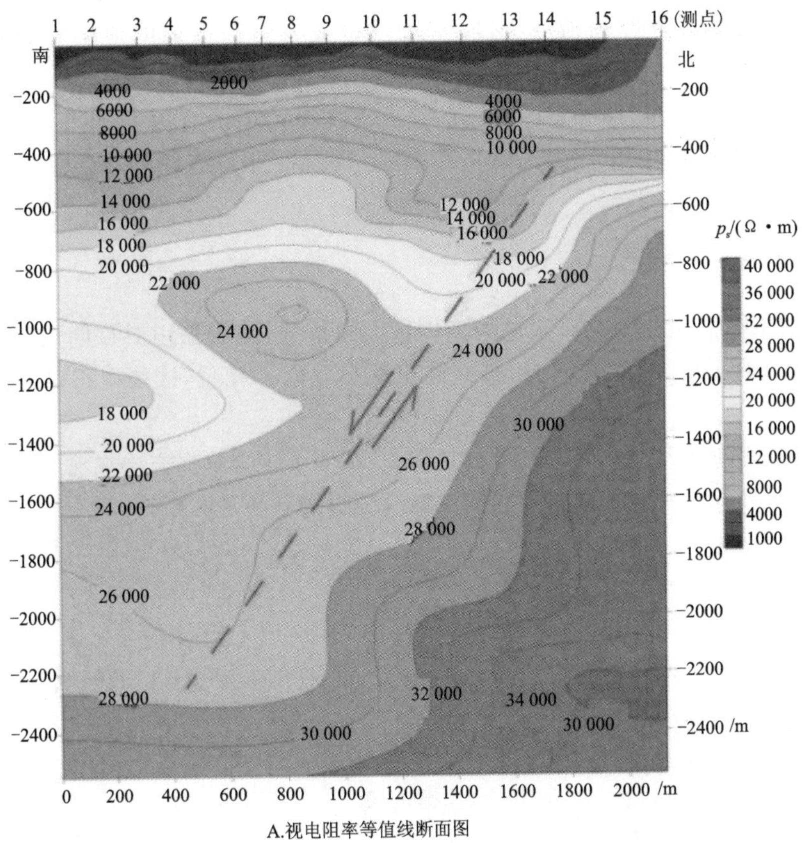

A.视电阻率等值线断面图

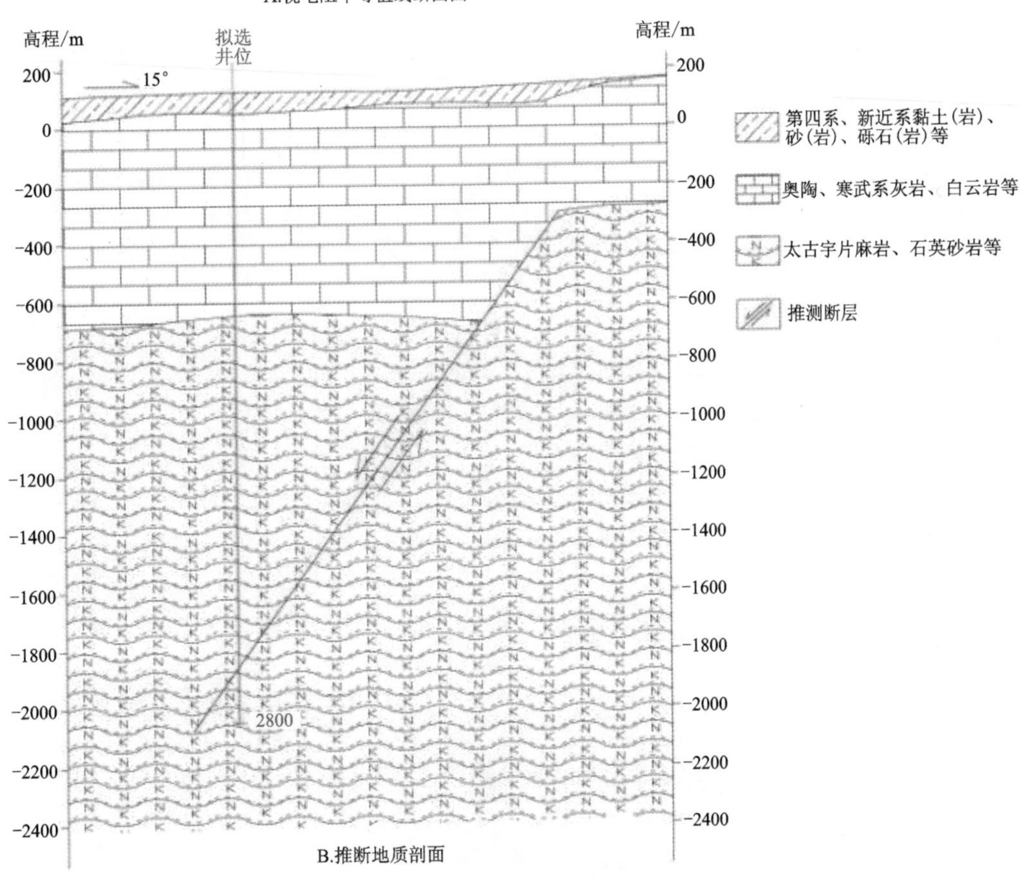

B.推断地质剖面

图 4　EH-4 物探推断综合剖面图

该地热井于2016年3月7日正式开钻,2016年9月18日钻至目的层太古宇片麻岩地层,2016年9月22日进行数字化综合测井。所解释的地层深度、富水段位置与物探推测的地层界面和情况较为吻合。

最终成井情况:该地热井于2016年10月31日终孔,终孔深度为2251m,涌水量为48.9m^3/h、水温52℃,属于低温地热资源中的温热水,可用于医疗、洗浴和温室。取得了很好的经济效益和社会效益。

4 结语

(1)通过超低频地质遥感探测法快速扫面,确定断裂构造大致位置,然后采用对称四极电测深法和EH-4连续电导率剖面法加以验证对比、综合研判,最终确定地热井施工靶位,才能取得较好的物探勘查效果。

(2)通过本次综合物探地热勘查及地热井开发的成功实施,证明了综合物探方法在地热勘探中是可行有效的,并为进一步在该区及同类片麻岩地区地热资源勘探中提供了参考和指导。

主要参考文献

胡宁,张良红,高海发,2011.综合物探方法在嘉兴地热勘查中的应用[J].物探与化探,6:320-324.

应勇,何兰芳,杨凯伦,等,2006.综合物探方法在J区地热水勘探中的应用[J].工程地球物理学报,8(4):251-256.

张勇,孙祥明,2010.综合物探方法在王家庄地热田勘查中的应用[J].物探与化探,2:810-813.

其　他

几内亚某铝土矿钻探项目机械设备选型与使用效果评价

李旭庆,郑晓良,陈　强,李　超

(河南省地质矿产勘查开发局第二地质矿产调查院,河南 郑州 454001)

摘　要:几内亚某铝土矿勘探区面积有上千平方千米,该钻探项目具有时间紧、任务重的特点,机械设备的合理选择与使用,是确保该钻探项目够按期保质保量全面完成的关键因素之一。根据矿区地形与地貌特点,所选用的道路与场地修筑机械设备性能稳定,工作效率高,可靠性较好,适应范围广,满足了施工要求,为钻探施工奠定了坚实基础。根据所选择的两型钻机的特点,互相配合,可以完全适应于矿区不同地质与地貌环境下的钻进施工。通过对这两类钻机钻进技术经济数据的统计和分析,发现了施工中存在的问题,为螺旋钻进工艺技术的进一步改进提供了方向。

关键词:设备选型;钻探设备;技术经济评价;铝土矿;几内亚

几内亚位于非洲西海岸,矿产资源丰富,其中已探明铝土矿储量位居世界第一。受国内某公司委托,我单位承担了该公司在几内亚所拥有的某铝土矿矿权项目的地质勘探工作。受矿区内气候条件和地形地貌的限制,野外钻探工作只能在旱季期间开展,每年可供钻探施工的时间仅有半年左右。因此该钻探工程项目具有钻孔分布范围广、工程量大、工期时间短、后勤保障与组织协调复杂等特点。只有选用适宜的道路与场地修筑机械和钻探设备,采用先进的钻进工艺技术,提高项目作业效率,才能在雨季到来之前完成该钻探项目任务。

1　矿区概况

该矿区位于几内亚西部的丘陵地带,通过前期预查圈定矿区面积超过 1000km^2,分为南、北矿区两部分。矿区气候属于热带草原气候,一年分为雨季和旱季两季。降雨集中在雨季,降雨量大,年均3000mm 以上(张海坤等,2021)。降雨时常伴有低空雷电,无法从事野外作业。旱季无降雨,白天日照强烈,昼夜温差较大。矿区内道路崎岖,多为人行小道。边坡与沟底林木茂密,蚊虫较多,野生动物常出没其间。村庄分布零散且规模较小,经济条件十分为落后。

2　地质地貌概况

矿区基底为古生界泥盆系海相沉积建造,盖层为中生代形成的高原玄武岩,在强烈的热带草原气候环境下,已经风化成固结的铁帽和半固结的铁铝红土层。铁帽层广泛分布于矿区内,与地形地貌形态一

作者简介:李旭庆(1967—)男,高级工程师。E-mail:lixuqing671@ sohu. com。

致，分为固结型和破碎型两类。固结型铁帽形成宽缓平坦的巨大平台，植被不发育；破碎型铁帽多位于沟谷边坡上，植被茂盛。地表铁帽风化后呈褐色，块砾状结构，皮壳状、蜂窝状构造，厚度1～7m不等，最厚处可达10m以上。矿区内地层简单，为风化残积层（即赋矿岩系）和基岩两部分。风化残积层为广泛分布的地表铁帽，厚度一般不超过30m；基岩零星出露于深切的沟谷中。矿体呈层状稳定延伸，并受赋矿层层位控制。赋矿岩系上部为铁铝富集层，由铁帽层和红土层构成，是铝土矿的赋矿层位；中部为成矿母岩风化淋滤层，由铁质黏土、黏土、粉砂质黏土等构成；下部为成矿母岩，多为粒玄岩、辉绿岩、玄武质凝灰岩等（朱学忠等，2015）。因此，钻孔设计深度为不超过25m的直孔。铁帽层可钻性为5级左右，其他风化残积层可钻性不超过3级（鄢泰宁等，2001）。

3 钻探项目任务

本钻探工程项目通过钻探手段查明勘探区内矿体的数量、赋存部位、分布范围、底板岩性，确定主要矿体的形态和规模。根据预查情况，设计钻孔约2100个，采用螺旋钻杆＋刮刀钻头钻进工艺技术，工期为半年左右。

由于矿区位于丘陵地区，平台地表遍布风化残留的块、砾状固结铁帽，车辆通行困难，边坡处植被繁茂，表土层下为较大破碎型铁帽，给钻探设备通行和场地平整带来较大的难度。如果没有良好的通行条件和相对平坦的施工场地，将会影响到钻探安全生产和施工进度。因此道路和现场修筑和平整就成为钻探项目中的一项非常重要的辅助工作。

4 机械设备选型

4.1 道路与钻孔场地修筑机械选型

根据矿区地形地貌特点，选用适宜的道路与场地修筑机械显得十分重要。由于项目施工工期短，考虑到其他不可预测的停待时间，每天计划修筑完成的钻孔场地数量不低于30个，受地形地貌限制，钻孔之间通行往往需要绕行，实际修筑路径往往需要根据现场实际条件来定，大大增加了道路修筑的工作量。因此在道路场地修筑的机械选型时重点要考虑所选机械设备的工作能力、适应性、可靠性、维修方便性（杨修志，2010；宋和平，赵丽，2009）。

矿区平台上的铁帽呈现大小不一的块砾状出露于地表。铁帽的单轴抗压强度为9～14MPa，内聚力为3MPa，内摩擦角约40°。根据铁帽的物理性质和地表分布的特点，选择一台推土机主要负责勘探区主道路平整以及铁帽平台钻孔场地的修筑；边坡地表有厚度不一的土壤覆盖，下部为碎散的铁帽层，选择两台装载机负责边坡上的钻孔道路和钻孔场地的修筑。

根据现场气候和地形地貌特点，推土机应选用履带式推土机，发动机和液压系统能够在高温环境下保持正常工作，机械功率不低于235kW，并且底盘适应于在坚硬崎岖的地面行驶，配备有耐磨、抗冲击岩石铲和单齿裂土器（张基尧，1998），同时还要考虑设备的可靠性和维修保养的方便性。由于在几内亚有卡特彼勒公司的维修服务站，除设备购置费和维修费用较高外，经综合考虑选择该公司生产的T8R型推土机。该型号推土机主要技术参数见表1。

表1 CAT T8R型推土机主要技术参数

功率/kW	底盘离地间隙/mm	履带宽度/mm	履带轨距/mm	接地压力/kPa	铲刀宽度/mm	运动速度/km·h	裂土器崛起力/kN	质量/kg
269	618	610	2082	86.4	4041	前进3.4、6.1、10.6 后退4.5、8.0、14.2	224.9	38 351

边坡上的钻孔场地地表状况不同于铁帽平台。场地修筑除了需要推平外，还需要挖方、填方和压实。装载机除具有装运、推运、刮平、压实和牵引其他机械设备等功能，还具有作业速度快、效率高、转弯半径小、机动性好、操作灵活的特点，因此适宜于边坡场地修筑。考虑到设备维修、配件采购等售后服务等因素，选择厦工机械股份有限公司生产的 XG955II 装载机(顾文卿，2016)。该型号装载机主要技术参数见表 2。

表 2　厦工 XG955Ⅱ装载机

功率/kW	最大卸载高度/m	最大卸载距离/m	铲斗容量/m^3	额定荷载/kg	最大挖掘力/kN	最大牵引力/kN	最小转弯半径/mm	行驶速度/($km \cdot h^{-1}$)	质量/kg
160	3058	1263	3	5000	147	140	6550	前进 11.5、38 后退 16	17 000

4.2　钻探设备选型

钻探设备的选型主要根据所选用的钻进工艺、地层岩性、钻孔深度、钻孔直径、施工环境等因素来决定。该钻探项目具有以下特点：工期短，钻孔数量多，结构简单，孔深较浅；采用螺旋钻进工艺技术，钻进与采样速度较快，钻探设备搬迁转场频繁；此外，许多钻孔位于边坡上，场地一般较狭小，对安全性要求较高。根据以上施工特点，要求钻探设备既能满足螺旋钻探工艺技术要求，又能够适应丘陵地区安全施工，搬迁移动快速方便。由于是在国外施工，环境条件较为恶劣，还需要求设备性能稳定，可靠性高，操作简单，维修方便。

因此，根据国内不同的工程钻机性能，选择以解放卡车为底盘的车载式 DPP100－3A 和 G3 钻机为本项目钻探设备。这两种钻机性能参数见表 3。

表 3　两类钻机主要技术参数

钻机型号	最大钻进深度/m	转速/($r \cdot min^{-1}$)	最大给进力/kN	给进行程/mm	最大提升力/kN	发动机功率/kW	质量/kg
DPP100－3A	70(Φ150)	81、135、226	30	450	13	45	9330
G3	100(Φ150)	12、18、36、53、80、116、162、237	30	4000	30	40.4	13 445

DPP100－3A 钻机性能特点是：①液压加压兼强力起拔；②卷扬机为行星式卷扬机，操作灵活；③副卷扬为摩擦锥式，可进行冲击工作；④主动钻杆刚性好，加压与减压钻进转换方便；⑤设备成熟度较高，可靠性较好。

G3 钻机性能特点是：①采用机械传动、液压辅助、大通孔开箱式机械动力头的总体结构，结构紧凑；②配有液压驱动的大通孔震动器，开合式液压夹持器，液压卸扣器等装置；③具有回转钻进、冲击钻进、振动钻进、螺旋钻进、静压取土等功能，适应性较强；④钻机转速挡位多，调速范围大；⑤动力头行程长，加减钻杆方便快捷(赵大军，索忠伟，2004)。

5　设备使用效果评价

5.1　推土机与装载机使用效果评价

在道路与场地修筑过程中共投入 CATT8R 型推土机 1 台，厦工 XG955Ⅱ装载机 2 台。在项目合同工期内，完成简易主干道 350km，平均每天完成 2.87km，支线道路 1280km，平均每天完成10.5km。钻孔场地修筑与平整共计 2174 处，其中在南矿区完成简易主干道路 120km，支线道路近 330km，修筑平整场地 494 处(含未施工钻孔场地)；在北矿区完成简易主干道 230km，支线道路 950km，修筑平整场地 1680 处。在项目施工期间，每天按照技术要求对设备进行检查、保养，定期更换各种滤芯和易损件，严格按照操作规程进行施工作业。这 3 台大型工程机械在整个钻探项目实施期间，未出现大的机械故障，充分说明了设备对环境的良好适应性和较高的作业能力与可靠性，保证了钻探施工的连续性，未出现钻机因没有场地而停待的现象。对位于边坡处，尤其是陡坡处施工钻机的转场搬迁，装载机多次发挥出救援作用，保障了车载钻机转场搬迁的安全，同时也减少了钻机的停待时间，提高了钻机的时间利用率。

5.2 钻机使用情况评价

南、北矿区地层相似，但地形地貌差别较大。南矿区地形宽缓，钻孔大都位于铁帽平台上，而北矿区边坡上钻孔居多。G3 由于整机高度较高，钻机自重大，从施工安全性考虑，该类钻机主要配置在铁帽平台上施工。DPP100－3A 钻机除参与铁帽平台处钻孔施工外，主要负责边坡上的钻孔施工。由于野外工作环境恶劣，每天工作时间为早上八点至下午六点，钻机施工技术数据统计以该时段内各个作业活动时间作为钻探工作的统计时间，超出工作时间之外的时间则不作统计。对钻机的技术评价以平均纯钻进速度和平均故障时间为主，同时引入“每米进尺需辅助时间”(每米进尺需辅助时间定义为该钻探项目累计辅助时间与累计完成进尺之比)这一指标，可以充分反映出设备性能和操作的方便与快捷性。

5.2.1 南矿区两类钻机施工情况分析

南矿区共投入这两类钻机各 4 台，总计完成 490 个钻孔，完成总进尺 6 296.53m。各类钻机施工情况见表 4。

其中，G3 型钻机共完成 228 个钻孔，共完成进尺 2 615.2m，分别占南矿区完成钻孔总数的46.5%和总进尺的 41.5%，平均每台钻机每天完成进尺 23.35m。DPP100-3A 型钻机完成 262 个，共完成进尺 3 681.33m，分别占南矿区完成钻孔总数的 53.5%和总进尺的 58.5%，平均每台钻机每天完成进尺 32.29m。

表 4　南矿区两类钻机施工情况

钻机型号	设备数量/台	工作天数/d	完成钻孔数/个	总进尺/m	平均纯钻进速度/($m \cdot h^{-1}$)	每米进尺需辅助时间/($h \cdot m^{-1}$)	平均故障时间/h
G3	4	112	228	2 615.2	11.29	0.222	30
DPP100-3A	4	114	262	3 681.33	13.06	0.148	40.5

注：工作日总和指该型钻机各个机台工作天数的总累加之和，表 5 同此。

从这两类钻机施工技术统计数据来看，DPP100-3A 型钻机完成的总进尺比 G3 钻机高 17%。DPP100-3A 型钻机平均纯钻进速度为 13.06m/h，平均钻进每米需要的辅助时间为 0.148h；G3 型钻机平均纯钻进速度为 11.29m/h，平均钻进每米需要的辅助时间为 0.222h。这两项指标综合反映钻机操作人员熟练程度和设备能力。虽然 G3 型钻机动力头行程较长，一次加减钻杆可以较长，缩短加减钻杆时间，减少辅助时间。但由于业主要求每个回次进尺不大于 1m。从南矿区钻孔施工这两个技术统计数据看，G3 钻机并没有发挥出其优势，说明钻机操作人员第一次使用该型钻机，对该型钻机操作、机台人员之间相互间配合等方面还不够熟练。

但从平均故障时间上比较，DPP100－3A 钻机平均维修停待时间更长。由于南矿区钻孔基本上都分布在铁帽平台上，硬质合金刮刀钻头从开孔钻进到钻穿该铁帽层，需要采用钻机的最大给进压力，这会给钻机带来较大的损害。DPP100－3A 钻机自重低于 G3 钻机，采用最大给进压力时，发生机械故障的可能性高于 G3 钻机。因此,对于这类铁帽平台上的钻孔施工,G3 钻机更显得有优势。

5.2.2 北矿区两类钻机施工情况分析

北矿区投入 G3 型钻机 4 台,DPP100 - 3A 钻机 8 台(其中 4 台钻机未在南矿区施工过),总计完成钻孔 1679 个,完成总进尺 23 629.12m。各类钻机施工情况见表 5。

表 5 北矿区两类钻机施工情况

钻机型号	设备数量/台	工作天数/d	完成钻孔数/个	总进尺/m	平均纯钻进速度/($m \cdot h^{-1}$)	每米进尺需辅助时间/($h \cdot m^{-1}$)	平均故障时间/h
G3	4	174	402	5 693.38	13.18	0.148	75.5
DPP100-3A	4	235	615	9 151.70	12.93	0.146	45
DPP 100 - 3A★	4	226	662	8 784.04	12.55	0.148	42.8

注:DPP100 - 3A★表示这 4 台 DPP100 - 3A 钻机未参与南矿区钻探施工。

其中,G3 型钻机共完成 402 个钻孔,完成进尺 5 693.38m,分别占北矿区完成的总钻孔数的 23.94%和总钻进进尺的 24.09%,平均每台钻机每天完成进尺 32.72m。

DPP100-3A 型钻机(在南矿区施工过的钻机)完成 615 个钻孔,完成进尺 9 151.70m,占北矿区完成的总钻孔数的 36.63%和总钻进进尺的 38.73%,平均每台钻机每天完成进尺 38.94m。同型号的 DPP100-3A 型钻机(未在南矿区施工过的钻机)完成 662 个钻孔,完成总进尺 8 784.04m,分别占北矿区完成的总钻孔数的 39.43%和总钻进进尺的 37.17%,平均每台钻机每天完成进尺 38.87m。

北矿区与南矿区基本地层相同,但这两类钻机每天完成的工作量均比南矿区有较大的提高。反映在 G3 型钻机平均纯钻进速度比南矿区施工时有将近 17%幅度的提高,同时也超过 DPP100-3A 型钻机,说明其动力头行程较长,减少了加减钻杆的辅助时间,显著提高了钻进效率,显示出其优势。这两类钻机在北矿区平均钻进每米所需的辅助时间基本相同,说明施工人员对各型钻机的操作熟练程度基本相同。但是 G3 型钻机在北矿区施工中的平均机械故障时间比南矿区成倍增加,说明在平台上固结的铁帽地层中钻进时,强压力钻进对钻机的影响较大,随着完成的工程量增加,钻机的故障也在不断增多。

6 结语

在经济条件较为落后的非洲地区施工,应考虑选用可靠性高、工作能力强、适应性广的设备。机械设备的选择只有满足这些基本要求,才能够保证整个施工能够高效、连续、稳定地进行。该钻探项目所选用推土机和装载机经过南、北矿区现场使用,可以应对施工区域内不同的地表情况,设备表现良好,没有出现大的故障,为钻探工作顺利开展提供了可靠保障。

对于钻机的选择,除上述要求外,还应考虑该钻探项目地层与环境特性,以及不同类型钻机的特点,形成优劣互补。这样的设备配置可以覆盖整个矿区不同地质地形条件的施工,既提高了钻进施工效率,又确保了钻探施工安全。

通过两类钻机钻进技术数据对比可以进一步发现,铁帽地层强压钻进时,对钻机故障产生影响较大。下一步应对刮刀钻头结构进行优化改进,通过提高钻头的转速,降低钻进压力,来减少钻机的故障率和故障时间。

总之,根据该矿区自然环境和地层特点,设备的选择与使用上,本钻探项目进行了一次有益的探索和实践,对同类钻探工程项目有一定的借鉴和参考作用。

主要参考文献

顾文卿,2006.新编工程机械选型与技术参数汇编实用手册[M].北京：中国知识出版社.

宋和平,赵丽,2009.公路施工机械的选择及配置[J].筑路机械与施工机械化,26 (11):74-75.

孙建华,1994.钻探技术经济指标统计分析应注意的问题[J].钻探工程(3):12.

王庆石,1994.统计指标导论[M].大连:东北财经大学出版社.

武汉地质学院,1980.钻探工艺学(上册)[M].北京:地质出版社.

鄢泰宁,孙友宏,彭振斌,等,2001.岩土钻掘工程学[M].武汉：中国地质大学出版社.

杨修志,2010.公路施工机械的选用[J].工程机械,41(12)：62-63+67.

张海坤,胡鹏,姜军胜,等,2021.铝土矿分布特点、主要类型与勘查开发现状[J].中国地质,48(1)：68-81.

张基尧,1998.工程机械使用手册[M].北京:中国水利水电出版社.

张伟,王达,2007.基于技术经济评价的取心钻进方法设计[J].地质科技情报,26(5):95-99.

赵大军,索忠伟,2004.岩土钻凿设备[M].长春：吉林大学出版社.

中国地质机械仪器工业总公司,1995.中国岩土钻掘设备[M].北京:地震出版社.

朱学忠,李彬,闫少波,2015.红土型铝土矿赋矿岩系特征探讨[J].西部探矿工程,27(4)：103-105.

江西省高滩地质文化村可持续发展策略研究——基于SWOT—AHP方法

冯乃琦[1,2]，杨晓玲[3]，张永康[1,2]，卢邦稳[1,2]，王红杰[1,2]

(1.中国地质科学院郑州矿产综合利用研究所，河南 郑州　450006；
2.国家非金属矿资源综合利用工程技术研究中心，河南 郑州　450006；
3.郑州航空工业管理学院，河南 郑州　450015)

摘　要：地质文化村是在深度挖掘包括地质遗迹在内的地质环境资源的基础上，融合其他资源，通过自组织形式保护与利用，具备休闲旅游、地学科普、环境保护和文化传承等功能的特色乡村。江西省高滩村于2021年5月入选全国首批三星级地质文化村，其可持续发展研究具有重要意义。本文基于SWOT—AHP方法得出优势＞机遇＞劣势＞挑战的结论，并认为富硒土地资源、政策支持、地质遗迹资源是限制高滩地质文化村可持续发展的最大因素，并通过四象限坐标法计算相关指标，确定策略方位角$\theta=31°$，策略强度系数$\rho=0.9482$，建议高滩村采取竞争型发展策略来实现可持续发展。

关键词：地质文化村；SWOT—AHP方法；可持续发展；四象限坐标法

1　引言

为推动地质工作服务脱贫攻坚和乡村振兴等国家战略，推进地质调查工作的转型升级，自2012年起，浙江省峡州市通源乡白雁坑村、陕西省汉中市宁强县禅家岩镇落水洞村、贵州省六盘水市钟山区月照村、遵义市绥阳县温泉镇双河村等国内多个地区先后开展了将地质遗迹保护开发与村域文化相结合以促进乡村振兴的积极探索，通过将地质与生态旅游、生态农业、自然教育、生态康养、创新创意、综合服务相结合，地质文化村的开发建设取得了良好的效果，成为当地实施精准扶贫、助力生态文明建设和乡村振兴的一项创新性举措。

2019年，自然资源部中国地质调查局本着“地质为基、文化为魂、融合为要、惠民为本”的建设原则，提出“十四五”期间在全国形成100处类型多样、特色鲜明、有较高知名度、成效突出的地质文化村。经全国各省市申报和中国地质学会审核，2021年5月，中国地质学会公示全国首批地质文化村(镇)26个，江西省高滩村以“地质＋生态农业”模式入选8个三星级地质文化村之一。高滩村历经构造断裂、水流冲刷溶蚀、差异风化等内外地质营力的综合作用，形成了独具特色的岩溶地貌、碎屑岩地貌地质景观和富硒的土地资源，加上深厚的人文和红色文化资源，为高滩开发建设地质文化村奠定了资源基础和条件。如何依托独特的地质资源，选择合适的发展策略，以达到可持续发展的目的，是高滩村进一步开发建设地质文化村所面临的问题。

基金项目：中国地质调查局地质调查项目“长江中游黄石—萍乡—德兴矿山集中区综合地质调查”资助，项目编号：DD20190269。

作者简介：冯乃琦(1981—)，男，硕士，高级工程师，主要从事环境地质、生态地质方面的研究，E-mail：fengnaiqi@mail.cgs.gov.cn。

近年来,SWOT 分析和 AHP 相结合的方法在地质公园开发、旅游开发、城市公园开发、地质环境保护等地质、旅游、环保等多个科学领域受到广泛应用,通过该方法评估研究对象发展的优先级能够为战略发展和决策提供重要依据。目前尚未有学者通过 SWOT 分析和 AHP 相结合的方法对地质文化村的发展策略进行研究,基于此,本文通过 SWOT 分析确定高滩地质文化村可持续发展的优势、劣势、机遇和挑战,应用 AHP 法确定各要素的权重,通过四象限坐标法构建地质文化村可持续发展策略四边形,确定发展策略,以期为我国地质文化村的规划开发和可持续发展提供科学依据。

2　研究区概况

高滩村位于江西省萍乡市莲花县高洲乡北部,南距莲花县城区 34km,北距萍乡市 53km,村域面积约 $18km^2$,高滩村三面环山,北高南低,海拔 1299～1162m,属于亚热带湿润季风气候区,年平均气温 17.5℃,主要产业为农业种植、劳务输出。高滩村位于扬子古板块之下扬子地块与东南加里东造山带结合部,隶属华南地层区,主要发育晚古生代(包括泥盆纪、石炭纪、二叠纪)及新生代第四纪地层,所处的区域经历了由海—陆的演化过程,区域内前青白口纪地层未出露,自青白口纪晚期以来可划分为青白口纪晚期—志留纪、泥盆纪—中三叠世、晚三叠世—早白垩世、晚白垩世—第四纪等 4 个主要的大地构造发展阶段,形成现今的地貌格局和地质遗迹。

3　SWOT 模型构建与分析

在实地调研和资料研究工作的基础上,分析研究了高滩村地质遗迹、优势产业、旅游资源、人文资源、文化资源等各个要素,按照科学性、系统性、实用性和动态性原则,构建高滩地质文化村可持续发展评价指标体系,以指标体系为主要内容设计调查问卷,对高滩村村民、村内企业、主管部门、相关专家和学者等进行问卷调查,筛选出和高滩地质文化村发展相关的主要因素,按照无优势(1 分)、优势较小(3 分)、优势一般(5 分)、优势较大(7 分)及优势巨大(9 分)5 种程度进行指标赋值。共发放问卷 28 份,收回有效问卷 22 份。根据调查结果计算各指标平均值,排序结果见表 1。在确定的指标体系基础上,选取平均分在 5 分以上的指标作为主要指标构建 SWOT 分析模型,对高滩村发展地质文化村进行优势、劣势、机遇、挑战定性分析,分析模型见图 1。

表 1　高滩地质文化村可持续发展评价指标体系表

目标层	准则层	指标层	平均分值	是否为主要指标
高滩地质文化村可持续发展	优势(S)	富硒土地资源	7.364	是
		地质遗迹资源	6.545	是
		人文资源	5.909	是
		自然资源	5.273	是
		政策环境	4.273	否
		基础设施	4.091	否
		交通区位	3.909	否
		地质科普程度	7.455	是
		经营管理体系	6.818	是
	劣势(W)	客源市场	6.455	是
		宣传力度	5.273	是
		专业人才	4.909	否
		产业融合	4.364	否

续表 1

目标层	准则层	指标层	平均分值	是否为主要指标
高滩地质文化村可持续发展	机遇(O)	政策支持	6.636	是
		村域经济发展	6.182	是
		地质科普旅游潜力	5.273	是
		消费观念转变	4.818	否
	挑战(T)	周边同类竞争	5.909	是
		旅游需求多样	5.545	是
		生态保护任务	4.545	否
		可持续发展模式	4.091	否

优势(S) S_1富硒土地资源 S_2地质遗迹资源 S_3人文资源 S_4自然资源	劣势(W) W_1地质科普程度 W_2经营管理体系 W_3客源市场 W_4宣传力度
机遇(O) O_1政策支持 O_2村域经济发展 O_3地质科普旅游潜力	挑战(T) T_1周边同类竞争 T_2旅游需求多样

图 1　高滩地质文化村发展 SWOT 分析模型图

3.1　优势

3.1.1　优质的富硒土地资源

高滩村富硒土地资源主要是由区域出露的下石炭统杨家源组碳质页岩、梓山组碳质泥页岩和透镜状煤层以及上西坑组硅质岩风化形成的，同时，深入挖掘富硒土地的地质成因也是开展实施地学科普和地学旅游的良好素材。高滩村富硒土地资源主要分布在村南部，根据萍乡市莲花地区土壤硒元素丰缺等级图及莲花县 1∶5 万土壤地球化学调查工作成果，其中一等富硒土壤面积 182.03hm^2，二等潜在富硒土壤面积 19.7hm^2，三等中等富硒土壤面积 5.12hm^2，占高滩村耕地总面积的 95%以上。在当地企业带动下，高滩村生产的富硒有机大米和富硒富锌油菜已形成产销一体的成熟产业，相关产品通过了国内和欧洲绿色有机双认证，远销国内外，体现了地质文化村“惠民为本”的建设原则。

3.1.2　丰富的地质遗迹资源

高滩村自北向南分为中低山、低山、丘陵、冲积扇平原 4 个地貌区，先后历经构造断裂、水流冲刷溶蚀、差异风化、重力崩塌等内外地质营力的综合作用，形成了独具特色的岩溶地貌、碎屑岩地貌景观。根据《地质遗迹调查规范》(DZ/T 0303—2017)相关标准，结合实地调查情况，高滩村地质遗迹主要包括基础地质、地貌景观、地质灾害等三大类；地层剖面、岩土体地貌、水体地貌、构造地貌、地质灾害遗迹等

5 类,9 个亚类,共计 19 处地质遗迹点,均为省级以下地质遗迹点(图 2～图 5),主要集中在高滩村南部、河流两岸,中部和北部分布较少,高滩村地质遗迹资源特征见表 2。

图 2 富硒土地资源

图 3 白云岩风化纹

图 4 溶洞带

图 5 拱背桥河

表 2 高滩村地质遗迹资源特征表

大类	类	亚类	遗迹名称	特征
基础地质	地层剖面	层形	石炭系上西坑组—梓山组整合接触面	呈整合接触关系,接触界面处上覆上西坑组岩性为灰色厚层状泥灰岩夹薄层状硅质岩,下伏梓山组岩性为紫红色中—厚层状石英细砂岩夹薄层状泥岩,上西坑组厚度 199.09m,梓山组厚度 191.22m
地貌景观	岩土体地貌	岩溶地貌	水云洞	发育于晚石炭世黄龙组白云质灰岩及灰质白云岩内,东侧有北北西向青山冲—磨刀石断裂经过,已探明洞长约 300m,呈两层阶梯状分布,垂向最大落差达 15m
			拱背桥岩下溶洞带	石炭纪石灰岩受长期的岩溶作用形成多个溶洞,受构造运动抬升出露于地表,溶洞带长约 300m
			浯源落水洞	主要发育在晚石炭世黄龙组白云质灰岩及灰质白云岩中,沿顺岩层展布,呈带状分布
			拱背桥白云岩风化纹	分布在拱背桥河的河道及沿线,主要是白云岩中方解石矿物成分沿着裂隙被风、水等外动力地质作用带走,留下白云石和其他矿物成分形成
			拱背桥壶穴群	沿拱背桥下河道分布,直径在 0.2～1m,数量达 20 多处,由涡流或水流携带砾石等长期磨蚀、侵蚀白云岩河床而形成

续表 2

大类	类	亚类	遗迹名称	特征
地貌景观	水体地貌	河流	拱背桥河	由冲分、路西两条溪流汇集而成，村内延伸约 4.1km
			坪江里河	由青潭里、石潭背、龙骨 3 条溪流汇集而成，村内延伸约 10.8km
		潭	浯源潭	属于溶潭泉，深约 3m，面积约 $6m^2$
		瀑布	拱背桥瀑布	拱背桥河上游，落差约 3～5m，为典型的水流交替穿过砂岩、碳酸盐岩地层，经水流长期的冲蚀下切而形成
			谢家源瀑布	位于村东北，落差约 5～10m
		泉	浯源泉	浯源片区东侧 50m 沟谷中，泉流量约 $600m^3/d$，按泉口形态上属于溶潭泉
			晴雨泉	拱背桥西北 200m 处，每逢将要下雨，泉水会提前变浑浊而得名晴雨泉，泉流量 $85m^3/d$
			清潭泉	清潭水电站西南 220m，泉流量约 $300m^3/d$，
	构造地貌	峡谷	擂鼓谷	高滩村东北部，两侧山坡植被发育，峡谷纵深约 90m，呈"V"形谷特征，长约 5km，两岸夹山，共形成了 7～8 级瀑布
地质灾害	地质灾害遗迹	崩塌	田垅崩塌	高滩村西拱背桥西北 50m 路边，规模分别为 5m×4m×3m 及 3.5m×2.5m×2m，危害程度小
		滑坡	水云洞下滑坡	水云洞南 860m，滑坡体呈扇形，长约 67m，最宽处约 50m，滑坡前缘高程 414m，后缘高程 459m，滑坡壁高度 3m，滑坡轴方向 62°，坡角 43°，危害程度小
			老屋里台上滑坡	清潭水电站西南 900m，长约 170m，10～40m 宽，滑坡前缘高程 403m，后缘高程 540m，滑坡壁高度 20m，危害程度小
			南岸滑坡	南岸组东北 340m，长约 140m，最宽处约 70m，滑坡前缘高程 396m，后缘高程 454m，滑坡壁高度 2.5m，滑坡轴方向 259°，危害程度小

3.1.3 深厚的人文资源

1)建筑、民俗、宗教等文化资源

高滩村文化底蕴深厚，民俗古朴，人文古迹众多。高滩村具有以初祖祠、二房祠、马头墙为代表的祠堂和建筑文化；以塘泉古祠、广化院为代表的宗教文化；以重阳敬九皇、中秋烧塔、金滩锣鼓为代表的民俗文化；以莲花血鸭、烟熏腊肉、竹笋干、莲心卷肉等为代表的饮食文化。深厚丰富的人文资源为高滩村地质与文化的深度融合创造有利的条件。

2)红色文化资源

地处湘赣边界的萍乡市莲花县，红色资源分布集中、特点突出，拥有重要的历史地位和现实意义。高滩村红色文化和"高滩不散摊"革命精神经久不衰与时俱进，高滩行军会议旧址是红军革命斗争的见证，王佐支部是共产党人先锋模范作用的真实写照，红领巾丹勋营地是对红色革命精神的延续。目前，高滩村已经是重要的红色教育活动基地，有来自莲花县、萍乡市乃至全省、全国的多家企事业单位、中小学团体来此参加党建、红色研学教育活动。

3.1.4 优良的自然资源

高滩村属亚热带季风湿润气候，光照充足，雨量充沛，四季分明，环境舒适，气候宜人。高滩村平均降雨量 1600～1700mm，降雨过后往往形成云海奇观。高滩村空气清新，大气环境质量优良率达

96.6%，村内空气中负氧离子浓度常年在3000～5000个/cm^3，负氧离子等级达到6级。高滩村土壤肥沃，适宜各种林木的生长，植物景观资源丰富，山中云林掩映、境界清幽，山林成秀、绿翠成荫，森林覆盖率极高，达到82.1%。高滩村分布的林木资源有柏树、皂角树、香樟树、苦槠树、杉树、松树、竹、枫树等。

3.2 劣势

3.2.1 地学科普研究转化程度较低

高滩村产出的富硒有机大米和富硒富锌油菜已形成成熟产业，是进行富硒土壤地学成因、溶洞、风化纹、河流、泉水、地质灾害等各类地质遗迹科普教育的理想场所。但游客来此游玩的动机多为观看油菜花海、体验农耕文化等，地质旅游动机不强，需要加强地质遗迹科普转化研究。目前高滩村地质科普教育设施偏少，主要集中在村内的富硒地质博物馆中，缺少富有趣味性、能够吸引游客参与其中的科普活动路线。

3.2.2 经营管理机制尚不成熟

高滩村目前基本属于村落居民自发建设的农家乐式观光旅游，秩序较为混乱，配套设施不完善，从经营管理层面来看，反映的是经营管理机制尚不成熟，未明确具体的管理建设责任主体，对应的管理流程也相对欠缺，在一定程度上限制了地质文化产品、地学科普研游路线的持续开发。

3.2.3 客源市场受限

目前到高滩村的游客以萍乡市本地、宜春市、新余市、吉安市等地客源为主，其中萍乡市本地游客约占游客总数的50%以上，省内其他地市及省外游客较少，这与缺少宣传、各类科普游玩设施不完善有关，需深入挖掘地质旅游资源、加强旅游宣传。

3.2.4 宣传力度不够

高滩地质文化村目前宣传手段较为欠缺，多为村民和游客自发通过微信、美篇、抖音等宣传，同周边地质公园和旅游景点相比较，推广形式和力度相对落后，需深入挖掘地质旅游资源、加强多形式的旅游宣传。

3.3 机遇

3.3.1 政策有力支持

2012年11月8日，在党的十八大报告中“美丽中国”首次作为执政理念出现；2013年中央一号文件中，第一次提出建设“美丽乡村”的奋斗目标；2015年10月召开的十八届五中全会上，“美丽中国”被纳入“十三五”规划，首次被纳入五年计划；2017年2月，“田园综合体”作为乡村新兴产业发展的措施写入当年中央一号文件；2018年发布的《乡村振兴战略规划(2018—2022年)》关于“三农”工作的重要论述和指导，其中一个重要的任务和要求就是“生态宜居”；2020年5月7日，自然资源部中国地质调查局、中国地质学会下发《地质文化村(镇)建设总体工作指南(试行)》；2021年1月29日，中国地质调查局钟自然局长在2021年全国地质调查工作会议讲话将“推进地质文化村建设，助力巩固脱贫攻坚成果和乡村振兴战略实施”工作列入中国地质调查局“十四五”重点工作中。以上政策和文件是对地质文化村建设的有力支持，地质文化村是继美丽乡村、特色小镇、田园综合体等一系列农村发展模式之后，地质工作紧紧围绕“地质+”开拓创新，加快地质调查结构调整、扩宽地质服务领域，积极促进地质工作与经济社会发展的大融合。

3.3.2 村域经济发展的新增长点

高滩村是一个典型的边远山区农业村，也是全县精准识别的贫困村之一，2018年底高滩村实现脱贫，2019年度村集体经济收入22.1万元，全村人均可支配收入约为6000元，目前处于巩固脱贫攻坚成果，实现乡村振兴的关键节点。地质文化村的建设发展实践，可有效带动村内道路交通、供电照明、污水处理等基础设施建设；地质文化、红色文化景观的整体规划建设，可推动村容村貌的整体提高；地质遗迹资源和地学科普旅游的开发可带来更多的地质旅游景点和路线，为村域经济带来更多的活力；富硒地质特色农产品的开发可促进当地居民就业,提高收入。

3.3.3 地学科普旅游潜力较大

随着游客数量的增加,不同地区、不同文化、不同知识水平以及不同经济收入的游客会越来越多。当前游客已不仅仅满足于观光式游览,而更希望旅游项目具有参与性、科普性、多样性和创造性。高滩村独具特色的岩溶地貌、碎屑岩地貌景观地质遗迹、富硒地质资源为开展地学科普旅游提供了丰富的资源基础,通过地质文化村的建设可以让地质遗迹资源得以回馈大众。深挖地质科普旅游研究和提高科普转化,一方面,不仅节省了保护地质遗迹资源所需要的建设资金和人力物力,还使得当地村民成为地质资源的保护者,激发热爱家乡、建设家乡的热情;另一方面,使地质遗迹资源与当地文化融合,使得村民对本地资源文化深入了解和认同。为此类地质遗迹资源开辟了新的保护和开发利用模式。

3.4 挑战

3.4.1 周边同类地质公园的竞争

高滩村周边50km范围内有多处风景名胜和地质公园。村东南5km处是江西省省级自然保护区高天岩景区,村东北约26km是江西省武功山国家地质公园,村西南42km是湖南省酒埠江国家地质公园;村周边还有白水岩钙华台地梯田景观、荷花博览园、花塘官厅等旅游景点。地质文化村与地质公园都是在保护地质遗迹的基础上,挖掘地质遗迹的资源潜力服务社会发展需要,通过开展地学旅游活动展示地质遗迹景观,促进当地社会经济发展。面对周边旅游资源的竞争,如何独有特色是地质文化村规划、运营的重点问题。

3.4.2 可持续发展模式需求的不断变化

传统的、简单的观光旅游已难满足游客的需求,具有多种形式的如科普、康养、探险等参与度更大的旅游形式更加迎合大众需求,达到教育、休养、游玩的目的。如何满足各个层次游客的需求,对地质旅游路线进行细分是地质文化村后续建设需要关注的问题。

4 AHP法赋权及发展策略分析

4.1 计算方法

AHP法又称层次分析法,其原理是通过确定层级关系后,依据专家对同层级指标的两两重要性比较矩阵进行赋值,最终得出整体的权重关系。该方法首先要确认系统层的权重关系,计算出各系统权重后,再将各系统层权重分配给对应系统下的指标层具体指标,进而对该系统下具体指标进行比较矩阵的比较赋值,依次类推,得出所有系统层下的具体指标权重。单个系统的各具体指标权重进行算数加和等于该系统权重,各系统权重算术加和后,权重等于1。层次分析法计算步骤如下:①分析系统中各因素之间的关系,建立系统的层次结构模型;②对同一层次的各元素关于上一层中某一准则的重要性进行两两比较,构造判断矩阵,并计算矩阵的最大特征值;③进行一致性检验;④计算各层元素对系统目标的组合权重,并进行排序。

4.2 计算结果

采用AHP法对评价指标权重进行赋值和计算,根据层次关系,首先由各个专家对4个系统进行权重打分,再对每个系统中的具体指标进行权重打分,而后集中讨论形成统一的评价权重。具体模型构建和计算采用Yaahp软件(山西元决策软件科技有限公司出品,12.8版本)进行,评价体系层次关系见图6,各级判断矩阵和一致性检验的计算结果见表3～表7,评价指标权重及重要程度排序见表8。最后对各指标层因素进行专家打分,评分标准为－4、－3、－2、－1、0、1、2、3、4,优势和机遇为正值,劣势与挑战为负值。

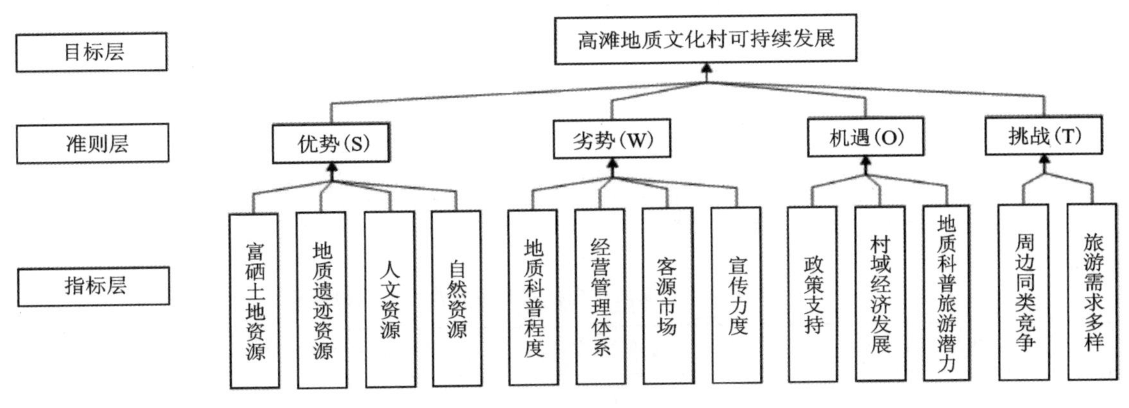

图 6 评价体系层次关系图

表 3 准则—目标层指标判断矩阵及一致性检验表

目标层	优势(S)	劣势(W)	机遇(O)	挑战(T)	W_i[①]
优势(S)	1	4	3/2	5	0.479 3
劣势(W)	1/4	1	1/2	2	0.145 1
机遇(O)	2/3	2	1	3	0.288 2
挑战(T)	1/5	1/2	1/3	1	0.087 4

注：λ_{max}[②]为 4.024 9，CR[③]=0.009 3<0.1，具有一致性。

表 4 指标(S)—准则层指标判断矩阵及一致性检验表

优势(S)	富硒土地资源	地质遗迹资源	人文资源	自然资源	W_i
富硒土地资源	1	2	5	4	0.511 9
地质遗迹资源	1/2	1	3	1	0.232 4
人文资源	1/5	1/3	1	1	0.105 9
自然资源	1/4	1	1	1	0.149 8

注：λ_{max}为 4.112 8，CR=0.042 3<0.1，具有一致性。

表 5 指标(W)—准则层指标判断矩阵及一致性检验表

劣势(W)	地质科普程度	经营管理体系	客源市场	宣传力度	W_i
地质科普程度	1	3	2	3/2	0.415 5
经营管理体系	1/3	1	2	2	0.251 1
客源市场	1/2	1/2	1	1	0.158 5
宣传力度	2/3	1/2	1	1	0.174 9

注：λ_{max}为 4.207 2，CR=0.077 6<0.1，具有一致性。

① W_i表示组内权重，各指标内权重之和为 1。

② λ_{max}表示判别矩阵最大特征根。

③ CR 表示检验系数。如果 CR<0.1，则认为该判断矩阵通过一致性检验，否则就不具有满意一致性。

表 6　指标(O)—准则层指标判断矩阵及一致性检验表

机遇(O)	地质科普旅游潜力	村域经济发展	政策支持	W_i
地质科普旅游潜力	1	1/2	1/2	0.195 8
村域经济发展	2	1	1/2	0.310 8
政策支持	2	2	1	0.493 4

注：λ_{max}为 3.053 6，CR＝0.051 6＜0.1，具有一致性。

表 7　指标(T)—准则层指标判断矩阵及一致性检验表

挑战(T)	旅游需求多样	周边同类竞争	W_i
旅游需求多样	1	3	0.75
周边同类竞争	1/3	1	0.25

注：λ_{max}为 2.000 0，CR＝0.000 0＜0.1，具有一致性。

表 8　评价指标权重及排序表

目标层	准则层	组间权重	指标层		组合权重	指标层排序	因素得分
高滩地质文化村可持续发展评价指标体系	优势(S)	0.479 3	S_1	富硒土地资源	0.245 3	1	4
			S_2	地质遗迹资源	0.111 4	3	3
			S_3	人文资源	0.050 8	9	2
			S_4	自然资源	0.071 8	5	3
	劣势(W)	0.145 1	W_1	地质科普程度	0.060 3	7	−3
			W_2	经营管理体系	0.036 4	10	−2
			W_3	客源市场	0.023 0	12	−3
			W_4	宣传力度	0.025 4	11	−2
	机遇(O)	0.288 2	O_1	政策支持	0.142 2	2	4
			O_2	村域经济发展	0.089 6	4	3
			O_3	地质科普旅游潜力	0.056 4	8	3
	挑战(T)	0.087 4	T_1	周边同类竞争	0.021 9	13	−2
			T_2	旅游需求多样	0.065 6	6	−3

4.3　计算结果分析

根据上述计算结果，得出高滩地质文化村可持续发展的优势(S)＞机遇(O)＞劣势(W)＞挑战(T)，富硒土地资源(S_1)、政策支持(O_1)、地质遗迹资源(S_2)是限制高滩地质文化村可持续发展的最大因素。高滩村内部优势大于内部劣势，尤其是自然风光秀丽，富硒土地资源和地质遗迹资源丰富，为高滩村以“地质＋生态农业”模式发展地质文化村提供了良好的基础。而劣势主要表现在地质科普程度不够深入，经营管理体系不够完善，客源市场和宣传力度有待加强。从外部来看，良好的政策环境以及村域经济发展和地质科普旅游发展的潜力是高滩地质文化村可持续发展的强大动力。而及时满足游客多样化的旅游需求和周边旅游景点和同类地质公园的竞争是面临的最大威胁，应立足自身优势，打造独具特色的地质旅游产业，实现可持续发展。

4.4　发展策略分析

采用四象限坐标法确定高滩地质文化村可持续发展的策略，通过计算策略图的重心坐标及重心点的方位角、强度系数，确定其发展策略和强度。根据SWOT—AHP模式分析结果，参照下式求得总的优势、劣势、机遇和挑战力度。

$$总力度\ X=\sum X_i \times n_i \tag{1}$$

式中：X_i表示第i个因素的组间权重，n_i表示优势、劣势、机遇和挑战因子的因素得分。

得到总优势力度S＝1.632 4，总劣势力度W＝－0.373 5，总机遇力度O＝1.006 8，总挑战力度T＝－0.240 6。

以优势、劣势、机遇和挑战作为半轴变量构建四象限坐标系，将总优势力度、总劣势力度、总机遇力度、总威胁力度分别定位到四象限坐标系中依次连接，形成策略评估矩阵图（图7）。

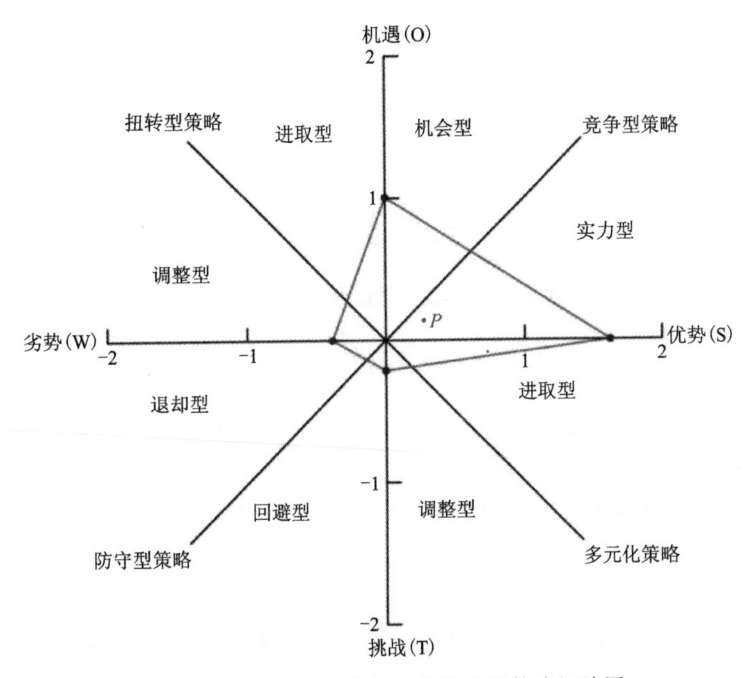

图7　高滩地质文化村可持续发展策略矩阵图

策略重心坐标为

$$P(x,y)=\left(\frac{\sum X_i}{4},\frac{\sum Y_i}{4}\right) \tag{2}$$

根据公式(2)，计算出策略评估矩阵图的重心坐标$P(x,y)=(0.315,0.192)$。

策略方位角

$$\theta=\arctan(y/x)(0\leqslant\theta\leqslant 2\pi) \tag{3}$$

策略正强度

$$U=S\times O \tag{4}$$

策略负强度

$$V=W\times T \tag{5}$$

策略强度系数

$$\rho=U/(U+V) \tag{6}$$

由公式(3)～公式(6)计算出策略方位角$\theta=31°$，策略强度系数$\rho=0.948\ 2$，其中ρ的取值范围在0～1之间，越接近1，说明策略类型的实施强度越大。根据策略评估矩阵图的重心坐标P和策略方位角

θ所在区间,确定高滩地质文化村属于实力型产业,应采取竞争型可持续发展战略;根据 $\rho=0.9482$,十分接近 1,得出高滩村应积极采取竞争型发展策略来开发建设地质文化村。

5　结论

(1)采用 SWOT 分析法对高滩地质文化村发展进行了系统的分析,得出富硒土地资源、地质遗迹资源、人文资源及自然资源是高滩地质文化村可持续发展的优势;良好的政策环境、迫切发展村域经济的需求及地质科普旅游开发的潜力给高滩村带来了较好的机遇;但仍然存在客源市场受限、科普研究和旅游路线开发程度较低、同类竞争激烈、经营管理体系尚需健全等问题和挑战。

(2)在以上分析的基础上,采用 AHP 方法对评价指标权重进行赋值计算,并对各个因素进行了排序,得出高滩地质文化村可持续发展的优势(S)>机遇(O)>劣势(W)>挑战(T),富硒土地资源(S_1)、政策支持(O_1)、地质遗迹资源(S_2)是限值高滩地质文化村可持续发展的最大因素。

(3)采用四象限坐标法计算出策略方位角$\theta=31°$,策略强度系数$\rho=0.9482$,建议高滩村积极采取竞争型发展策略来实现可持续发展,如采取挖掘地质科普旅游资源开发潜力、加强旅游资源整合和宣传,提高知名度、完善地质文化村管理体制等措施。

主要参考文献

陈美君,王孔忠,孙乐玲,等,2017. 地质文化村:"地质+"领域的新增长点[J]. 浙江国土资源(11):29-30.

丁华,张茂省,栗晓楠,等,2020. 地质文化村:科学内涵、建设内容与实施路径[J]. 地质论评,66(1):180-188.

方传棣,成金华,赵鹏大,2021. 长江经济带矿产资源开发环境保护政策研究—基于 SWOT—AHP 和模糊 TOPSIS 法[J]. 长江流域资源与环境,30(9):2102-2114.

方怡,王琪林,杨霞,2020. 城市公园发展 SWOT－AHP 分析及对策—以四川什邡雍湖公园为例[J]. 内江师范学院学报,35(8):88-93.

郭盼,吴波,金朝,等,2021. 湖北省大悟县装八寨地质文化村开发构想[J]. 资源环境与工程,35(3):403-407.

李姜丽,赵壁,邹亚锐,等,2018. 湖北远安化石群国家地质公园地质遗迹类型及其综合评价[J]. 资源环境与工程,32(增刊):107-112.

廖如松,余雷,史文强,等,2020. 石马湖地质遗迹资源评价及地质文化村建设初探[J]. 南方国土资源(4):25-29.

皮鹏程,曾敏,黄长生,等,2022. 基于 SWOT—AHP 模型的恩施州森林康养旅游可持续发展研究[J]. 华中师范大学学报(自然科学版),56(1):127-139.

王瑞丰,任伟,翟延亮,等,2020. 河北兴隆诗上庄地质遗迹特征及地质文化村建设探讨[J]. 水文地质工程地质,47(6):109-118.

吴宇辉,肖时珍,胡馨月,等,2020. 基于 SWOT—AHP 模型的化石类国家地质公园科普旅游开发研究—以贵州关岭化石群国家地质公园为例[J]. 生态经济,36(4):133-138.

曾国祥,2021. 莲花县红色资源的当代价值探析[J]. 党史文苑(1):61-64.

张彩红,薛伟,辛颖,2020. 玉舍国家森林公园康养旅游可持续发展因素分析[J]. 浙江农林大学学报,37(4):769-777.

张磊,2019. 光雾山—诺水河世界地质公园 SWOT 分析[J]. 安徽农学通报,25(21):160-163.

张亮,冯安生,赵恒勤,等,2020. 基于 SWOT 分析的区域矿产资源竞争力研究[J]. 地质与勘探,56

(1):230-238.

赵洪飞,鲁明,赵小菁,2018.贵州六盘水月照旅游地质文化村地质遗迹景观资源特征及其保护[J].贵州地质,35(1):60-64.

周震宇,陈瑜,李梁平,等,2021.基于SWOT—PEST和AHP法的国有林场旅游景观评价研究[J].中南林业科技大学学报(社会科学版),15(5):105-111.

LIU R J,WANG Y H,QIAN Z Q,2019. Hybrid SWOT—AHP Analysis of Strategic Decisions of Coastal Tourism: A Case Study of Shandong Peninsula Blue Economic Zone[J]. Journal of Coastal Research,94(sp1):671-676.

浅谈南太行地区山水林田湖草(鹤壁淇县)生态保护修复项目中的监理质量控制

高小旭[1,2]

(1.河南省自然资源监测院,河南 郑州　450016;2.河南省地质灾害防治重点实验室,河南 郑州　450016)

摘　要:笔者针对如何做好南太行地区山水林田湖草生态保护修复项目监理质量控制这一问题,从工程实践出发,对南太行地区山水林田湖草(鹤壁淇县)生态保护修复项目的施工前、中、后3个阶段进行监理质量控制,圆满完成了监理任务;总结了监理质量控制的方法、流程和措施,做好监理质量控制要从施工前、施工中和施工后3个阶段进行质量控制,严格要求施工单位按照设计图纸进行施工,监理人员要提高自身综合素质和服务意识,工程验收结束后及时移交给当地有关部门进行管理保护。

关键词:南太行;山水林田湖草;生态保护修复;监理;质量控制

0　前言

党的十九大报告提出,必须树立和践行绿水青山就是金山银山的理念,要认真重视和对待生态环境,统筹山水林田湖草系统治理。近年,鹤壁淇县开展了南太行地区山水林田湖草生态保护修复项目。露天矿山开采严重影响生态环境,做好生态保护修复监理工作意义十分重大。王永强、刘敏丽(2021)分析了山地建设工程中的监理重点工作;李江辉(2014)总结了矿山复绿工程中的监理控制措施;范文杰和谢黎(2015)结合采石场综合整治项目,重点阐述了采石场综合整治项目的环境监理过程及成效,总结了环境监理的意义;赵灏、刘硕(2014)讨论了矿山地质环境治理工程施工监理工作。笔者在前人研究总结的基础上,通过对南太行地区山水林田湖草(鹤壁淇县)生态保护修复项目的地质环境问题进行分析,提出了施工前、中、后3个阶段进行监理质量控制的方法。通过施工前、中、后3个阶段监理质量控制,保证了该项目的顺利实施。

1　项目简介

1.1　项目区矿山地质环境问题分析

淇县位于河南省北部,卫河北岸,行政隶属于鹤壁市管辖。淇河流域位于南太行山脉由南北向转换为东西向的转折端北侧,隔太行山主脉与山西陵川相望。淇县生态环境问题影响严重的是矿山地质环

基金资助:南太行地区山水林田湖草(鹤壁淇县)生态保护修复项目(QXZBJL—2019—06)。

作者简介:高小旭(1991—),男,助理工程师,硕士研究生。

境问题，其次是水生态环境破坏、湿地生态破坏、森林草原生态系统损害问题。本项目设计矿山地质环境恢复治理区3个，总面积184.523hm^2。项目区矿山地质环境问题主要是由高陡边坡的危岩体产生的地质灾害隐患，废弃渣堆、露天采坑对原始地貌景观和植被的破坏、对项目区土地资源的压占损毁，以及地形地貌景观破坏和环境问题对当地居民生产生活的影响等。

1.2 设计方案简述

针对项目区生态环境问题，3个治理区的治理方案主要是采取高陡边坡清除危岩→坡面清理→渣堆清运、回填→采坑平台整理→平台覆渣覆土→平台外侧设置挡墙→排水渠→警示牌→平台内植草绿化→布设标志牌→采坑周围原始地貌自然恢复等工程措施等手段消除地质灾害隐患，恢复损毁的土地资源，强化项目区景观效果，改善旅游形象，对治理区内受采矿活动影响较轻的林地、自然保留地等采用巡查监测，划定保护范围等手段，避免对环境的人为破坏影响，使区内的生态得到自然恢复。

2 监理工作成效

2.1 监理机构组织

接受委托任务之后，立即成立南太行地区山水林田湖草（鹤壁淇县）生态保护修复项目监理部，具体负责开展本项目施工监理工作。组织有关监理人员学习监理任务书、项目设计书以及有关技术要求和相关验收规范，明确监理控制目标。根据本工程的实际情况，现场监理组织机构的形式采用由总监理工程师、监理工程师和监理员组成的三层直线式组织结构。这种形式能够最大可能地发挥机构内部各成员的作用。人员构成采用老、中、青不同年龄结构的高、中级职称人员最优组合，便于开展监理工作。本监理项目投入的监理设施包括全站仪、计算器、坡度尺、钢卷尺、值班汽车、温度计、砂浆试模、无人机等。

2.2 监理工作方法

严格执行监理程序和指令性文件，根据各分项工程的不同内容，主要采用旁站、抽查、观察、巡视、测量、试验、检测等方法严格控制工程的质量和进度。各分项工程采用的具体监理方法如下。

2.2.1 土石方开挖回填工程监理工作方法

土石方开挖回填工程主要采用巡视、抽查、测量的方法检查和控制方量、高程、面积、回填密实度、土层结构等指标，是否达到设计和国家有关规范要求。

2.2.2 采坑平整覆土工程监理工作方法

采坑平整覆土工程主要采用巡视、抽查、测量的方法检查和控制方量、土质、厚度、平整度等指标，是否达到设计和国家有关规范要求。

2.2.3 植树工程监理工作方法

植树工程主要采用抽查、观察、测量、统计的方法检查和控制间距、树苗、树坑、成活率等指标，是否达到设计和国家有关规范要求。

2.2.4 挡土墙工程监理工作方法

挡土墙工程主要采用测量、旁站、抽查、观察、试验的方法检查和控制挡土墙平面位置、基槽开挖、基础处理、原材料、砂浆强度、坡度、墙体长度、断面尺寸、沉降缝间距、厚度、排水孔间距、排水孔大小等指标，是否达到设计和国家有关规范要求。

2.2.5 标志碑工程监理工作方法

标志碑工程主要采用旁站、抽查、观察、试验、测量的方法检查和控制原材料、砂浆、混凝土强度、钢筋网间距、挖、填方量、警示标志规格尺寸、警示标志基础尺寸等指标，是否达到设计和国家有关规范要求。

3　监理质量控制

3.1　施工阶段监理质量控制流程框图

施工阶段监理质量控制流程框图如图1所示。

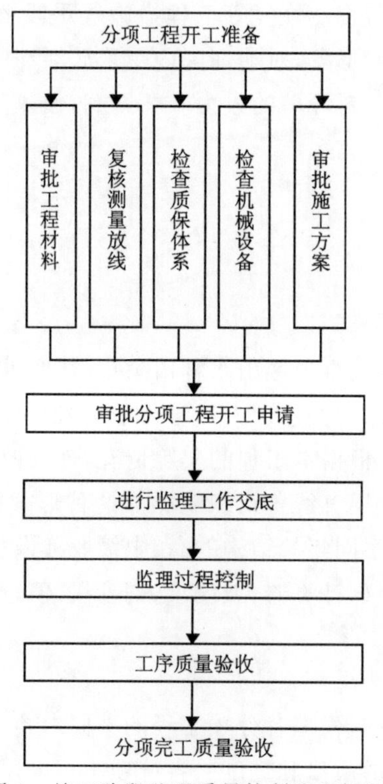

图1　施工阶段监理质量控制流程框图

3.2　施工前工程质量控制

(1)根据设计单位提交的施工详图、文件(含施工技术要求和设计说明文件、批复文件)，经监理工程师审阅、签字后转施工单位。

(2)开工前，监理部组织设计单位和施工单位进行设计技术交底，监理工程师做出详细记录并编制会议纪要，作为设计单位做出修改或补充的依据。修改或补充的文件经监理工程师签章后交施工单位使用。

(3)在工程开工前，施工单位按合同及有关规范的要求编制切实可行的施工组织设计，包括单位、分部工程的开工申请、施工措施计划、施工技术保证、全面质量管理和安全检查制度、质量保证体系等，我方监理部门进行审批，在审查通过后下发开工许可证，由监理工程师发布工程开工令。

(4)监理部在单位工程开工以前先进行原始地形的审查和原始断面的抽查。

3.3　施工中工程质量控制

3.3.1　工程测量放线

在工程测量放线过程中，我监理方要求施工单位按设计总平面图，加密设置了基准坐标控制点，按单位工程分别定出坐标控制桩。要求施工单位根据设计单位提供的高程控制点的位置，在不易被破坏的部位埋引测水准控制点。根据基础平面图及大样图，按单项工程的轴线定位，连接相应的轴线，确定单项工程的边线位置。所有的控制点及单项工程的边线位置，要复测两次，经校验无误后才能标注于各点。施工放线结束后，将放线成果上报我河南省地质环境监测院现场监理部，再由我方现场监理工程师与施工方共同验线，进行检查。

3.3.2 土石方挖填平整工程

在土石方工程施工过程中，我方监理工程师主要通过不定时巡视、不定时、不定点抽查的方法检查，施工时，要求施工单位在回填施工时进行分层回填铺平。填方完成后采用推土机进行土地平整，使平整后的土体达到一定的密实度，为了防止平整后土体的自然沉降，平整标高比设计标高高出30cm。经压实后压实度保证不小于85%。对最上一层采用挂线整平，使表面达到平整，达到平整标高。当机械或人工挖填平整后，项目部技术员现场放线检查验收，对高程和坡降比不符合要求的部位进行修整。然后再检查验收，直到全部符合要求。经检查挖填平整土地质量符合标准要求。

3.3.3 挡土墙工程

根据挡土墙工程设计的内容，在挡土墙工程施工过程中我监理方主要从施工原材料、基槽开挖、砂浆强度、砌体施工的工序等方面进行检查和控制工程质量。

(1)施工原材料主要包括水泥、砂、石块等原材。工程原材料是施工质量控制的重要环节，监理方须对每一种主要材料进行现场监督取样，做见证人，亲自和施工方取样员到当地质量技术监督站做有关的试验，合格后才给予审批使用。

(2)基槽开挖：在基槽开挖过程中我方监理对基槽的断面尺寸逐段进行测量检查，对局部开挖不到位的地方督促施工方进行及时修整或返工，保证各项尺寸均符合设计要求。

非基岩地基处理：除了高程、尺寸符合设计要求外，还保证地基密实完整，清除淤泥、腐殖土和其他杂物。

基岩地基处理：彻底清除风化层，达到设计标准，存在有溶洞、裂缝的，应及时清除干净溶洞和裂缝口的堆积物，然后采用混凝土或者砂浆填塞，有压力水渗出地方，设法排除或堵塞。

(3)砌体：施工前，我监理方要求施工方把检查合格的原材料水泥、砂、石材报送当地质量技术监督站或有相应资质的实验室做设计要求强度的砂浆配合比实验，以确定砂浆配合比。

本次施工我方监理要求施工方砂浆拌和采用搅拌机拌和。根据实验室试配试验提供的砂浆配比，计算每盘搅拌需要添加的砂料和水泥量。拌制水泥砂浆，应先将砂与水泥干拌均匀，再加水拌和均匀。搅拌时间不少于120s。每天下班后，应将搅拌机内的砂浆残渣清理干净，并用水冲洗干净。

砂浆配合比检验1次、砂检验3次、水泥检验2次。

本次施工留置砂浆试块8组，进行28d抗压强度试验，试压结果符合设计要求。

墙身砌出地面，基础及时回填夯实，填土材料选择透水性较强的填料(本次采用石渣回填)，并做成不小于5%的向外流水坡，防止积水下渗，影响墙身稳定。

砂浆饱满度大于90%。挡渣墙基础和墙身均为M10浆砌石，顶部为3cm厚的M10砂浆抹平。砌体工程结束后，立即指派专人养护。

在砌体施工过程中，我监理通过旁站、抽查、测量、试验的方法检查和控制了挡土墙工程整个施工过程的质量。

3.3.4 采坑平整工程

根据采坑平整工程设计内容，在采坑平整覆土工程施工过程中，我方监理主要采用巡视、抽查、测量的方法检查和控制方量、土质、厚度、平整度等指标，对施工过程进行严格监督，经检查，施工工艺满足相关施工规范要求，该分项工程质量达到合格标准。

3.3.5　生物工程和自然恢复工程

主要采用抽查、观察、测量、统计的方法检查不定时巡视、不定时、不定点抽查的方法检查。

3.3.6　标志碑工程

我监理方主要采用旁站、抽查、观察、试验、测量的方法检查和控制原材料、砂浆、砼强度、挖、填方量等指标。

3.3.7　危岩清理工程

根据设计内容,我监理方主要采用旁站、观察和测量的方法,严格要求施工方进行危岩清除。在危岩清除过程中,要求施工人员必须佩戴好安全帽,系好安全带,绑挂安全带的绳索牢固地拴在可靠的安全桩上,绳索应拉直,不得在同一个安全桩2根及以上安全绳拴2人以上;高边坡清理施工应设置安全通道;清理边坡突出的块石和整修边坡时,应从上而下顺序进行,坡面上的松动土、石块必须及时清除。在危岩清除施工中,监理单位对施工过程进行了严格监督,经检查,施工工艺满足相关施工规范要求,该分项工程质量合格。

3.3.8　坡面清理工程

我方监理主要采用巡视、抽查、测量的方法检查和控制厚度、平整度等指标,对施工过程进行严格监督,经检查,施工工艺满足相关施工规范要求,该分项工程质量达到合格标准。

3.4　完工后工程质量控制

各工序施工完成后,施工单位经自检合格后报送我监理部,我方按照监理规范随机对工程施工质量进行抽查,分别对抽检的点位进行质量评定,检验合格后批准施工单位进行下一道工序。

在施工过程中,我方监理工程师要求施工单位严格按照图纸和施工组织方案进行施工。

4　结语

综上所述,通过对南太行山水林田湖草(鹤壁淇县)生态保护修复项目的施工阶段监理控制,总结以下几点经验。

(1)做好生态保护修复项目工程监理可以从施工前、施工中和施工后3个阶段进行质量控制。施工前期,监理要对项目区和周边情况进行详细调查,对设计图纸认真研究,结合现场实际情况对设计方案进行完善,合理指导施工,避免频繁变更设计;施工过程中,监理要对施工工艺质量进行现场把控,协调好施工单位、设计单位和业主单位的关系,加强监理人员对关键部位、隐秘工程、关键工序的旁站管理;施工完成后,监理对工程施工质量进行抽查,分别对抽检的点位进行质量评定,检验合格后批准施工单位进行下一道工序。

(2)此外,在监理矿山生态修复保护工程中,一定要注意施工单位打着生态修复的名义进行非法采矿、越界开采等活动,严格要求施工单位按照设计图纸进行施工。矿山生态修复工程监理对监理人员的业务素质和职业道德要求比较严格,监理人员不仅要对工程项目十分熟悉,对施工过程进行全面的监控和管理,还要强化服务意识,做好业主单位和施工单位之间的桥梁,圆满完成工程目标。工程验收结束后,建议及时移交给当地有关部门进行管理保护,明确职责,制定管理制度,以保证发挥预期效益。建议工程在移交后,建立工程措施和维护体系。在已治理的区域内不能再进行开采。

主要参考文献

范文杰,谢黎,2015.采石场生态整治修复环境监理工作实践[J].资源节约与环保(5):178+183.

金江鹏,2021.露天采矿矿山地质环境问题与恢复治理措施[J].世界有色金属(22):54-55.

李江辉,2014.浅谈矿山复绿工程的监理质量控制[J].环境与生活(20):180-181+183.

汪楠,2017.浅谈废弃煤矿矿山地质环境治理示范工程施工技术及质量控制[J].西部探矿工程,29(6):155-156+164.

王夏晖,何军,饶胜,等,2018.山水林田湖草生态保护修复思路与实践[J].环境保护,46(Z1):17-20.

王永强,刘敏丽,2021.浅谈监理山地建设工程项目的几项重点工作[J].建设监理(2):25-27.

宇振荣,杨新民,陈雅杰,2019.河南省南太行地区山水林田湖草生态保护与修复[J].生态学报,39(23):8886-8895.

翟文龙,2022.国内外矿山生态修复现状与对策分析[J].有色金属(矿山部分),74(4):115-118.

张永福,2019.南太行地区生态环境问题的研究[J].工程建设与设计(20):104-105.

赵灏,刘硕,2014.矿山地质环境治理工程施工监理工作探讨[J].价值工程,33(34):122-123.

在坦桑尼亚地矿项目实施中有关劳动管理应注意的问题

李旭庆

(河南省地质矿产勘查开发局第二地质矿产调查院,河南 郑州　454001)

摘　要:自从坦桑尼亚《雇佣与劳动关系法 2004》颁布实行以来,随着当地政治、经济等社会环境发展变化,劳工自我保护意识日渐增强。国内地勘单位和企业在坦桑尼亚开展地质勘探、矿业开发、工程施工等项目时,由于对这些法律法规的理解和掌握不够全面准确,在当地劳工的日常管理中,很容易产生劳动纠纷。本文根据当地有关现行劳动法律法规,对一些容易被忽视或不合规做法,包括一些理解模糊的问题按照当地劳动法律法规的规定予以解释和澄清,将会对地勘单位在坦桑尼亚尽快适应当地社会环境,规范劳动用工和管理,起到一定的促进作用。

关键词:劳动法规;劳动管理;地矿项目;坦桑尼亚

随着中非友好互利、合作共赢关系的不断深入发展,许多中国企业为谋求新发展、开拓新市场,纷纷走进非洲大地。在河南省地质矿产资源勘查开发局实施的"走出去"战略行动指引下,河南省地质矿产资源勘查中心第二地质矿产调查院率先进入坦桑尼亚,通过多年来的不懈努力和艰苦奋斗,在地质找矿、矿业开发、工程施工等方面均取得了显著成绩。

近年来,随着坦桑尼亚政治、经济等社会环境的不断发展变化,迫切需要当地中资企业走本地化发展之路。只有培养一批掌握当地法律法规、熟悉当地社会环境的经营和管理人才,才能为地勘单位尽快融入当地社会创造良好的条件。由于坦桑尼亚的劳动政策和法律法规自颁布实施以来,已经有过多次修订、调整。受语言障碍的影响,中方管理人员往往对当地的历史文化、风俗习惯,尤其是对劳动法律法规等方面的规定,了解和掌握得不够全面和透彻,套用一些的国内管理经验或办法,极易产生劳动纠纷。这些劳动纠纷涉及的事项往往带有普遍性,极易诱发集体维权事件,甚至导致罢工和暴力冲突,对地矿或工程项目的顺利实施造成不利的影响。本文针对在坦桑尼亚有关地质勘探、矿业开发等项目实施过程中,对劳动管理中存在的、容易被忽视或者理解和认知上的模糊之处予以解释和澄清。

1　严格禁止的行为

1.1　禁止雇佣童工

坦桑尼亚《雇佣与劳动关系法 2004》(以下简称"劳动法")以及其他有关劳动法律法规中所规定的童工,是指 14 周岁以下儿童。但对于矿业、工厂、农业、船运等任何存在危险或有害环境、对儿童身心健康和发育不利的行业,则 18 周岁以下人员也被视之为童工。未满 18 周岁的学生如果身心健康,在具备

作者简介:李旭庆(1967—)男,高级工程师。E-mail: lixuqing671@ sohu. com。

有符合要求的安全设施防护下，所参加的技能培训则不属于使用童工范畴。因此，在地质勘探、矿业开采、工程施工或其他行业领域的经营管理中，在招募、培训、雇佣当地员工工时，应仔细甄别应聘者或被招募人员的身份证明材料，尤其对于短时间内的临时或紧急用工，也应注意检查被招募者的年龄大小。

1.2 禁止歧视行为和强迫劳动

劳动法规定的歧视行为包括在劳工招募、日常工作和劳动管理中出现的，对肤色、民族、部落、家庭出身、性别、宗教信仰、政治观点、婚姻状况、年龄、身体残疾、艾滋病等情况雇主有违法规定，或者在工作中对雇员之间有故意偏爱或薪酬上的差别对待。法律要求男女必须同工同酬。对参加工会的当地员工严禁有排挤和歧视行为，尊重当地员工自由加入或退出工会的权利。对员工的性骚扰也被法律视为是一种歧视行为。

地勘单位在制订有关管理制度和管理办法时，应避免带有歧视或有歧视嫌疑的规定或标准。在日常管理工作和生活中，应对中方管理人员或员工加强教育，包括了解和尊重当地的风俗习惯。禁止中方人员与当地员工就政治、宗教、风俗习惯等相关方面议题进行议论，或开玩笑，尤其严禁中方人员参加当地政治派别组织的政治活动或各类宗教有关活动。

针对强迫劳动，劳动法中明确规定是以引诱、强令或施以强力的劳动，包括强迫以劳动来抵债的工作，或者以惩罚相威胁且本人并不同意的工作。因此，在日常生产或项目实施过程中，应不断改善当地员工的工作环境，加强劳动保护。中方管理人员应经常与当地员工及时沟通交流，倾听他们的意见和建议，在工作和管理活动中严禁有打骂等行为。对不胜任工作或不服从管理的当地员工应及时更换工作岗位或辞退。

一旦企业或管理人员被当地员工控告有歧视或强迫劳动行为，根据劳动法规定，企业需要自己提供证据来辩驳这些指控。而被当地劳动管理部门、劳动仲裁机构认定或法庭判定有歧视或强迫劳动行为，则会被视为犯罪行为，相关人员可被处以数额不等的罚款甚至监禁，或二者并罚，并予以改正和赔偿。

2 劳动合同

2.1 劳动合同的类型

坦桑尼亚劳动法规定除一个月内不超过6天的临时用工之外，雇主与被雇佣人员均应签署书面劳动合同。劳动合同分为无期限合同、有期限合同，以及针对特定工作项目或工作任务的合同三类。

2.2 劳动合同的内容

在与雇员签订劳动合同时，可以自拟合同，也可以采用当地有关劳动管理部门提供的格式合同，允许对格式合同予以增删修改，但新增合同条款不得违反劳动法或其他法律法规的相关规定。劳动法规定以下所列(1)～(6)项内容为劳动合同的必备条款。

(1)雇佣双方的名称或名字，地址或双方永久居住地，以及员工的性别、年龄、招募地点、工作地点。

(2)劳动雇佣期限，包括写明所从事工作的具体开始日期。

(3)工作内容。

(4)每天工作时间，包括加班时间。

(5)薪酬计算与发放方式。薪酬计算包括按照小时工资率计算工资或按日、周、月为单位计算工资，另外包括加班工资或其他补助。发放方式(包括薪酬货币的种类或实物)，发放时间(按日、按周或按月)，以现金、支票或信用卡转账发放，代扣代缴的各类税费和应交社保等其他费用，这些内容在合同中应予以写明。

(6)双方的权利和义务。

(7)劳动合同的变更或补充。

(8)劳动合同的解除。

(9)劳动争议的解决方式。

值得注意的是,在与员工签订劳动合同前,首先应将所要签订的劳动合同内容逐条给员工讲解清楚,被雇佣人员同意后,方可与其签订劳动合同。其次劳动合同解除后,该劳动合同中包含有(1)～(6)条款内容的部分应保存至少5年。

3　工作时间

3.1　每周工作时间

坦桑尼亚劳动法规定:①员工每周正常工作时间不超过6天;②每周总的正常工作时间为45小时;③每天正常工作时间最多不超过9小时。

企业或雇主可根据工作需要可实行不同时长的工作制。如果实行每周6天工作制,每天正常工作8个小时,第6天工作5个小时;如果每天实行9小时工作制,则每周正常天数为5天。不管实行哪一种工作制,每天最长工作时间(包含加班时间在内)不得超过12小时。

在每天的工作中,员工连续工作超过5个小时,应给予不低于1小时的休息时间,该时间不计入正常工作时间和加班时间;如果工作是连续进行且必须有人照看,而又没有其他员工能胜任该工作时,可要求该类员工在此休息期间继续工作。

员工每周有不低于24小时(一整天)的休息时间。如果员工愿意在当周他应休息24小时的那天继续工作,则雇主应按正常小时工资额来计算和支付双倍工资,但那天的工作时长仍然不得超过12个小时。

对不同的工作制,每天超过该工作制规定的正常工作时间后,继续工作的时间视为加班时间,但每周的总加班时间不超过10小时。包括员工在每周应休息的那天愿意继续工作在内,连续4周的总加班时间不超过50小时。

3.2　特殊工作情况下的工作时长

1.弹性工作

对于一些弹性工作,允许员工每日工作12小时(包括用餐时间)而无须支付加班工资,但每周工作的总时长以总计45小时为正常工作时间,超过部分应计算为加班时间。在此类弹性工作中,每周的加班总时长不得超过10个小时。

2.非连续性工作

对一些不连续且不连续的工作时间间隔超过3个小时的特殊工作岗位,如果员工是居住在工作场地之内且在所签订的劳动合同中已经注明的,则允许员工每天只休息8个小时。

3.3　不受工作时长限制的人员与特殊情形

(1)管理人员。管理人员是指那些受雇主委托能够代表雇主,或者受那些代表雇主,对重大事项有决定权的高级管理人员领导并直接向其汇报工作的其他管理人员。这些管理人员不受以上工作时间规定的限制。

(2)在遇到特殊情形时,如抗灾抢险等紧急情况,有关员工的工作时长则不受以上规定的限制

3.4　集体劳动合同中工作时长的规定

对于雇主与代表员工的工会所签订的集体劳动合同,在合同期限内,员工每周的正常工作时长规定

为 40 小时，每周加班总时长不超过 10 小时。但此类合同期限不超过 1 年。

3.5　夜间工作

劳动法定义的“夜间”，是指 20 点至第二天早上 6 点这段时间，凡在此时间段内所从事的工作称之为夜间工作。

法律禁止怀孕、待产或产后两个月内的妇女从事夜间工作。对出具有合规的医学证明，不适宜从事夜间工作的员工或产前、产后妇女，应及时给予更换适当的工作岗位。

夜间工作时段内每小时正常工资为白天每小时正常工资的 1.05 倍，属于夜间加班的应以夜间每小时正常工资标准为基数计算加班工资。

总之，不论实行何种工作制，首先要在劳动合同中予以注明，其次在每类工作制中，每天工作时长(包括加班时间)不得超过 12 个小时。在每类工作制中，每周总的正常工作时间为 45 个小时，每天(或每周)超过合同规定的正常工作时间的其他工作时间，应计算为加班时间。此外，应控制每天的加班时间量以及每个月的总加班时间量，以免违反劳动法的相关规定。

4　假期

4.1　坦桑尼亚法定公共节假日

坦桑尼亚每年可停工休息的法定公共节假日共 16 天(表 1)。每个法定节日休息 1 天，在此期间工作需支付双倍基本工资，其他一些全国性节日则仍为正常工作时间。

表 1　坦桑尼亚法定公共节假日

1 月 1 日	1 月 12 日			4 月 7 日	4 月 26 日	5 月 1 日	7 月 7 日
新年	桑给巴尔革命日	耶稣受难日	复活节翌日	卡鲁姆日	联合日	劳动节	萨巴萨巴节
New year	Zanzibar Revolutionary Day	Good Friday	Orthodox Easter Monday	Karume Day	Union Day	Worker′day	Saba Saba
		8 月 8 日	10 月 14 日		12 月 9 日	12 月 25 日	12 月 26 日
开斋节	宰牲节	农民节	尼雷尔日	圣纪节	独立日	圣诞节	节礼日
Eid al-Fitr	Eid al-Hajji	Peasants′ Day	Mwalimu Nyerere Day	Maulid	Independence Day	Christmas Day	Boxing Day

注：未标注日期的节日需要根据相关宗教历法来确定，每年这些节日的公历日期都不尽相同。

4.2　享受带薪假期的员工资格

带薪假期包括年假、病假、产假、事假等，每一种带薪假都规定了享有该假期的资格条件和假期时间。

劳动法规定以下情形的员工享有带薪假期的权利：①连续工作满 6 个月的员工；②季节性雇佣的员工；③虽不是连续工作，但是为同一雇主在一年之内累计工作时间超过 6 个月的员工。

4.3　年假

劳动法规定员工每次连续工作满 12 个月的，为一个年假休假周期，应给予 28 天享有基本工资的带薪假期,该假期包含在此休假期间遇到的所有公共节假日。

雇主可以决定雇员何时开始年假休息。但劳动法规定在上一次年假休假结束的第6个月之后可以开始安排年假休息,但最迟于第12个月结束后,必须安排年假休息。员工要求分次休年假的,应予以准许。

因工作需要,经员工同意,雇主可要求员工在带薪年假期间为雇主工作,除28天的年假工资外,还应发放正常工作工资,包括加班工资,但连续两个休假周期内必须至少安排一次28天年假休息,雇主不得占用。

享有带薪年假资格的员工,若因其他原因被解雇或自愿辞职,工作时间如果不足12个月的,按照每13天计入1天年假的比例,来计算该应享有的带薪年假天数。在以前的休假周期内,已经享受过带薪假的,则从最近一次带薪休假结束到辞职或被解雇那天的天数来计算他应享有的带薪假期天数。

4.4 病假与产假

每次连续工作满36个月为一个休假周期,员工可享有带薪病假或产假的权利。

1.带薪病假

享有带薪病假的员工因病休假,需出具由注册执业医师或其他被业主认可的执业医师签署的医疗证明。带薪病假最长为126天,其中前63天雇主应支付全额基本工资,后63天支付一半的基本工资。超出以上规定天数,员工若持有合规的医疗证明,可以继续休病假,但雇主将不再支付其工资。

2.带薪产假

女员工在每一个休假周期内享有一次84天带薪产假。如果出生婴儿数大于一个的,则享有不少于100天的带薪产假。如果婴儿在产后一年以内死亡的,则额外享有84天的带薪产假。

但是,女员工每连续工作36个月享有带薪产假一次(包括上述特殊情况),在她受雇期间,符合此带薪产假条件的休假周期总次数不超过4次。

4.5 其他带薪假期

1.陪产假

男员工在出具合规的医疗证明后,可在其孩子出生的7天之内,给予其3天的带薪陪产假,超过7天后再提出休假的,则不再享有带薪陪产假。

2.丧葬假

员工的直系亲属包括雇员的配偶、父母、祖父母、子女、孙子孙女或兄弟姐妹死亡的,享有4天的带薪假期。劳动法规定员工在一个休假周期内享有带薪丧葬假总天数为4天,也就是在此次休假周期内,若出现多次因丧葬请假,只有4天为带薪假期,超出部分的天数,雇主可不支付其工资。

5 结束语

由于坦桑尼亚与我国在历史文化、风俗习惯、宗教信仰、政治制度、经济发展水平等方面差异较大,有关劳动管理的法律法规也不尽相同。地勘单位在国内行之有效的规章制度和管理办法,包括一些习惯做法,不能完全照搬到国外项目管理中去,应根据坦桑尼亚相关法律法规和当地的风俗习惯做出一定的变更和调整。尤其在涉及劳动人事管理方面,应该更加规范化,以适应当地有关法律法规的要求。

劳动人事管理工作与员工切身利益密切相关。在日常的管理工作中,首先应加强中方各级管理人员对当地有关劳动、安全生产等法律法规的教育和宣传工作。其次要规范对当地员工的工作考勤、请假休假、工资发放等信息的记录工作,保证这些原始资料准确、合规、清晰、完整。最后要加强对人事档案和日常信息资料的整理、保管和处置工作。

总之,建立良好的劳资关系,对地勘单位在坦桑尼亚的顺利发展有积极和重要的意义,应予以高度重视。

主要参考文献

柏瑞,2011.国际工程项目劳工管理探讨[J].河南水利与南水北调(18):160-161.

柴鹏,2013.海外工程项目劳工管理[J].工程建筑(5):336.

郭新春,2017.海外工程承包市场风险管理研究[J].工程建设与设计(7): 184-186.

李晓威,李长江,2016.非洲中资企业跨文化和谐劳动关系管理研究:以坦桑尼亚为例[J].中国劳动关系学院学报,30(6): 15-19.

梁建鹏,2009.谈国际工程当地雇员管理[J].企业科技与发展(20):248-250.

刘靖,王伊欢,2014.中国资本“走出去”的困境与出路[J].中国农业大学学报(社会科学版),31(4): 18-27.

唐晓阳,2015.劳资关系问题影响中非外交大局[J].非洲研究,6(1):193-205+287.

张晓颖,沈丹雪,2018.中非工会差异及中资企业在非应对劳资矛盾的行为逻辑:基于对坦桑尼亚的调研[J].中国劳动关系学院学报,32(4): 110-118.

张晓颖,王小林,2016.坦桑尼亚中资企业履行企业社会责任评估[J].国际展望,8(2): 113-131, 156-157.

赵叶,2019.坦桑尼亚经营法律环境与企业生存思考[J].国际工程与劳务 (8):57-58.

中国进出口银行国别研究课题组,2022.坦桑尼亚国别概况与重点合作领域[J].海外投资与出口信贷(3):46-48.

朱伟东,2018.坦桑尼亚推进本土化立法[J].中国投资(中文)(14): 76-77.

郑州航空港区地下空间开发地质适宜性评价

黄 凯[1],黄光寿[2,3],郭丽丽[1]

(1.河南省地勘局第五地质勘查院,河南 郑州 450001;2.河南省地质调查院,河南 郑州 450001;
3.河南省城市地质工程技术研究中心,河南 郑州 450001)

摘 要:城市地质环境在城市地下空间协同开发利用中尤为重要。综合考虑城市地质环境条件,运用层次分析法进行综合评判认为,航空港区浅层地下空间(0～10m)开发利用适宜性较差区分布于北部城市综合服务区东北部丈八沟下游单家村—乔家村一带;中层地下空间(10～30m)开发利用适宜性较差区亦分布在北部城市综合服务区东北部单家村—前张村一带;深层地下空间(30～50m)开发利用适宜性较差区主要分布在航空港核心区东部南水北调工程附近张庄镇—三官庙乡以西的小面积地区。通过郑州航空港区地下空间开发利用适宜性评价,能够促进地下空间的协同发展。

关键词:郑州航空港区;地下空间开发;地质适宜性评价

0 引言

郑州航空港经济综合实验区是2013年3月8日国务院批复的目前全国唯一一个国家级航空港经济实验区,也是河南省三大国家战略的重要组成部分。目前航空港区建设突飞猛进,但已有的发展规划主要针对的是地面规划,对地下空间规划缺乏统筹考虑。城市地下空间协同开发利用,离不开城市地质环境。我国很多城市,如北京、深圳、厦门、青岛等都陆续编制了地下空间开发利用规划,并以轨道交通开发建设为契机开展了大规模的地下空间开发建设。郑州航空港区是个新建城区,其地下空间的开发利用能提升郑州发展的质量。对城市新建城区地下空间开发地质适宜性进行评价,可为城市新建城区地下空间的规划编制和开发提供依据。

1 研究区概况

郑州航空港经济综合实验区位于郑州市中心东南方向25km,规划批复面积415km^2,是集航空、高铁、城际铁路、地铁、高速公路于一体,可实现“铁路、公路、飞机”无缝衔接的综合枢纽。作为国家批准的第一个以航空经济为引领的国家级新区与中原经济区的核心增长极,将通过政策创新、体制创新与模式创新,积极承接国内外产业转移,大力发展航空物流、航空高端制造业和现代服务业,力争建设成为一座

中国地质调查局项目:《郑州航空港经济综合实验区城市地质调查》(水[2014]02-017-001)。

作者简介:黄凯(1988—),男,2009年毕业于湖北国土资源职业学院水文地质工程地质专业,2011年毕业于中国地质大学(武汉)水文水资源专业,工程师,主要从事水文地质环境地质研究。E-mail:654396476@qq.com。

联通全球,生态宜居、智慧创新的现代航空大都市。

1.1 地理位置

研究区为航空港区 2014—2040 总体规划区范围,南至炎黄大道,北至双湖大道,西至京港澳高速公路,东至广惠街(新线位),面积为 $415km^2$。

1.2 地貌特征

郑州航空港区属山前冲洪积平原及黄河冲积平原地貌,地势西北高,东南低。地面高程 78～160m,地面比较平坦开阔,整体微向东南倾斜,地面坡降 2.5‰～10‰。受古地形控制,新郑机场—三官庙一线为该区的地表水分水岭,地面高程以该线为界,向南、北两侧逐渐降低,向北地面坡降 1.7‰左右,向南地面坡降 3.6‰左右。区内北部表层发育有风积沙丘,沙丘高度一般为 5～8m。受西部山丘区隆升、东部平原区缓慢下降和后期水流切割影响,地表分布有起伏不大的岗地和洼地,岗洼相间分布。岗垄长短、宽窄不一,多呈近南北向的长条形展布。该地貌单元地表岩性多由晚更新统冲洪积粉土组成。

1.3 地层分布

郑州航空港区属华北地层区,分属华北平原分区的豫东地层小区和豫西分区的嵩箕地层小区。工作区内出露地层为第四系。新生代以来,区内自下而上沉积了新近系、第四系,沉积厚度 800 余米。郑州航空港区地下空间开发的主要地层为全新统,上、中更新统,埋深在 50m 深度内。

2 工程地质分区特征

根据城市地质、构造、地貌、水文地质、工程性质等,对郑州航空港区工程地质进行分区。

工作区内划分为黄河冲积平原和山前冲洪积平原两个工程地质区,根据土体结构及工程性质的差异,进一步划分工程地质亚区。

3 工程地质层组划分及特征

工程地质层组的划分是岩土体质量评价和主要工程地质问题分析的基础与首要环节,同时为便于了解和掌握该地区的地层结构,进行地质模型概化、属性参数研究。根据工作区工程建设层内土体的成因、岩性、物理力学特征等,对工作区 50m 以浅的土层进行了工程地质层组划分。工程地质组为同一时代地层,工程地质层为同一时代地层根据岩性进行的分层。根据收集钻孔情况,埋深 50m 深度内,共划分 3 个工程地质组,21 个工程地质层。

3.1 全新统(Qh)工程地质组

第 1 工程地质层:主要指分布在工作区表层风积砂层。岩性以粉砂为主,为全新世晚期风积近源物质,地貌上呈现近南北向沙岗。承载力 100～150kPa。由于其特殊的地貌特征,一般不作建筑地基使用,当地一般将其作为建筑用砂使用。

第 2 工程地质层:粉土,褐黄色,稍湿,稍密—中密,黏粒含量 4.0%～7.7%。表层为耕植土。主要出露于黄河古河道高地的局部地带,风积沙丘及附近地段该层被覆盖。标贯击数一般为 8～11 击。该层层底埋深一般为 1.5～2.2m,厚度 1.7～5.6m,平均 3.4m。孔隙比 e=0.700～0.949,压缩系数 a_{1-2}=0.19～0.40MPa^{-1},内摩擦角 φ=8.1°～15.2°,黏聚力 c=7.7～13.8kPa。地基土承载力特征值为 120～140kPa。

第 3 工程地质层:粉砂,黄褐色,饱和,中密,成分以石英、长石为主,可见螺壳碎片。黏粒含量

2.0%～3.2%。该层广泛分布在黄河古河道高地区。标贯击数一般为11～19击。该层层底埋深一般为2.5～9.7m,厚度1.2～6.4m ,平均3.5m。内摩擦角φ=27.5°～30.2°,黏聚力c=7.1～15.7kPa。地基土承载力特征值为150～180kPa。

第4工程地质层:粉土,褐黄色,湿,稍密—中密,含少量锈染、钙核,钙质结核直径0.5～1.5cm。黏粒含量2.0%～41.0%。主要分布在工作区冲洪积平原区,在没有风积砂分布区域,出露地表。标贯击数一般为6～15击。该层层底埋深一般为4.0～10.3m,厚度0.6～3.8m,平均厚度2.1m。孔隙比e=0.714～0.942,压缩系数a_{1-2}=0.09～0.31MPa^{-1},内摩擦角φ=14.7°～29.0°,黏聚力c=9.7～26.4kPa。地基土承载力特征值为110～150kPa。

第5工程地质层:粉砂,褐黄色,中密—密实,稍湿,主要由长石、石英等组成,分选性好。黏粒含量1.9%～13.7%。冲洪积平原广泛分布。标贯击数一般为10～24击。该层层底埋深一般为4.0～11.6m,厚度5.0～11.5m,平均厚度2.4m。内摩擦角φ=24.2°～31.4°,黏聚力c=8.7～19.8kPa。地基土承载力特征值为140～190kPa。

3.2　上更新统(Qp_3)工程地质组

第6工程地质层:粉细砂,灰黄色,密实,饱和,含砾石。局部分布在工作区西北部。黏粒含量1.5%～6.9%。标贯击数一般为31～50击。该层层底埋深一般为9.1～20.1m,厚度2.2～29.7m,平均厚度12.6m。内摩擦角φ=14.6°～28.1°,黏聚力c=14.3～32.3kPa。地基土承载力特征值为240～340kPa。

第7工程地质层:粉土,褐黄色,饱和,中密—密实,土质均匀,可见灰白色、灰绿色染纹,含钙质结核。黏粒含量2.0%～27.3%。该层在冲洪积平原区广泛分布,局部有粉质黏土夹层分布。标贯击数一般为8～15击。该层层底埋深一般为13.3～29.0m,厚度0.78～14.4m,平均厚度4.7m。孔隙比e=0.454～0.817,压缩系数a_{1-2}=0.06～0.37MPa^{-1},内摩擦角φ=7.3°～25.2°,黏聚力c=6.7～25.2kPa。地基土承载力特征值为130～180kPa。

第8工程地质层:粉细砂,褐黄色,饱和,中密,成分以石英、长石为主,云母次之,可见螺壳碎片。黏粒含量1.9%～19.5%。该层在冲洪积平原区广泛分布。局部有粉土夹层分布。标贯击数一般为22～37击。该层层底埋深一般为18.1～37.1m,厚度1.0～13.4m,平均厚度4.3m。压缩系数a_{1-2}=0.09～0.23MPa^{-1},内摩擦角φ=22.8°～29.9°,黏聚力c=9.3～14.2kPa。地基土承载力特征值为180～260kPa。

第9工程地质层:粉土,褐黄色,饱和,中密—密实,土质均匀,可见灰绿色染纹,偶见钙质结核,含砂粒,手摸砂感明显。黏粒含量2.0%～20.0%。垂向上该层分布于砂层之间或砂层底部,平面上分布在冲洪积平原区,向北向东延伸至区外。标贯击数一般为8～20击。该层层底埋深一般为22.00～41.00m,厚度0.7～13.2m,平均厚度4.6m。孔隙比e=0.462～0.867,压缩系数a_{1-2}=0.07～0.33MPa^{-1},内摩擦角φ=12.9°～32.4°,黏聚力c=6.3～30.2kPa。地基土承载力特征值为130～190kPa。

第10工程地质层:粉质黏土,黄褐色,湿,硬塑,有少量绣染及褐色条纹。区内分布较广。标贯击数一般为19～28击,局部地段为9～14击。该层层底埋深一般为29.8～47.5m,厚度1.1～9.2m,平均厚度3.6m。孔隙比e=0.564～0.928,液性指数I_l=0.05～0.45,压缩系数a_{1-2}=0.13～0.25MPa^{-1},内摩擦角φ=15.4°～28.0°,黏聚力c=25.1～51.3kPa。地基土承载力特征值为140～220kPa。在航空港南部区域,该层下部见钙质结核土,褐黄色、灰白色,中密—密实,分布厚度1.8～2.5m。

第11工程地质层:粉砂,黄褐色,密实,饱和,主要由长石、石英、云母等矿物组成,分选性好。黏粒含量10.0%～11.3%。主要分布于工作区西部。分布厚度1.9～51m,标贯击数26～34击。压缩系数a_{1-2}=0.11～0.40MPa^{-1},内摩擦角φ=10.8°～16.9°,黏聚力c=27.8～33.5kPa。地基土承载力特征值为190～240kPa。

第 12 工程地质层：粉土，褐黄色，中密，含少量钙质结核。黏粒含量 7.5～14.5%。主要分布在航空港南部区域。分布厚度 1.9～7.2m，平均厚度 4.2m。标贯击数 11～15 击。孔隙比 e=0.763，压缩系数 a_{1-2}=0.08～0.32MPa^{-1}，内摩擦角 φ=17.5°～28.5°，黏聚力 c=14.5～29.5kPa。地基土承载力特征值为 120～140kPa。

第 13 工程地质层：细砂，灰黄色，密实，饱和，主要有长石、石英、云母及暗色矿物组成，分选性好，夹薄层粉土，含钙质结核。黏粒含量 4.6%～8.9%。分布在黄河古河道高地及冲积平原的西部。标贯击数一般为 31～49 击。该层厚度 0.9～19.4m，平均厚度 6.5m。地基土承载力特征值为 200～310kPa。

3.3 中更新统（Qp_2）工程地质组

第 14 工程地质层：粉土，褐黄色，密实，可见黄色斑点及钙质结核，结核一般小于 2.0cm。刀切面光滑。全区分布。局部夹有钙质胶结层。该层分布厚度 1.3～24.6m，平均 9.1m；该层标贯击数 20～35 击。孔隙比 e=0.424～0.732，液性指数 I_l=−0.53～0.27，压缩系数 a_{1-2}=0.06～0.25MPa^{-1}，内摩擦角 φ=8.5°～31.5°，黏聚力 c=24.5～46.8kPa。地基土承载力特征值为 250～300kPa。

第 15 工程地质层：细砂，褐黄色，密实，饱和，主要成分为石英、长石等。含砾石，直径一般为 1～2cm。黏粒含量 2.9%～5.0%。广泛分布于冲洪积平原区。该层分布厚度 0.8～14.3m，平均 5.0m；该层标贯击数 36～60 击。内摩擦角 φ=23.4°～32.3°，黏聚力 c=9.3～18.2kPa。地基土承载力特征值为 350～500kPa。

第 16 工程地质层：粉土，黄褐色，湿，密实，干强度低，韧性低，摇振反应中等，有少量锈染，黏粒含量高，含少量钙核，直径 0.5～2.0cm。区内广泛分布。该层分布厚度 2.1～6.5m，平均 4.2m；该层标贯击数 23～26 击。孔隙比 e=0.477～0.725，液性指数 I_l=−0.09～0.26，压缩系数 a_{1-2}=0.05～0.35MPa^{-1}，内摩擦角 φ=16.9°～30.5°，黏聚力 c=13.4～25.7kPa。地基土承载力特征值为 230～280kPa。

第 17 工程地质层：黏土，棕红色、棕黄色，坚硬，刀切面较光滑，含黑色铁锰质结核，孔隙度 φ 为 2～3mm，分布均匀，局部密集。主要分布于工作区中部。该层分布厚度 1.1～19.9m，平均 10.7m；该层孔隙比 e=0.498～0.714，液性指数 I_l=−0.62～0.21，压缩系数 a_{1-2}=0.08～0.30MPa^{-1}，内摩擦角 φ=9.3°～30.0°，黏聚力 c=18.3～46.7kPa。地基土承载力特征值为 230～280kPa。

第 18 工程地质层：粉质黏土，棕红色、红褐色，坚硬，刀切面稍光滑，可见黑色铁锰质侵斑及灰绿色染团。区内广布。该层分布厚度 1.6～25.7m，平均 11.1m；该层标贯击数 24～37 击。孔隙比 e=0.510～0.773，液性指数 I_l=−0.40～0.18，压缩系数 a_{1-2}=0.08～0.31MPa^{-1}，内摩擦角 φ=15.0°～30.8°，黏聚力 c=15.5～46.2kPa。地基土承载力特征值为 300～350kPa。

第 19 工程地质层：粉土，黄褐、褐黄色，湿，中密—密实，含少量锈染及白色条纹。主要分布于工作区中南部。该层分布厚度 1.0～18.1m，平均 5.3m；该层标贯击数 12～20 击。孔隙比 e=0.481～0.830，液性指数 I_l=−0.06～0.26，压缩系数 a_{1-2}=0.08～0.28MPa^{-1}，内摩擦角 φ=14.1°～29.6°，黏聚力 c=8.3～25.4kPa。地基土承载力特征值为 160～230kPa。

第 20 工程地质层：粉细砂，黄褐色，密实，饱和，主要由长石、石英、云母等矿物组成，分选性好，泥质含量稍高，黏粒含量 1.9%～19.0%。局部相变为细砂。该层分布厚度 0.7～16.5m，平均 6.2m；该层标贯击数 38～65 击。内摩擦角 φ=23.7°～31.9°，黏聚力 c=10.5～18.6kPa。地基土承载力特征值为 250～320kPa。

第 21 工程地质层：黏土，褐黄色，硬塑，含有锈染、铁锰染。工作区广布。该层分布厚度 1.9～37.1m，平均 12.7m；该层标贯击数 23～40 击。孔隙比 e=0.472～0.805，液性指数 I_l=−0.39～0.32，压缩系数 a_{1-2}=0.08～0.35MPa^{-1}，内摩擦角 φ=10.3°～31.3°，黏聚力 c=18.2～46.4kPa。地基土承载力特征值为 220～300kPa。

4 不良岩土体分布特征

工作区内,特殊类土的种类主要有软土、液化土和钙质结核土。

受地质构造的控制,软土仅分布在部分沟谷或古河道内,主要为一套全新世及晚更新世沉积的以灰色、浅灰色为主的粉土、粉质黏土,土体工程性质介于一般土和淤泥质土之间。垂向上沉积有1～2层,厚度变化较大。

液化土主要分布在新郑机场以南区域和北部部分地段,其液化等级主要为轻微液化。岩性为全新世及晚更新世沉积的粉砂、粉土。

钙质结核土是一种含有细粒的黏性土和粗颗粒的钙质结核组成的特殊土体,工作区内钙质结核土分布较为零散,其中南部钙质结核土层深度主要集中在25～32m,厚度约0.5～2m。

5 地下空间开发深度层次划分

研究区50m深度范围内土层为第四系全新统、上更新统及中更新统冲积物、冲洪积物及湖积物,岩性主要为中砂、粉砂、细砂、淤泥质粉土、淤泥质粉砂、粉土、粉质黏土。根据地层岩性在空间上分布,划分出研究区的土体结构类型。研究区内,可分为单层、双层多层结构区。

根据《郑州市城市地下空间开发利用中期规划》,依据城市地下空间开发深度不同,可将城市地下空间分为浅层地下空间(0～10m)、中层地下空间(10～30m)和深层地下空间(30～50m)。

浅层地下空间与地表建筑联系最为密切,开发利用难度低,是目前开发利用程度较高的一层。浅层地下空间主要用途有城市道路下穿立交、地下人行通道、地下停车场、地下商场、仓库、建筑工程地下室和城市人防工程等。

中层地下空间开发深度稍大,目前还未进入大规模开发利用阶段,主要应用为城市地下商业街、城市地铁交通及城市地下综合管廊等。郑州市地铁1号线、2号线、5号线工程是城市中层地下空间开发利用的范例。

深层地下空间开发难度大,目前基本上还处于空白状态,主要可用于城市地下骨干设施如交通隧道、地下能源储存设施、地下水坝等。

6 评价方法

城市地下空间适宜性评价是在分析研究城市工程地质条件的基础上,对其进行定性或半定量化评价。由于工程地质条件的复杂性,无法就城市工程地质评价采用统一的方法进行定量计算研究。几十年来,地质工作者一直致力于工程地质问题的定量化研究,取得了显著的成绩,并解决了很多实际的问题。随着学科研究的深入,一些数学方法也引入了城市地下空间适宜性评价之中,其基本思路是:首先分析研究比较清楚的或已被验证过的岩土体的工程地质条件,然后建立概念模型,把描述过程、评价过程等以数学符号及公式的形式表达出来,按照某种原则对被评价对象质量等级给出一个综合性的判断。目前应用的评价方法主要有模糊综合评判法、灰色聚类、逐步判别分析、聚类分析、多目标加权法、模式识别法、层次分析法、信息量统计法、德尔菲法等。

根据郑州航空港区的实际情况,本次评价方法主要采用层次分析法(analytic hierarchy process, AHP)。

针对航空港经济实验区实际情况,在未来城镇化建设中居于重要地位,地下空间开发利用前景广阔。城市新区地下空间开发利用主要由其所处的地质环境条件控制。

城市地下空间开发地质环境条件包括地形地貌条件、水文地质条件、工程地质条件、场地稳定性四大类，每一类条件又可进一步细化为若干项。浅层、中层和深层不同层次地下空间开发利用时，各类地质条件对工程的影响作用也不尽相同。

(1)地形地貌条件。地形地貌条件对城市地下空间开发利用的影响较小，不同地形坡度对工程造价有明显影响。浅层地下空间接近地表，受地形条件制约作用最大。在地形切割强烈、相对高差较大的地区，浅层地下空间开发难度明显增大，场地平整、基坑开挖边坡防护等工程措施也相对复杂。在中层和深层地下空间开发时，由于主题工程埋深增大，地形条件对地下空间开发利用的影响明显减弱。

研究区内总体上地形坡度较小，对城市地下空间开发有利，南部山前洪积平原的岗间洼地及研究区东北部丈八沟两侧地势低洼地带不利于工程排水，地貌类型对城市地下空间开发利用影响不大。

(2)水文地质条件。在地下空间开发利用过程中，地下水对工程有多方面的影响，主要影响因素包括地下水位埋深、承压水水头压力、含水层富水性、承压水顶板埋深等。

(3)工程地质条件。工程地质条件对地下工程建设施工的影响主要表现在建设深度内岩土体工程地质性质对施工难易程度及工程安全的影响，包括土质均匀度、特殊类土分布、松散砂性土厚度等。

(4)场地稳定性。场地稳定性主要考虑的是工程所处区域的动力地质作用和环境地质条件。它划分的目的是评价拟建场地是否存在能导致场地滑移、大的变形和破坏等严重情况的地质条件，为城市总体规划、大型项目的选址等提供参考。

根据不同深度地下空间开发利用过程中面临的主要工程问题的差异，在基本查明地质环境条件的基础上，综合考虑不同层次地下空间开发利用过程中地形地貌条件、水文地质条件、工程地质条件对工程不同程度的影响作用，采用层次分析法，对区内地下空间开发利用适宜性进行评价。

层次分析法进行城市地下空间开发利用适宜性评价，确定目标层(A层)为地下空间开发利用地质适宜性评价结果；制约因素(B层)由地形地貌条件(B1)、水文地质条件(B2)、工程地质条件(B3)和场地稳定性条件(B4)组成，每个制约条件又包括若干制约子因素(C层)，如水文地质条件(B2)包括地下水位埋深(C21)、含水层富水性(C22)和地下水腐蚀性(C23)，工程地质条件(B3)包括液化砂土厚度(C31)、软土层厚度(C32)和土质均一性(C33)。

地下空间开发利用适宜性评价目标层A与制约因素B之间层次关系可知，将一般性制约因素B1、B2、B3和B4两两进行比较，可知B对A层影响重要程度为工程地质条件(B3)＞水文地质条件(B2)＞地形地貌条件(B1)＞场地稳定性条件(B4)，得出A—B之间判断矩阵，对判断矩阵进行一致性检验通过后，进行归一化处理求取个制约因子对其目标层权重；若一致性检验不能通过，则需重新构造判断矩阵。

求出各影响因子对目标层权重后，根据评价单元地质条件，根据专家打分赋以对应初始权值(表1～表4)，初始权值与权重乘积求和即得出评价单元地下空间开发利用综合得分，最后根据其综合得分大小，判断其开发利用适宜性。

表1　地形条件初始权值表

地形坡降/‰	初始权值
＞5	7
3～5	8
1～3	9
0.5～1	10
＜0.5	9

表 2　水文地质条件各因子分级标准及初始权值一览表

潜水位埋深/m	初始权值	含水砂层厚度/m	初始权值	地下水腐蚀性	初始权值
>10	10	<3	10	微	10
5～10	7	3～10	7	弱	7
2～5	5	10～16	5	中	5
<2	1	>16	1	强	1

表 3　工程地质条件各因子分级标准及初始权值一览表

土质均匀度	初始权值	软土层厚度/m	初始权值	液化砂土厚度/m	初始权值
均匀	10	<1	10	<3	10
较均匀	7	1～3	7	3～5	7
较不均匀	5	3～7	5	5～7	5
不均匀	1	>7	1	>7	1

表 4　场地稳定性分级标准及初始权值一览表

动力地质作用的影响程度及环境工程地质条件	场地稳定性分级	初始权值
无动力地质作用的破坏影响；环境工程地质条件简单	稳定	10
动力地质作用影响较弱，影响易于整治	较稳定	8

计算出评价单元综合权值后，评价单元地下空间开发利用地质适宜性按照表 5 分级标准进行评价。

表 5　综合权值与地下空间开发地质适宜性对应表

评价单元综合权值(Z)	地质适宜性分级
8.5～10	适宜性好
6～8.5	适宜性较好
3～6	适宜性较差
0～3	适宜性差

7　评价结果

7.1　浅层地下空间(0～10m)开发利用适宜性评价

10m 以浅地下空间为公共地下空间层，是城市地下空间利用最为广泛的层位。城市交通、市政、地下商业街及建筑地下室等开发应用均在此层。对本层地下工程建设影响较大地质因素包括地下水埋藏深度、软土层厚度、地下水对混凝土结构的腐蚀性、液化砂土层厚度、地形切割程度、土体均一性等。

运用层次分析法进行综合评判，结果认为航空港综合经济实验区浅层地下空间(0～10m)开发利用适宜性划分为适宜区、较适宜性区和适宜性较差区3个等级。

适宜区：分布于北部城市综合服务区中西部、临港商贸区大部分地区和南部高端制造产业区西部和东南部，该区地下空间开发适宜性好。0～10m深度内土体强度较高、土体均一性好、无液化砂土及软弱土分布，地下水埋深大于7m，工程施工不受地下水影响或受影响较小，工程施工条件简单。

较适宜区：主要分布在北部城市综合服务区东北部、临港型商展贸易区西部及南部、高端产业制造区东部和中部，该区地下空间开发适宜性较好。土体均一性较好，但普遍存在一定厚度的风积砂层，工程施工时基坑边坡稳定性较差；地下水埋深为5～7m，部分地段小于5m，地下水对工程存在一定影响，施工时一般需要工程降水。

适宜性较差区：分布于北部城市综合服务区东北部丈八沟下游单家村—乔家村一带。地势相对低洼，土体均一性较差，且存在液化砂土和软弱土，土体强度较低；地下水位埋藏浅，开发层内含水层厚度大且渗透性较好，工程降水难度较大。

7.2 中层地下空间(10～30m)开发利用适宜性评价

区内10～30m段地层地质成因较复杂，部分地段存在一定厚度的软弱土和液化砂土，水文地质条件变化较大。对地下工程建设影响最大的为建设层位内存在的软弱土和液化砂土及其厚度，其次为建设层内含水层富水性决定施工时工程降水的难易程度；地下水对混凝土结构的腐蚀性和土体均一性等其他因素都不同程度地对工程建设存在影响。

采用前述层次分析法方法步骤，经过综合评价，将航空港综合经济实验区中层地下空间(10～30m)开发利用适宜性划分为适宜性区、较适宜区和适宜性较差区3个等级。

适宜区：分布于西部和西南部的山前洪积平原区及冲积平原的古河道高地区。该区土体均一性好，无液化砂土和软弱土分布，下部土体强度较高，开挖时边坡稳定性好；含水层厚度较小且渗透性较差，工程施工时降水难度小。

较适宜区：分布于工作区东北部黄河冲积平原与山前洪积平原交接带及南部山前洪积平原岗间洼地区，该区地下空间开发适宜性较好。其间分布有不同厚度的软弱土或中等液化砂土，土体均一性稍差，上部10～18m段土体强度低，下部土体强度高，对工程边坡稳定性有一定影响。该区地下水含水层厚度一般为8m以上，富水性较好，工程降水有一定难度。

适宜性较差区：主要分布在北部城市综合服务区东北部单家村—乔家—前张村一带。该地段地势相对低洼，液化砂土层和软弱土的厚度大于5m，且下部土体承载力较低；地下含水层厚度大且富水性好，工程降水难度较大。

7.3 深层地下空间(30～50m)开发利用适宜性评价

评价目标层位内对地下空间开发利用影响程度较大的因素包括开发层岩土体结构及岩性、工程地质特征、掘进难度大的胶结砂层等。根据30～50m深度地下空间开发利用过程中面临的主要工程问题的差异，综合考虑该层地下空间开发利用过程中水文地质条件、工程地质条件对工程的影响，对深层地下空间开发利用适宜性进行评价。

航空港区30～50m段地层分布南北差异性较大。薛店镇—三官庙乡以南区域，地层结构相对单一，土体强度高，稳定性较好，北部黄河冲积平原区，土体结构变化大，强度较低。在港区中部小面积存在不同厚度的砂层，工程建设时掘进难度稍大。地下水对工程建设有不利影响。对本层地下工程建设影响较大因素为地下水富水性和地层易挖性，其次为土层均一性和地下水对混凝土结构的腐蚀性。

运用层次分析法进行综合评价，将航空港区深层(30～50m)地下空间开发利用适宜性划分为适宜区、较适宜区和适宜性较差区3个等级。

适宜区：分布于航空港区西部及西南部山前洪积平原前缘及东部部分岗地区。该区土体均一性好，易挖性好，盾构施工条件简单，土体强度较高，硐室稳定性好；基本无富水含水层，工程施工时降水难度小。

较适宜区:分布于谢庄镇—三官庙乡—冯堂乡以东地区,该区土体均一性稍差,多呈现上软下硬的特点;地下含水层厚度一般为8～12m,富水性较好,地下水对工程施工有不利影响。

适宜性较差区:主要分布航空港核心区东部南水北调工程附近张庄镇—三官庙乡以西的小面积地区。主要由承载力较低的弱含水粉土组成,存在厚度3～7m的钙质结核层,掘进难度较大,土体均一性较差。

8 结论

(1)城市地下空间适宜性评价是在分析研究城市工程地质条件的基础上,对其进行定性或半定量化评价。本次评价方法主要采用层次分析法,可为其他类似城市地下空间开发地质适宜性评价借鉴和参考。

(2)采用层次分析法评价结果表明:郑州航空港区浅层地下空间(0～10m)开发利用地质制约因素主要为地下水位埋深、软土层厚度、可液化砂层厚度、地下水腐蚀性、地形切割程度、土体均一性等;中层地下空间(10～30m)开发利用地质制约因素主要为软土层厚度、可液化砂层厚度、含水层富水性、地下水腐蚀性、土体均一性等;深层地下空间(30～50m)开发利用地质制约因素主要为含水层富水性、土体均一性等。

(3)浅层地下空间(0～10m)开发利用适宜区分布于北部城市综合服务区中西部、临港商贸区大部分地区和南部高端制造产业区西部和东南部;较适宜区主要分布在北部城市综合服务区东北部、临港型商展贸易区西部及南部、高端产业制造区东部和中部;适宜性较差区分布于北部城市综合服务区东北部丈八沟下游单家村—乔家村一带。

(4)中层地下空间(10～30m)开发利用适宜区分布于西部和西南部的山前洪积平原区及冲积平原的古河道高地区;较适宜区分布于东北部黄河冲积平原与山前洪积平原交接带及南部山前洪积平原岗间洼地区;适宜性较差区主要分布在北部城市综合服务区东北部单家村—乔家—前张村一带。

(5)深层地下空间(30～50m)开发利用适宜区分布于航空港区西部及西南部山前洪积平原前缘及东部部分岗地区;较适宜区分布于谢庄镇—三官庙乡—冯堂乡以东地区;适宜性较差区主要分布航空港核心区东部南水北调工程附近张庄镇—三官庙乡以西的小面积地区。

主要参考文献

北京市规划委员会,北京市人民防空办公室,北京市城市规划设计研究院,2006.北京地下空间规划。[M].北京:清华大学出版社.

程光华,翟则毅,庄育勋,等,2015.中国城市地质调查成果与应用[M].北京:科学出版社.

郭松峰,祁生文,李星星,等,2016.北京市门头沟区某公路岩质边坡稳定性分级研究[J].中国地质调查,3(3):55-61.

何海健,郝志宏,李松海,2017.北京地区深层地铁车站土建可实施性研究[J].地下空间与工程学报,3(1):176-183.

潘丽珍,李传斌,祝文君,2006.青岛市城市地下空间开发利用研究[J].地下空间与工程学报,2(增1):1093-1099.

夏昌琼,2010.深圳地下空间开发利用探讨[J].城市轨道交通研究,13(6):14-17.

谢英挺,2009.地下空间总体规划初探:以厦门为例[J].地下空间与工程学报,5(5):849-855.

周丹,邢雪,王宏沛,2016.江苏省徐州市睢宁县城区地面沉降稳定性分析与评价[J].中国地质调查,3(1):58-64.

邹亮,胡应均,陈志芬,等,2017.基于需求导向的中小城市地下空间规划[J].地下空间与工程学报,3(1):7-13.